大学生科技创新活动指导与研究丛书

"上海高等学校一流本科建设引领计划"项目资助

第十届上海市大学生机械工程创新大赛获奖案例精选

主　编　郭　辉　陈　浩　崔国华　钱　炜

华中科技大学出版社
中国·武汉

内容简介

由上海市教委主办、上海工程技术大学承办、上海交通大学协办的"'慧勒科技杯'第十届上海市大学生机械工程创新大赛"于2021年5月15日在上海工程技术大学举行。本次大赛的主题是"智·卫"，内容分为智能健康防护机械、智能助教助学机械、仿生机械和生态修复机械四个方向，所有参加决赛的作品必须与本届大赛的主题和内容相符。本书精选的案例是本届大赛以及部分第九届大赛的获奖作品，凝聚了上海交通大学、上海理工大学、上海工程技术大学等上海市16所高校机械工程学科大学生机械创新的智慧，充分展示了上海市高等院校机械工程学科教学改革成果和大学生机械创新设计成果，可作为大学生科技创新活动指导与研究用书。

图书在版编目(CIP)数据

第十届上海市大学生机械工程创新大赛获奖案例精选/郭辉等主编.—武汉：华中科技大学出版社，2022.9

(大学生科技创新活动指导与研究丛书)

ISBN 978-7-5680-8231-0

Ⅰ.①第… Ⅱ.①郭… Ⅲ.①机械设计-案例 Ⅳ.①TH122

中国版本图书馆CIP数据核字(2022)第158825号

第十届上海市大学生机械工程创新大赛获奖案例精选

Di-shi Jie Shanghai Shi Daxuesheng Jixie Gongcheng Chuangxin Dasai Huojiang Anli Jingxuan

郭　辉　陈　浩　崔国华　钱　炜　主编

策划编辑：万亚军

责任编辑：杨赛君

封面设计：原色设计

责任监印：周治超

出版发行：华中科技大学出版社(中国·武汉)　　电话：(027)81321913

武汉市东湖新技术开发区华工科技园　　邮编：430223

录　　排：武汉市洪山区佳年华文印部

印　　刷：武汉市洪林印务有限公司

开　　本：787mm×1092mm　1/16

印　　张：21

字　　数：511千字

版　　次：2022年9月第1版第1次印刷

定　　价：68.00元

前　言

面对百年未有之大变局，创新型青年人才是希望和未来。新时代、新形势下，我国正在深入实施创新驱动发展战略，坚持把创新作为引领发展的第一动力，推动实现中华民族伟大复兴。中华民族从来不缺少创新精神和创造性思维，我们有坚定的信念，通过为青年提供施展才干的机会和舞台，培养出更多富有创新能力的青年人才。而高等院校，迫切需要在人才培养理念、制度、环境及模式等方面进行综合改革，持续、有效地打造创新型人才的培养沃土。

早在3000多年前，我国的商汤就将流传至今的创新之音"苟日新，日日新，又日新"铭刻在洗浴用具上。时至今日，人类的生存与发展遇到了前所未有的严峻挑战和机遇。新产业、新业态、新技术不断涌现，对机械创新设计提出了新需求，故须在遵循机械设计基本原则的基础上融入新的元素。持续性的机械创新设计推动了工业发展，引起了社会变革，新一轮工业革命又对机械创新设计和创新人才提出更高的时代要求。要培养出富有创新精神、创新意识、创新思维的青年人才，除需注重基础知识、科学理论和方法的培养外，还要开展一系列创新实践活动。而开放性、竞争性且富有学科元素的大学生机械工程创新大赛则是一条实践性强的培养途径。

全国大学生机械创新设计大赛是经教育部高等教育司批准，由全国大学生机械创新设计大赛组织委员会和教育部高等学校机械基础课程教学指导分委员会主办，中国工程科技知识中心、全国机械原理教学研究会、全国机械设计教学研究会、各省市金工研究会等联合著名高校和社会力量共同承办的面向大学生的群众性科技活动。其主要目的在于引导高等学校在教学中注重培养大学生的创新设计能力、综合设计能力与团队协作精神；加强学生动手能力的培养和工程实践的训练，提高学生针对实际需求进行思维创新、机械设计和制作等的实际工作能力；吸引、鼓励广大学生踊跃参加课外科技活动，为优秀人才脱颖而出创造条件。

第十届上海市大学生机械工程创新大赛主题为"智・卫"，内容分为智能健康防护机械、智能助教助学机械、仿生机械和生态修复机械四个方向，其中"仿生机械和生态修复机械"是第十届全国大学生机械创新设计大赛主题。所有参加决赛的作品必须与本届大赛的主题和内容相符。大赛得到"上海高等学校一流本科建设引领计划"项目资助，并获得慧勒智行汽车技术（昆山）有限公司的赞助。大赛吸引了来自上海交通大学、同济大学等16所高校186支参赛队伍共计900多名师生参加。186个展示项目均源自参赛大学生的创新思维，并经过师生们的反复实践修正，凝聚了16所上海市高校学生和指导教师的智慧和心血，反映了参赛高校各级领导、教师和学生对机械创新设计的热情。比赛中，富有激情和创意的大学生以创新实践为乐，展现了他们在实现中华民族伟大复兴的中国梦过程中的青春风采和"强国有我"的无畏挑战的时代担当。

本书精选的案例是2021年第十届上海市大学生机械工程创新大赛的获奖作品及部分2020年第九届上海市大学生机械工程创新大赛的获奖作品。这些作品充分展示了上海市高等院校机械学科的教学改革成果和大学生机械创新设计成果。大赛积极推动机械产品的研究、设计与社会生产相结合，加强教育和实践之间的联系，促使更多青年学生积极投身于我国机械设计与制造事业，落实国家“智能制造”“数字技术”“5G+”发展战略，致力于培养更多机械设计与制造领域的优秀人才。

本书由上海工程技术大学郭辉、陈浩、崔国华及上海理工大学钱炜担任主编并统稿，各兄弟院校在编写过程中给予了热情帮助和支持，上海工程技术大学的青年教师唐佳、张美华、闫娟及研究生杨雪、李杰、朱彬燕、毛之安等对本书的出版做了大量有益工作，谨此向各位老师和同学表示衷心感谢！

由于编者水平有限，书中难免有不足和疏漏甚至谬误之处，殷切希望广大读者批评指正，编者不胜感激。

郭　辉

于上海工程技术大学

2022 年 2 月

目　　录

基于海龟鳍的仿生水陆两栖机器人

上海大学
设计者：罗宇轩　王昊文　汪悦　王芊芊
指导教师：贾文川

1. 设计目的

仿生机器人是研究人员受自然界中生物体的启发，通过仿生技术模仿这些生物的外部结构或者功能，制备出兼具生物结构和功能特性的机器人系统。它是机器人领域中一个新兴的研究分支，是当前国内外学者研究的热点。尤其是近些年，随着仿生技术的高速发展，仿生学在机器人领域的应用愈发广泛，这使得仿生机器人更加智能化，也促使其从定点作业走向难度更大的航空航天、军事侦察、资源勘探、水下探测、疾病检查以及抢险救灾等应用领域。毋庸置疑，仿生机器人未来必将在国计民生中发挥不可替代的作用。

本作品的设计灵感来源于海龟。海龟拥有四条鳍状肢，它们起着推进、平衡及导向的作用。根据海龟的身体结构，小组设计了一种具有四条腿的仿生水陆两栖机器人，机身中央有两个用于产生浮力的铝瓶，每条腿具有三个防水舵机，包括两个180°防水舵机和一个360°可连续旋转防水舵机，在360°可连续旋转防水舵机上固定一个较大较薄的轮子。在水中，每条腿通过舵机的转动实现轮子宽面和窄面的转换，轮子的宽面拍水以获得动力，轮子的窄面收回以减小阻力。在陆地上，机器人通过轮子与地面间的摩擦产生动力，并且通过舵机的转动灵活改变移动方向，也可以通过8个180°防水舵机的协调转动完成腿式爬行动作。

本作品的意义如下：

(1) 增加轮式移动机器人在水中的应用范围，提高腿式移动机器人在陆地上的移动速度，提高机器人对水、陆环境的适应能力。

(2) 可作为在水、陆环境中充当侦察、勘测、救援等任务的载体。

(3) 适合演示教学，具有一定的趣味性，可以拓展至玩具行业。

(4) 锻炼动手能力，主要体现在机器人机械部分的实物装配上。

2. 工作原理

1) 机械部分设计

机器人的轴测图如图1所示。在机身中央安装有两个用于提供浮力的铝瓶，每个铝瓶的容量是1000 mL，通过四块铝板和一块亚克力板将它们固定住，在铝瓶上方放置一个塑料浮筒，容量也是1000 mL，用于增大浮力，用两根尼龙扎带绑在一块亚克板上。机器人共有四条腿，每条腿拥有两个180°防水舵机和一个360°可连续旋转防水舵机，这些防水舵机通过舵机支架和不锈钢材质的直角连接件连接在一起。舵机支架包括U形舵机支架、“一”字形舵机支架和多功能舵机支架。在360°可连续旋转防水舵机输出端的舵盘上固定一个较大较薄、材质为亚克力的轮子。轮子共有两个作用，一是完成轮式移动动作，包括轮式前进动作、轮式后退动作、轮式左转动作和轮式右转动作；二是充当拍水的鳍，通过8个180°防水舵机的协调转动让轮子的宽面拍水，然后窄面收回。在不锈钢材质的直角连接件上安装有铜柱支撑脚，用于完成地面爬行动作。

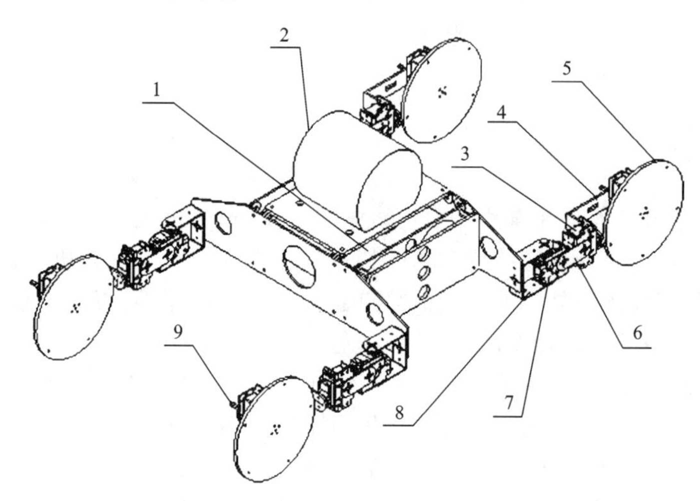

图1　机器人轴测图

1—铝瓶；2—塑料浮筒；3—舵机；4—直角连接件；5—轮子；6—“一”字形舵机支架；
7—多功能舵机支架；8—U形舵机支架；9—支撑脚

2）控制部分设计

机器人控制部分的结构图如图2所示。12 V锂电池给四路可调电压输出电源模块供电，电源模块一路输出6.5 V电压给Arduino创客开发板供电，一路输出6.5 V电压给16路舵机控制板供电。两节7号电池给PS2遥控手柄供电，Arduino创客开发板上的5 V电压引脚给PS2手柄接收器供电。使用Arduino创客开发板作为控制主板，通过Arduino舵机库驱动4个360°可连续旋转防水舵机。舵机库的工作原理是给舵机的信号线输入PWM信号，PWM信号是一组具有周期特性的高低电平，当高电平时间在500～1000 μs时，360°可连续旋转防水舵机会全速反转；当高电平时间在1000～1470 μs时，360°可连续旋转防水舵机会线性减速反转；当高电平时间在1470～1530 μs时，360°可连续旋转防水舵机不会旋转；当高电平时间在1530～2000 μs时，360°可连续旋转防水舵机会线性加速正转；当高电平时间在2000～2500 μs时，360°可连续旋转防水舵机会全速正转。运用这种特点，就可以编写舵机控制的代码，使用16路舵机控制板驱动8个180°舵机。利用上位机软件可以编写不同动作的代码，它与Arduino创客开发板之间用串口通信。具体的接线是，16路舵机控制板的TX引脚连接Arduino创客开发板的RX引脚，16路舵机控制板的RX引脚连接Arduino创客开发板的TX引脚，16路舵机控制板的GND引脚连接Arduino创客开发板的GND引脚，并使用PS2遥控手柄遥控。PS2遥控手柄上有很多按键，通过按键可以发送信息，PS2 遥控手柄接收器接收手柄发送来的信息。

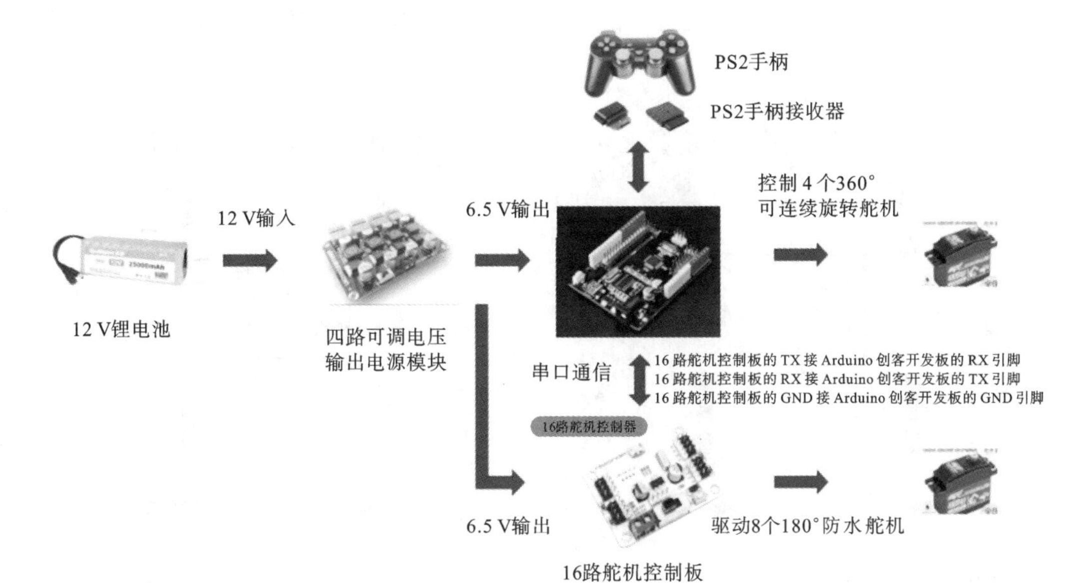

图 2　机器人控制部分结构图

3）轮式移动动作设计

根据转向方式，制订两种轮式移动动作方案：方案一是机器人通过 180°防水舵机的转动实现转向，方案二是机器人通过轮子差速实现转向。

方案一：机器人的轮式移动动作如图 3 至图 5 所示，图 3 是轮式前进和轮式后退动作，图 4 是轮式左转动作，图 5 是轮式右转动作。轮式移动动作依靠 8 个 180°防水舵机和 4 个 360°可连续旋转防水舵机的协调配合来完成，360°可连续旋转防水舵机让轮子可以正转、反转和停止，180°防水舵机可以让机器人转向。

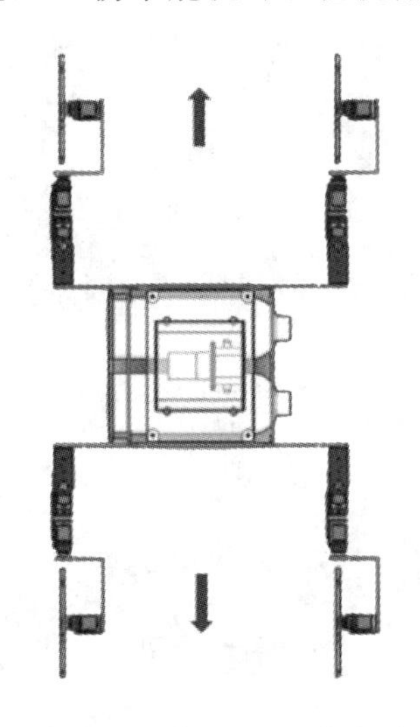

图 3　机器人轮式前进、后退动作（方案一）

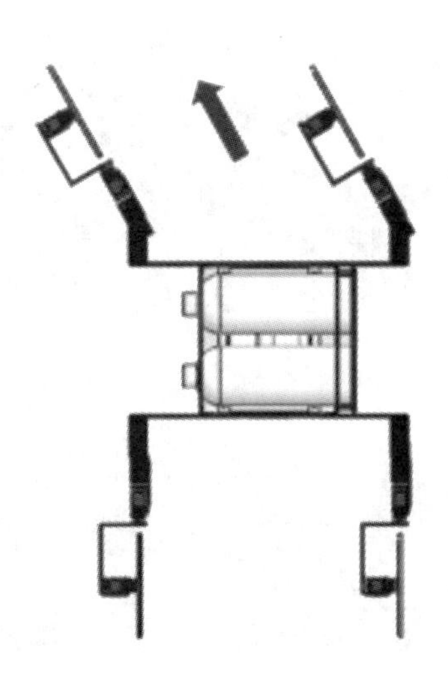

图 4　机器人轮式左转动作（方案一）

方案二:机器人的轮式移动动作如图 6 所示。方案二中轮式前进和轮式后退动作与方案一相同,区别是方案二中机器人通过轮子差速转向,即机器人两端的轮子转速相同但是旋转方向相反。

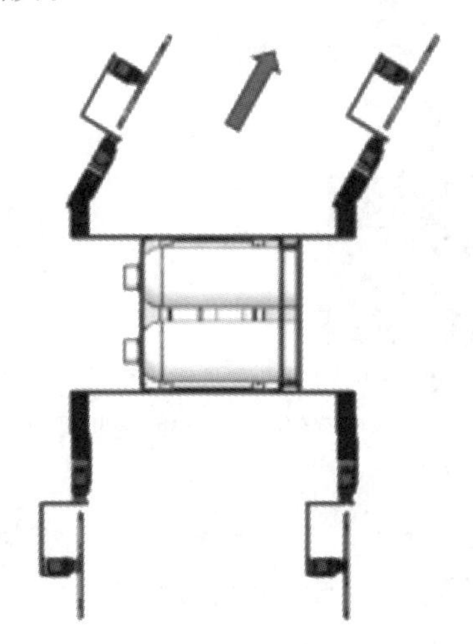

图 5　机器人轮式右转动作(方案一)

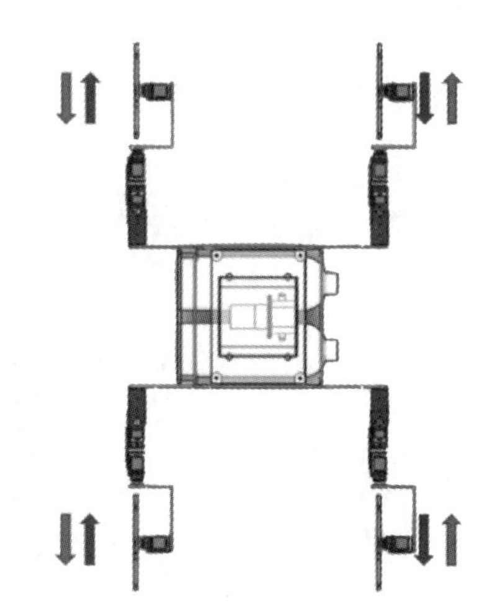

图 6　机器人轮式移动动作(方案二)

经测试发现,方案一的转向效果比方案二好,最终采取方案一。

4) 腿式爬行动作设计

机器人的腿式爬行动作参考乌龟在陆地上的爬行动作,此时机器人与地面接触的部分不再是轮而是铜柱支撑脚,通过 8 个 180°防水舵机的协调配合来完成,并使用 Webots 机器人仿真软件进行仿真。Webots 机器人仿真软件提供了快速的原型制作环境,可以创建具有物理特性的 3D 虚拟世界,并且可以对机器人进行编程,以展现所需的行为动作。将机器人模型放在地板上进行仿真,设计爬行前进、爬行后退、爬行左转和爬行右转动作,并进行实物测试,测试结果与仿真结果大体上相同。机器人爬行前进动作仿真结果如图 7 所示。机器

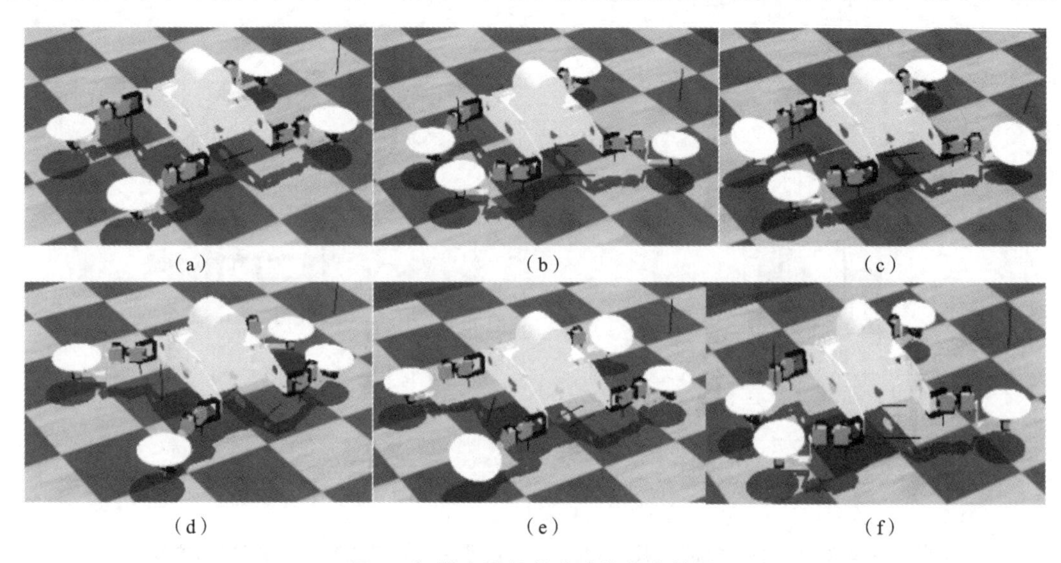

(a)　(b)　(c)

(d)　(e)　(f)

图 7　机器人爬行前进动作仿真结果

人爬行后退动作仿真结果如图 8 所示。机器人爬行左转动作仿真结果如图 9 所示。机器人爬行右转动作仿真结果如图 10 所示。机器人爬行动作测试如图 11 所示。

(a) (b) (c)

(d) (e) (f)

图 8　机器人爬行后退动作仿真结果

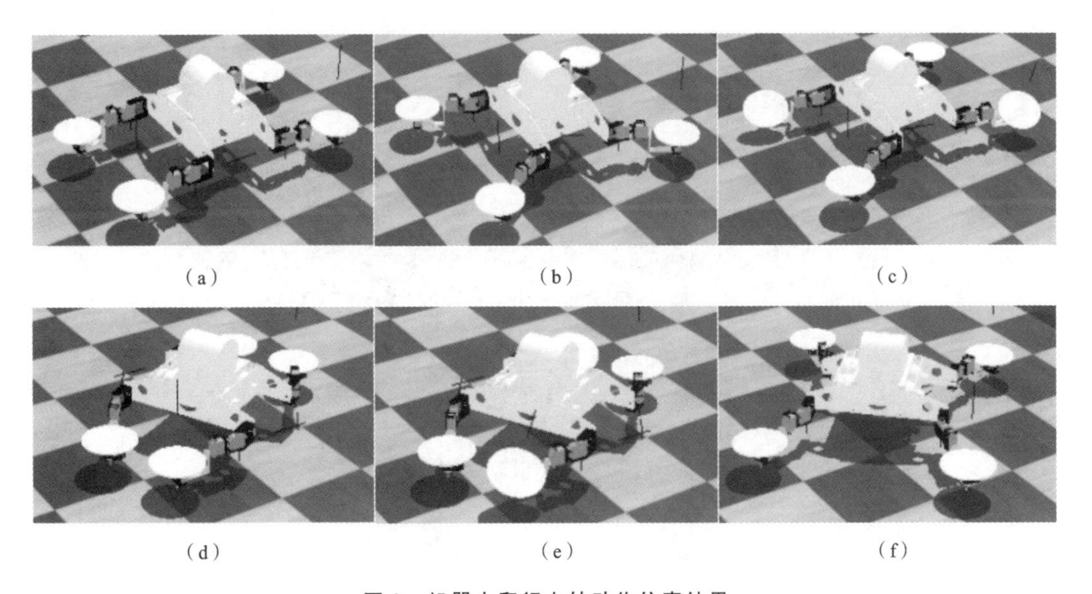

(a) (b) (c)

(d) (e) (f)

图 9　机器人爬行左转动作仿真结果

5）游泳动作设计

机器人在水中每条腿的动作如图 12 所示。图 12 中，①、②、③是宽面拍水的过程，③到④是由宽面过渡到窄面的过程，④、⑤、⑥是窄面收回的过程，⑥到①是由窄面过渡到宽面的过程。

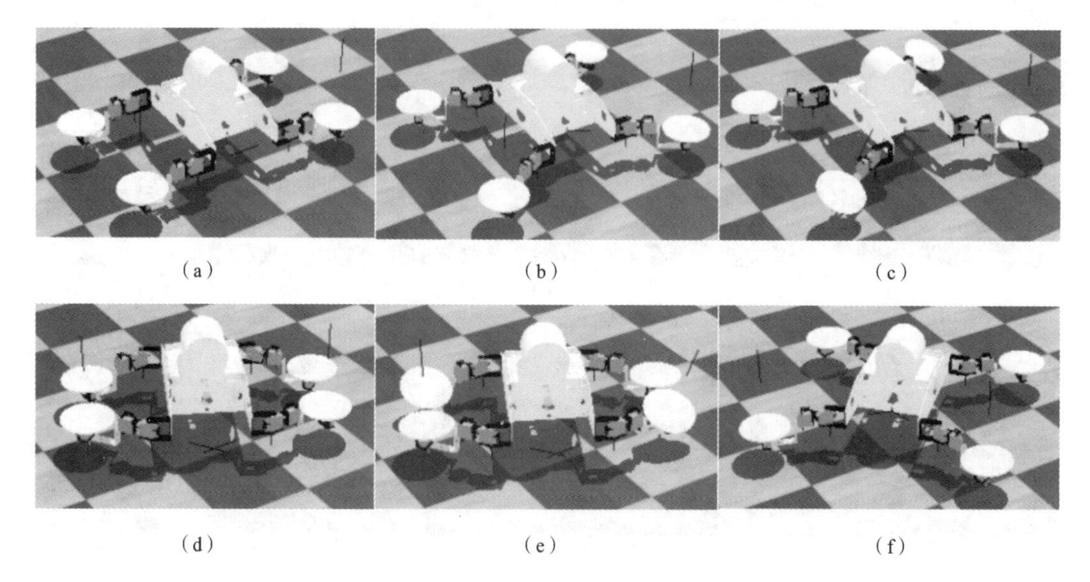

(a) (b) (c)

(d) (e) (f)

图 10　机器人爬行右转动作仿真结果

图 11　机器人爬行动作测试

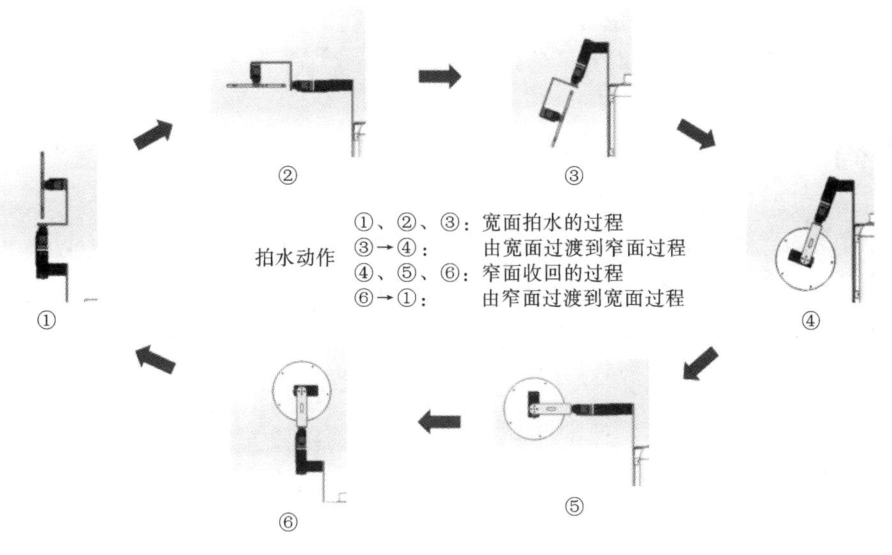

图 12　机器人在水中的游泳动作

3. 设计计算

机器人在水中拍水的“鳍”的宽面面积和窄面面积比较如图 13 所示，使用 SolidWorks 三维建模软件的测量工具分别测量它们的面积，发现宽面面积大约是窄面面积的 8 倍。

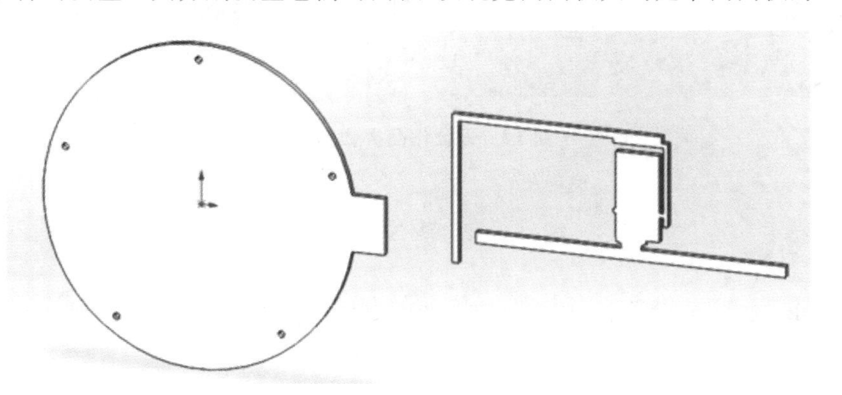

宽面面积（16609.76 mm^2）＝窄面面积（2142.57 mm^2）×7.75

图 13　机器人水中拍水的“鳍”的宽面面积和窄面面积比较

4. 主要创新点

(1) 运用仿生学：仿照海龟的鳍状肢，设计出一种具有宽面和窄面的腿，在水中可使用宽面拍水，拍水动作完成后，再窄面收回，由于宽面较窄面对水产生的作用力要大，因此对机器人的动力大。

(2) 融合性：机器人在陆地上既可以轮式移动，又可以腿式爬行移动，在水中轮子作为拍水的“鳍”实现移动，体现出融合性。

(3) 每个轮子单独驱动：增大了前进动力。

5. 代码

代码主要分为两类，一类是 Arduino 创客开发板中的代码，另一类是 Webots 机器人仿真软件中的控制器代码，限于篇幅，这里就不详细介绍。

控制 4 个 360°可连续旋转防水舵机的是 Arduino 中的舵机库，可使用它提供的 writeMicroseconds()函数编写代码。

6. 作品展示

本设计作品实物和模型如图 14 所示。

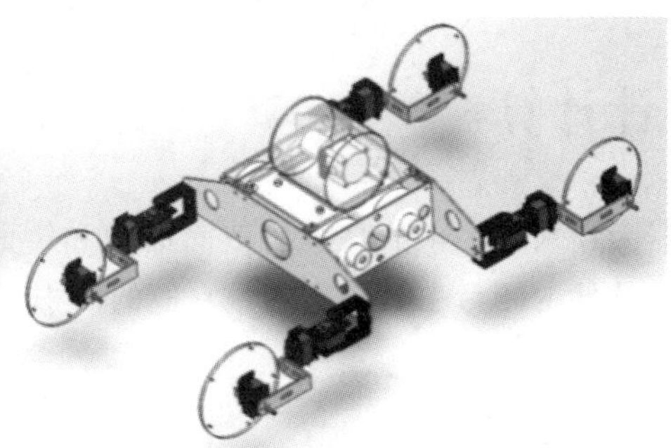

图 14　设计作品实物和模型

参 考 文 献

[1] 门宝，范雪坤，陈永新. 仿生机器人的发展现状及趋势研究[J]. 机器人技术与应用，2019(5)：15-19.

[2] HAN B，LUO X，WANG X J，et al. Mechanism design and gait experiment of an amphibian robotic turtle[J]. Advanced robotics，2011，25(16)：2083-2097.

[3] 孔子文. 两栖机器人步态规划研究[D]. 合肥：中国科学技术大学，2014.

[4] BJELONIC M，GRANDIA R，HARLEY O，et al. Whole-body MPC and online gait sequence generation for wheeled-legged robots[J]. arXivpreprint arXiv：2010. 06322，2020.

[5] BOXERBAUM A S，WERK P，QUINN R D，et al. Design of an autonomous amphibious robot for surf zone operation：part i mechanical design for multi-mode mobility[C]// IEEE/ASME international conference on advanced intelligent mechatronics. IEEE，2005：1459-1464.

一种可用于平地运输的木牛流马

上海工程技术大学
设计者：周国龙　陈允悦　谭鑫　李林凯　栗浩杨
指导教师：张春燕　韩丽华

1. 设计目的

仿生科技是机器人技术发展最快的领域之一，其主要的研究方向是原型设计、开发和应用。近几年，关于仿生机器人在山地、沼泽等地形复杂的环境进行地形勘察、执行危险任务等的研究与运用不断增多。

目前，仿生机器人更多是针对复杂地表环境下的行走作业而设计的自主机器人，具有典型的移动和智能特点。例如，美国波士顿动力公司研制的 BigDog 四足仿生机器人实现了雪地、冰面等复杂路面的稳定行走，并能够在受到外界冲撞后自主保持稳定；俄罗斯研制的四足仿生机器人配备中口径武器，可以参加复杂环境作战；德国、意大利、韩国等国家也开展相关技术研究。我国目前共有近十家研究机构开展四足仿生无人平台研究，但是此类机器人结构复杂，造价高昂，多用于军用需求，较少运用在日常生活中。

该仿生机械牛主要采取齿轮传动机构进行动力传输，具有工作原理简单、结构紧凑、控制容易、制作方便等优点，较好地模拟了牛的步态运动。

本作品的意义如下：

（1）具有娱乐用途，例如作为儿童新型启蒙与益智玩具，某些场景的道具等。

（2）用作机构演示教学。

（3）在设计仿生牛腿结构时，运用了数学模型来优化其结构，为后续仿生结构的优化奠定了基础。

2. 工作原理

1）实现仿生机械牛腿同步运动原理

如图 1 所示，仿生机械牛机构总体可分为外壳、电气模块、机械模块。其中，外壳起到支撑和承载的作用；电气模块包括控制板 1、控制板电源 2，起到电能供给和控制作用；机械模块将直流有刷电机 12 的力矩输出，通过主动轴 9、联轴器 10 与凸台齿轮 7、8 的传动来实现。直流有刷电机 12 通过联轴器 10 与主动轴 9 连接，主动轴 9 通过顶丝与凸台齿轮 8 固连。凸台齿轮 8 通过轴承与传动轴支撑支架连接，并用平头螺钉进行限位。凸台齿轮 8 与凸台齿轮 7 啮合，凸台齿轮 7 通过顶丝与从动轴 4 连接。同步带轮 5 通过顶丝与从动轴 4

固连，并通过同步带与同侧的同步轮连接，从而实现同侧的动力传输，以达到仿生机械牛腿同步运动的目的。传动轴通过法兰盘与曲柄 3 连接，并用螺栓进行固定，用顶丝进行限位。控制板驱动电机，电机带动主动轴转动，啮合齿轮带动从动轴转动，以实现从动轴与同步带轮的转动。

2）仿生牛腿的运动原理

曲柄通过转动副 R1 与上连杆 14、下连杆 15 连接。上连杆 14 与上三角板 13、上三角板 13 与左连杆 16、上三角板 13 与右连杆 19、下连杆 15 与下三角板 18、左连杆 16 与下三角板 18、右连杆 19 与下三角板 18、牛蹄 17 与下三角板 18 通过转动副 R2、R3、R7、R4、R4、R6、R5 连接。曲柄转动时首先带动上、下连杆的运动，然后上连杆的运动带动上三角板的运动；其次，上三角板的运动带动左、右连杆的运动；最后，左、右、下连杆的运动带动下三角板的运动，以实现仿生牛腿的运动。

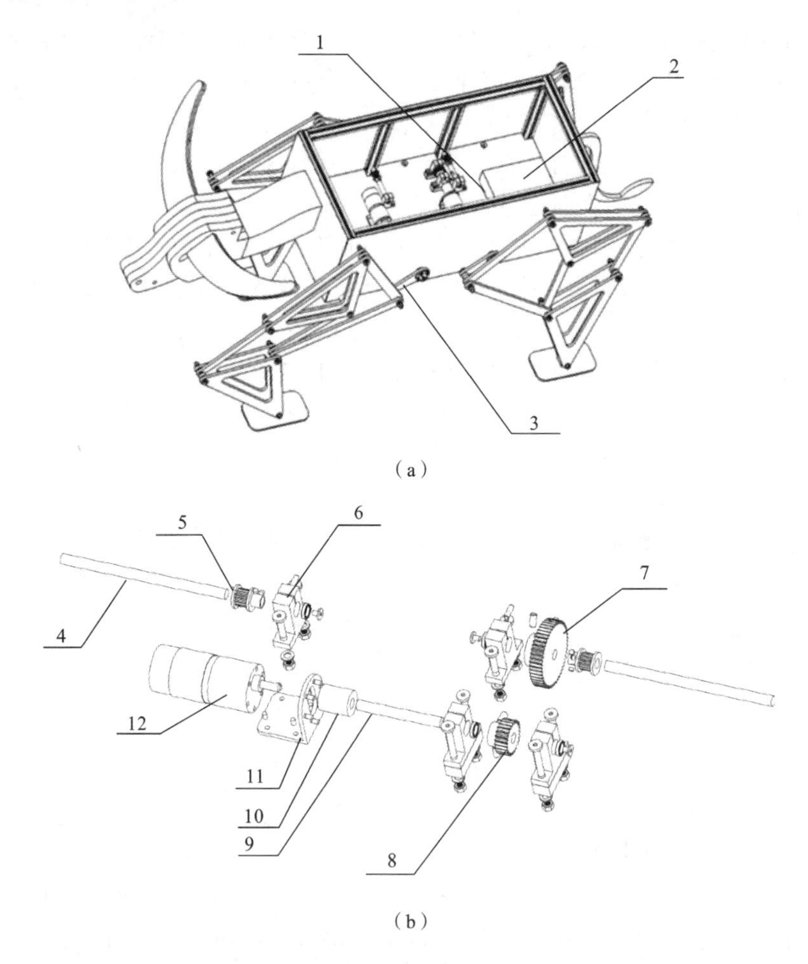

图 1　仿生机械牛

1—控制板；2—控制板电源；3—曲柄；4—从动轴；5—同步带轮；6—传动轴支撑支架；
7，8—凸台齿轮；9—主动轴；10—联轴器；11— 电机底座；12—直流有刷电机；
13—上三角板；14—上连杆；15—下连杆；16—左连杆；17—牛蹄；18—下三角板；19—右连杆

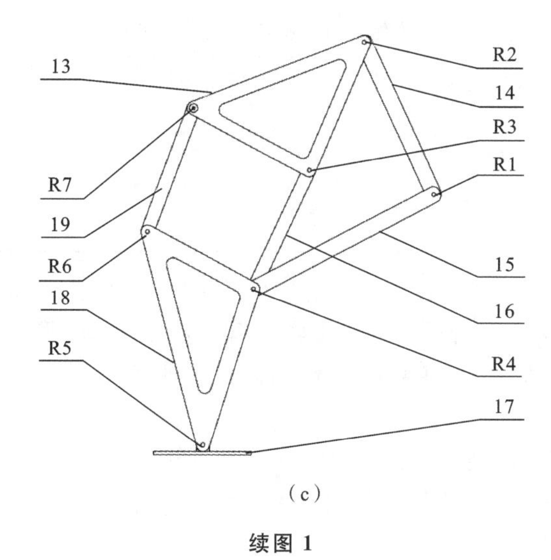

(c)

续图 1

3. 设计方案

1）总体设计构想

牛的步态运动为对角运动。在分析牛的步态运动基础上，建立一种曲柄摇杆结构，采取齿轮传动机构进行动力传输。所建立的仿生机械牛模型包括外壳、电气模块、机械模块三个部分。仿生机械牛中，由控制板控制电机转动，电机输出动力，齿轮传动带动传动轴，传动轴转动带动连杆运动，以实现仿生机械牛的运动。

2）基本参数确定

在牛的步态分析基础上，将模型的整体轮廓尺寸初步设计为 600 mm(长)×300 mm(宽)×600 mm(高)，然后利用 SolidWorks 对其进行建模，并进行运动仿真，同时进行实体建模。

牛头、牛尾采用轻质材料制作，可以有效地减轻模型的自重；牛腿、牛蹄部分选取满足仿生机械牛所需强度要求的亚克力板拼接而成。牛身采用铝型材拼接而成，确保结构的稳定性，底板采用 PE 板，电气模块及机械模块中的零件通过底座或其他方式与 PE 板相连。上述为仿生机械牛的总体材料参数确定。

基于曲柄摇杆结构的仿生牛腿结构参数的确定：针对仿生机械牛的对角运动步态，在对比目前常用于单自由度仿生腿的 Chebyshev 连杆机构、Klann 连杆机构、Jansen 连杆机构后，采用 MATLAB 计算杆长、步态，采用 SolidWorks 建立仿生机械牛模型，并对设计后的腿部进行运动仿真，验证设计的可行性。

具体实施过程如下：

(1) 单自由度仿生牛腿结构选型。小组对目前常用于单自由度仿生腿的 Chebyshev 连杆机构、Klann 连杆机构、Jansen 连杆机构从特点和能耗等方面进行了对比（能量消耗对比结果如表 1 所示），最终决定采取 Jansen 连杆机构作为仿生牛腿结构。

表 1　三种仿生连杆机构在不同阶段的能量消耗

仿生连杆机构	站立能量消耗/J	摆动能量消耗/J	总能量消耗/J
Chebyshev 连杆机构	0.69	4.62	5.31
Klann 连杆机构	0.74	2.52	3.26
Jansen 连杆机构	0.71	0.72	1.43

(2) 确定腿部杆长及步态参数。针对仿生机械牛的牛腿建立标准 D-H 参数模型，进行位姿描述，对其进行正运动学分析与逆运动学求解。随后在 MATLAB GUI 中模拟不同杆长、步态参数，以得到柔性步态，避免刚性冲击，同时获取各个关节的控制角度，对模型参数进行优化。

(3) 建立机器人三维模型。根据腿部杆长数据，设计仿生机械牛三维模型，并将(2)中的关节控制角度数据输入仿生机械牛的模型中，验证该设计是否满足步态曲线，检验机械设计的合理性。

(4) 制作实物。根据设计的三维模型完成仿生机械牛的制作，将(2)中获取的关节控制角度导入控制程序，将程序刻录至控制芯片，通过单片机来控制舵机运动，从而实现仿生机械牛的运动控制，然后检验设计、控制程序的合理性。设计思路与控制方案如图 2 所示。MATLAB GUI 设计界面如图 3 所示。

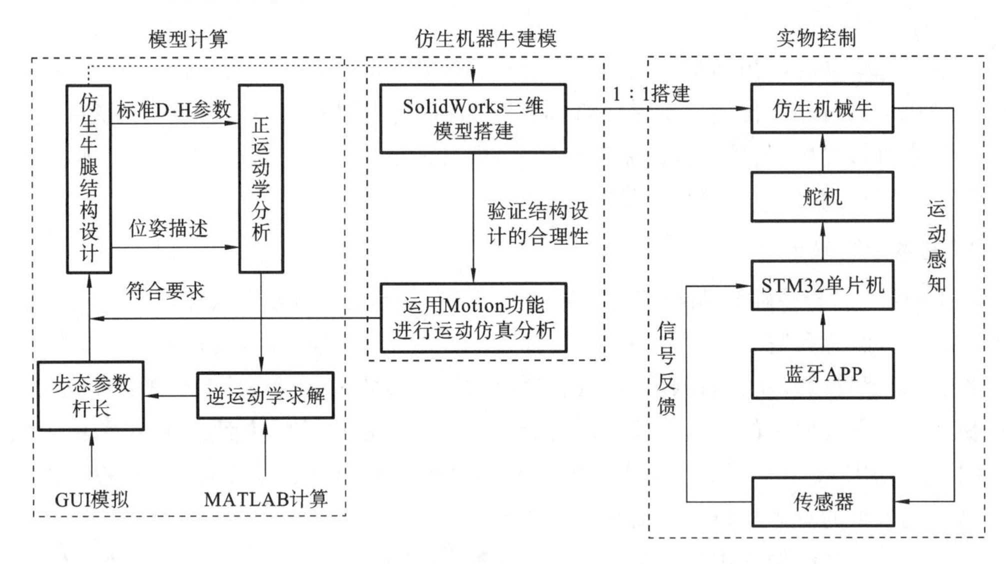

图 2　设计思路与控制方案

3) 电机选择比较

电机输出动力经过齿轮、传动轴、同步带轮、同步带，最终输出给仿生牛腿。电机的扭矩计算如下：

$$T=9550\,\frac{P}{n}$$

式中，T 表示扭矩，P 表示电机的额定功率，n 表示电机的转速。

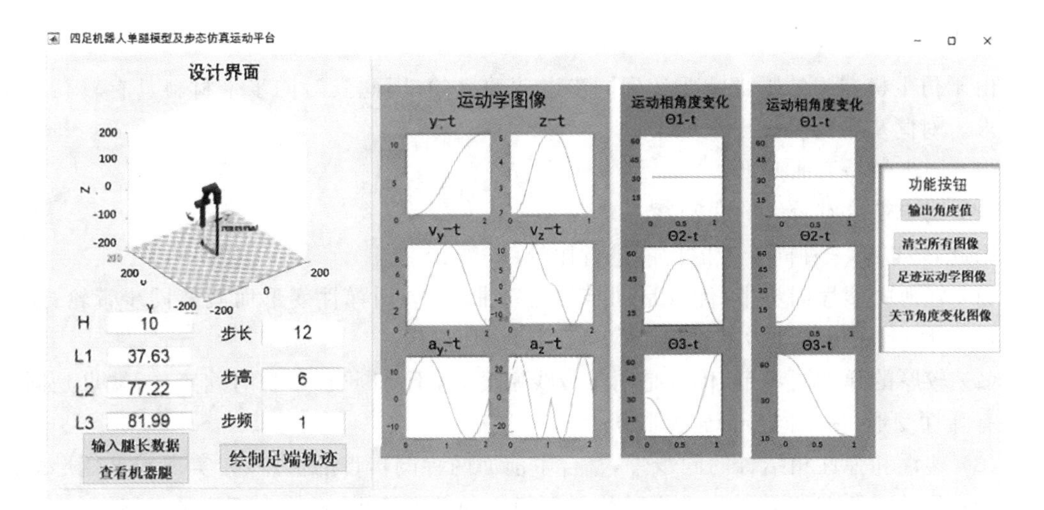

图 3　MATLAB GUI 设计界面

由上述公式可知：电机的扭矩取决于其功率和转速，在转速一定的情况下，其功率越大，扭矩越大；在功率一定的情况下，其转速越小，扭矩越大。

现比较几种常见电机的特点，主要包括直流电机、交流电机、步进电机。直流电机主要有直流有刷电机和直流无刷电机两种，直流有刷电机磨损大、发热大、寿命短，而直流无刷电机无碳刷、干扰小、噪声低、寿命长、维护成本低。但是，由于直流有刷电机具有低速扭力性能优异、扭矩大等直流无刷电机无法替代的性能，因此，直流有刷电机更适用于该仿生机器牛。结合机器人的加工成本、控制的难易程度、尺寸等因素，该仿生机器牛在设计上选择直流有刷电机作为驱动电机。

利用 SolidWorks 软件的 Motion 分析插件测算仿生机器牛在普通路面行走时的电机扭矩，结果显示直流有刷电机符合模型动力要求。选取的驱动电机及磁瓦如图 4 所示。

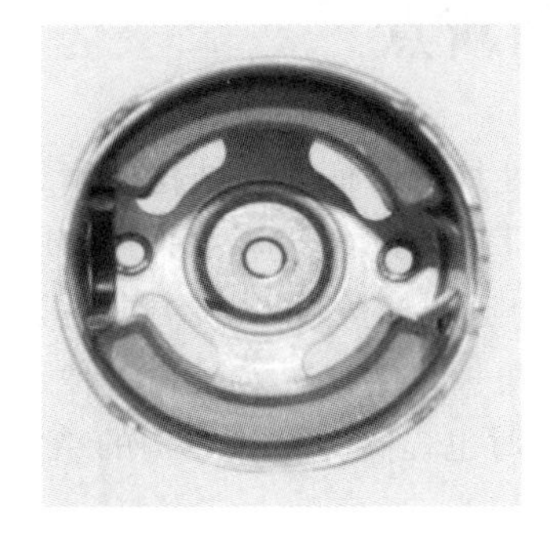

图 4　直流有刷电机与磁瓦

驱动电机具体参数如表 2 所示。

表 2　驱动电机参数

额定电压/V	空载转速/(r/min)	负载转速/(r/min)	扭矩/(kg · cm)	减速比
24	66	50	35	1∶90

4）同步带的选择

由于仿生机器牛的腿部需要达到同步运动的目的，因此其对同步带材料具有较高的精度要求。对同步带的具体要求如下：

（1）同步带易弯曲变形；

（2）同步带具有较大的线密度。

因此，对以下三种同步带的性能进行比较：

（1）轻薄的塑性同步带，优点是同步带易弯曲，不会因弹性变形而脱离同步带轮；缺点是同步带太薄，在传输动力的过程中容易破裂，损坏机构。

（2）较厚的弹性同步带，优点是同步带线密度大，不易断裂，可长时间工作；缺点是同步带具有弹性变形，易从同步带轮上脱落。

（3）塑性和弹性相结合的同步带，整合了前面两种同步带的优点，在实现明显变形的同时又能在同步轮上稳定转动。这样就能保证稳定的动力输出，机构也不会被损坏。

综上，最终选择第三种同步带，该同步带有纤维，薄而坚硬，符合设计需求，如图5、图6所示。

图5　同步带

图6　同步带与同步带轮连接

4. 主要创新点

（1）创新性地将曲柄摇杆结构应用于木牛流马的设计中，实现仿生机械牛的步态仿真，建立其腿部的D-H参数模型，并采用MATLAB模拟杆长、步态与腿部关节输出角度之间的关系，得到合适的杆长、步态参数，以及各个关节的控制角度。

（2）下三角板足端位置安装了一种新型自适应牛蹄结构，可增大与地的接触面积，在增加摩擦力的同时也提高了整体结构的稳定性，同时可以根据运动的路况进行一定的自适应调整。

5. 作品展示

仿生牛腿实物图如图7所示。仿生机械牛实物图如图8所示。

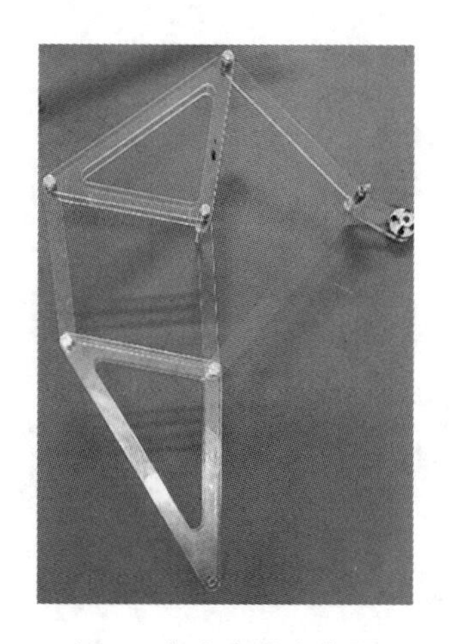
图7　仿生牛腿实物图

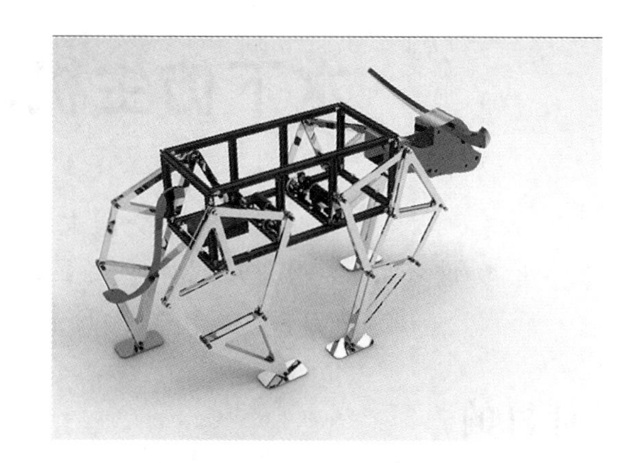
图8　仿生机械牛实物图

参考文献

[1] 石笑天,马吉良,赵志斌,等.四足机器人设计与实现[J].实验技术与管理,2021,38(4):121-127.

[2] 杨许,王若澜,王良文,等.凸轮连杆组合机构驱动的四足仿生马机器人运动学建模与分析[J].机械传动,2021,45(1):77-84.

[3] 杨要恩,吴松,刘明治,等.一种新型竞赛四足仿生机器人的研发设计[J].电子器件,2020,43(5):1185-1190.

[4] 付晶,党宏社,王亚波,等.四足机器人步态规划研究[J].陕西科技大学学报,2020,38(3):138-144.

[5] KOMODA K, WAGATSUMA H. Energy-efficacy comparisons and multibody dynamics analyses of legged robots with different closed-loop mechanisms[J]. Multibody system dynamics, 2017, 40(2):123-153.

水下仿生机器鱼

上海交通大学
设计者:秦川　赵思蒙　赵显文　刁涵　刘嘉乐
指导教师:陈根良

1. 设计目的

开发与利用海洋资源已经成为各海洋大国关注的重点。水下机器人技术是海洋资源开发的基础,其中仿生机器鱼是一种基于鱼类游动机理设计的水下机器人,是未来水下机器人发展的一个重要方向。

传统的水下航行器多使用螺旋桨和叶轮作为其推进动力装置,存在运行速度慢、结构尺寸大、噪声大、灵活性差、生态破坏性大等问题。这限制了该类水下航行器的作业时间和游动范围,降低了勘测效率,限制了可勘探区域。而鱼类经过数亿年的进化,已拥有一套游动效率高、机动性强、噪声小、灵活性好的水下游动模式。因此,小组希望以海洋鱼类作为设计的原型,通过学习、模仿、复制和再造生物系统的结构、功能、工作原理及控制机制,研究和设计模仿鱼类游动的机械系统,最后进行系统的集成、封装和集中控制,从而制造出具有水下游动能力的机器鱼。

本作品的意义主要有以下几点:

(1) 水下机器人技术是海洋资源开发利用的基础,其中仿生机器鱼是水下机器人中重要的一类,是未来水下机器人发展的一个重要方向。因此,本作品对未来水下机器人的研究具有参考价值。

(2) 以仿生机器鱼为平台,搭载各类传感器和图像采集装置,可以对海洋环境和海洋生物活动进行研究和勘测,对海洋开发有重要应用价值。

(3) 可以进一步加深对鱼类游动机理的理解,促进仿生学的发展。

2. 工作原理

1) 仿生机器鱼整体布局

(1) 总体结构。

本设计要制作的仿生机器鱼鱼体长度为 60 cm,高度为 20 cm,宽度为 15 cm。采用椭圆加抛物线的组合方式制作一体化刚性鱼头及鱼身;尾鳍采用弹性板作为骨架,利用其变形实现鱼尾的摆动,外部用柔性防水材料制作鱼皮,包裹弹性板;胸鳍安装在鱼的两侧,由防水舵机驱动。仿生机器鱼三维模型如图 1 所示。

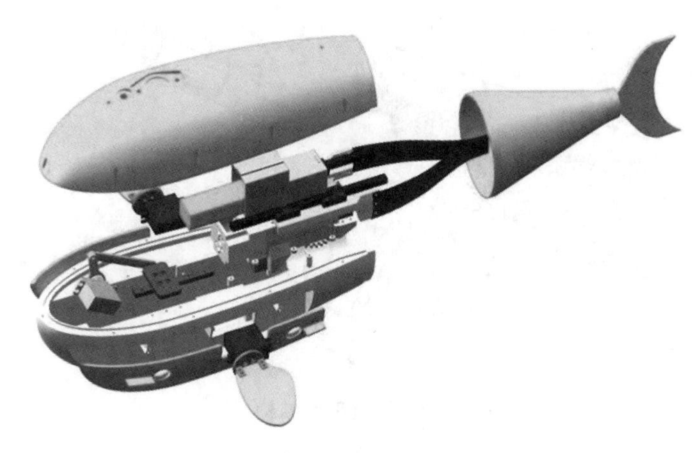

图 1　仿生机器鱼三维模型

为了方便仿生机器鱼尾鳍驱动机构、控制板、电池的安装，将一体化刚性鱼头及鱼身分割成上壳与下壳。上壳的切割位置偏离中心的距离为 10 mm，上下壳之间通过自攻螺钉连接，并且在下壳设计了用于安装密封条的底槽。使用密封圈加固化硅橡胶的设计来实现防水密封效果。此外，下壳的两侧设计了快拆压舱盖，可以实现快速增减水下配重的功能，便于实现仿生机器鱼在水下的浮力平衡。

（2）重心调节装置。

重心调节装置（图 2）由舵机驱动，利用曲柄滑块原理，使重物块做直线运动，直线运动的有效长度为 10 cm，以实现仿生机器鱼的上浮及下潜运动。舵机和导轨安装在下壳的固定架上。

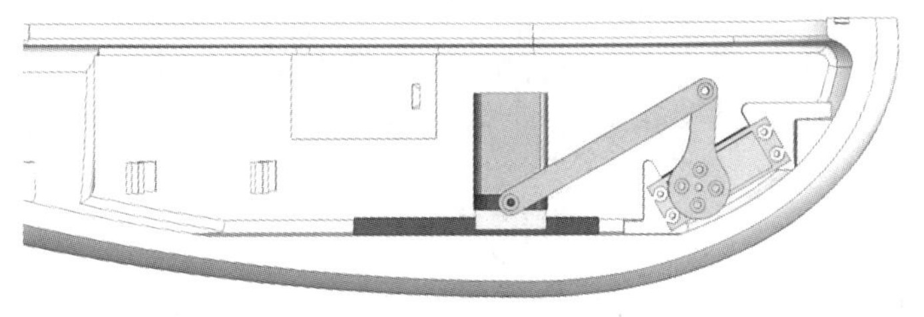

图 2　重心调节装置

在重心调节装置上方安放电源及控制电路板，根据电路板上的安装孔位置，设计相关的支撑板，电源可以固定在两安装板之间，安装板采用 M3 六角尼龙柱固定。除用丝杠进行重心调节外，整鱼要通过重物块进行配重调节。重物块可以采用带背胶的铅块。

（3）防水密封措施。

上壳与下壳之间采用直径为 3 mm 的三元乙丙 O 形橡胶密封条密封，经查阅密封圈底槽的设计资料，设置底槽宽度为 4 mm，深度为 2.4 mm，并通过自攻螺钉挤压预紧。这种方式也适用于柔性鱼尾与上下壳之间的连接，不同的是，鱼尾本身可采用防水材料 3D 打印而成，可直接取代橡胶及硅胶密封圈。

胸鳍的摇翼运动，采用防水舵机直接驱动的方式。下壳内凹形成舵机安装壳，这样有效避免了传动轴的动密封，将动密封问题降维成舵机信号线的静密封问题。下壳密封结构如图 3 所示。

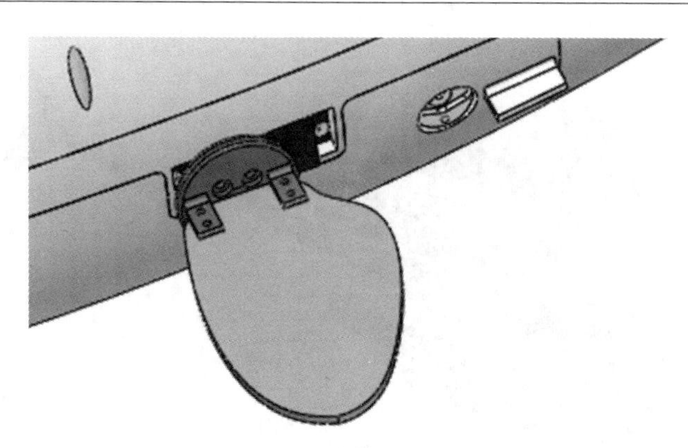

图 3　下壳密封结构

2）鱼尾摇摆驱动单元设计

鱼尾摇摆驱动单元整体设计如图 4 所示。

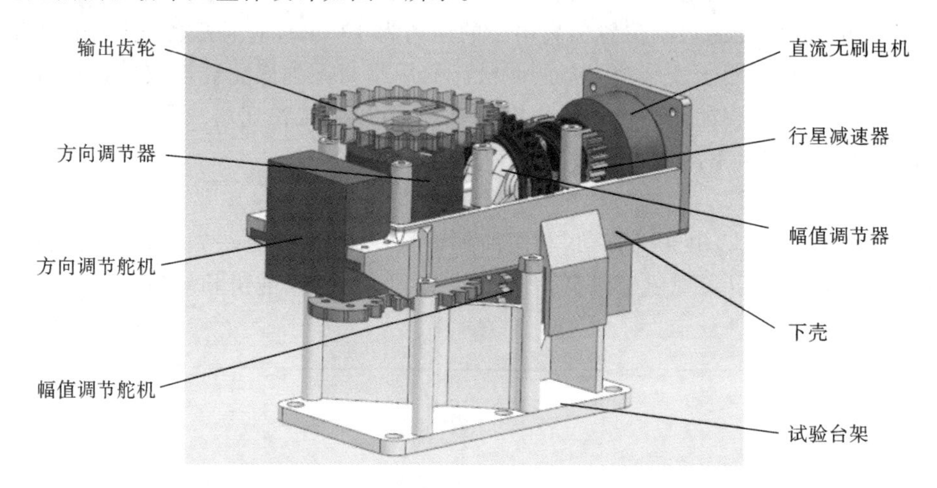

图 4　鱼尾摇摆驱动单元整体设计

（1）驱动组件选型。

根据仿生的概念设计，对鱼尾摆动的驱动组件进行选型。根据摆动频率要求，考虑仿生机器鱼的目标尺寸，需选择高功率、大扭矩的主驱动电机。经过对比分析，考虑市面上现有的直流无刷电机闭环驱动控制器，最终选择朗宇牌 3508 直流无刷电机。由于直流无刷电机转速偏高，故选择其 KV 值为 380，不仅满足低速高扭的需求，并且可以降低减速器的减速比，简化机构设计。摆动幅值调节和摆动中心位置调节使用舵机驱动，分别选用 SPT 4418 型 18 kg 舵机和 SPT 5435 型 35 kg 舵机，以便实现调节闭环控制。驱动组件如图 5 所示。

（2）驱动单元设计。

根据主驱动电机推荐供电电源，选择格氏 ACE 4S 2200 mA · h、14.8 V 航模电池。使用该电池时，直流无刷电机的最大空载转速 $n=U\times KV=14.8\times 380$ r/min＝5624 r/min，折算为频率是 93.7 Hz。为保证具有负载能力，设计减速比为 3.5 的两级行星齿轮组，减速后的理论空载频率为 7.6 Hz，考虑能量损耗和加载后的转速损失，该设计可以满足输出频率为0～5 Hz 的可调需求，保证具有持续输出能力。经计算，每一级行星齿轮组外齿圈固

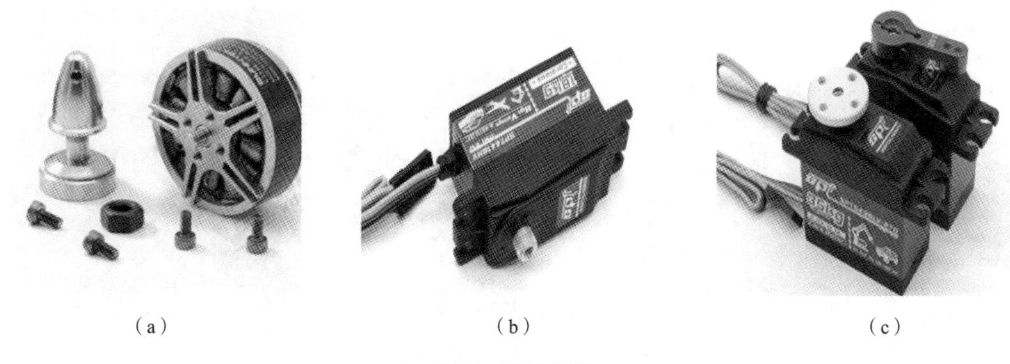

(a)　(b)　(c)

图 5　驱动组件

(a) 主驱动电机;(b) 摆动幅值调节舵机;(c) 摆动中心位置调节舵机

定,采用 1 模 40 齿;4 个行星齿轮为 1 模 12 齿;太阳轮为 1 模 16 齿。在保证结构强度的基础上,考虑加工和安装方便,整个行星减速器采用 3D 打印技术制造,如图 6 所示。

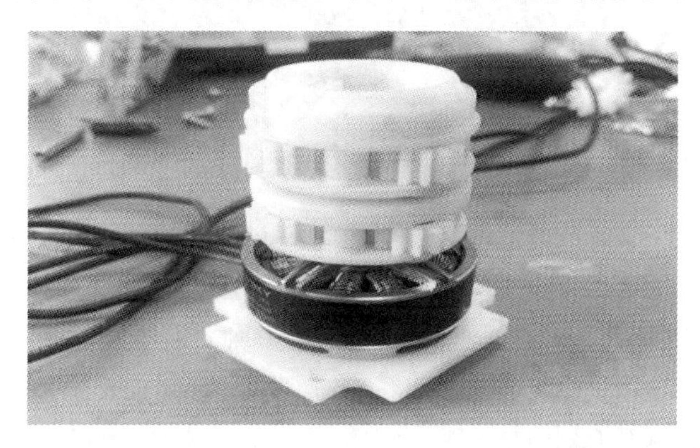

图 6　行星减速器

斜曲柄摇杆机构将转动运动变成周期性摆动运动,实现摇摆的一次生成并为幅值调节做准备。斜曲柄摇杆安装座末端带动滑块,牵引连接着后方差速式摇摆中心调节装置外壳的光轴滑轨构成曲柄滑块机构,从而实现摇摆的二次生成。第一次摇摆的安装座可以在摆动幅值调节舵机的驱动下沿 x 轴旋转 90°,从而改变第一次摇摆旋转轴轴线的方向。而由于第一次摇摆和第二次摇摆的轴线平行,故第二次摇摆所在平面可以在 xy 平面到 xz 平面间连续变化。由于最终输出的是 y 轴轴线方向的摇摆,因而在摆动幅值调节舵机的作用下,原本摇摆幅值固定的二次摇摆投影到 y 轴上的分量将根据第一次摇摆的安装座的转动角度 θ 成正弦变化,进而使最终输出给差速式摇摆中心调节装置外壳的摆动幅值改变,实现摆动幅值的无级调节。斜曲柄摇杆机构示意图如图 7 所示。

摆动中心位置的调节通过差速器实现,如图 8 所示。幅值已调节的摆动输入摆动中心位置调节舵机以调节差速器的外壳;差速器一端通过齿轮传动连接着摆动中心位置调节舵机,另一端则连接着摇摆输出齿轮。当摆动中心位置调节舵机旋转时,根据差速器原理,另一端的摆动输出齿轮将会向反方向旋转。在差速器壳摇摆时,该设计可以改变摇摆输出摆动中心位置,实现鱼尾驱动方向调节,增加驱动机构的自由度。

图 7 斜曲柄摇杆机构示意图

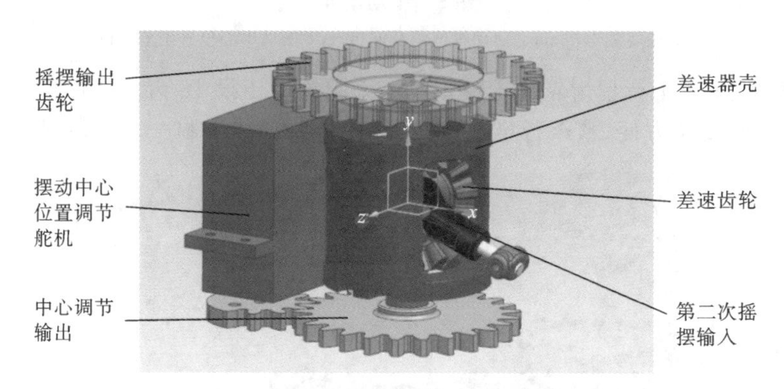

图 8 差速器实现摆动中心位置调节图

在加工制造方面,考虑制造成本以及周期问题,全部自行设计的零件均使用 3D 打印技术制作。为提高负载能力,在受力关键部位进行加固处理,并且大量采用轴承、镀铬光轴等标准件,保障驱动单元的功能特性。

(3) 驱动单元调试。

为了测试摇摆动力单元的功能,在动力单元的外围搭建简易试验台,如图 9 所示。试验台由鱼尾摇摆动力单元、弹性板鱼尾、导轨、安装支架以及月牙形尾鳍组成,模拟动力单元驱动弹性板尾鳍的作用机理。

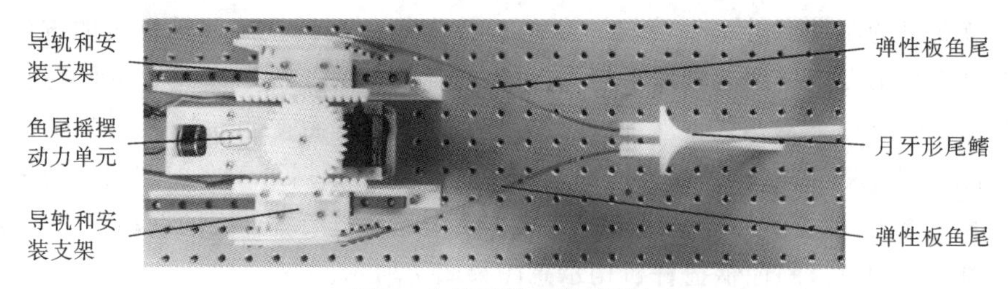

图 9 在外围搭建的试验台

试验表明,鱼尾摇摆动力单元的设计可以满足频率、摆动幅值、摆动中心位置调节的需求,且在台架试验中可以有效驱动弹性板鱼尾摆动,如图 10 所示。

3) 控制系统设计

控制系统由 MATLAB 上位机、两块无线传输模块、Arduino Mega 控制板、由水浸传感

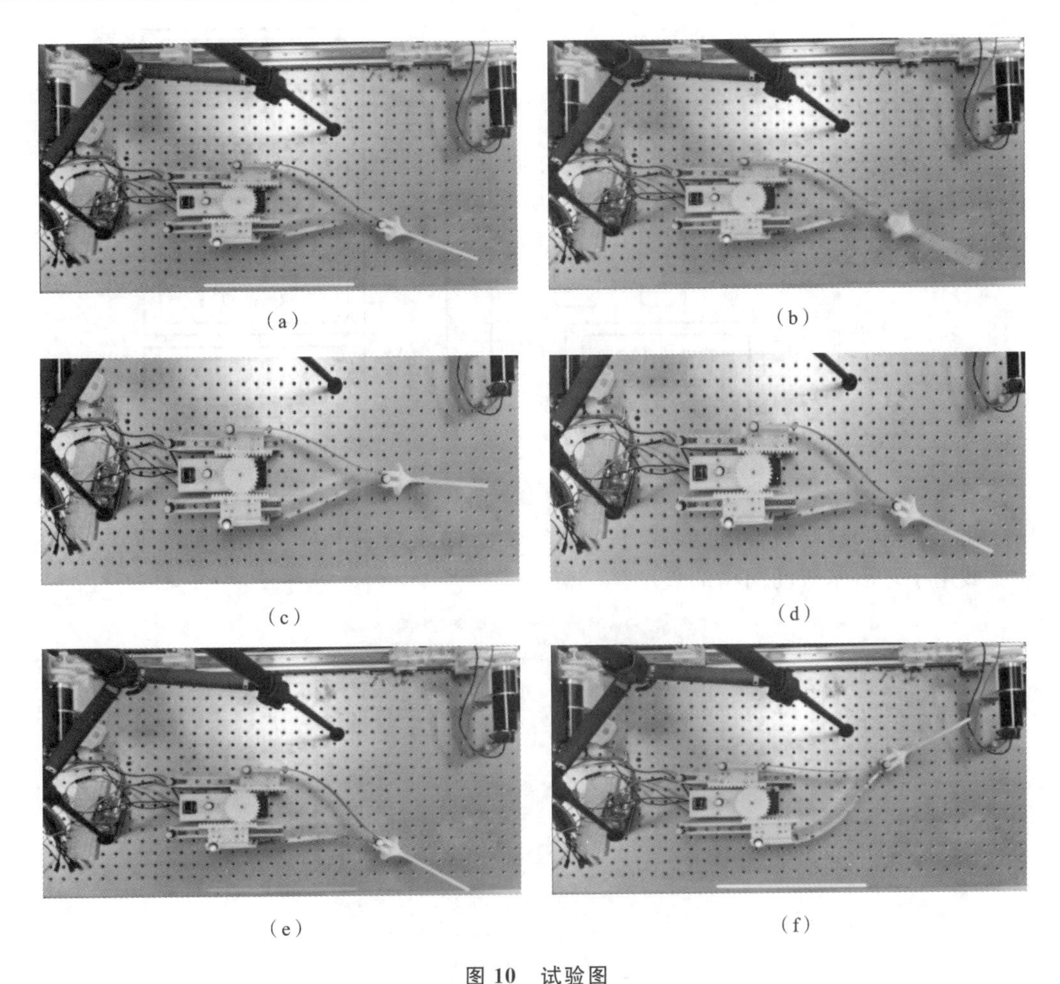

(a)　(b)　(c)　(d)　(e)　(f)

图 10　试验图

(a) 频率 1 Hz;(b) 频率 4 Hz;(c) 摆动幅值 0°;(d) 摆动幅值 40°;
(e) 摆动中心位置偏移 30°;(f) 摆动中心位置偏移 −30°

器及陀螺仪传感器组成的感知模块,以及驱动电机组成。用户可以通过岸上的上位机选择鱼类游动姿态,相关信息将会通过无线通信系统传到 Arduino Mega 控制板,进而实现对相关电机的控制,使仿生鱼做出对应的游动姿态。控制系统设计图如图 11 所示。

3. 设计方案

1) 基于流固耦合的鱼尾仿真计算

本作品将与实验室正在研发的仿生鱼机器人结合,利用 CFD 建模仿真来模拟仿生鱼在水下的运动状态,研究鱼类游动和转向机理,为水下机器人设计提供参考和突破方向。由于鱼尾采用弹性板材料,在鱼尾摆动过程中水流的阻力会使鱼尾产生一定的形变,导致实际产生的推力与计算结果存在偏差,因此引入流固耦合仿真。

选定坐标系,使用 SolidWorks 建立模型。首先建立鱼体模型,将鱼体模型导入流域模

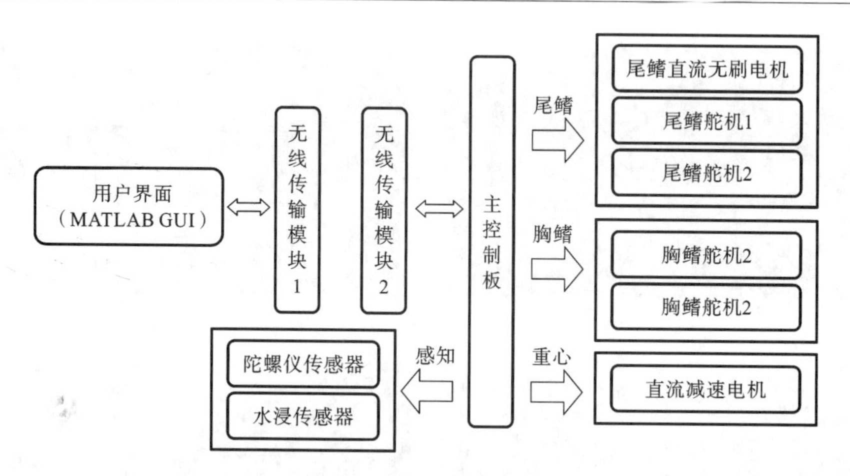

图 11 控制系统设计图

型中。此时，整体模型包括外部流域、鱼头、鱼尾、运动流域四个部分，如图 12 所示。其中，运动流域用于之后基于动网格的鱼尾摆动仿真。

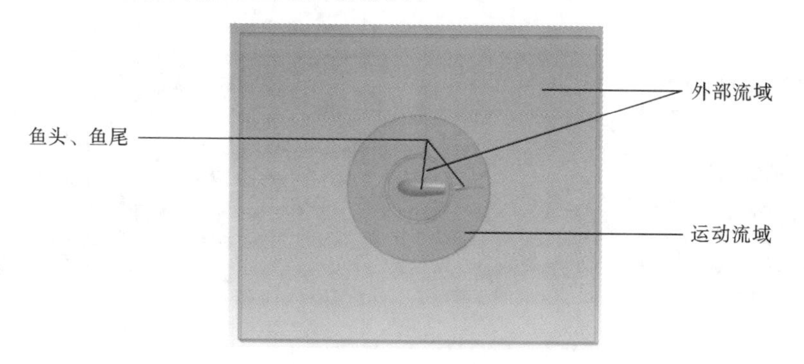

图 12 仿真模型图

在本模型中，外部流域体积较大，且与鱼体接触较少，因此可以用较大的网格划分，网格尺寸设定为 0.1 m。而对于运动流域，其形变较大，且与鱼体紧密接触，因此需要使用较为致密的网格划分，尺寸设定为 0.03 m。如图 13 所示。

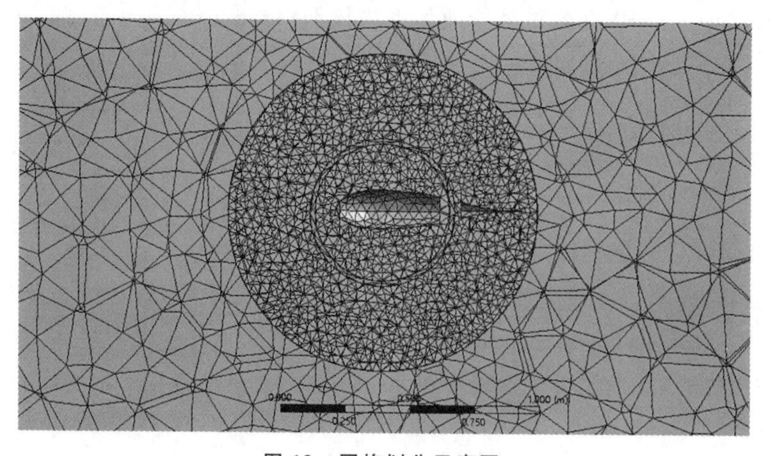

图 13 网格划分示意图

在 Solid Mechanics 中导入模型后，对流域部分进行“suppress”操作，仅保留固体部分。

设置材料，由于鱼体暂时采用 3D 打印技术制造，故设置材料为“polythene”，即聚乙烯材料。

在对鱼体进行网格划分时，由于鱼头部分表面光滑、平整，较为平坦，且体积较大，其设置的网格尺寸相对偏大，本模型实验中为 0.04 m。而对于鱼尾，其与尾鳍接触的部分较细长，尾鳍的厚度也较小，且二者在仿真时都有可能产生较大形变，为防止网格过度形变而导致仿真失败，尾部的网格尺寸需相对小一些，本模型设置为 0.02 m，如图 14 所示。

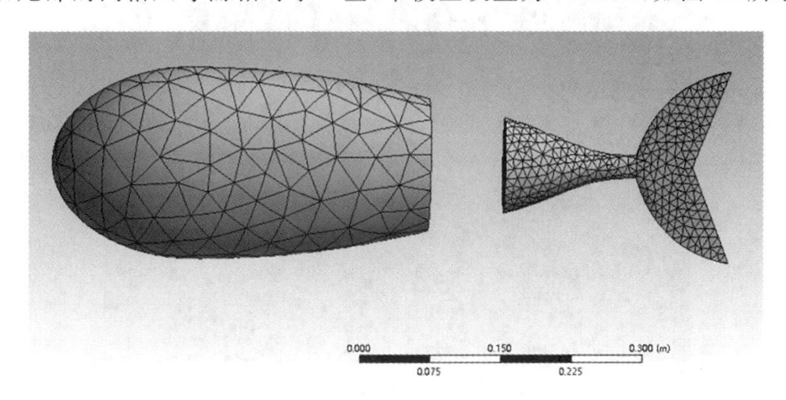

图 14　鱼体网格划分

最后设置仿真步长，为了尽量使在流固耦合分析中的结果与 CFD 保持一致，此处时间步长和时间步数均与 CFD 中的设置保持一致。

单向流固耦合分析过程主要包括流场仿真和结构仿真。流场分析是结构分析的前提，流固耦合分析的过程分两个步骤，先进行流场分析，再进行结构分析，但是模型是一一对应的。为了达到数据交换的目的，需要分别在“Fluent”和“Mechanics”中设置“interface”，即交互面。流体仿真和固体仿真的数据借助交互面不断传输。

将由 CFD 得到的结果引入压力云图进行可视化处理，所得结果如图 15 所示。

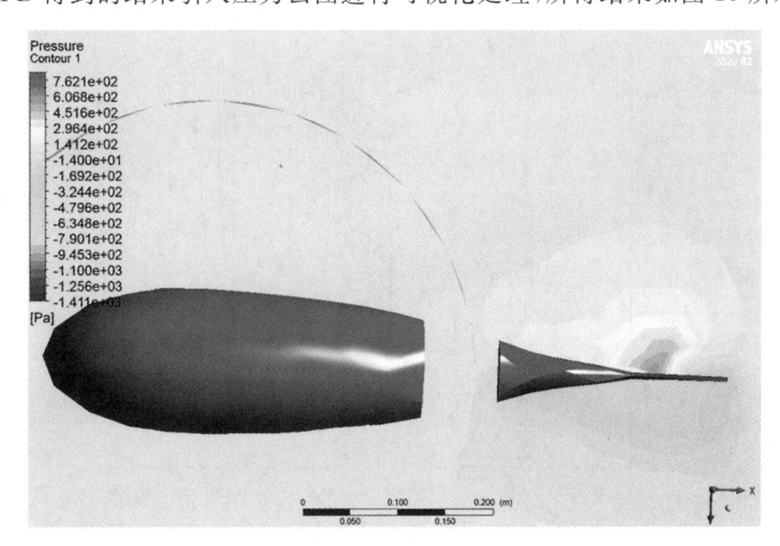

图 15　压力云图可视化处理

图 15 所示为鱼尾向上摆动至中心位置时刻的压力云图，此时鱼尾上侧所受压力大于下侧，且压力主要集中在鱼的尾鳍处。越远离尾鳍的位置，压力变化也就越小，可以比较直观地看出在鱼尾运动时，主要的抗压部分和动力来源是鱼的尾鳍，同时也可以看出鱼尾的形变较小，这两者的压力值会在下面进行定量分析。

将由 CFD 得到的结果引入速度云图进行可视化处理，所得结果如图 16 所示。

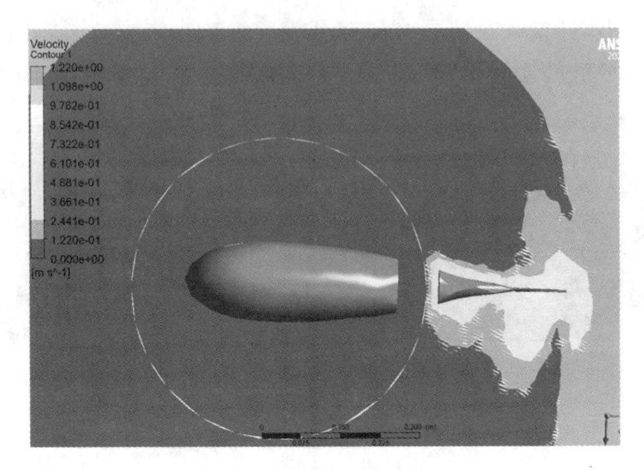

图 16　速度云图可视化处理

如图 16 所示，鱼尾附近流域水流速度较高，且在鱼尾上摆的过程中，鱼尾下侧流体速度高于上侧，这与现实生活中的经验比较吻合。同时，鱼尾尾鳍处速度梯度较高，这与压力云图结果比较吻合。

为从数值角度更清晰地判断鱼体在运动中对流体作用较大的位置，可以使用 ANSYS Workbench 中的数据导出功能。

在鱼尾表面沿 x 轴方向均匀地选择一些测点（测点越密集，越接近真实壁面上的压力，此处由于是定性观测鱼尾压力较大的部分，可选择相对稀疏的测点），所得结果如图 17所示。

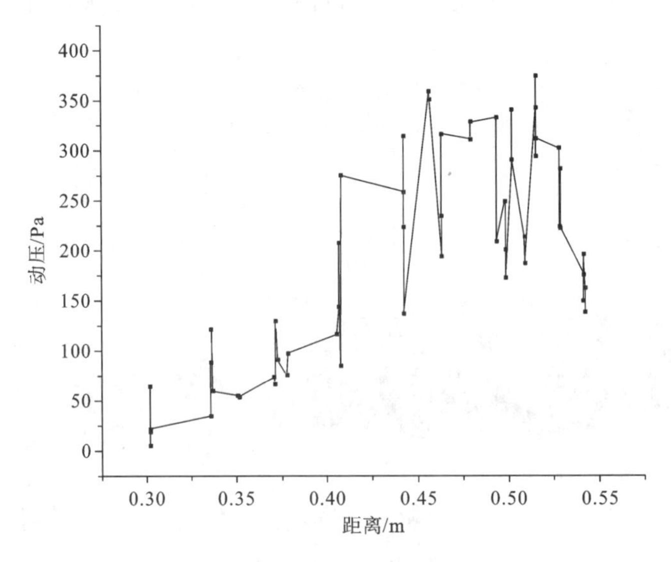

图 17　测点压力示意图

图 17 中，0.3～0.44 m 部分为鱼尾非尾鳍部分，0.44～0.54 m 部分为尾鳍部分。可以非常明显地看出，尾鳍部分动压大于非尾鳍部分，尾鳍部分对流域中流体作用较大。

借助交互面，可以将水流对鱼体产生的压力传输到结构力学分析器中进行分析。在计算结果中选择“stress”和“deformation”两个结果评估，可以分别得到鱼体所受的压力及其产生的形变，如图 18、图 19 所示。

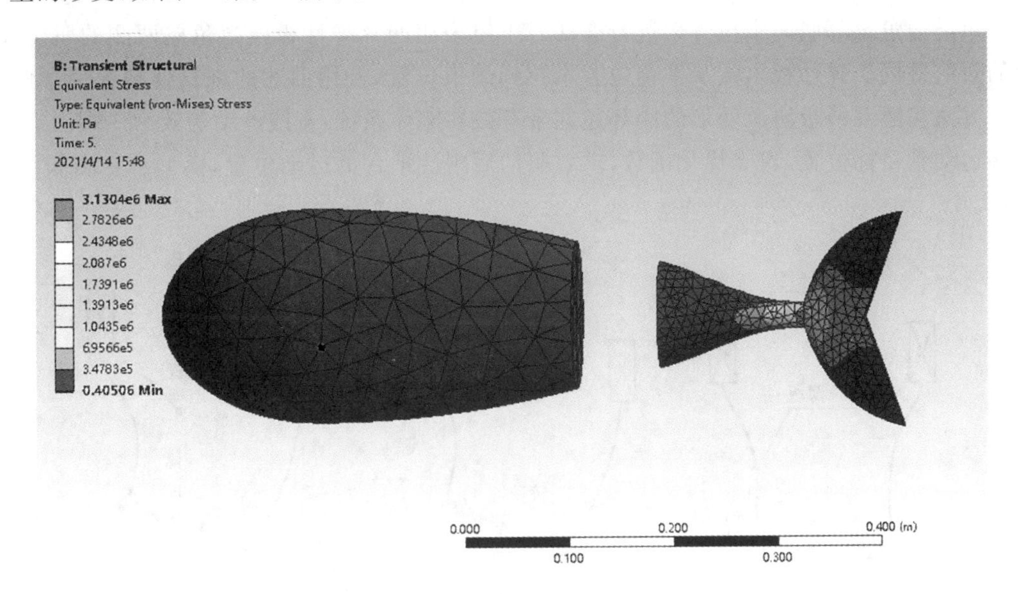

图 18　所受压力示意图

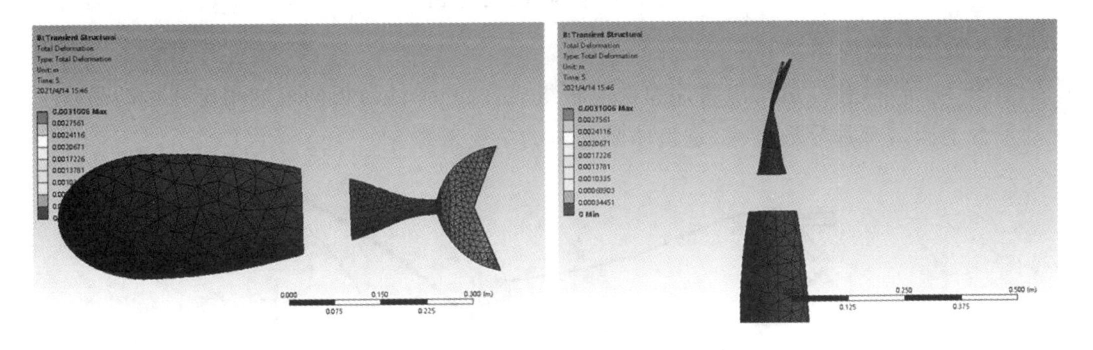

图 19　形变示意图

由所受压力图和形变图均可以看出，鱼尾尾鳍在运动中承受了较大的压力，这与 CFD 的仿真结果吻合，因此在后续的工作中，需要重点优化尾鳍的运动轨迹。

同时尾鳍和尾部主体部分的连接处所受压力最大，因此在后续工作中也应该尽可能加固该连接处以防止脱落。

2）双弹性板鱼尾设计

（1）尾部设计方案。

基于主轴分解得到的弹性构件等效变形模型，可以对类似鱼尾的双弹性板耦合系统进行分析。采用由两细长薄板和一个刚性平台构成的平面弹性并联机构，将两侧驱动量的差异转化为弹性板构件的变形能，使得两板差动，从而促使末端刚性平台发生转动和平动。尾鳍作为鱼类驱动力的主要来源，如果能设置驱动让尾部平台沿着真实鱼类的尾鳍摆动弧线运动，那么机器鱼尾也能提供较大的驱动力，所以仿真的初步目标是使尾部平台的摆动轨迹接近真实鱼类的尾鳍运动轨迹。

鱼类通过尾部肌肉牵拉骨架进行摆动。小组采用两片弹性板模拟鱼尾两侧的肌肉，牵拉的效应等同于弹性板末端从平衡位置牵拉到约束位置，使用前述的细长薄板大变形解析建模方法构建双薄板协调变形的闭环超冗余等效多刚体系统，直线差动等效为一端固定，另一端运动到目标位置，建立优化函数，求解驱动后刚性平台的运动位置，模型示意图如图 20 所示。

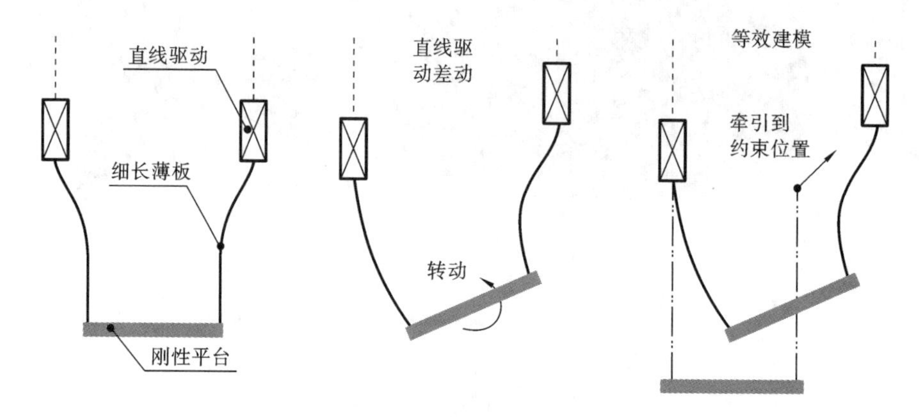

图 20　尾部模型示意图

(2) 鱼尾模型构建。

如图 21 所示，弹性鱼尾由两片弹性薄板组成，两片弹性薄板的末端固定在运动平台上，运动平台上固结有月牙形尾鳍，是鱼体驱动力的主要来源。

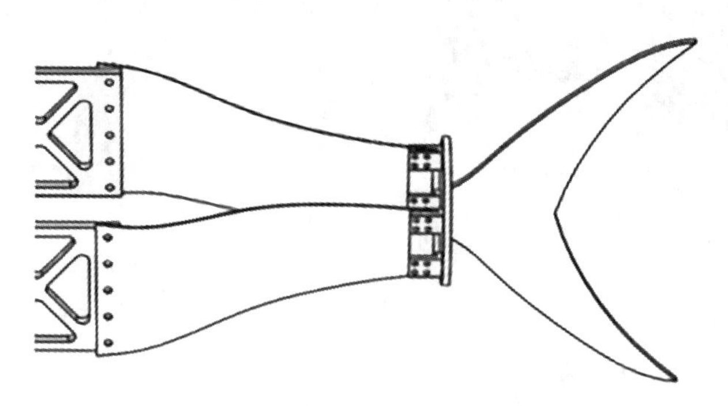

图 21　尾部模型构建图

弹性薄板为均匀变截面的锰铁合金弹性薄板，长 150 mm，较大一端宽 65 mm，较小一端宽 24 mm，厚 0.3 mm，其弹性模量 E=197 GPa，切变模量 G=76.4 GPa，单侧薄板如图 22 所示。

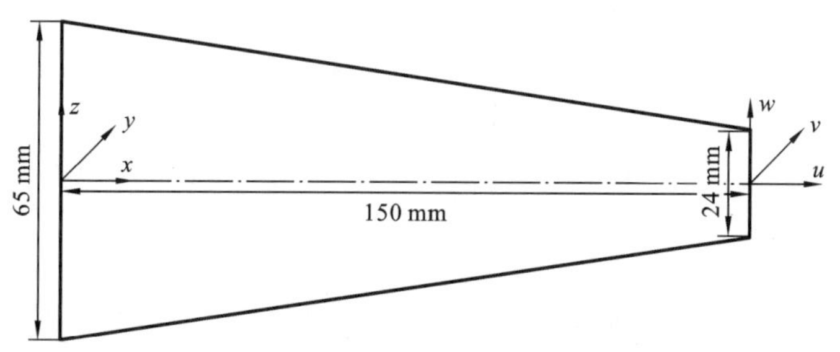

图 22　单侧薄板示意图

目前试验平台提供的驱动只能让弹性薄板弯曲而无法扭转，所以弹性薄板的运动其实是在二维空间内进行的，可以把弹性薄板进一步简化为单自由度被动扭簧的铰链，如图 23 所示。

如图 24 所示，建立闭环构型等效多刚体系统，并给定末端平台的目标位形。末端平台被认为是刚性单元，连接两侧的微元，弹性薄板被离散成 n 个转动关节首尾相连的串联机构，其中第 $n/2$ 个转动关节与第 $n/2+1$ 个转动关节连接到刚性平台两侧，驱动单元被视为单自由度的移动关节，所以该机构总共有 $n+2$ 个被动运动关节。

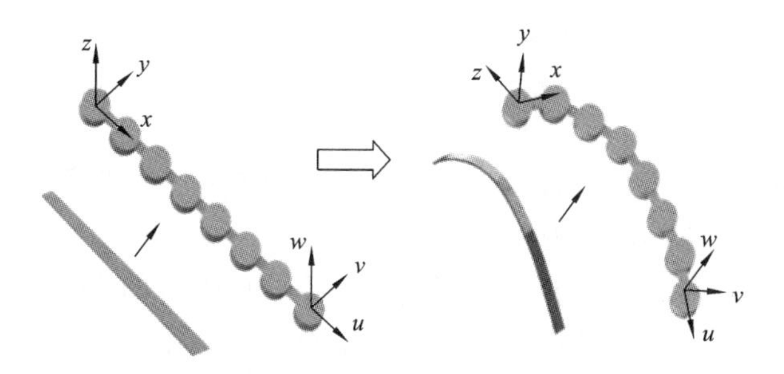

图 23　单自由度被动扭簧的铰链示意图

图 24　闭环构型等效多刚体系统

该模型的目标优化函数为：

$$\min \boldsymbol{c}(\theta, \boldsymbol{F})=\begin{bmatrix} c_1 \\ c_2 \\ c_3 \end{bmatrix}=\begin{bmatrix} \ln[g_{\mathrm{st}}(\theta) g_t^{-1}]^{\vee} \\ [\boldsymbol{I}_3 \quad 0] g_{\mathrm{e}}(\theta)\begin{bmatrix} 0 \\ 1 \end{bmatrix}-\begin{bmatrix} x_t \\ y_t \\ 0 \end{bmatrix} \\ \boldsymbol{K}_\theta \theta-\boldsymbol{J}_t^{\mathrm{T}} \boldsymbol{F} \end{bmatrix}$$

目标优化函数对应元件的运动情况如下。

① 目标优化函数 c_1：将串联机构末端从 g_{t0} 移动到 g_t；

② 目标优化函数 c_2：刚体平台从初始位置 p_{e0} 移动到目标位置 p_{e}；

③ 目标优化函数 c_3：弹性板内力与外力互相平衡。

采用牛顿梯度迭代法对该目标函数进行迭代求解，其梯度为：

$$\frac{\partial \boldsymbol{c}}{\partial x}=\begin{bmatrix} \dfrac{\partial c_1}{\partial \theta} & \dfrac{\partial c_1}{\partial \boldsymbol{F}} \\ \dfrac{\partial c_2}{\partial \theta} & \dfrac{\partial c_2}{\partial \boldsymbol{F}} \\ \dfrac{\partial c_3}{\partial \theta} & \dfrac{\partial c_3}{\partial \boldsymbol{F}} \end{bmatrix}=\begin{bmatrix} \boldsymbol{J}_t & \boldsymbol{0} \\ \boldsymbol{J}_{\mathrm{e}\theta} & 0 \\ \boldsymbol{K}_\theta-\boldsymbol{K}_{J_t} & -\boldsymbol{J}_t^{\mathrm{T}} \end{bmatrix}$$

其中：

$$\frac{\partial c_1}{\partial \theta}=\boldsymbol{J}_t=[\xi'_0,\xi'_1,\xi'_2,\cdots,\xi'_n,\xi'_{n+1}]$$

$$\frac{\partial c_2}{\partial \theta}=\boldsymbol{J}_{e\theta}=[\boldsymbol{J}_{e\theta_1},\boldsymbol{J}_{e\theta_2},\cdots,\boldsymbol{J}_{e\theta_{n+1}}]$$

$$\frac{\partial c_2}{\partial \theta_i}=\boldsymbol{J}_{e\theta_i}=[\boldsymbol{I}_3 \quad 0]\frac{\partial g_e(\theta)}{\partial \theta_i}\begin{bmatrix}0\\1\end{bmatrix}$$

$$=[\hat{\omega}_i \quad \hat{v}_i]_{3\times 4}\begin{bmatrix}\boldsymbol{P}\\1\end{bmatrix}_{4\times 1}=[-\hat{\boldsymbol{P}} \quad \boldsymbol{I}_3]_{3\times 6}\begin{bmatrix}\omega_i\\v_i\end{bmatrix}_{6\times 1}$$

$$\frac{\partial c_3}{\partial \theta}=\boldsymbol{K}_\theta-\boldsymbol{K}_{J_t}$$

$$K_{J_t}=\frac{\partial \boldsymbol{J}^{\mathrm{T}}}{\partial \theta}\boldsymbol{F}=\begin{bmatrix}0 & 0 & \cdots & 0\\ \boldsymbol{F}^{\mathrm{T}}Z_{\xi'_2}\xi'_1 & 0 & \cdots & 0\\ \vdots & \vdots & \ddots & \vdots\\ \boldsymbol{F}^{\mathrm{T}}Z_{\xi'_n}\xi'_1 & \cdots & \boldsymbol{F}^{\mathrm{T}}Z_{\xi'_n}\xi'_{n-1} & 0\end{bmatrix}$$

$$\frac{\partial c_3}{\partial \boldsymbol{F}}=-\boldsymbol{J}_t^{\mathrm{T}}=-[\xi'_1,\xi'_2,\cdots,\xi'_n]^{\mathrm{T}}$$

当目标优化函数收敛时可以得到两侧移动副所需的驱动量，同时可以解算出末端平台所需的力和各微元的偏置角度，从而得到最终的静态构型。

图 25 展示的是末端平台处于中间位置时弹性薄板的变形情况。下方两平行的矩形条代表弹性薄板不受内力时候的状态，即初始位姿，其右边的黑色矩形块代表鱼尾的末端平台，用空心圆圈标出了平台中点。仿真的目标函数使得弹性板开始变形，一是末端平台中点要到达指定位置，即符号“ * ”处，二是上板的驱动端要在导轨上移动，即约束了 y 方向的自由度。如图 25所示，这种情况下末端平台的目标位置为：

$$\text{ept}=\begin{bmatrix}0.171\\0\\0\end{bmatrix}$$

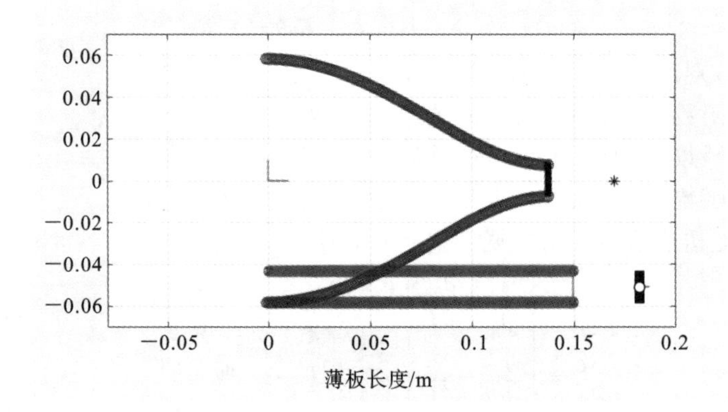

图 25　仿真示意图 1

针对下列几种目标位置，分别进行仿真计算，如图 26 所示，得到弹性薄板的变形情况和驱动的输出量：

$$\text{ept1}=\begin{bmatrix}0.168\\0.01\\0\end{bmatrix}\rightarrow\text{ept2}=\begin{bmatrix}0.165\\0.02\\0\end{bmatrix}\rightarrow\text{ept3}=\begin{bmatrix}0.161\\0.03\\0\end{bmatrix}$$

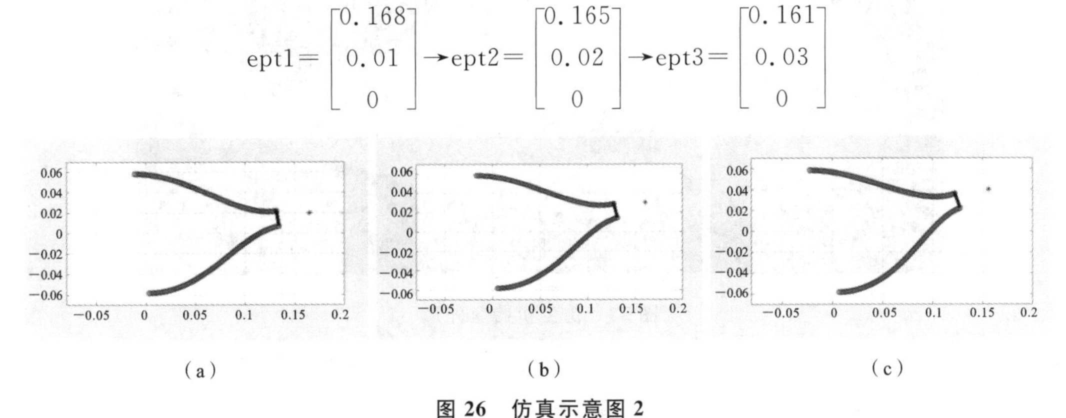

图 26　仿真示意图 2

(a) ept1 结果；(b) ept2 结果；(c) ept3 结果

同样地，针对下列几种目标位置也给出仿真结果，如图 27 所示。

$$\text{ept4}=\begin{bmatrix}0.168\\-0.01\\0\end{bmatrix}\rightarrow\text{ept5}=\begin{bmatrix}0.165\\-0.02\\0\end{bmatrix}\rightarrow\text{ept6}=\begin{bmatrix}0.161\\-0.03\\0\end{bmatrix}$$

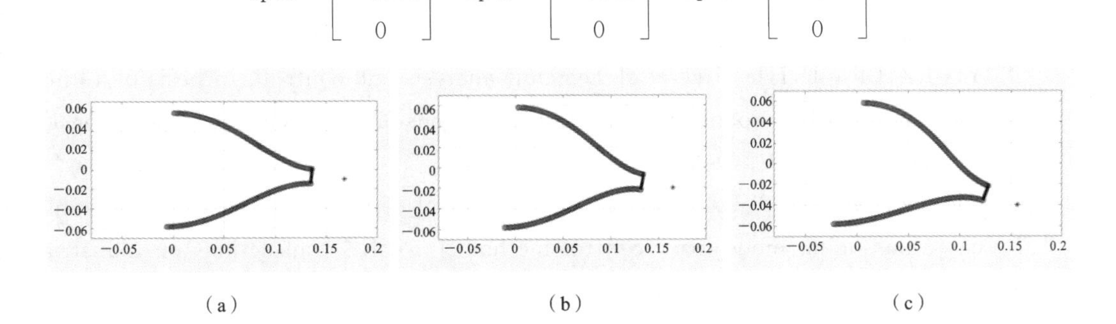

图 27　仿真示意图 3

(a) ept4 结果；(b) ept5 结果；(c) ept6 结果

4. 主要创新点

（1）仿生机器鱼创新性地使用新型金属薄板材料制作鱼尾，通过两片薄板异步弯曲实现鱼尾的摆动。

（2）使用直流无刷电机驱动的尾鳍摇摆动力单元，不仅有较高的摆动频率，也实现了鱼尾摆动幅值、摆动中心位置的无级调节功能，大大提高了仿生机器鱼的灵活度。

5. 作品展示

本作品外形如图 28 所示。

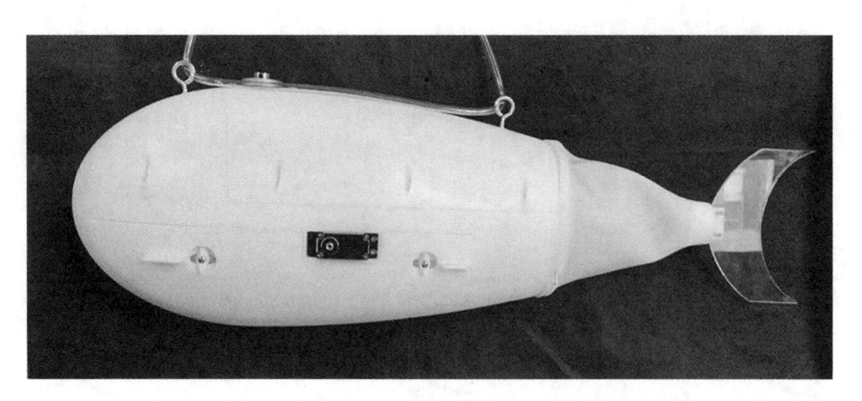

图 28　仿生机器鱼外形

参 考 文 献

[1] YU J Z,SU Z S,WANG M,et al. Control of yaw and pitch maneuvers of a multilink dolphin robot[J]. IEEE transactions on robotics,2012,28(2):318-329.

[2] YU J Z,WEI C M. Towards development of a slider-crank centered self-propelled dolphin robot[J]. Advanced robotics,2013,27(12):971-977.

[3] YU J Z,LI Y F,HU Y H,et al. Dynamic analysis and control synthesis of a link-based dolphin-like robot capable of three-dimensional movements[J]. Advanced robotics, 2009, 23(10):1299-1313.

[4] YU J Z,LIU J C,WU Z X,et al. Depth control of a bioinspired robotic dolphin based on sliding mode fuzzy control method[J]. IEEE transactions on industrial electronics, 2018,65(3):2429-2438.

[5] YUAN J,WU Z X,YU J Z,et al. Sliding mode observer based heading control for a gliding robotic dolphin[J]. IEEE transactions on industrial electronics, 2017,64(8):6815-6824.

[6] TRIANTAFYLLOU M S, TRIANTAFYLLOU G S. An efficient swimming machine[J]. Scientific American, 1995, 272(3):64-70.

[7] ANDERSON J M, KERREBROCK P A. The vorticity control unmanned undersea vehicle (VCUUV): an autonomous robot tuna[J]. Technology,1999:63-70.

[8]王耀威,纪志坚,翟海川. 仿生机器鱼运动控制方法综述[J]. 智能系统学报,2014,9(3):276-284.

[9] IJSPEERT A J,CRESPI A, RYCZKO D, et al. From swimming to walking with a salamander robot driven by a spinal cord model[J]. Science, 2007,315(5817):1416-1420.

[10] 汪明,喻俊志,谭民. 胸鳍推进型机器鱼的 CPG 控制及实现[J]. 机器人, 2010,32(2): 248-255.

[11] 李宗刚，夏文卿，葛立明，等. 仿生机器鱼胸/尾鳍协同推进闭环深度控制[J]. 机器人，2020，42(1)：110-119.

[12] 李永强. 基于振动推进机理的柔性仿生机器鱼设计与实验研究[D]. 哈尔滨：哈尔滨工业大学，2016.

[13] 张迟. 一种仿生机器鱼的设计与运动控制[D]. 大连：大连理工大学，2018.

全地形高效智能仿犁喷注固沙车

上海工程技术大学

设计者：化希杰　曾玉良　夏娃　陈熙昭　张宏博

指导教师：唐佳　陈雨涵

1. 设计目的

我国是世界上受土地荒漠化危害严重的国家，尤其是我国北方的沙漠化(沙质荒漠化)因面积大和发展迅速而引人关注。沙漠化是在干旱、半干旱及部分半湿润地区由于人类不合理经济活动与自然资源不协调所产生的以风沙活动为主要标志的土地退化现象。沙漠化使土壤的风蚀、风积作用加剧，破坏了土壤的理化性质，使土地降低乃至丧失生产潜力，并使自然环境趋于恶化，给国民经济造成巨大损失，也严重影响人民生活水平和生存环境。

目前国内外防沙治沙的方法主要有以下几种：

(1) 生物固沙，如图 1 所示，是通过栽种植被等手段达到防沙治沙、提高荒漠土壤质量的一种技术措施。但由于荒漠地区环境条件较差，不能完全保障植被生长的基本生命要素，故单一的生物固沙方法很难实现全面的防治沙尘目的。

(2) 工程固沙，如图 2 所示，它通过设置沙障来阻止流沙，这种手段是荒漠地区治理沙漠化不可或缺的先期辅助措施。但工程治沙因其防护流沙高度确定，短时间内容易被流沙掩埋，故也只能作为一种辅助性的固沙手段。

(3) 化学固沙，如图 3 所示，利用化学工艺与材料在荒漠表层建造一层固结层，这种固结层可以在阻止风力吹散流沙的同时又使水分稳定并改良沙地性质。但化学固沙对流沙是没有防治能力的，它只能使原沙地中的沙粒固定不动，属于固沙型措施。

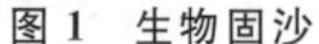

图 1　生物固沙

图 2　工程固沙

图 3　化学固沙

(4) 微生物固沙，如图 4 所示，是在荒漠生物结皮中分离出可用于固沙的细菌，将其制成的菌液喷洒在荒漠表面并利用微生物结皮来防风固沙的一种措施。微生物是荒漠地区生态系统中的重要组成部分，它的存在可以改善土壤肥力，提高土壤养分。

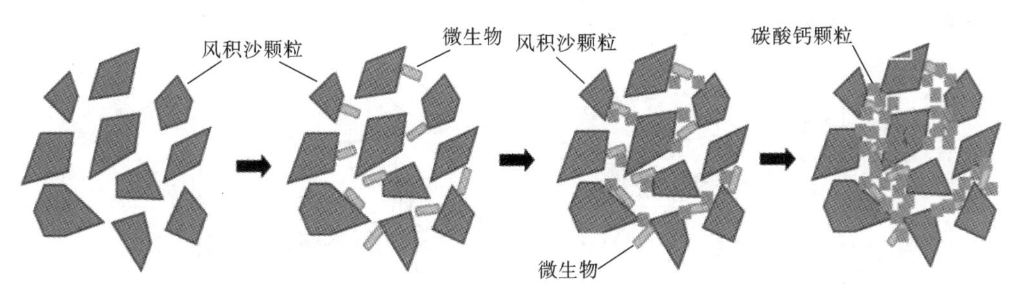

图 4 微生物固沙

传统的防沙治沙工作主要由人工来完成，而沙地松软、沙丘坡度大，且常年大风，使得治沙工作环境非常恶劣，人工劳动强度也很大。如今沙漠治理新模式——规模化、机械化固沙治沙是一种更有效的方式。

小组基于对微生物诱导碳酸钙沉积的防风固沙原理的理解和对传统农业用具犁的结构改造，设计一款机器来完成喷注含有固沙微生物的液体菌剂的工作。使用者可控制该机器在划分的区域内自动作业，并且在作业完成后，可通过遥控的方式控制机器回程。

本作品的主要模块包括：

(1) 履带轮模块，如图 5、图 6 所示。履带轮抓地力、牵引力大，负重作业优势明显，通过性能和爬坡性能高，适应沙漠起伏不平的地形。

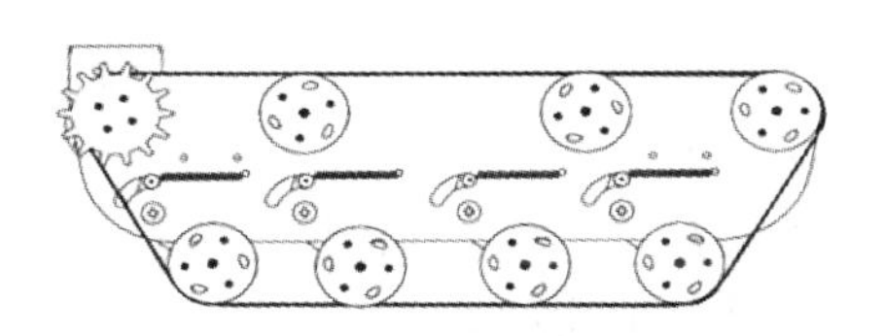

图 5 履带轮前视图

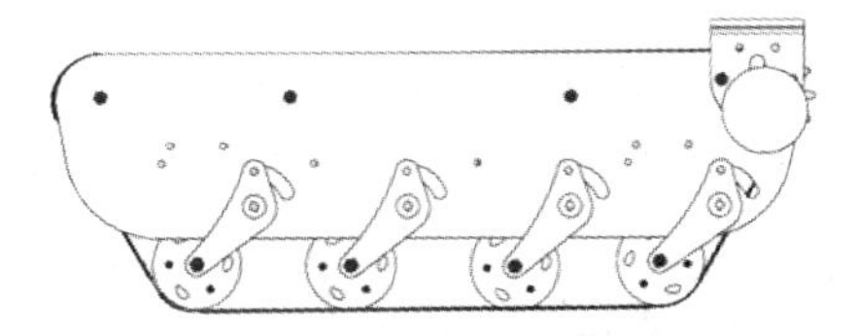

图 6 履带轮后视图

(2) 仿犁喷注装置模块，如图 7、图 8 所示。该模块将传统农业用具犁和喷注头相结合，形成仿犁喷注头。该结构具有两种功能——推沙和喷注。这种结构能够有效地在沙土中推土，并将液体喷注至沙坑。仿犁喷注头的喷注孔位于仿犁喷注头的底部，以防止喷注孔被沙子堵塞。

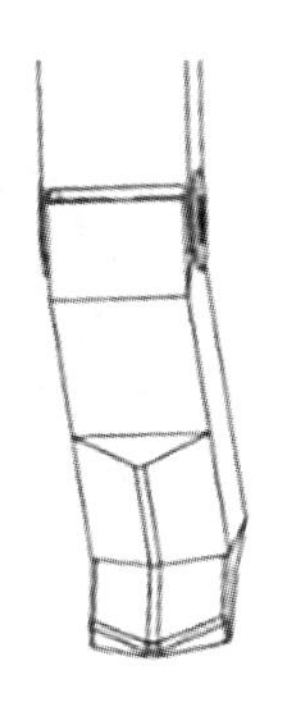

图 7 仿犁喷注头前视图

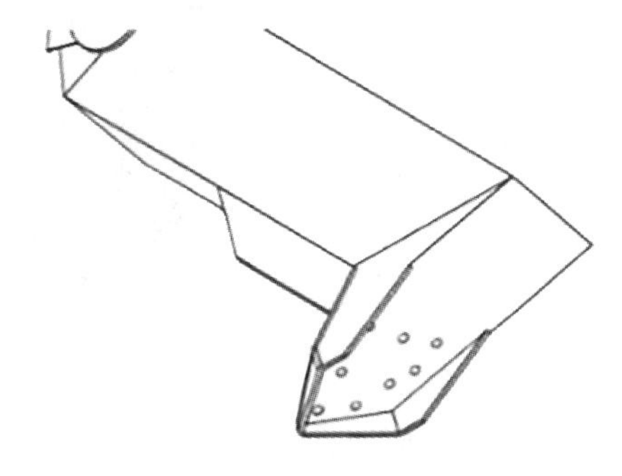

图 8 仿犁喷注头侧视图

(3) 平沙板模块，如图 9 所示。该模块能将仿犁喷注头所推开的沙坑填平，且平沙板底部设计成锯齿形，相较平面形状，它能减小沙体对其的阻力。

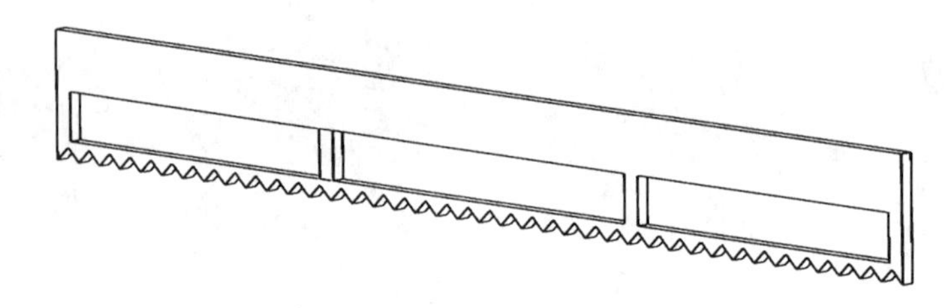

图 9　平沙板

(4) 减震模块，如图 10、图 11 所示。该模块在履带轮、车体及仿犁喷注装置中设置了减震结构。该结构能让履带车平稳地在沙漠中运行，同时可减小沙土对仿犁喷注装置的影响，避免仿犁喷注头在作业过程中遇到障碍物而被损坏。

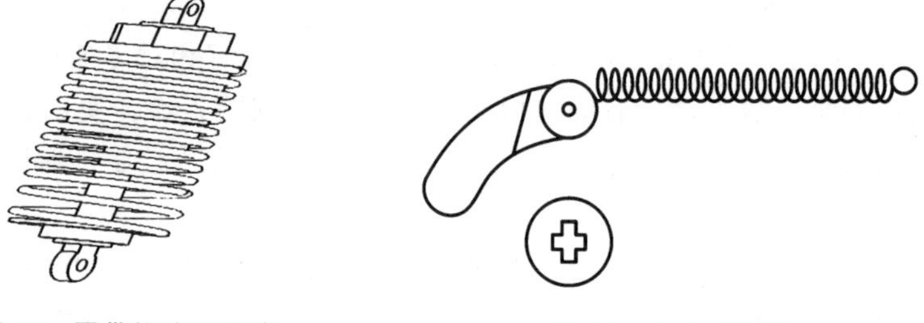

图 10　履带轮减震弹簧　　**图 11　车体减震器**

(5) 升降模块，如图 12 所示。该模块可在仿犁喷注装置未作业时将其上升收至车体内，并将平沙板拉升至安全高度。该结构能保证装置的安全。

(6) 隔热水箱模块，如图 13 所示。该模块可减小沙漠炙热气候对液体菌剂中固沙微生物的影响，使其处于恒温环境下，有利于保持液体菌剂中固沙微生物的活性。

(7) 供能辅助模块，如图 14 所示。该模块利用沙漠中太阳光充足的特点，在车顶部装载太阳能板。该模块充分利用光能，符合绿色能源的要求。

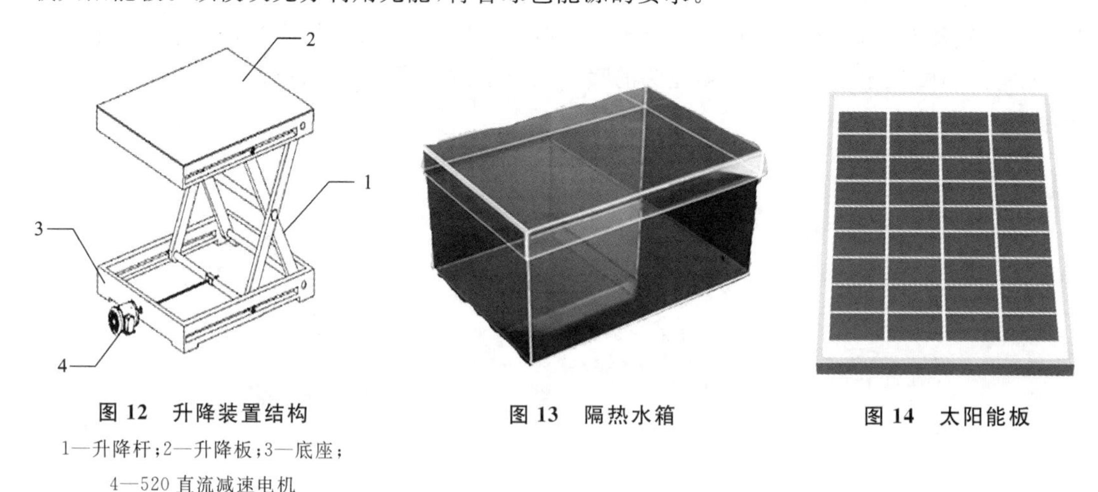

图 12　升降装置结构

1—升降杆；2—升降板；3—底座；4—520 直流减速电机

图 13　隔热水箱

图 14　太阳能板

2. 工作原理

1）机械部分

（1）履带轮传动机构。

履带轮传动机构包括2条履带、2个550永磁微型直流减速电机和履带轮，履带轮包括2个主动轮、14个从动轮。其中，主动轮与550永磁微型直流减速电机连接，如图15所示。履带由履带板和履带销组成，通过主动轮驱动，围绕着从动轮，如图16所示。履带销可将各履带板连接起来构成履带链环。履带板的两端有孔，与主动轮和从动轮咬合，中部有诱导齿，用来规正履带，并防止车子转向或侧倾行驶时履带脱落，履带板在与地面接触的一面有加强防滑筋，可提高履带板的坚固性和履带与地面的附着力。

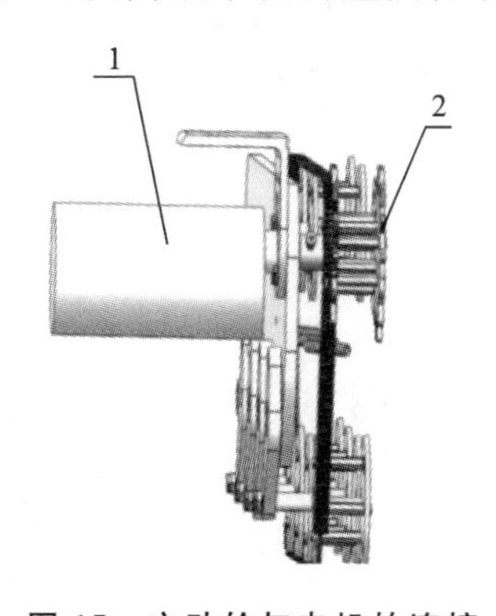

图15　主动轮与电机的连接

1—550永磁微型直流减速电机；2—主动轮

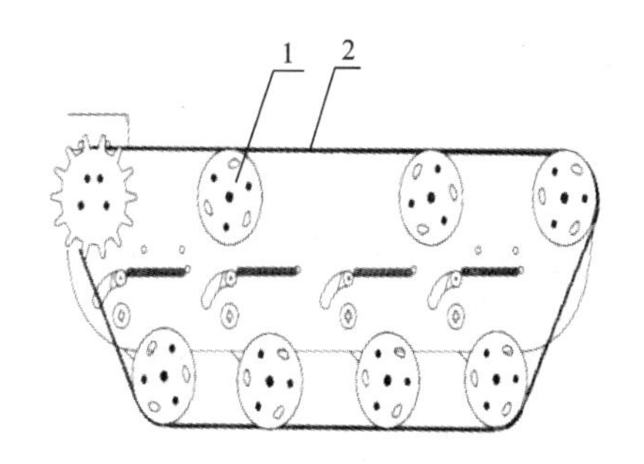

图16　履带与主动轮、从动轮的连接

1—从动轮；2—履带

（2）仿犁喷注结构。

仿犁喷注结构仿造的是传统农业用具犁，并且该结构末端设有犁式喷注头，如图17所示。仿犁喷注装置共设有5个仿犁喷注结构并固定在升降板上。该装置可在履带车行驶时在沙土上划出沙坑，仿犁喷注结构末端的喷注头可向沙坑喷注液体菌剂。相比直接喷洒在沙土表面，这种方式能提高液体菌剂的利用率，同时还可以保证在履带车行驶过的区域上喷注的液体菌剂是均匀的。

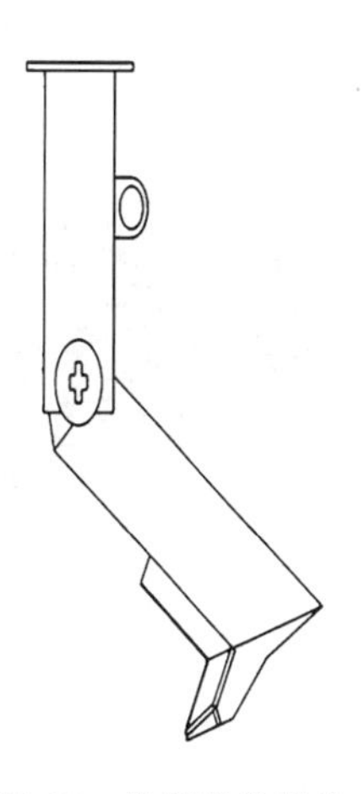

图17　仿犁喷注结构

（3）平沙板结构。

平沙板的外形结构分为平沙板上部与平沙板下部，其中平沙板下部末端设计成锯齿状，此设计可以减小沙土对平沙板的阻力，能更有效地将仿犁喷注装置划过的沙坑抹平，如图18所示。平沙板通过钢丝绳和定滑轮与升降板的吊环相连。沙漠地区白天温度较高且干燥，微生物不宜直接暴露在阳光下。该装置不仅可将仿犁喷注装置划过的沙坑抹平，覆盖微生物，还可以防止沙漠地区的大风对土地的侵蚀。

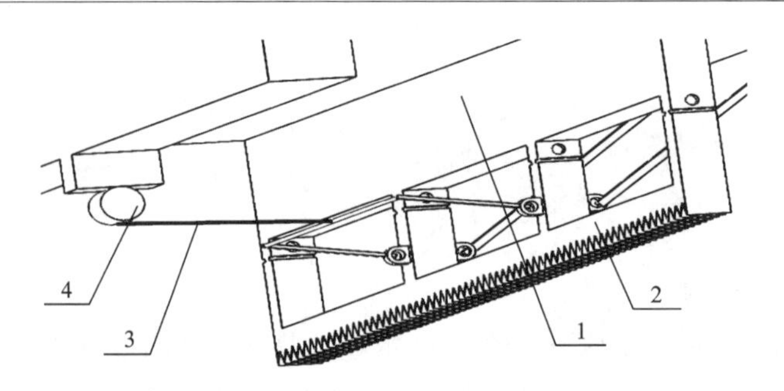

图 18　平沙板结构

1—平沙板上部;2—平沙板下部;3—钢丝绳;4—定滑轮

(4) 升降装置结构。

升降装置结构是保护仿犁喷注装置与平沙板的装置,该装置位于车体内,由连杆与升降板构成。连杆的转动可使升降板实现升降运动,从而带动仿犁喷注装置升降以及使钢丝绳做牵引运动。钢丝绳连接在平沙板前的连杆上,连杆又连接着平沙板,故钢丝绳的牵引可带动连杆运动,从而实现平沙板运动。

2) 电控结构

(1) 用户控制及输入部分。

① 无线 Wi-Fi 串口透传模块。

无线 Wi-Fi 串口透传模块最高工作速率为 2 Mbps,高效 GFSK 调制,抗干扰能力强,低功耗,在 1.9～3.6 V 下工作,内置稳压电路,使用各种电源(包括 DC/DC 开关电源)均有很好的通信效果,如图 19 所示。

② 无线蓝牙串口透传模块。

无线蓝牙串口透传模块用于短距离的数据无线传输领域,可以方便地和 PC 的蓝牙设备相连,也可以用于两个模块之间的数据互通,避免烦琐的线缆连接,如图 20 所示。

图 19　无线 Wi-Fi 串口透传模块

图 20　无线蓝牙串口透传模块

③ OLED 显示屏。

OLED 显示屏为全固态结构,无真空,液体物质,抗震性好,可以适应巨大的加速度、振动等恶劣环境,如图 21 所示。主动发光的特性使 OLED 显示屏几乎没有视角限制,具有较宽的视角,视角一般可达到 170°,从侧面看也不会失真。OLED 显示屏的响应时间是几微秒到几十微秒。OLED 显示屏低温特性好,在 −40 ℃都能够正常显示。沙漠地区昼夜温差大,此款显示屏可以适应机器在沙漠夜间工作的环境。

(2) 功能实现部分。

① HC-SR04 超声波模块。

如图 22 所示，控制口发出一个 10 μs 以上的高电平，就可以在接收口等待高电平输出。一有输出就可以开定时器计时，当此接收口变为低电平时就可以读定时器的值，利用此时间间隔就可算出距离。如此不间断的周期测距，就可以探测出固沙车与障碍物之间的距离。

图 21　OLED 显示屏

图 22　HC-SR04 超声波模块

② DHT11 温度模块。

DHT11 温度模块采用单总线的接口方式，与微处理器连接时，仅需一条总线即可实现微处理器与 DS18B20 的双向通信。单总线具有经济性好、抗干扰能力强、适合恶劣环境的现场温度测量、使用方便等优点，如图 23 所示。

图 23　DHT11 温度模块

③ 电机驱动。

550 永磁微型直流减速电机和 520 直流减速电机分别通过 160 W 双路直流电机驱动器和 A4950 双路电机驱动器进行驱动，如图 24、图 25 所示。

双路直流电机驱动器类似 L289N 控制逻辑，能够通过改变信号引脚的电平，控制电机的转动和履带车的前行；通过协同控制，能够实现转向等一系列功能。A4950 双路电机驱动器，能够通过单片机对 520 直流减速电机进行控制。

图 24　160 W 双路直流电机驱动器

图 25　A4950 双路电机驱动器

④ 其他功能的实现。

为了节省能源，利用沙漠中太阳光充足的特点，在履带车顶部加装一块太阳能板，用连接线把太阳能电源控制器与蓄电池连接起来，太阳能电源控制器的正极连接蓄电池的正极，太阳能电源控制器的负极连接蓄电池的负极。然后用连接线把太阳能电源控制器与太阳能板连接起来。最后，将负载直接接在太阳能电源控制器输出端。

3. 总体设计构想

基于微生物诱导碳酸钙沉积的防风固沙原理和传统农业用具犁的结构，小组设计一款机器来完成喷注含有固沙微生物的液体菌剂的工作。将含有固沙微生物的液体菌剂保存在箱体内，履带车在沙地中平稳行驶的同时，利用仿犁喷注装置平稳地将箱体内的液体菌剂均匀注入被划开的沙坑之中，再利用平沙板将被划开的沙坑填平，在其不工作时利用保护装置将仿犁喷注装置及平沙板上升至安全高度进行保护。

4. 主要创新点

（1）将传统农业用具犁的结构运用到喷注装置中，实现推土和液体菌剂均匀喷注功能，提高液体菌剂的利用率。

（2）考虑液体菌剂在沙漠中的活性，车身末端设计的平沙板能将仿犁装置划开的沙坑填平。

（3）考虑沙漠地形，在履带轮侧板、侧板与车体连接处、仿犁喷注装置上设置了减震结构，让履带车可在起伏的沙漠地面平稳工作。

（4）升降模块的设计能对仿犁喷注装置及平沙板起到一定的保护作用。

5. 作品展示

全地形高效智能仿犁喷注固沙车实物图如图 26 所示。仿犁喷注装置及平沙板实物图如图 27 所示。

图 26　全地形高效智能仿犁喷注固沙车实物图

图 27　仿犁喷注装置及平沙板实物图

参考文献

李小东，牟瑞，戴敏. 机械化治沙在腾格里沙漠治理中的探索与应用[J]. 林业机械与木工设备，2018，46(04)：8-12.

图像/语音识别智能垃圾分类示教机器人

东华大学
设计者：施家瑜　王儆辰　张晨帆　邵泽颀　马靖宇
指导教师：吕宏展　李姝佳

1. 设计目的

在我国，垃圾分类的试点工作早已在北京、广州、杭州等地区开展，积累了一定的工作经验，但未形成可供大范围推广和复制的分类模式。究其原因，关键在于中国人口众多，推广需要一定的时间，而传统的面对面教授方式又过于单一，不够直观，对于老年人这个接受能力较弱的群体，此种方式不利于垃圾分类的推广。同样，在我国的一些中小学校中，虽然已开设了垃圾分类的相关课程，但也存在着相同的问题，且教学缺乏趣味性。

如今，人工智能处于快速发展的阶段，图像识别与语音识别技术日趋成熟，已经广泛地应用在生活中。

针对上述问题，小组拟制作一款基于人工智能技术的垃圾分类示教机器人，用于垃圾分类的普及和推广，同时让更多人感受到人工智能技术在日常生活中的广泛应用。

本作品的功能主要有以下几点：

(1) 示教功能：人们可以借助软件、硬件学习垃圾分类，使人们在扔垃圾的同时学会如何正确地进行垃圾分类，强化人们垃圾分类的行为。

(2) 智能自动：辅助人们进行垃圾分类，操作简单、自动运转、方便快捷。

(3) 节能环保：可以大大减少生活垃圾对环境的污染，也可以减轻垃圾回收站的负荷，为实现资源的可持续发展做出贡献；提高居民的生活舒适度，并培养人们保护环境的意识，使人们自觉地保护环境，从而达到从源头上实现垃圾分类的目的，符合绿色发展、可持续发展理念，有利于生态文明建设。

2. 工作原理

1) 基本思路

现有市面上的智能垃圾桶功能大多比较全面，而且随着环境保护越来越受重视，关于可分类的智能垃圾桶的需求正在逐渐增加。但大部分的智能垃圾桶产品都不够成熟，而且同类产品只围绕丢垃圾这一功能去研发，导致用户仅仅享受了其便利而没有获得额外的知识。如今智能手机已普及，将智能垃圾桶与手机相结合，使每个用户都可以简单快速地在手机上操作智能垃圾桶,同时在丢垃圾的过程中还能受到督促检查,减少垃圾分类新政策的实施和监督困难等问题。

本设计作品以方便和教会人们正确地进行垃圾分类为核心理念,在总体设计方面,以硬件为主、软件为辅,对垃圾分类这一过程逐渐实现自动化和智能化,同时让广大市民可以更深入地学习垃圾分类的相关知识和查询分类信息。

用户移动端可充当与普通用户及项目管理员沟通的角色,丰富人机交互,让硬件可以更直观地展现其功能。在此基础上,普通用户可与硬件交互接触,产生的数据经过服务器的后端处理,并发送给用户前端。

2）机械结构设计

如图 1、图 2 所示,智能垃圾分类示教机器人主要由投放机构、垃圾箱以及槽轮机构三个部分组成,其中垃圾箱主体由 5 个可拆卸的子垃圾桶组成,分别对应不同类型的垃圾,即可回收垃圾、不可回收垃圾、干垃圾、湿垃圾和无法识别的垃圾;垃圾箱主体的运动由槽轮机构完成,利用槽轮机构间歇运动的特点,步进电机每旋转 360°,安装在槽轮上的垃圾桶便旋转 72°。

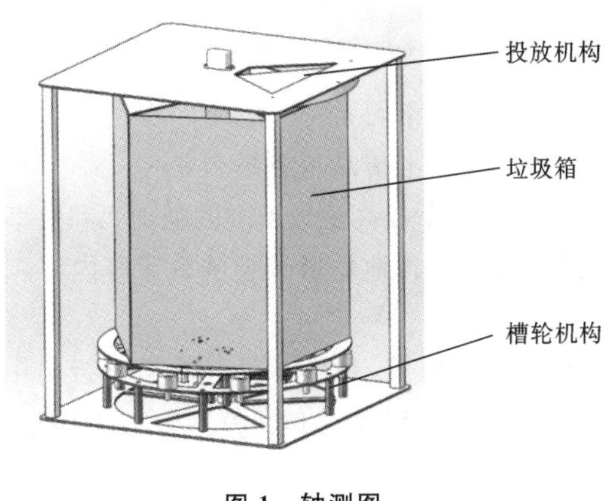

图 1　轴测图

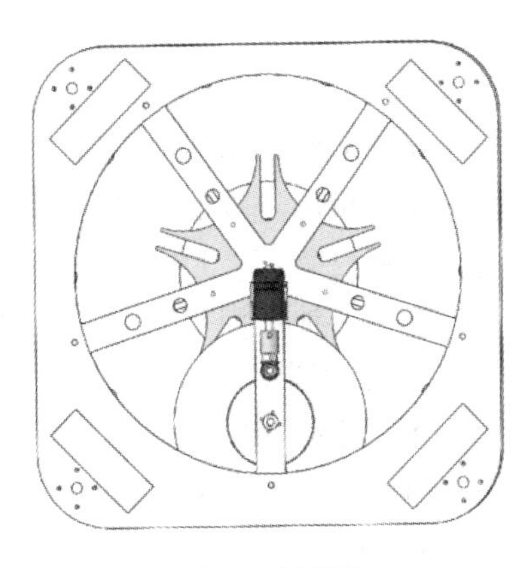

图 2　仰视图

根据识别出的垃圾种类,由单片机控制驱动槽轮机构旋转不同的角度,并带动垃圾桶一起旋转,之后投放机构上由舵机驱动的隔板打开,垃圾掉入相应的垃圾桶内,同时语音模块播报该垃圾的类别,从而起到示教作用。

回收装置结构图如图 3 所示,原理是步进电机 8 带动锥齿轮 7 旋转,锥齿轮 7 通过小齿轮 6 带动大齿轮 5 旋转,固连在大齿轮 5 上的主动拨盘 3 带动从动槽轮 2 转动,垃圾桶放置在牛眼轮 4 上,与从动槽轮 2 一起转动。

3）移动端交互设计

(1) 用户移动端。

用户移动端能与垃圾桶用户交互,实现扫描垃圾桶二维码以连接、开关垃圾桶和垃圾分类记录等功能。用户移动端有 APP、PWA(Web 便携 APP)、微信公众号、聊天机器人等多种方式,以扩大可接触的用户群体。

用户移动端的功能主要有以下几个部分:

① 用户扫描二维码,连接垃圾桶;

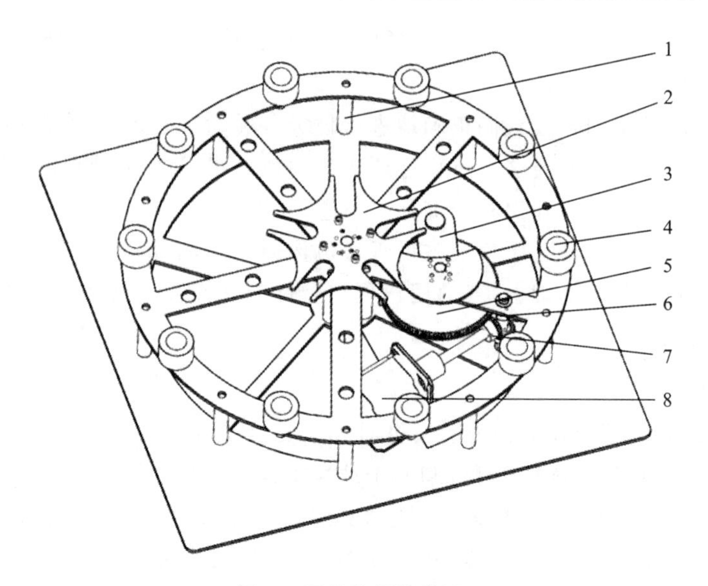

图3　回收装置结构图

1—尼龙柱；2—从动槽轮；3—主动拨盘；4—牛眼轮；5—大齿轮；6—小齿轮；7—锥齿轮；8—步进电机

② 将丢弃垃圾拍照上传给用户，以供垃圾分类初学者学习；

③ 用户可以对垃圾分类与分类结果进行监督和纠错，上传结果到后台；

④ 与用户交互产生的数据同时作为ML训练集，以不断提高垃圾识别的准确率和效率；

⑤ 提供各地咨询和举报电话、垃圾分类的教学提示和各地垃圾分类的政策等内容。

(2) 后台管理端。

后台管理端采用Java语言编写，可方便管理多个垃圾桶，并且对所有数据进行集中管理，提供用户纠错结果审核和训练数据调整等功能，减少修改代码和硬件参数的工作量，逐步实现商业化管理。

(3) 数据库设计。

数据库计划采用关系型数据库进行设计。根据项目需求，共需设计多张相互关联的数据表，大体规划设计出E-R图。

按要求分别创建位置表(location_list)、垃圾类型表(trash_type_list)、负责人员表(worker_list)、用户表(user_list)、垃圾站表(trash_station_list)、垃圾桶表(trash_bin_list)、用户丢垃圾记录表(user_throw_record)以及它们的登录表等。

(4) 技术实现方式。

① 应用程序使用流行的前端技术(Vue、HTML5)开发，APP使用Android Studio开发；

② 服务器后端采用主流后端框架进行搭建，与设备的Wi-Fi模块等硬件进行通信，并交换和存储用户端数据；

③ 数据库采用MySQL数据库维护；

④ 服务器使用阿里云的云服务器(ECS)；

⑤ 设备互联采用Wi-Fi转串口模块，硬件与服务器使用TCP通信，手机接入后端即可与设备进行间接双向通信。

4）图像识别技术

（1）数据集获取、分割。

利用网络爬虫上网爬取 12 种垃圾的图片，每一种物品采集 200 张图片，分别对应标签 0：battery、1：blank、2：bottle、3：bulb、4：cans、5：carton、6：mask、7：medicine、8：napkin、9：peel、10：shell、11：tableware、12：vegetables。训练集、验证集、测试集的划分比例为 3∶1∶1。

图像识别采用深度学习中的迁移学习算法，受限于移动端的算力，基干网络采用 MobileNetV1，预训练的权重来自 imagenet 数据集。

（2）图像增强算法（图 4）。

为了增加数据量，采用图像翻转、亮度变化、随机裁剪和马赛克数据增强算法。

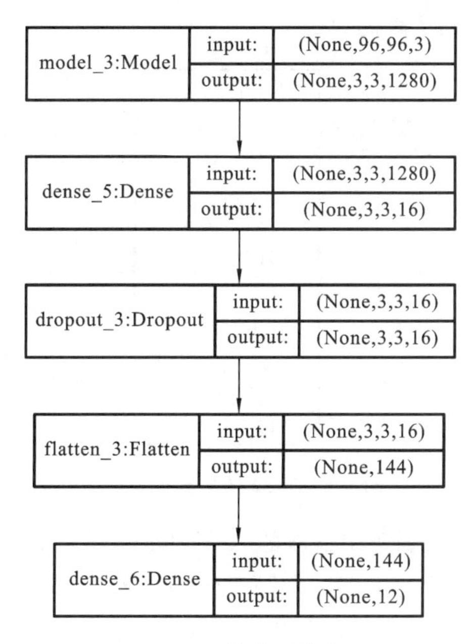

图 4　图像增强算法

（3）神经网络结构设计。

由于 MobileNetV1 仍有近 226 万个参数，为了进一步减少参数的数量，去除了基干网络的最后三层，并添加一个全连接层和一个展平层，为了防止过拟合，去掉 20%的神经元，最后添加一层 12 个神经元的全连接层用于分类，激活函数使用 SoftMax，最终整个网络的参数量仅为 43 万个，能在移动端顺利运行，识别一个垃圾需要 5 s。

为了加快训练速度，采用 Adam 优化器，把样本的标签设置为独热编码，采用交叉熵函数作为损失函数。

分两阶段训练模型，即首先冻结大部分网络，使添加的网络逐渐收敛，接着解冻全部网络，采用较小的学习率微调模型。每个轮次结束便保存一次模型文件，然后挑选在验证集上表现最好的模型作为测试用的网络。

视觉模块采用 OpenMV 4 H7 Plus 摄像头，将训练好的模型文件上传到终端后，摄像头拍摄垃圾的照片，便能进行识别。

OpenMV 的 P4 引脚利用串口通信发送数据，将其与单片机的 RXD 相连，可给下位机发送数据。具体信号如下：干垃圾为“1”，湿垃圾为“2”，可回收垃圾为“3”，不可回收垃圾为“4”，无法识别的垃圾为“5”。

5）STM32 控制系统设计

如图 5 所示，该控制系统由 OpenMV、STM32F103、减速电机、舵机、显示屏五个部分组成，其中 OpenMV 作为输入模块，对垃圾进行图像采集与识别，将垃圾分类结果通过串口发送至 STM32F103；STM32F103 作为主控制器，根据输入的垃圾分类结果，驱动减速电机和舵机，将垃圾投放至正确的垃圾桶中；减速电机控制垃圾桶旋转，以选择正确类型的垃圾桶；舵机控制隔板开关状态，以选择是否投放垃圾；显示屏可实时显示垃圾分类的结果，并介绍垃圾分类的相关知识，以达到示教的目的。

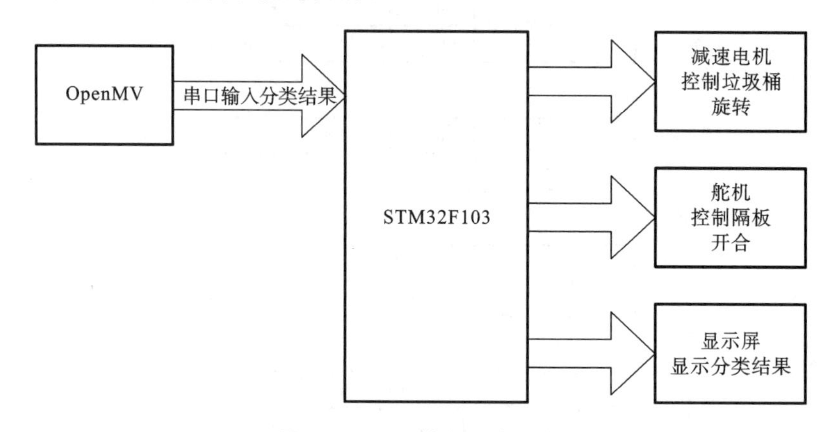

图 5　STM32 控制系统设计

控制模块：STM32F1 系列属于中低端的 32 位 ARM 微控制器，该系列芯片由意法半导体(ST)集团出品，其内核是 Cortex-M3，最高工作频率为 72 MHz，在存储器的 0 等待周期访问时可达 1.25DMips/MHz。本作品采用 STM32F1 系列的 STM32F103VET6 单片机作为主控芯片，可以直接运用内部集成的 12 位 A/D 转换器和 16 位定时器，减少外围模块，从而提高系统稳定性。

显示模块：显示屏采用分辨率为 320×240 的 3.2 寸电阻触摸液晶屏，它的内部包含一个型号为 ILI9341 的液晶控制器芯片。该液晶控制器使用 8080 接口与单片机通信，单片机把要显示的数据通过引出的 8080 接口发送到液晶控制器，并存储在它内部的显存中。

OpenMV 与单片机通信：原生的串口通信主要是控制器跟串口设备通信，不需要经过电平转换芯片来转换电平，直接就用 TTL 电平通信，波特率设置为 115200 bps。

舵机和电机模块：由单片机的 GPIO 口控制电机驱动模块来控制电机的工作状态；舵机可由单片机控制旋转角度。

3. 主要创新点

(1) 成本低。相较于市面上开发的智能垃圾桶来说，该智能垃圾桶成本较低，组装简单,可以超高的准确度适用于任何场景,性价比高。

(2) 受众面广,操作简单。从源头上实现垃圾分类,培养垃圾分类的好习惯,符合绿色发展、可持续发展理念。

(3) 教育功能显著。此款智能垃圾桶增加了语音播报和桶盖自动开合功能,并且可以通过屏幕显示。人们在扔垃圾的同时也学会了如何正确地进行垃圾分类,强化人们垃圾分类的行为。

(4) 软硬结合。用户丢垃圾时扫描二维码就可以获取自己的丢弃记录,以供垃圾分类初学者学习(用户还能自行在手机上刷题等);用户可以对垃圾分类与分类结果进行监督和纠错,上传结果到后台,还可获得奖励,实现互动。

4. 作品展示

本作品实物及操作界面如图 6 所示。

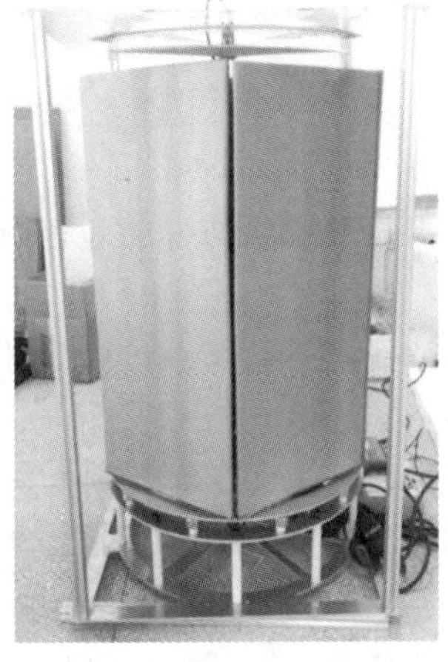

(a)

(b)

图 6　作品实物及操作界面

(c)

续图 6

参考文献

[1] 卢鸣.环卫行业现状与智能垃圾分类前景分析[J].网络新媒体技术,2019,8(1):9-17.

[2] 罗学论,梁锐,王柯,等.街道智能垃圾分类箱的控制设计[J].机械工程与自动化,2019(4):184-185, 188.

[3] 孙翔,张帅,韩彪.关于在我国推行智能垃圾分类终端和模式的刍议[J].环境保护,2019,47(12):21-25.

[4] 吕维霞,杜娟.日本垃圾分类管理经验及其对中国的启示[J].华中师范大学学报(人文社会科学版),2016,55(1):39-53.

[5] 杨航.智能垃圾分类终端软件设计与实现[D].杭州:浙江工业大学,2015.

[6] 尤肖肖,孔春香.智能垃圾桶的创新设计[J].科技资讯,2019,17(12):19-20,22.

随身带实践教学示教系统

华东理工大学

设计者：邹江南　曹玺文　唐源泽　方传鸿　王可钰

指导教师：吴清　王咏江

1. 设计目的

由于新冠肺炎疫情，人与人之间需要保持一定的距离，这给教学演示带来了困难。同时在实践课程教学中进行验证和演示试验时，受空间和位置的限制，无法保证每个学生都有理想的视角观看教师操作，导致教学效果不佳。

移动互联网技术的快速发展，为实施新的教学模式提供了手段。目前，示教系统在医院手术方面得到了较为成熟的发展，已经从教学医院推广至中小医院。其示教功能也拓展用于临床教学观摩、疑难手术分析和学术会议交流。但是，示教直播系统在普通高校实践教学中的应用还不够广泛，发展还不够成熟。

基于以上现状，团队开发了基于树莓派（Raspberry Pi 慈善基金会开发的一款微型电脑）的随身带实践教学示教系统，以期在局域网内以第一视角为学生提供示教功能。本系统具有较好的便捷性、实时性和较强的隐私保护功能。

2. 系统设计

随身带实践教学示教系统由以下部分组成：可穿戴教学设备、树莓派、电池、显示屏、摄像头、实践教学示教直播 APP、云服务器。可穿戴教学设备为教师提供实践教学的第一视角，树莓派＋摄像头获取并传输教学视频，显示屏可显示示教过程及互动情况。

1）可穿戴教学设备

图 1 为可穿戴教学设备构成及其示意图。树莓派、显示屏放置于伸缩杆前，在直播过程中集中显示学生发送的弹幕及在线观看人数，便于教师实时接收弹幕信息并解惑。显示屏与伸缩杆之间采用球形铰链连接，通过侧边紧定螺栓压紧固定，且可调节显示屏朝向任意角度。总体采用可拆卸模块化设计，满足个性化需求，示教者可根据个人情况调整腰带、滑块、阻尼铰链和伸缩杆的位置，以获取最舒适及最佳的拍摄角度。

2）滑块基座

滑块基座如图 2 所示。滑块前端突出部分通过螺栓、螺母与杆实现连接与拆卸。同时，为了解决树莓派及显示屏供电问题，在滑块的中间部分挖一个凹槽，凹槽部分模仿抽屉结

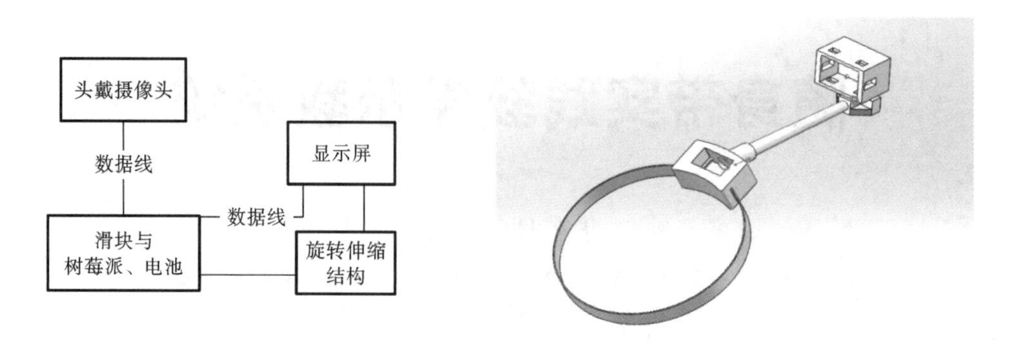

图 1　可穿戴教学设备构成及其示意图

构，加入一个可上下移动的嵌入式装置（图 3），树莓派、电池放在嵌入式装置中并嵌入凹槽，便于随身使用。该装置为四面结构，空出一面方便树莓派接口的使用，装置顶部加入手提部位，便于升降及取出树莓派与电池。

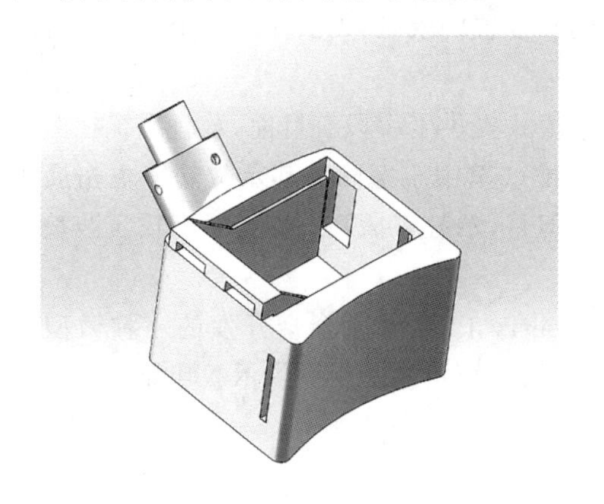

图 2　滑块基座

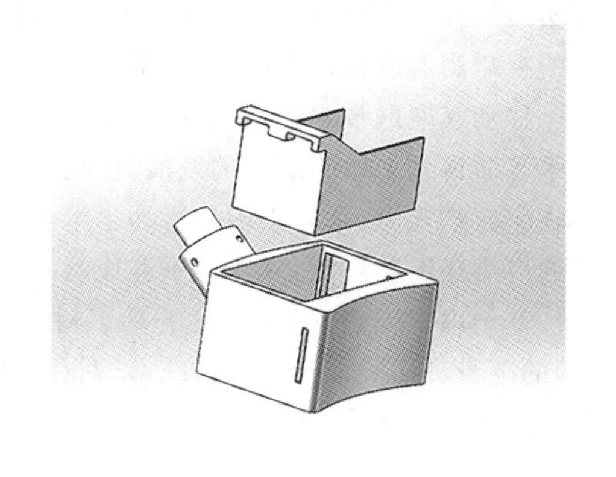

图 3　滑块基座嵌入式装置

3）杆

杆如图 4 所示。杆由三部分构成：固定杆、方向杆、伸缩杆。各部分均可拆卸。固定杆底部与滑块基座连接，顶部通过螺纹压扣与方向杆连接，如图 5 所示。方向杆通过螺纹径向旋紧，再通过斜齿啮合周向固定，需要旋转时旋松螺纹即可，可实现滑块和显示屏之间连接杆的大幅度角度调节。伸缩杆（图 6）采用类似雨伞杆伸缩结构，包括一个内筒和一个外筒，

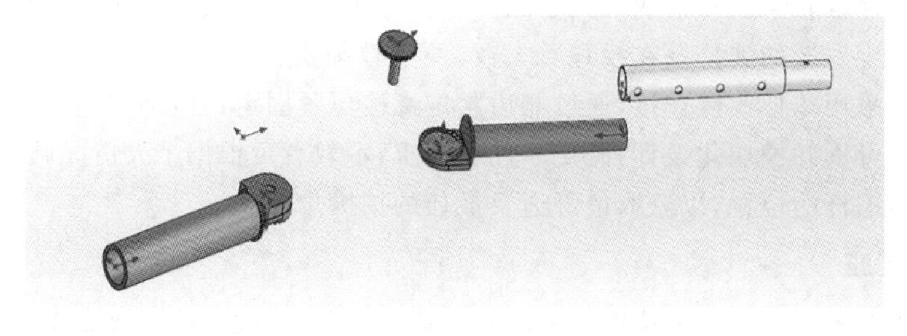

图 4　杆

内外筒间有凸起物和凹槽，通过形状配合实现轴向引导。按下弹性锁扣，外筒即可上下移动，停留在任意孔口处松手即可固定，实现伸缩，便于教师调整到最舒适的使用视角。

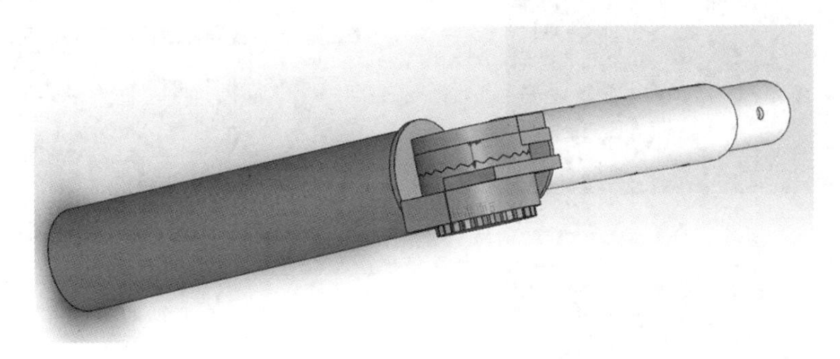

图5　杆连接方式

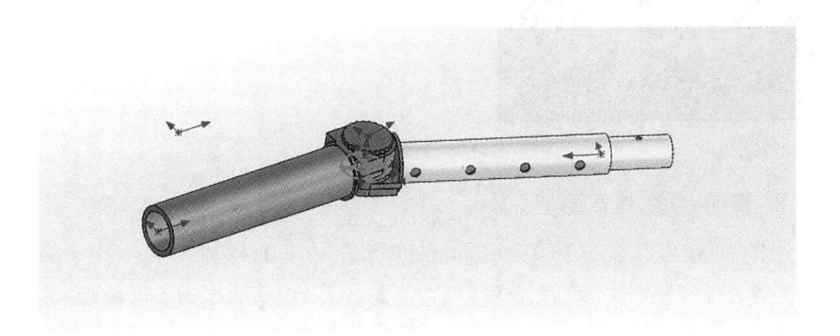

图6　伸缩杆

4）头戴摄像头

头戴摄像头如图7所示。头戴摄像头由弹性头带和摄像头构成，摄像头基座和头带采用螺栓、螺母紧固连接。摄像头基座采用活页装置，可以手动调节角度，方便教师调整视角。

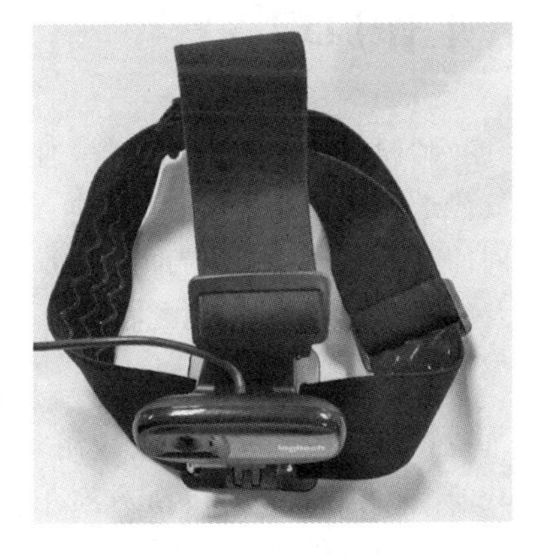

图7　头戴摄像头

5）实践教学示教直播APP

实践教学示教直播APP是一款用Android Studio开发的软件，开发内容包括采集传输视频，设计教师端和学生端，设置云服务器，开发现有学习软件已有部分功能。

此款APP功能如下：

（1）身份区别：针对不同身份用户提供不同的功能。APP设计了学生端和教师端，用户在注册账号时，需要完成身份的选择（教师或学生）。在登录时，系统会根据用户注册时所选择的身份，跳转至与该身份项相对应的界面，如图8、图9所示。

（2）弹幕互动：学生可点击视频界面任意位置，在弹出的输入框中，在线发送弹幕进行互动。发送的弹幕显示在学生端视频的正上方，以滑动的形式淡出屏幕，学生能通过弹幕了解其他同学的反应与思考，并同时进行思索；教师端集中显示学生所发送的所有弹幕，教师

图 8　学生端界面

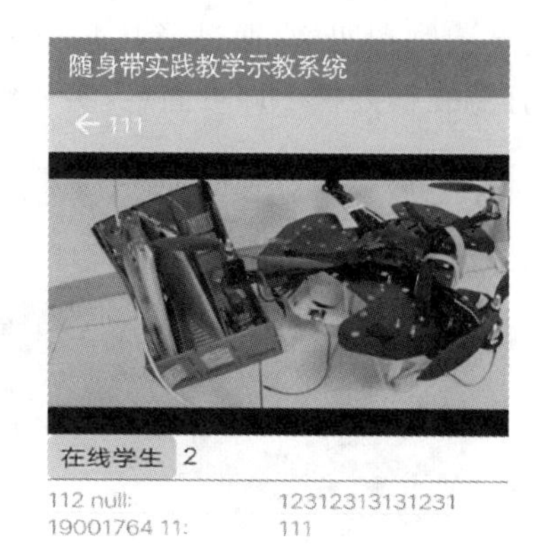

图 9　教师端界面

可根据学生发送的弹幕为其实时解答问题，或进行进一步的探索。

(3) 显示在线用户及人数：教师端显示在线人数及在线学生，以便教师根据在线观看人数及在线学生姓名，实时监督学生，以提高实践教学效果。

3. 工作原理

教师佩戴可穿戴教学设备，通过树莓派及摄像头采集视频，利用 MJPG-Streamer 将视频流传送到服务器上，用户通过 APP 软件在局域网上即可观看示教直播视频。为了实现师生间的有效互动，需要借助云服务器传输数据，这样教师就可以实时看到学生发送的弹幕，以及在线学生信息，同时之后预开发的预习、复习功能也能得以实现。

1）树莓派视频流传输

视频流是树莓派的重要应用分支，关于如何实现实时远程访问树莓派上的 USB 摄像头捕获的图像，有较多种解决方案。若重新编写代码，则会涉及摄像头数据的采集、压缩、传送、解码等，过程比较麻烦。另外，还可借助 Motion、AVConv、GStreamer、MotionEyeOS、MJPG-Streamer 等第三方软件来实现视频流的传送。本系统选择 MJPG-Streamer 来实现树莓派视频流的传输。

MJPG-Streamer 是一个流转发程序，安装在树莓派上，用于抓取前端摄像头捕捉到的视频流，通常采用 HTTP 输出通道，将视频流信息压缩处理，以 JPEG 的格式传送到用户端浏览器。

为方便教师进行示教直播，特设置树莓派开机自启动 MJPG-Streamer 及摄像头连接即自启动。图 10 为视频采集传输过程。

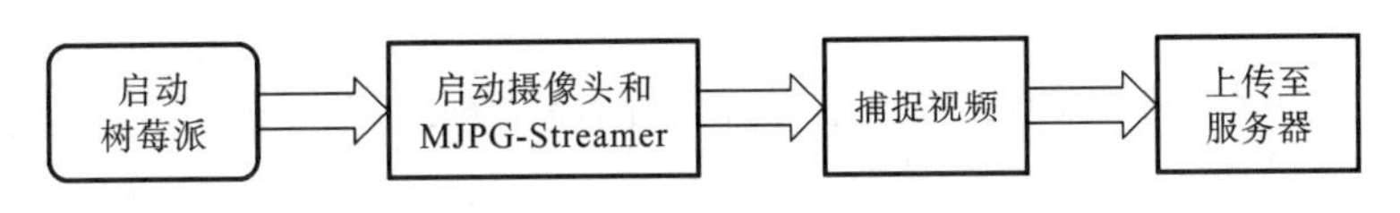

图10 视频采集传输过程

2）APP获取视频图像

软件基于WebView框架设计，服务端采用基于Linux操作系统的轻量级视频服务器软件MJPG-Streamer。用户端可访问http://IP:8080观看示教直播视频（IP为树莓派的IP地址），在局域网中实时接收嵌入式Linux端MJPG-Streamer服务器推送的视频数据流，看到的视频图像清晰、延时较小。系统根据屏幕自动适配视频尺寸大小。图11为APP获取视频图像流程。

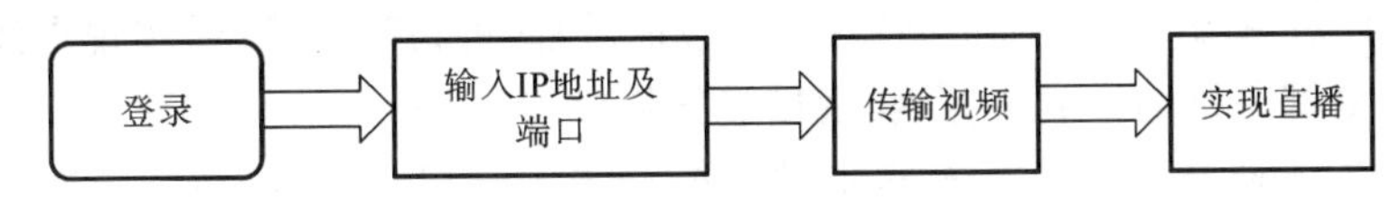

图11 APP获取视频图像流程

4. 主要创新点

（1）在采用线上线下混合式教学模式时，为观看者提供实践教学操作者的第一视角，弥补现有实践教学的不足。且平台区分师生界面，开发了发送弹幕、统计在线人数等功能。

（2）本直播示教系统基于树莓派开发，视频采集与传输均在局域网中进行，具有较高的灵活性、实时性、稳定性，且教师教学的安全和隐私能得到保护。

（3）机械部分采用可拆卸模块化设计，满足个性化需求，杆部分采用类似雨伞杆的伸缩结构，实现多级伸缩固定；采用球形铰链连接，显示屏可调节至任意角度。

（4）为示教者提供穿戴一体化设备，成本低，易于使用。

（5）可推广性高。充分利用手机的普及性，为教师在实践教学示教场景下提供了一种选择。可以推广应用于学校教学、医院教学和企业现场培训等场合，让所有参与者都能够从最佳视角看到整个操作过程。

5. 系统测试

将软件、硬件、测试者作为一个整体，验证主动制造触发条件时，各部分系统功能是否能够实现，根据功能测试用例，逐项测试，检查系统是否达到用户要求。

1）测试过程

测试用例：

（1）试验者穿戴设备，检测穿戴舒适度、装备稳定性及可操作性；

（2）连接摄像头，打开树莓派，检测MJPG-Streamer是否开机自启动，视频采集传输是否正常；

（3）检测APP能否实现输入正确IP即可访问局域网，并在线观看视频，检测外网能否登录；

（4）检测多人同时访问条件下系统是否稳定，视频延迟及清晰度是否符合要求；

（5）检测学生端及教师端各项功能能否正常实现。

2）测试结果

（1）该设备符合人体构造，试验者穿戴方便，舒适度高，且装备稳定，不易掉落，操作方法与平常智能手机相似，易上手。

（2）视频采集传输功能测试中，当摄像头等硬件连接完成时，树莓派开机自启动MJPG-Streamer，开始采集并成功传输视频，操作方便。

（3）示教直播APP测试中，正确输入IP地址后，即可访问局域网，实现在线实时观看，视频窗口可以根据手机的摆放位置，实现横竖屏切换。

（4）经多次测试，随身带实践教学示教系统总体运行相对稳定，视频延迟0.5～1.0 s，视频清晰度较高。

（5）各项功能键反应速度较快，测试的成功率高，在后期测试和使用过程中用户体验感良好。

总体来说，整个系统各模块达到预期效果。

3）测试图

系统测试图如图12所示。

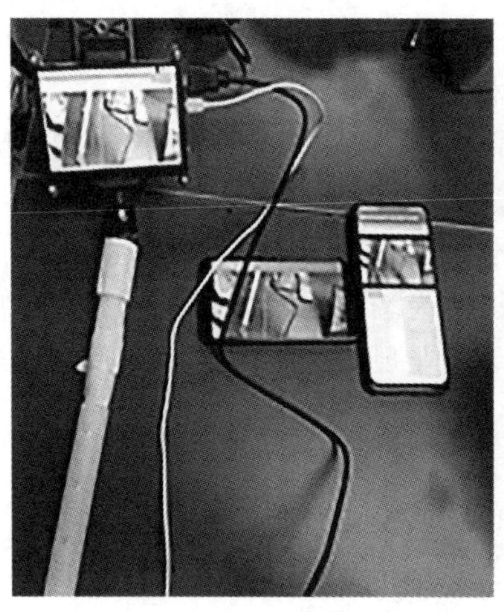
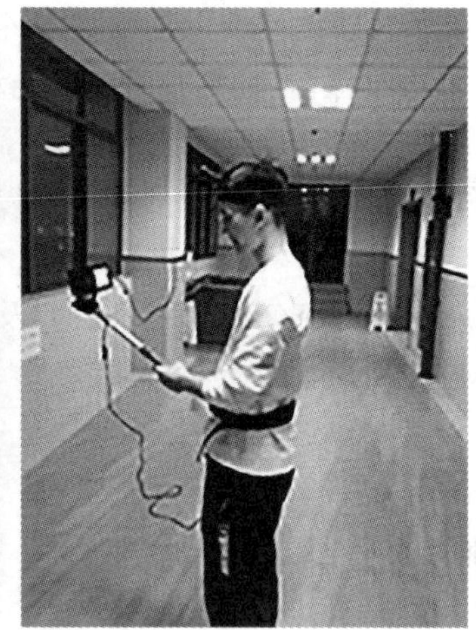

图12　系统测试图

6. 结语

本系统基于树莓派3代B型处理器，结合Raspbian与Linux操作系统，利用MJPG-Streamer，借助USB摄像头采集传输图像，构建示教直播平台。利用Android Studio和

Java 开发交互系统，实现师生交互。本示教直播 APP 基于树莓派开发，视频采集与传输均在局域网中进行，因而具有较高的灵活性、实时性、稳定性，且隐私得到较好的保护。另外，相较于传统实践教学，本系统为示教者提供穿戴一体化设备，提供教学互动平台，提供安全的环境；为观看者提供实践教学的第一视角，提供提问答疑的平台。这种线上线下混合式教学模式，不但能够提高教学水平和课堂效率，也能够激发学生学习的积极性和主动性。综上，本系统拥有一定的推广价值。

参考文献

[1] 罗娟，唐晓东，符峰钊. 医院手术示教直播系统的建立与效果评价[J]. 实用医药杂志，2011，28(2)：179-180.

[2] 高静，王华，邹峰，等. 拆装式家具抽屉结构创新设计方法[J]. 家具，2020，41(5)：27-30.

[3] 熊丽华. mjpg-streamer 在树莓派上的视频技术应用[J]. 福建电脑，2020，36(9)：101-102.

[4] 潘志倩. 基于树莓派的智能"魔镜"设计[J]. 电子技术应用，2021，47(2)：45-48.

[5] 张燕，汪晓红，王晴. 基于树莓派云视频流媒体的远程监控系统[J]. 单片机与嵌入式系统应用，2018，18(11)：45-47，54.

[6] 梁明远，陈强，张崇琪，等. 基于树莓派的智能家居系统设计与实现[J]. 传感器与微系统，2021，40(2)：105-107，112.

[7] 孙丽娟. "互联网＋"背景下线上线下混合式教学探究与思考[J]. 科教文汇(中旬刊)，2021(2)：57-58.

智能口罩消毒回收和提供一体化装置

上海工程技术大学
设计者:李凡　李嘉颖　张磊　吴佳泓　刘佳宁
指导教师:简琦薇　张春燕

1. 设计目的

随着新冠肺炎疫情的暴发和人们对公共卫生安全防护意识的不断提高,口罩成为人们日常生产生活中的必需品。然而,现有市面上口罩回收装置功能单一,缺少对废弃口罩的集中消毒、自动打包处理功能,且伴随口罩使用产生的废弃口罩二次污染问题亟待解决。

为了解决现有口罩回收装置存在的缺陷和不足,小组讨论后设想设计一种涉及医疗卫生防护领域的智能口罩消毒回收和提供一体化装置。该智能一体化装置可实现废弃口罩无接触投递、消毒、压缩和自动打包功能,以及新口罩提供功能,以满足用户随时换取洁净口罩的需求,具有工作自动化、使用便捷、环境适应性强等优点,可用于公园、商场、医院、小区等多种场所。

设计一种涉及医疗卫生防护领域的智能口罩消毒回收和提供一体化装置是十分有必要且极具实用价值的。同时,随着科技发展,口罩投递方式可以更加智能化,如手机扫码或人脸识别等实名制投递方式,可实时追踪口罩来源。

2. 设计方案

1) 现有口罩回收装置存在的问题

现有口罩回收装置存在的问题,总体可以归纳为以下几点:

(1) 缺乏专业规范的装置;

(2) 缺乏功能多样性;

(3) 未考虑投递者的使用安全性;

(4) 未考虑废弃口罩的二次污染。

2) 设计性能及指标

(1) 工作环境:12 V。

(2) 整机质量:5 kg。

(3) 电源续航时间:10 h。

(4) 超声波距离感应器感应范围:0～20 cm。

(5) 指定数量口罩消毒所需时间:30 min。

3) 总体设计方案

智能口罩消毒回收和提供一体化装置整体结构由电源机构、口罩投递机构、口罩消毒机构、口罩压实机构、打包回收机构和新口罩提供机构六部分组成,如图 1～图 3 所示。电源机构包括控制板、控制板电源和电机三部分,为整个装置提供电能,保证装置的运行;口罩投递机构包括投递盖、投递盒以及超声波距离感应器,可实现口罩无接触投递;口罩消毒机构包括消毒盒、紫外线灯管,可实现口罩无接触投递和集中消毒;打包回收机构包括垃圾收集箱、垃圾压实装置和自动打包装置;新口罩提供装置包括新口罩出口仓、挂钩、带轮、法兰轴承、联轴器及传送带装置。

具体操作:用户确定投递口罩后,投递盖利用感应装置自动打开实现口罩投递;当投递盒中储存的废弃口罩达到一定数量时,消毒盒盖自动打开,一定数量的废弃口罩下落进入消毒盒受紫外线灯照射消毒;消毒完成后的口罩转入垃圾收集箱,垃圾压实装置将口罩压实;当垃圾收集箱内垃圾体积超过警示线时,自动打包装置开始工作,将垃圾袋打包。新口罩提供装置工作时由舵机带动联轴器、法兰轴承、轴转动,进而使带轮转动;两带轮由传送带联系,传送带被带轮带动运行后,其上的零件运动从而推出最下层口罩,最终口罩被推出新口罩出仓口。

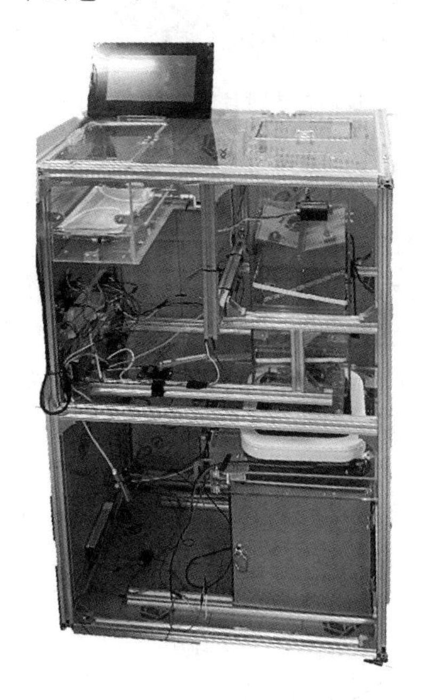

图 1　智能口罩消毒回收和提供一体化装置总装实物图

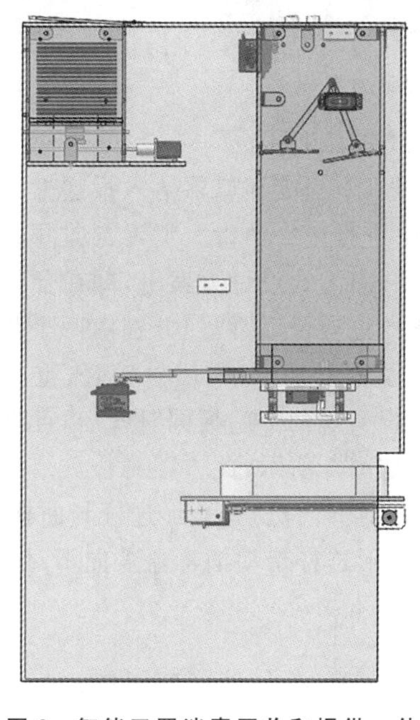

图 2　智能口罩消毒回收和提供一体化装置总装正视图

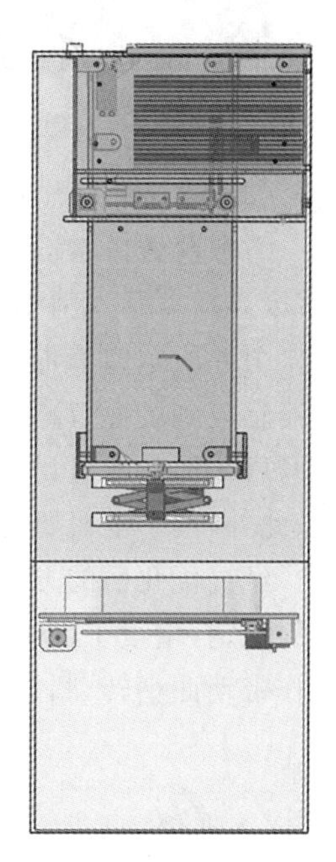

图 3　智能口罩消毒回收和提供一体化装置总装侧视图

(1) 投递方式方案论证。

在投递者投递口罩过程中,时常会不可避免地发生投递者与投递装置接触的情况。现设计无接触口罩投递装置,并对设计方案进行论证。

图 4 所示为投递方式设计方案一，即在亚克力外壳侧壁上切割出一个狭长形投递口作为废弃口罩投递口，方便用户投递口罩。但是经过讨论和调查发现，该投递方式会发生投递者接触装置的情况，且缺乏智能调节，较易出现问题，影响使用体验和工作效果。

经过优化后的方案二如图 5 所示，此方案在装置顶部切割矩形投递口，增设投递盖装置和超声波距离感应器。当投递者手部位于超声波距离感应器探测距离范围内时，电机驱动并通过连杆带动投递盖自动开启。该设计方案避免了投递者与装置的接触，安全有效地实现了无接触投递。

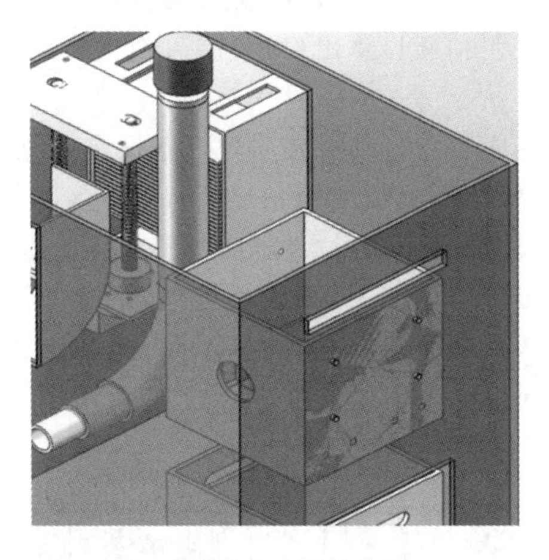

图 4　投递方式设计方案一

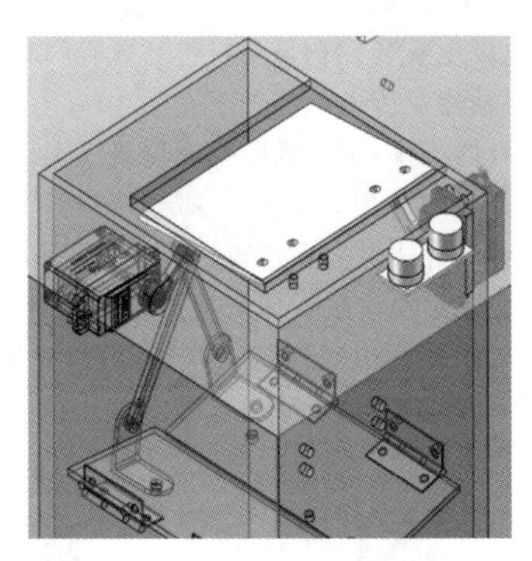

图 5　投递方式设计方案二

(2) 消毒盒盖开启方式方案论证。

消毒盒盖口增设延时程序，当废弃口罩落入投递盒一定时间后，电机驱动，消毒盒盖开启，废弃口罩落入消毒盒中进行统一消毒。消毒盒盖开启方式方案论证如下：

图 6 所示为消毒盒盖开启方式设计方案一，即在合页结构上设置重力传感器，当重力传感器感应到废弃口罩到达一定质量后，两门分别由两个相同型号电机驱动实现自然向下旋转开启。但是经过讨论和调查发现，口罩质量较轻，重力传感器难以感应其质量的细微变化；此外，两个电机驱动较难实现两个门板同时开启，且难以保证门板回到初始位置。

经过优化后的方案二如图 7 所示，此方案对合页结构进行了细节上的完善，使结构更加牢固稳定；增设了 Y 形连杆对开门机构，Y 形连杆与曲柄铰接，曲柄与步进电机连接。电机工作带动曲柄转动，再由 Y 形连杆带动消毒盒盖向下对开。多次数据计算发现能够实现门

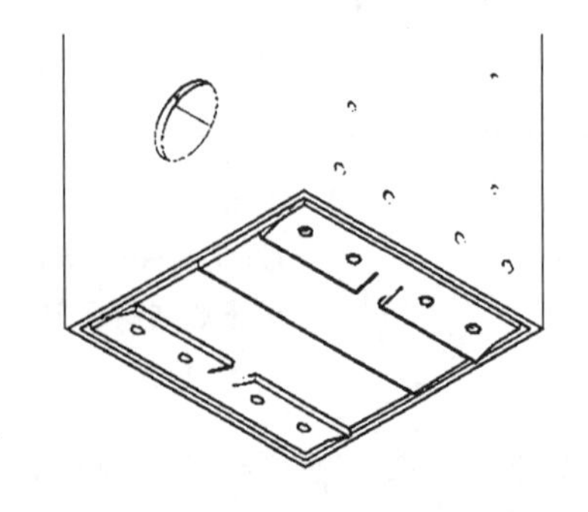

图 6　消毒盒盖开启方式设计方案一

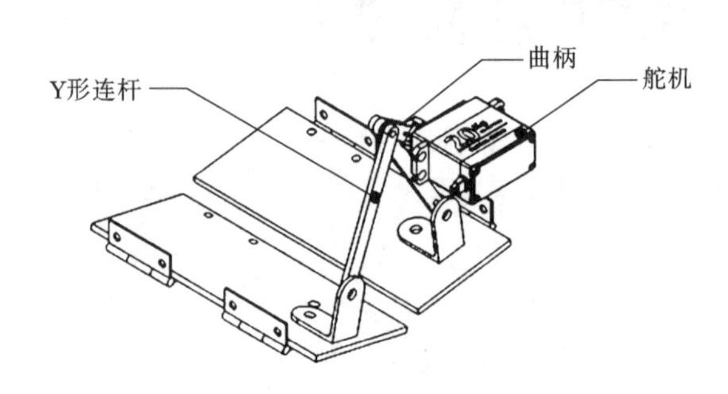

图 7　消毒盒盖开启方式设计方案二

的最大开合角度位置，大大提高了口罩转移的效率。此外，采用一个步进电机驱动可实现两门同时对开。

(3) 垃圾压实机构方案论证。

自由下落的废弃口罩堆积体积较大，不易于打包处理。因此，设计废弃口罩压实机构，并进行如下方案论证：

图 8 所示为市面上现有的口罩压缩装置，由推杆带动压缩板上下移动，实现口罩在收集盒内的压缩。但这种压缩机械结构竖向占用空间较大，且上下移动压缩空间有限，压缩效果差。

经过优化后的方案如图 9 所示，压实装置采用剪叉式伸缩机构，通过螺钉连接在滑块上，随滑块左右滑动，当滑块归位后压实装置通过舵机传动带动连杆向下压缩将垃圾桶内废弃口罩压实。该结构更稳定，效率更高，工作效果更显著。

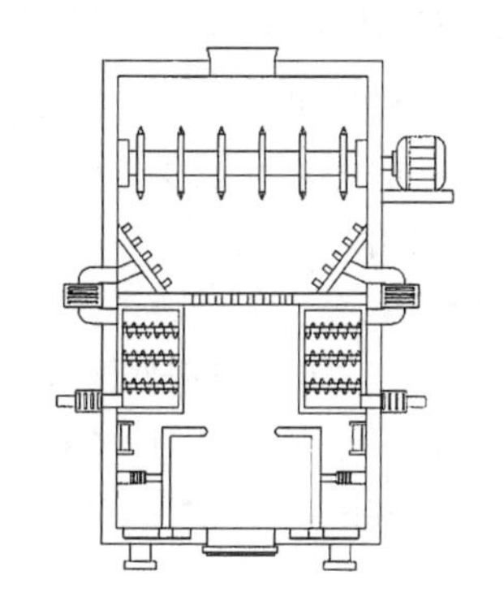

图 8　市面上现有的口罩压缩装置

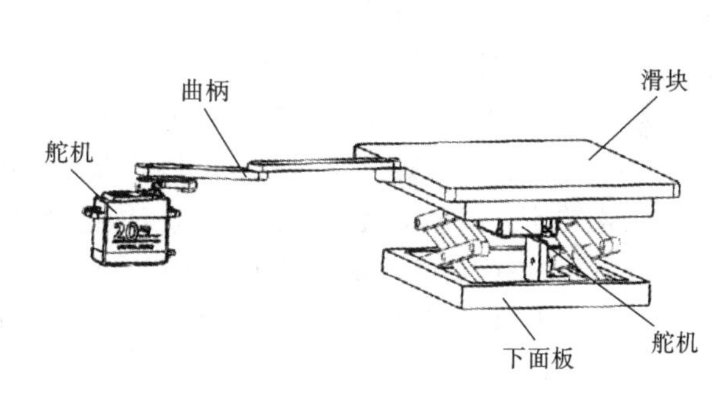

图 9　垃圾压实机构方案

(4) 自动打包机构方案论证。

现有口罩消毒收集装置在收检人员作业时，易对已消毒回收物造成二次污染。因此设计一款自动打包机构，并进行如下方案论证：

图 10 所示为打包机构设计方案一，该机构通过手拧螺柱带动口罩回收箱体向外平移，以解决收检人员作业时带来的二次污染问题。但经过测试，其工作效率低下，延长了收检回收物的时间，增大了二次污染的风险，因此摒弃该方案。

经过测试与优化得到图 11 所示的打包机构设计方案二，它在方案一基础上基于机电一体化设计实现整个打包流程的自动作业，减小收检过程中的污染风险。此方案通过两个电机运转分别带动带轮旋转，使同步带运转以带动 x 轴方向及 y 轴方向杆件做互相垂直的平滑运动，将垃圾袋口推挤到热熔芯处进行封口，实现垃圾袋的自动打包功能。经过测试，该方案便捷快速，能达到更好的打包效果。

(5) 新口罩提供机构方案论证。

由于新冠肺炎疫情，口罩的需求量暴增，人们可能随时都需要口罩。因此，设计新口罩提供机构，并进行如下方案论证：

图 12 所示为新口罩提供机构设计方案一，此方案采用丝杠装置来实现口罩的提供，即在压实装置压紧口罩的同时，口罩仓下方的吸盘纳米胶吸附装置携带口罩，相关杆件逆时针旋转 180°后将口罩挤入口罩提供仓空隙，并依靠丝杠来实现被吸附口罩的上下移动，整个过

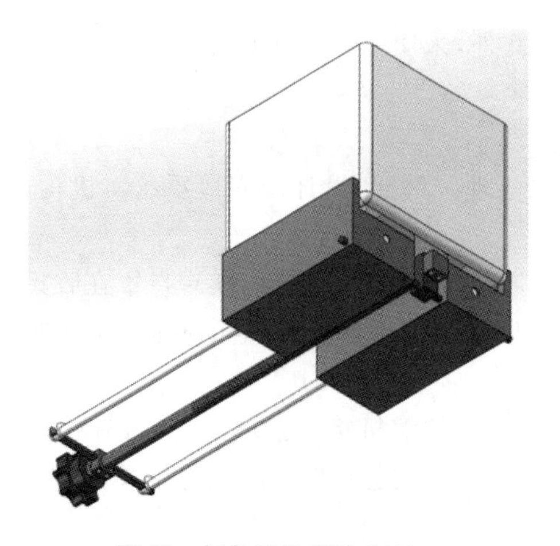

图 10　打包机构设计方案一

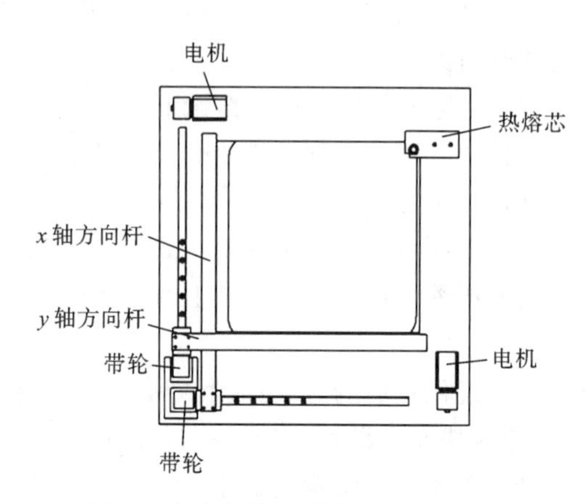

图 11　打包机构设计方案二(俯视图)

程由泵机提供动力。但是经过讨论和调查发现,吸盘需要气泵来提供原动力,大大增加了装置运行的负担和体积;采用吸盘纳米胶结构来拾取和转移口罩所需的力难以确保,影响装置顺利运行;口罩出仓方式较困难,极有可能无法被挤出,影响后续使用。

经过优化后的方案二如图 13 所示,此方案采用舵机带动联轴器、法兰轴承、轴转动,进而使带轮转动。两带轮通过传送带联系,传送带被带轮带动运行后,在其上的零件运动从而推出最下层口罩,最终口罩被推出出仓口。方案二对机械结构进行了全新优化,使得运行效率和质量大大提高;此外,增设了填补洁净口罩的开盖结构,更贴合实际应用,考虑全面。

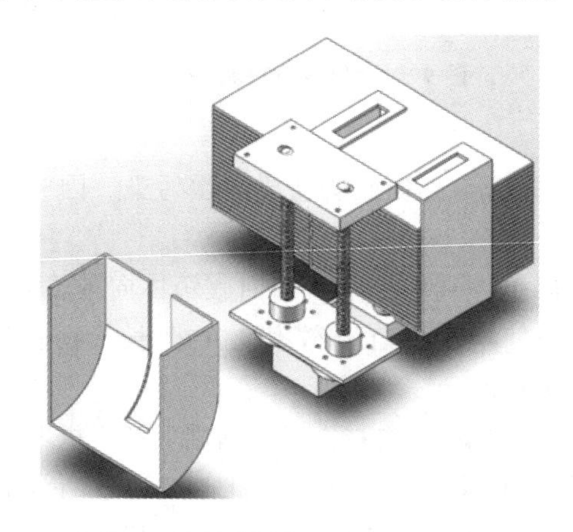

图 12　新口罩提供机构设计方案一

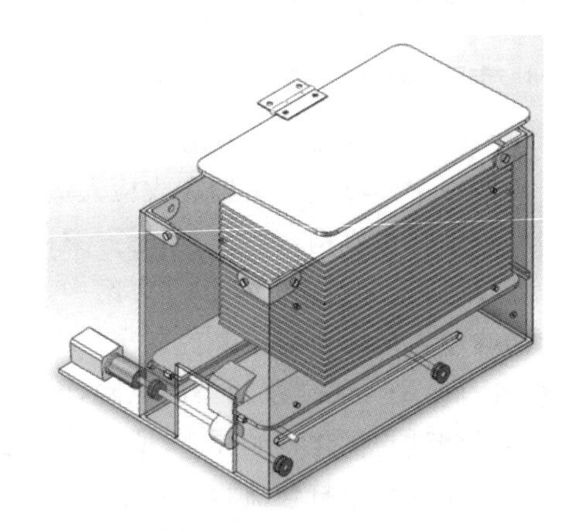

图 13　新口罩提供机构设计方案二

3. 智能设计方案

1) 主控板部分设计

设计使用 UNO 作为主控板控制三个两相混合式步进电机,包括自动打包电机 1、自动打包电机 2 以及新口罩提供电机,如图 14 所示。电机运行工作时,推动横轴移动从而达到预期目的。

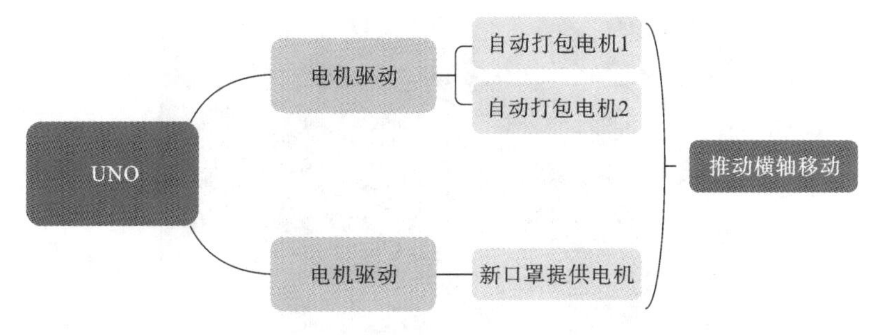

图 14　主控板部分设计示意图

2）TB6560 控制两相混合式步进电机

传统驱动方案因集成芯片细分过低，会使高/低速振动偏大。此外，若选择其余细分很高的驱动器，则大大增加成本，还可能会出现因高频力矩下降导致的振动和噪声。因此，设计使用 TB6560AHQ 实现驱动。

本设计使用的电机较多，而 TB6560AHQ 芯片提供多挡电流设置和电流衰减模式，支持相同动力指标下各种不同参数的步进电机；且在相同成本下，可选择力矩稍大的混合式或永磁式步进电机，允许电机在最大转矩的 30%～50%工作。

此外，因 TB6560AHQ 芯片集成度很高，外围电路极其简单，可靠性极高，支持步进电机从每分钟几十转到近千转的宽调速应用，且可使数控设备研发成本和生产成本双双下降。因此，本设计选用该型号驱动器，如图 15 所示。

3）红外传感器装置

为实现对废弃口罩的消毒处理，设计红外传感器（图 16）控制电机驱动 Y 形连杆运动，使消毒盒盖开启。该功能运用 Arduino 进行编译，将编译完成的代码拷入相应型号的单片机中，最终按照已设计的电路进行连接。

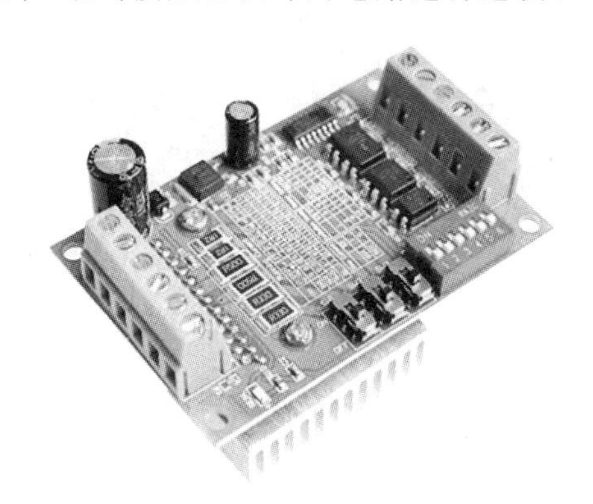

图 15　TB6560 驱动器

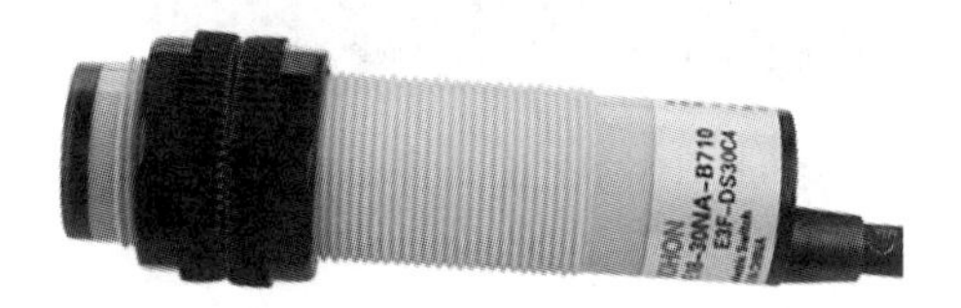

图 16　红外传感器

4）超声波距离感应装置

为实现无接触投递，设计超声波距离感应器（图 17）控制电机转动方案。具体运用 Arduino进行编译；由 25V-GS 电池供电驱动四路舵机，程序中将舵机分别命名为 DuoPIN、

图 17　超声波距离感应器

DuoPIN1、DuoPIN2、DuoPIN3，定义其连接的单片机引脚分别为 3、5、6、11，使用 PWM 口输出控制舵机转动角度，角度值分别为 $-65^\circ \sim 65^\circ$、$-120^\circ \sim 120^\circ$、$0^\circ \sim 150^\circ \sim 0^\circ$、$-60^\circ \sim 60^\circ$；VIN 代表 5 V，GND 代表 0 V；舵机有三个脚，分别为 GND、5 V、信号线。超声波距离感应器一共四个脚，分别为 5 V 电源、GND、ECHO、TRIG，设计通过 TRIG 发送一个 10 μs 以上的脉冲，然后对 ECHO 口的返回数据进行检测。超声波距离感应器接收到返回数据后，通过对应接口将信号传输给单片机；单片机将接收的信号转换后传输给舵机，控制舵机完成指定角度的旋转，以达到预期效果。

5）串口屏显示播放宣传

为了提高人们对废弃口罩危害的认识，并推广智能口罩消毒回收和提供一体化装置，设计使用 USART HMI 串口屏（图 18）循环播放宣传视频。运用的显示屏自带 GUI，供电后可直接使用；可利用串口通信对控件上的参数进行修改，运用图 19 所示 USB 转 TTL 串口模块，使用便捷；利用特定指令可实现一系列功能操作，且可与任何具有通信功能的单片机实现互联，对于有彩屏要求的用户不需要单片机来供电。

图 18　USART HMI 串口屏

图 19　USB 转 TTL 串口模块

4. 主要创新点

（1）功能方面：对废弃口罩进行统一收集、消毒、打包，以及可提供洁净口罩；

（2）结构方面：Y 形连杆、x/y 轴方向杆、带轮、传送带等结构简单。

5. 总结与应用前景

1）总结

基于 Arduino 开发的智能口罩消毒回收和提供一体化装置具有无接触回收、消毒废弃口罩及提供洁净口罩等多样化功能，结合疫情防控的社会需求，将口罩的回收与提供通过机电一体化设计集成于本作品中。经初步试验，该装置能实现上述功能，整体操作便捷、智能。但由于设计制作者缺少实物制作经验，且时间仓促，因此在电控组件及整体外观上仍有部分缺陷，需在后续对智能口罩消毒回收和提供一体化装置不断进行改进。

2）应用前景

基于 Arduino 开发的智能口罩消毒回收和提供一体化装置的口罩回收环节包括无接触收集消毒、回收物整体压缩等多项功能，整体提高了装置使用的安全性和便利性，有利于促进口罩回收规范化、普遍化。该装置已实现全自动智能工作，使用便捷，便于移动且环境适应性强，可用于公园、商场、医院、小区等多种场所。根据后期需求，可针对人机交互方面设计 APP 通信，实时记录用户相关信息，提供更为优质、智能的服务，提高公众对口罩安全回收及使用的意识。

6. 作品展示

超声波距离感应器如图 20 所示。消毒盒盖 Y 形连杆对开门机构如图 21 所示。垃圾压实机构如图 22 所示。自动打包机构如图 23 所示。新口罩提供机构如图 24 所示。

图 20　超声波距离感应器

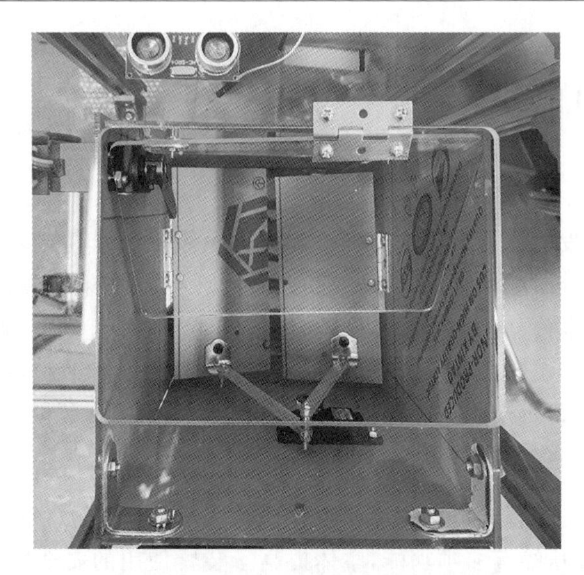

图 21　消毒盒盖 Y 形连杆对开门机构

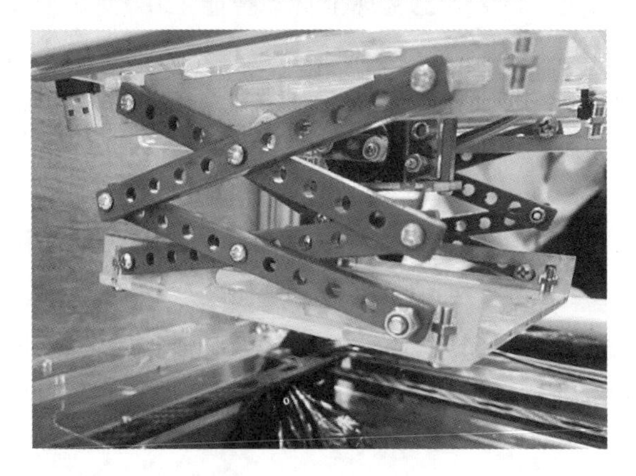

图 22　垃圾压实机构

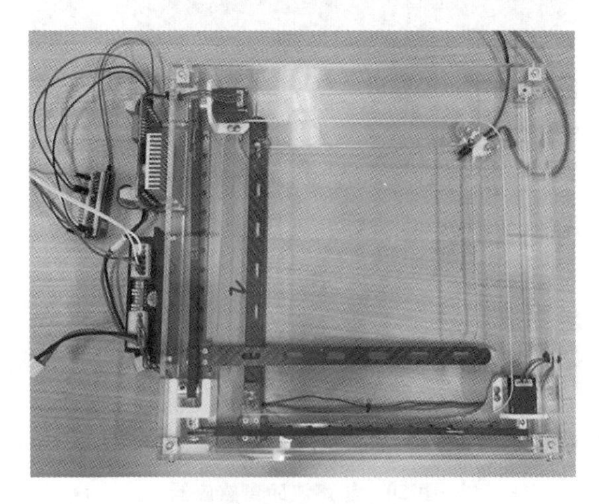

图 23　自动打包机构

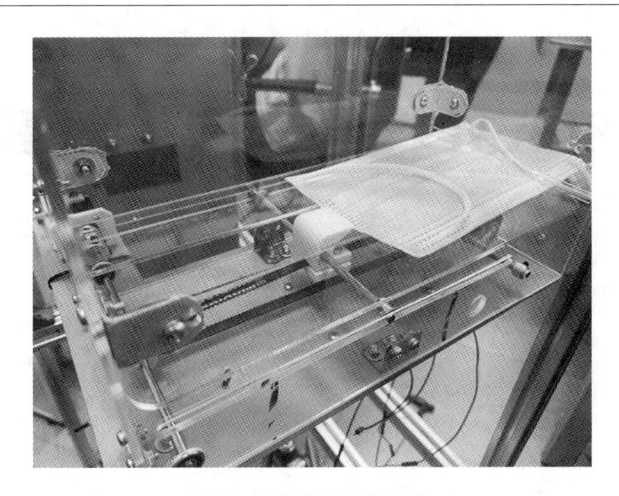

图 24　新口罩提供机构

参 考 文 献

[1] 高俊,章汝铱,郑徐斌,等. 新型热熔封口垃圾自动打包装置设计[J]. 轻工机械,2020,38(6):82-85.

[2] 黄玉彤,刘沛,王磊. 基于最小二乘法的连杆机构旋转轴定位精度补偿算法[J]. 制造技术与机床,2019(12):165-168.

[3] 林沛,张万斌,袁朝阳. 基于超声波距离感应的数字画廊系统的研究[J]. 甘肃科技,2017,33(22):28,44-45.

[4] 郭昌鑫,郑祺文,梁钰明,等. 基于 STM32 的智能垃圾桶系统[J]. 科技与创新,2021(7):43-44.

基于 SLAM 控制的智能消毒小车

上海建桥学院
设计者:沈祯恺　施沈巍　孙赟琦　盛琦
指导教师:潘铭杰

1. 设计目的

"消毒"是新冠肺炎疫情防控期间极其重要的工作,本作品旨在降低医护人员在消毒过程中存在的二次感染风险。作品灵感源自在马路上经常可以看见的洒水车,它覆盖面积很广但效率不高。而在室内只能用人工的方式对环境进行消毒,耗费人力、物力,效率也不高。因此小组设计一款智能消毒小车,不仅可减小人员感染的风险,同时也可减少人力,扩大消毒区域。

小组设计的多功能智能消毒小车,利用 Python 编程,用 SLAM 激光雷达 360°全方位激光扫描测距并获取周围环境轮廓,同时具备室内定位、自动避障导航功能。其 ROS(robot operating system)里程反馈功能可对小车的行进速度、转角速度进行校正。小车车顶配有高清深度摄像头,可沿循迹线自动工作。车体还配备一块七寸的显示屏,可以实时监控小车的运行情况,显示其行动路径并可以更改其行驶路线,也可以在 APP 上构建地图,自主导航。在车体后方装有可拆卸的紫外线消毒灯和雾化酒精喷洒装置,二者皆可以通过中央控制板控制。洒水器设置有智能定时功能,可以随意设定一次消毒的持续时长和每次消毒之间的时间间隔。喷头采用雾化喷头,减小了对人和物的冲击,扩大了喷洒范围。紫外线消毒灯有良好的杀菌效果,具有无线遥控、延时启动等功能。紫外线消毒灯利用汞灯发出的紫外线来实现杀菌消毒。紫外线消毒技术具有其他技术无可比拟的杀菌效率,杀菌效率可达 99%,可用于对水、空气、衣物等的消毒灭菌。它的原理是紫外线作用于微生物的 DNA,破坏其 DNA 结构,使之失去繁殖和自我复制的能力从而达到消菌杀毒的目的。紫外线杀菌具有无色、无味、无化学物质遗留的特点。用紫外线消毒灯照射 5 min 左右的时间,即可以将衣服上所携带的细菌和病毒等杀死。它还可以对要求洁净空气的化验室和手术室等进行空气消毒,照射 30 s 左右就可以将空气中的细菌杀死;它也可辅助酒精消毒装置进行进一步的消毒。通过设置路径,智能消毒小车沿着设定的路线行进并通过 Arduino 开发板控制电机喷出消毒水对周围环境进行消毒,还可以通过摄像头对周围环境进行观察等。

该智能消毒小车可做到无接触运行,在高风险环境下减少人员的接触,减小交叉感染的可能性并且节省资源。小车采用履带式移动方式,可以原地掉头并且在各种地形上运行,不仅可以在室内使用,也可以在公园等室外环境中使用,适应性强。

2. 工作原理

智能消毒小车由 ROS 程序控制底盘履带的电机以实现前进、后退、转弯和原地掉头等高难度动作。这是一个适用于机器人开源的元操作系统，提供操作系统的服务，包括硬件抽象、底层设备的控制、常用函数的实现、进程间消息传递、ROS 里程反馈、差分驱动、动态 PID 参数调节、IMU 角速度测量功能，可实现线速度和角速度校正，并可进行参数修改及 IMU 校正。履带的差分驱动方式能够适应各种地形，且机动性比轮胎驱动方式的要高，可以实现原地掉头。

而小车构建地图使用的是 RGBD 深度摄像头（图 1），它还具有基于 OpenCV 的摄像头巡线功能。SLAM 激光雷达直接获取环境中的点云数据，根据生成的点云数据，判断障碍物位置以及与障碍物间的距离。

而喷洒系统用 12 V 水泵抽水，并使用雾化喷头对消毒水进行雾化处理，以实现环境消毒，喷洒电机用 Arduino 开发板来控制。

采用树莓派 4B 主控板（图 2）进行总的计算和通信，可以连接手机，还可以用小车上的显示屏编辑程序。利用树莓派主控板向驱动电机的控制板（图 3）发出信号，再由驱动电机的控制板控制电机（图 4）驱动履带完成行进动作，在这个控制板上还可以观察电压情况以判断电量等，最后通过 Arduino 开发板来控制水泵，经由软管将消毒水抽出并通过雾化喷头喷出。

图 1　RGBD 深度摄像头

图 2　树莓派 4B

智能消毒小车的工作过程是先通过 RGBD 深度摄像头对环境进行测绘，在树莓派中建立虚拟地图，用来设置导航路线，而小车沿着设置的导航路线进行消毒，消毒水的喷洒装置则由 Arduino 开发板来控制水泵以设定喷洒消毒水的时间间隔，对于高风险室内难以到达的地方，还可以用遥控器对小车进行远程在线控制，手动对某一个地方进行精准的消毒，从而降低人员进入高风险区域而发生交叉感染的风险。

图 3　电机控制板

图 4　驱动履带的电机

3. 设计方案

1）总体设计构思

在新冠肺炎疫情防控期间，消毒工作大都采用人力消毒的方式，考虑人员频繁出入高风险地区，存在在消毒过程中自身感染风险过大的问题，从减少人力、智能消毒的方向出发，小组尝试设计一款可以自动巡航导航，并且具备消毒功能的智能小车。采用 ROS 小车作为项目主题，考虑到不同地形对小车行进路径产生的影响，将小车的四轮驱动结构改为履带式结构，履带可以更好地跨越不同高度的地形，稳定性和对地面的依附性也更高。在转向方面，履带式小车可以实现原地 360°转向。为了实现全方位消毒，将消毒装置放置于车顶，可以实现无死角的全范围消毒。为了扩大消毒的范围，同时考虑节约资源，在消毒装置中增加雾化装置，同时增设计时器，使消毒装置可以控制一次消毒的酒精消耗量以及一次消毒的持续时长。小车可自主导航，能够在沿设定路径巡航的同时进行消毒作业。

2）基本参数设定

根据设备的质量、小车的运行速度和动力，制订以下两种壳体材料的选择方案：

方案一：小车底板和侧板采用金属板，优点是结构稳定，承载能力强和稳定性好；缺点是价格相对较贵，设计切割不方便，车辆负载过高，对电机功率要求高，零件更换不方便。

方案二：小车底板和侧板采用亚克力板，优点是相比金属板，成本较低而且质量也较轻，对电机功率要求也较低，设计切割起来也相对方便，其强度也能达到要求。

综合考虑下，决定使用亚克力板来制作小车的底板和侧板。

在电机方面，采用两个额定电压为 12 V、额定电流为 360 mA、空载转速为 183 r/min、额定扭矩为 2 kg·cm、功率为 4.32 W 的电机来驱动小车履带主动轮。

4. 主要创新点

（1）小车可取代消毒工人，减轻人员工作量。

(2) 消毒过程自动化,保证消毒区域的全覆盖,防止过度消毒、遗漏消毒。

(3) 工作人员只需要于固定地点添加酒精,提高了劳动效率。

(4) 结构易拆卸,方便维护与维修。

(5) 可以远程控制和全天24 h运行。

(6) 可在各种地形上运行,广泛用于各种场合。

5. 作品展示

本作品模型如图5所示,实物图如图6所示。

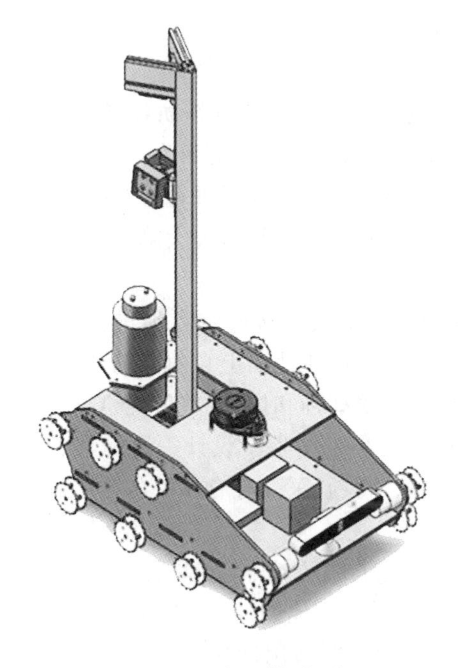

图5 作品模型

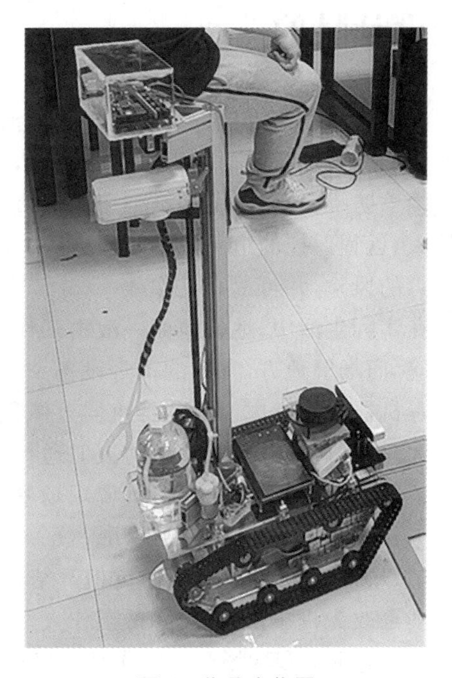

图6 作品实物图

参考文献

[1] 范朝辉,石宏,陈其志.一种基于SLAM技术的智能导航小车的设计[J].机械研究与应用,2019,38(6):119-122.

[2] 朱舜,王立群,何军.一种基于SLAM技术的智能小车的开发与构建[J].电子测量技术,2018,41(14):21-25.

[3] 付根平,朱立学,张世昂,等.基于激光雷达和里程计SLAM的智能小车定位导航方法及系统:CN202010055757.6[P]. 2020-06-05.

夹臂式地面喷雾消毒装置

上海工程技术大学
设计者：程林涵　程鹏　李琛妍　盛万佳　李佳慧
指导教师：张心光　周天俊

1. 设计目的

夹臂式地面喷雾消毒装置属于防疫消杀机器人范畴。新冠肺炎疫情防控期间，针对人流密集的公共场所需要消毒杀菌的状况，工程师们展开了防疫机器人的研发，开发了诸多类型的消杀防疫机器人，譬如类似于无人机的空中消杀机器人、协助安保进行检测的安保巡逻机器人、远程遥控的道路消杀机器人等。其能够代替大多数人工消毒，大大降低工作人员感染病毒的风险，并可提高工作效率。

在实际生活中，地铁地面一般由工作人员利用消毒喷洒装置按时定点地进行消毒。而在医院、商场等地方，常用的消毒设备一般是体积较大并且可在地面上自由移动和行走的雾化消毒机器人。考虑以上消毒机器人体积较大并且成本较高，同时在某些特定情况（如人流量较大时）下这些机器人会成为人们通行的障碍物，于是小组萌生了设计一种轻巧、简易的针对地面消毒的装置的想法，其应用场景主要包括地铁、商场、医院等有扶手的公共场合。

本作品的意义主要有以下几点：

（1）减轻消毒人员的工作负担。结合新冠肺炎疫情下的防控需求，此装置可以将部分人工消毒改为机械消毒，在降低工作人员感染风险的同时减轻他们的工作负担。

（2）适用于多种场合。本作品可以适用于多种公共场合，适用性强。

（3）为消毒人员提供一种方便实用的设备。本作品小巧轻便，操作简单，容易上手。

2. 工作原理

1）机械结构

如图1所示，整个装置由两个厢体组成，在公共场所的扶手上运行，并对有人经过的一侧地面喷洒雾状消毒水进行消毒。两个厢体均为动力厢体，每个厢体底部有两个U形主动轮，分别由两个直流电机控制，通过STM32开发板控制电机正反转，使整个装置在扶手上实现双向移动。

水袋放在装置的两侧，并且低于扶手，这样就可以使水袋在装满水后，整个装置的重心在扶手下面，增强装置稳定性，让其在扶手上面行走时更加稳定，不易侧滑而从扶手上脱落。

每个厢体底盘内部结构相同，如图2所示。两个电机分别和两个滑板固连，滑板下面有

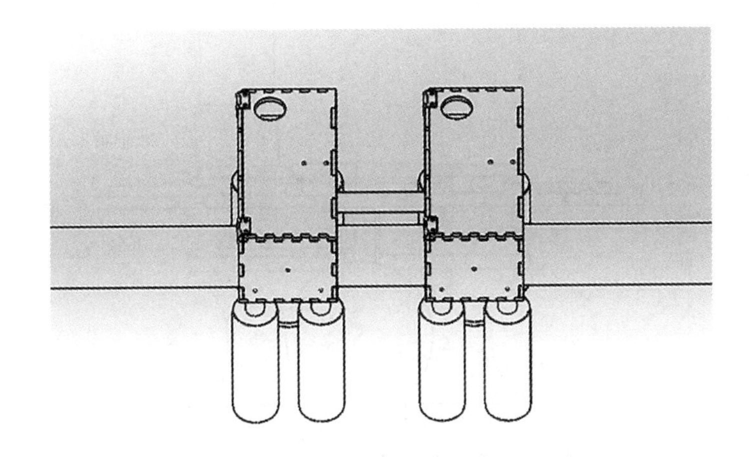

图 1　夹臂式地面喷雾消毒装置——外部机械结构

两个滑块在导轨上面。底盘中间有一个齿轮，两个齿条分别与两个滑板连接，这样可以使两个滑板至中间位置的距离相等，从而使得整个装置的重心尽可能处于扶手的中线上，增强厢体的稳定性。同时，两个滑板之间用弹簧连接，弹簧起始时处于原长，当轮子卡住扶手时，弹簧被拉伸，发生形变，产生的力将两侧滑板收紧从而实现轮子夹紧扶手，当装置运行时，若扶手直径有些轻微变化，则弹簧可以进行自动调节。

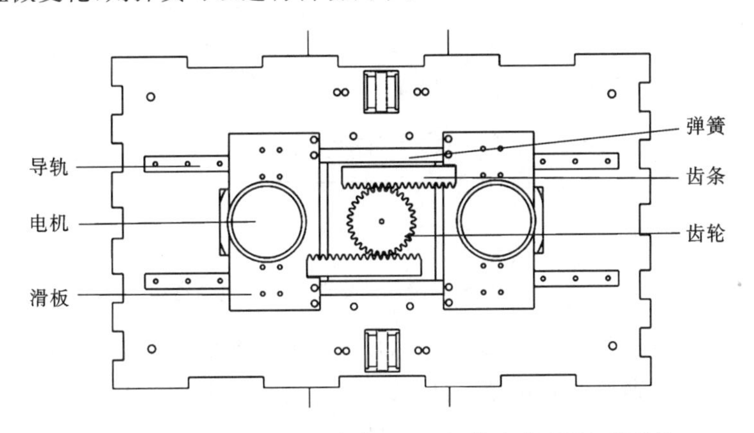

图 2　夹臂式地面喷雾消毒装置——厢体底盘内部机械结构

底盘下面安装有小轮，如图 3 所示，小轮的作用是将滑动摩擦变为滚动摩擦，让装置能够更加平稳地在扶手上面行走。小轮与其固定件之间用止推轴承连接，这样既能夹紧小轮，使装置在行驶中不易晃动，同时也能让小轮滚动顺畅而不被卡死。电机和轮子之间用联轴器连接，这样能够使电机带动轮子的时候更加稳定。

厢体的侧面和底面不仅用榫卯结构连接，同时还用包角(图 4)进行稳定，这样可以让整个装置受力更加平衡，减轻应力集中现象。

2）电控设计

如图 5 所示，控制电路的主控芯片采用 STM32F103ZET6 芯片。其是基于 ARM Cortex-M 内核处理器的 STM32 系列的 32 位微控制器，一共有 48 个引脚，主频为 72 MHz，可以同时

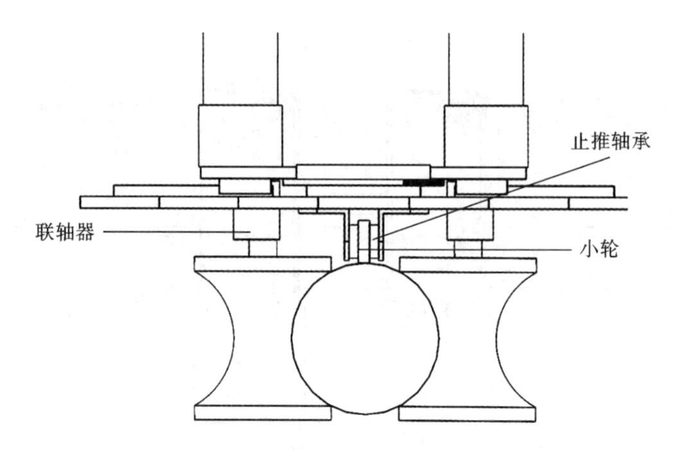

图 3　夹臂式地面喷雾消毒装置——与扶手接触机械结构

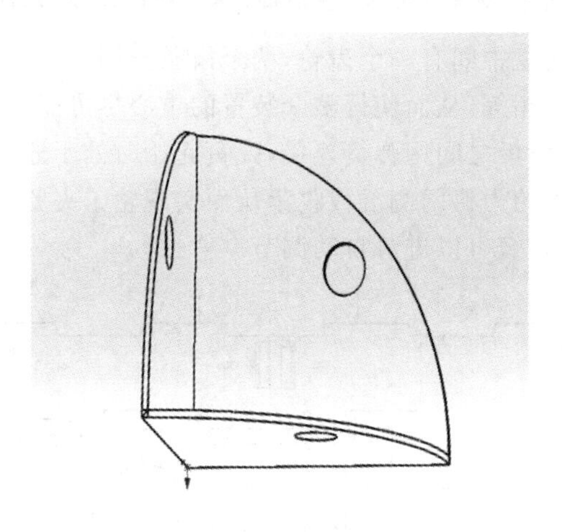

图 4　夹臂式地面喷雾消毒装置——包角结构

输出多路 PWM 波来控制电机的转速。该芯片上的继电器主控芯片是 SRD-05VDC-SL-C，可以完成 10 A 电流的通路和断路，通过板载 5 V 电源供电能够在 1 s 内完成开关控制。控制电路中的驱动部分采用 L298N 主控芯片，最高输出电流为 2 A，可同时驱动两个电机转动，电源电压为 5～12 V。驱动部分可驱动大功率直流电机、步进电机、电磁阀等，特别是其输入端，可以与单片机直接相连，接受单片机的控制。当驱动直流电机时，只需改变输入端的逻辑电平，就可以实现电机正转与反转。本作品中各模块电机均由 L298N 主控芯片来启动。两个侧向驱动电机分别与主控芯片的 PF8 引脚、PF9 引脚、PF10 引脚、PF11 引脚连接，中间轴向电机与 PD6 引脚连接。

电控流程图如图 6 所示，小车初始化之后的 8 s 内，位于厢体头部的红外感应装置对上下方 120°锥形曲面空间体积进行扫描，探测周围是否有人，如果没人则小车开始运行，若有人则不启动。启动后小车开始运行，同时水泵也运行，水泵从两侧的水袋抽水，两个水袋的水管由三通管连接，并汇聚到与水泵入口连接的水管上，而出水口的水管与雾化喷头连接，最终将消毒液以雾状形式喷出。当小车第一次接近挡板(路程末端)时，电机反向转动，水泵

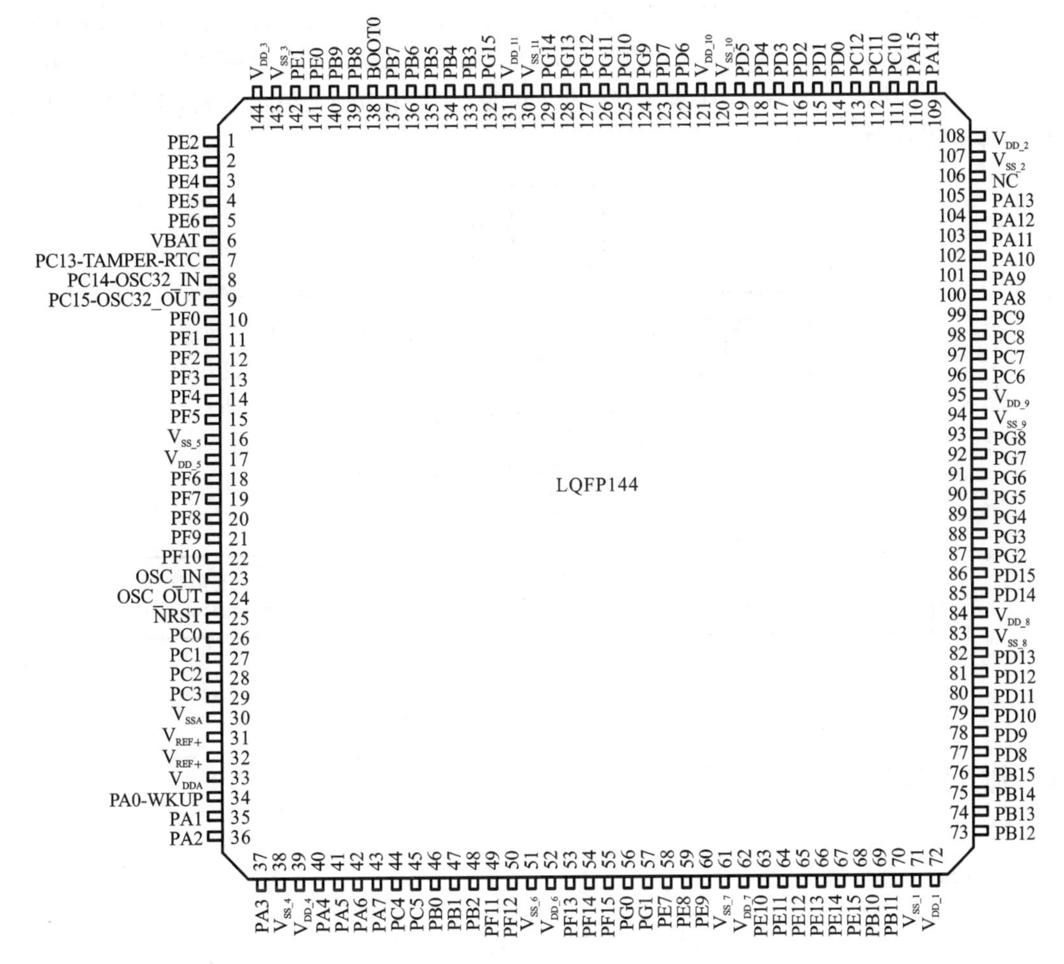

图 5　STM32F103ZET6 芯片

运行。装置反向运行到另一侧挡板前,电机停止转动,同时水泵停止运作,整个装置停止运行。在运行期间,当周围有人靠近,并被红外感应装置检测到时,电机停止转动,同时水泵停止运行;当周围人们离开后,电机开始转动,同时水泵继续工作。

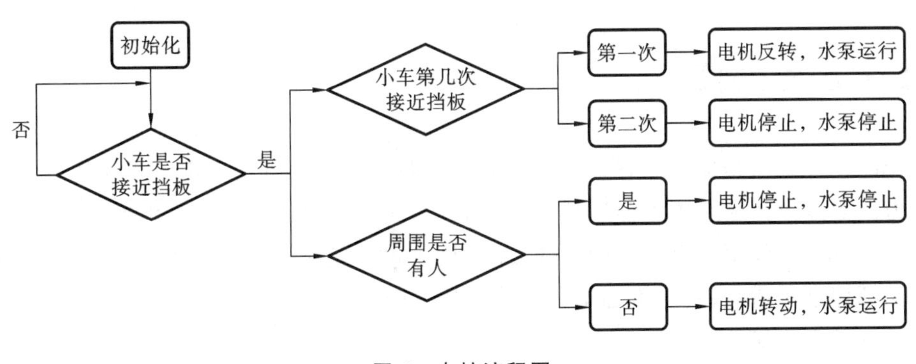

图 6　电控流程图

电控程序主要采用顺序结构,如图 7 所示,以串口中断作为中断信号源。该装置分为工作和停止两个模式，工作模式下机器运动并喷洒消毒水，停止模式下机器静止并停止喷洒消毒水。在数据采集方面，该装置采用红外线模块作为感应装置，当检测到周围有人时会拉高引脚电平发出中断信号，小车所有工作暂停；电机、水泵作为动力输出装置，实现消毒水喷洒、小车往返移动的功能。

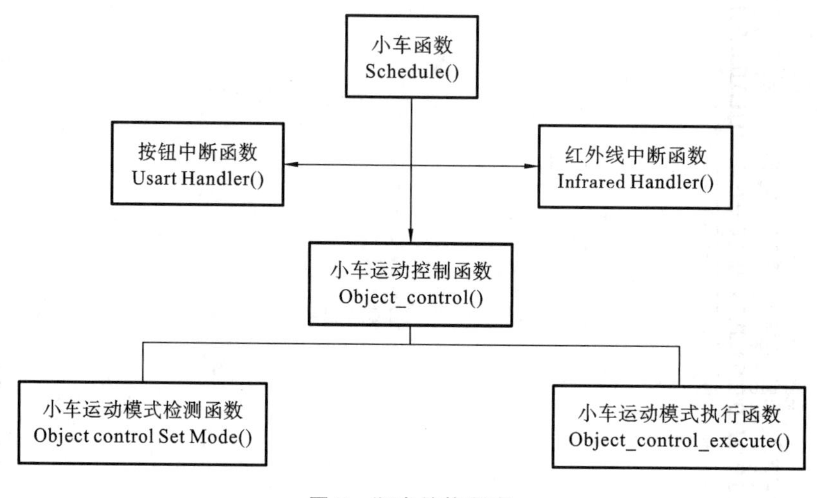

图 7　顺序结构程序

3. 设计计算

电机扭矩公式：

$$T=\frac{9.8\times(w-w_c)p_B}{2\pi R\eta}$$

经计算后得 $T<350\ \mathrm{N\cdot m}$。

由物理学公式 $\mu mg\cos\theta=mg\sin\theta$，得摩擦片的摩擦因数 $\mu=\tan\theta$。

查阅相关资料，可知扶手与水平面间夹角 $\theta\approx40^\circ$，则 $\mu=0.839$。

所以选用转速为 20 r/min 的可调速电机。

4. 设计方案比较

本作品主要难点是保证装置在扶手上面运行时的平稳度以及确定轮子和扶手之间合适的摩擦力。摩擦力太大装置不能运行，太小则容易侧滑。而摩擦力主要由弹簧控制，因此轮子表面材料、电机、弹簧需有一定的特殊要求，具体包括轮子是否会发生形变以及与扶手之间的滚动摩擦是否适宜；装置重心是否保持在扶手竖直中心面上。

轮子选型方案如下：

方案一：选用普通 U 形轮，如图 8 所示，优点是可直接安装使用，缺点是轮子与扶手表面摩擦力过小，较难发生滚动摩擦。

方案二:将普通 U 形轮表面用砂纸打磨,但效果并不明显。

方案三:在普通 U 形轮表面缠绕一层手胶,如图 9 所示,优点是由于手胶材质较柔软,使轮子与扶手实现完美的面接触,并且增大轮子与扶手表面间的摩擦力。

重心稳定方案如下:

方案一:仅用弹簧,优点是使用简便,安装简单;缺点是底盘容易整体偏移,重心不宜控制。

方案二:采用双向丝杠,优点是重心容易控制;缺点是丝杠从中间分开,两侧质量有相差较大。

方案三:采用齿轮和齿条,如图 10 所示,优点是用机械结构让两个滑板至中间位置的距离相等,从而保证重心在扶手竖直中心面上,且基本不会偏移。

综合比较和分析后,最终都选择方案三。

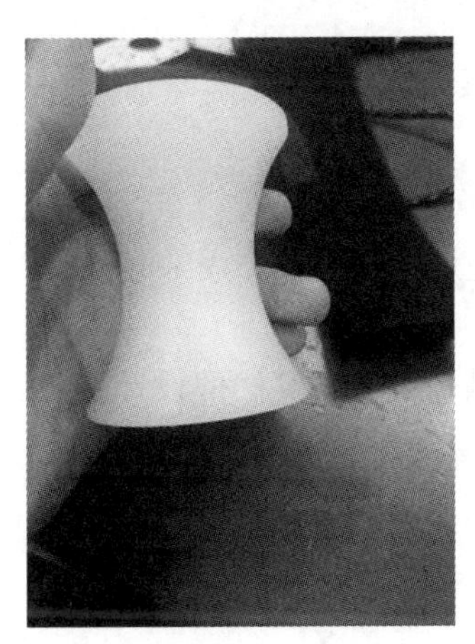

图 8　普通 U 形轮

图 9　缠上手胶的 U 形轮

图 10　齿轮齿条结构

5. 主要创新点

(1) 不同扶手的直径不同,利用弹簧形变可实现装置轮子和扶手的夹紧,达到适应多种扶手规格的目的。

(2) 使用齿轮齿条结构来保证两个滑板每次移动的距离相等,使轮子关于扶手对称,以实现重心稳定而不偏移。

(3) 扶手在制作时直径会有偏差,而装置运行时若扶手直径有轻微变化,则可通过弹簧自动调节。

(4) 该消毒装置体积较小,安装方便,比市面上的消毒机器人更加轻巧。

6. 作品展示

本作品实物图如图 11 所示。

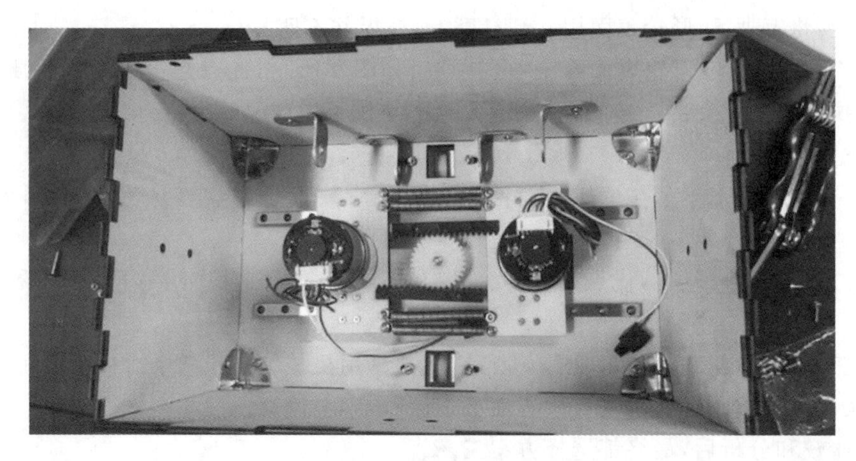

图 11　作品实物图

参考文献

[1] 吴英亮,钱炜,王东昌.基于CFD及正交试验的喷嘴雾化性能研究[J].农业装备与车辆工程,2020,58(9):104-107,134.

[2] 孟欣喜,陈文会,刘小民,等.LFMCW雷达测距系统及其信号处理算法的设计[J].科学技术与工程,2011,11(33):8191-8194.

[3] 戴文翔,孙智勇.基于树莓派的红外避障小车[J].数字技术与应用,2018(1):89-90.

自适应智能扶手消毒器

上海工程技术大学
设计者:唐逸轩　蔡唯轶　王春杰　郁梦莹　王天宇
指导教师:张美华　张春燕

1. 设计目的

在新冠肺炎疫情防控常态化的当下,每日商场、地铁站等公共场所的扶手或自动扶梯都被大量的人触碰,而扶手在人们的日常生活中又是随处可见的,因此对扶手的清洁和消毒显得尤为重要。

现有的扶手消毒器只能对电动扶梯进行清洁消毒,应用范围过于狭小,而传统扶梯依旧需要清洁人员进行消毒水喷洒和擦拭工作,消耗过多人力。

小组设计了一款能够自动在扶手上移动并自动喷洒消毒液以及完成擦拭工作的机器,旨在解决现有自动扶梯扶手消毒器的缺点与不足。该机器由 3 节车厢组成,人们只需要简单地将机器卡在扶手上,其便能自动卡紧,并通过简单、方便的方式完成对扶手的清洁消毒。

本作品的主要特点如下:

(1) 能够对不同尺寸的楼梯扶手与扶梯扶手实现自动卡紧。

(2) 具有高效率、低成本的特点,可节省大量人力与时间,有效完成楼梯扶手的清洁消杀工作,保障新冠肺炎疫情防控常态化下人们的卫生健康。

(3) 装置上雾状喷头可更换成夜间照明灯或微型摄像头。而夜间照明灯可以在楼梯间感应灯损坏的情况下给人们提供照明,防止跌落。

2. 工作原理

1) 基本的机械结构

如图 1 所示,该消毒器的主要机械结构有连杆结构、转向架结构。在连杆结构中,夹爪上方的平行四边形结构横向连接件和竖方片由螺栓连接,并增设连杆限位器和止推轴承来防止螺栓松脱,对角线上同时还设置有拉簧,以实现翼侧导轮对扶手两侧的卡紧与从动,并在平行四边形结构下方的两个夹爪片中间安装轴套以限制夹爪片和拉簧的位移。导轮和夹爪的连接处加设翼侧导轮限位器,使导轮对扶手有更好的适应性。转向架结构中,利用转向板、扭簧和连杆限位器,使移动中的首个车厢在转弯处遇到障碍后,通过一侧扶手的阻力和后方直流减速电机的驱动,完成方向的调整与转弯,借助驱动轮的驱动与转弯后扭簧和陀螺仪对转向架的复位，避免车厢在转弯后转向架结构发生偏转引起整体侧翻。前、中、后三节车厢通过车厢连接件连接。

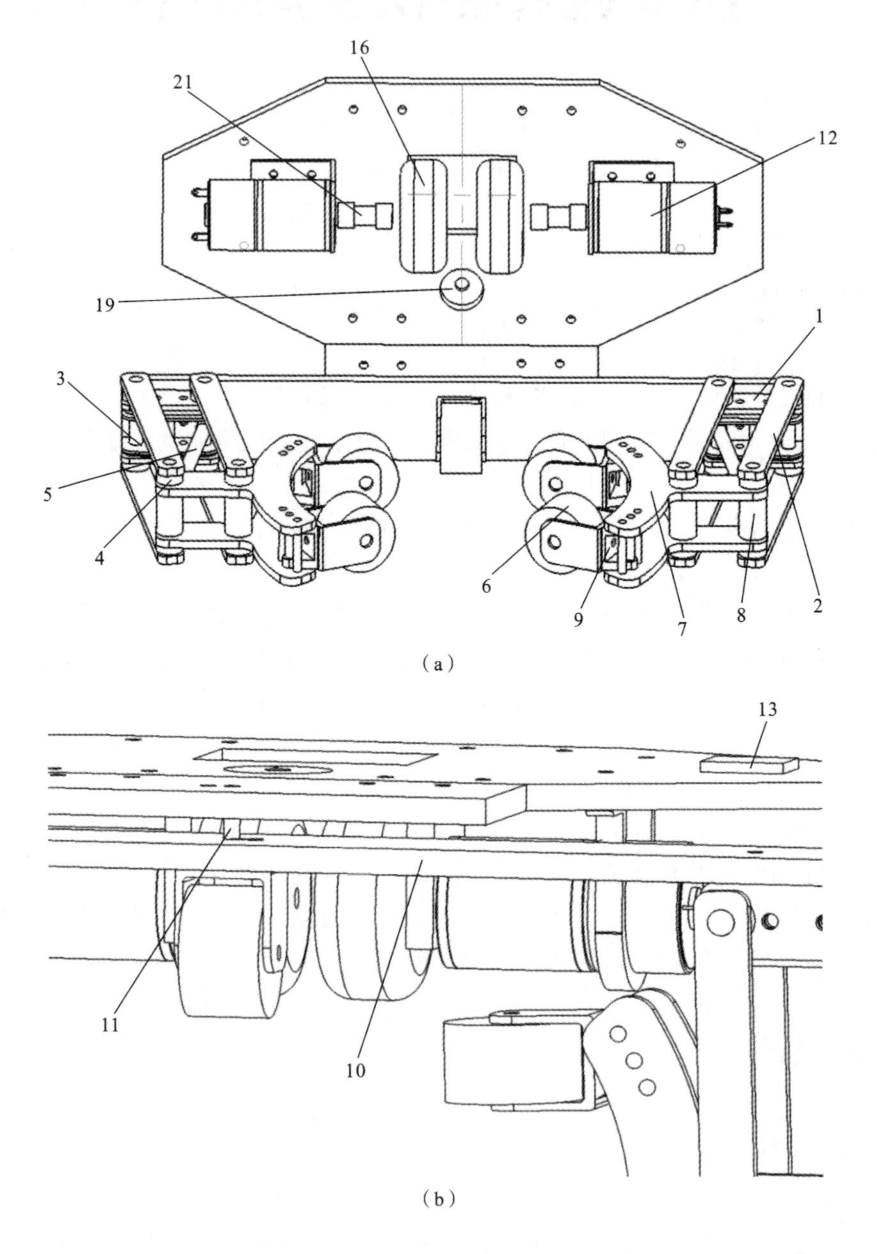

图 1　自适应扶手消毒器

(a) 首末车厢仰视图；(b) 首末车厢局部正视图；(c) 中间车厢正视图；(d) 整体模型

1—横向连接件；2—竖方片；3—连杆限位器；4—止推轴承；5—拉簧；6—翼侧导轮；7—夹爪片；8—轴套；9—翼侧导轮限位器；10—转向板；11—扭簧；12—直流减速电机；13—陀螺仪；14—车厢连接件；15—航空电池；16—主动轮；17—消毒液存储瓶；18—抽水泵；19—振荡片；20—海绵；21—联轴器

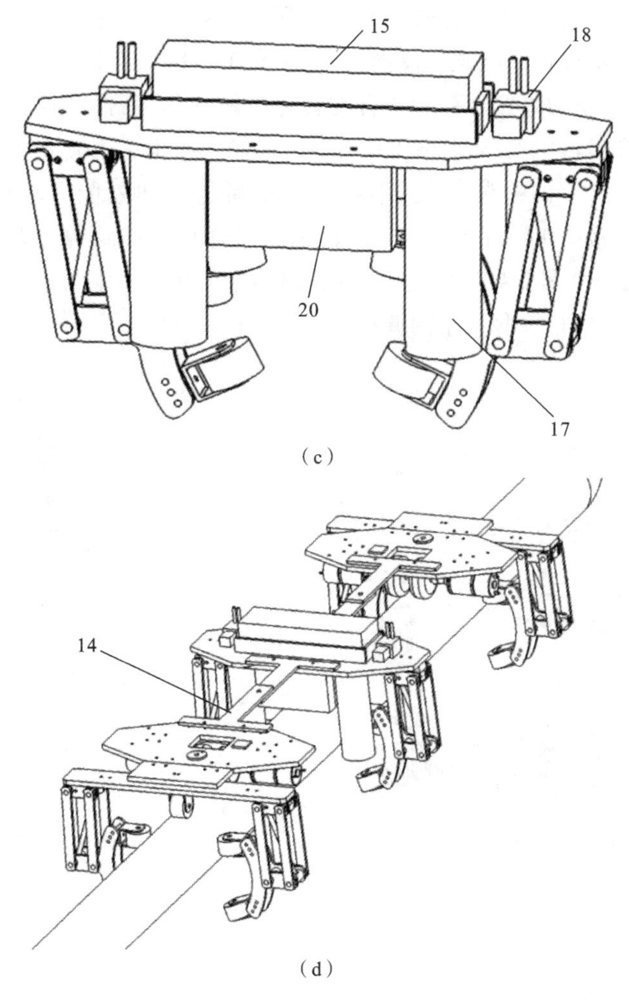

（c）

（d）

续图 1

2）工作原理

该机器的工作原理：中间车厢上方所装载的航空电池给首、末两节车厢上的直流减速电机提供电能，而电机通过联轴器带动两边的主动轮，使得消毒机器人能在扶手上移动。再由中间车厢的抽水泵抽取消毒液存储瓶中的消毒液，经过连接两节车厢的输液管运输至首末车厢的振荡片，完成消毒水的运输和喷洒工作。喷洒工作完成后，由中间车厢所携带的海绵，在移动中完成消毒后多余消毒液的擦拭工作，避免残留的消毒液给人们的使用带来不便。

3. 设计方案

1）总体设计构想

想让消毒器完成整个消毒工作，首先便是要设计一个能够装载电源、电机、喷头和存储瓶的结构。在反复商讨和考虑机器转弯等一系列问题后，最终决定设计3节车厢，首末两节为相同的车厢，能够实现正向行驶和反向行驶，中间车厢用来承载消毒用的消毒液和电源电池。同时为了使3节车厢连接在一起并且在转弯时能够连续行进而互不干涉，参考火车的设计，首末车厢都采用转向架结构(图2)，每一节车厢之间也采用万向节连接。

考虑消毒器与扶手的夹装方式，小组在讨论后选择伸缩能力较为强大的连杆结构(图3)，其里面的拉簧能够保证夹爪卡住扶手，并且连接连杆结构的夹爪片采用半月形状(图3)，上下各连接一个翼侧导轮限位器，将翼侧导轮限制在一定的范围之内并且能够针对不同规格的扶手自动进行一些微小的调整。

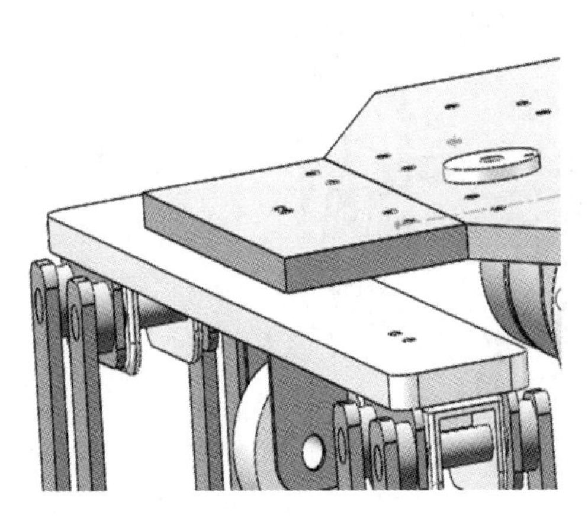

图2　转向架结构

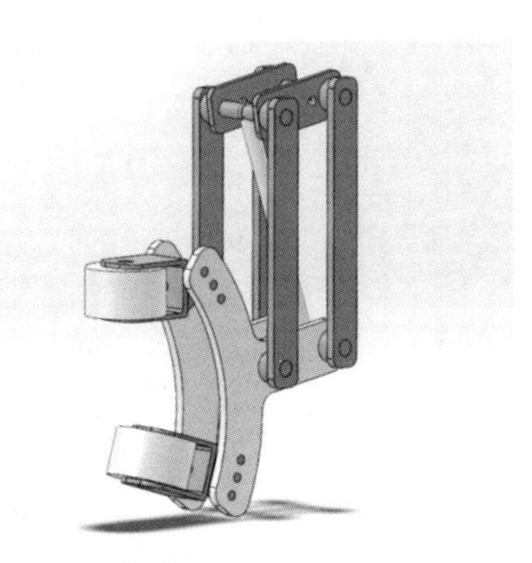

图3　爪和连杆结构

2）电机选择方案

选择直流减速电机，其具有所占空间小、效率高(一般直流减速电机的效率能够达到96%以上，而传统直流电机的效率一般在75%左右)、节能(比传统电机节能20%以上)、使用寿命长的优点。

4. 主要创新点

(1) 将平面火车的转向架结构运用于曲面扶手，解决智能扶手消毒器在转弯时所遇到的难题。

(2) 连杆结构配合夹爪的运用，在消毒器卡紧扶手的同时具有一定的调节空间，使转向架在转弯处遇到扶手直径变化时有很好的贴合度和调节度；同时，连杆结构的可活动特性可以使消毒器适应不同尺寸的扶手，具有极强的适应性。

(3) 附加功能。例如，在楼道感应灯失灵的情况下，安装移动目标的跟踪模块和感应灯，可实现照明功能；在高层建筑发生火情时，安装摄像头和温度传感器，可实现楼道的火情探测和实时监控功能，帮助消防员实时了解火情。

5. 作品展示

本作品实物图如图 4 所示。

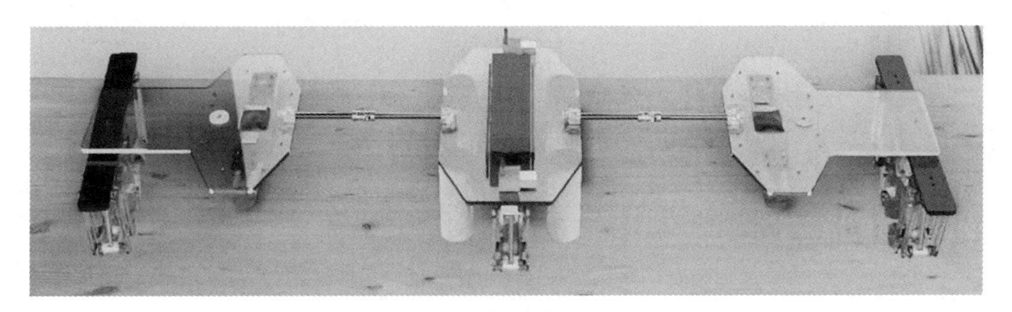

图 4　作品实物图

参 考 文 献

[1] 付琳,孙鲁青,陈旭,等. 多功能楼梯护栏清洁一体机[J]. 科技创新与应用,2020(6):86-87, 90.

[2] 王会,赵世泽,李尚艺. 楼梯清洁机器人的结构设计[J]. 机械工程与自动化, 2021,4(2):108-109,111.

[3] 濮良贵,陈国定,吴立言. 机械设计[M]. 9 版. 北京:高等教育出版社, 2013.

智能楼道消毒装置

上海大学
设计者：胡卿　张宇涵　李嘉葳　刘银涛　汪子睿
指导教师：董笑凡　黄鑫

1. 设计目的

新冠肺炎疫情暴发至今，公共环境的消毒问题成为一个不容忽视的问题，无论是人流量较大的大型商场还是每日必经的居民楼楼道，都需经过严格的定时重复性消毒。若以 60 栋的小型社区为例，每四小时的周期性消毒工作显然很繁重，需要大量人力。于是小组决定设计一个可根据消毒药水时效性完成周期性消毒工作的自动化、智能化的消毒装置。

本作品的主要功能如下：

(1) 可自动化完成周期性消毒工作，依据消毒药水时效性设定装置工作周期。

(2) 自动化工作，可减少人力，同时大大降低工作人员感染病毒的风险。

2. 工作原理

1) 机械部分

如图 1 所示，整个智能楼道消毒装置有两大部分：外壳与内部机械传动机构。这两部分通过预设的螺纹孔用螺栓连接。机械传动机构主要由左侧的两个主动轮与右侧的一个从动轮构成。其中，左侧的两个主动轮 8 通过舵盘 9 与串行总线舵机 12 相连，轮子能在串行总线舵机的驱动下转动。调节舵机可以改变轮子的转动方向。每一个舵机通过舵机外壳与两个避振弹簧 2、4 相连接，构成避振-舵机整体结构，而该结构又通过连接件 6 与整体外壳相连接，该整体能在小车过弯的时候产生形变，使小车顺利过弯。在爬坡时，智能楼道消毒装置借助左侧的两个主动轮提供的动力，以及弹簧与右侧的从动轮 14 形成水平方向的夹紧力，增大轮子与扶手侧面间的摩擦力，实现装置上爬。同时智能楼道消毒装置顶板上加装了牛眼轮 16，将上板与扶手上表面的滑动摩擦转变为滚动摩擦，减小上坡时的阻力，使装置爬坡更顺滑。当智能楼道消毒装置到达转弯处时，弹簧向内收紧呈压缩状态，使主动轮与从动轮的间距增大，同时主动轮借助其上的齿轮状结构(图 2)，卡住扶手拐弯处的转角，从而顺利过弯。下坡时，智能楼道消毒装置通过舵机控制主动轮反转即可。

弹簧行程的确定：当智能楼道消毒装置在爬坡时，左侧主动轮与右侧从动轮的间距 d 应小于或等于扶梯宽度 X，此时两侧轮子状态如图 3 所示，当左侧主动轮运动到扶手转角(图 4)处时，两侧轮子间距应有最大值 d'，则 $d'-d$ 即为弹簧行程的最小值，由几何关系可

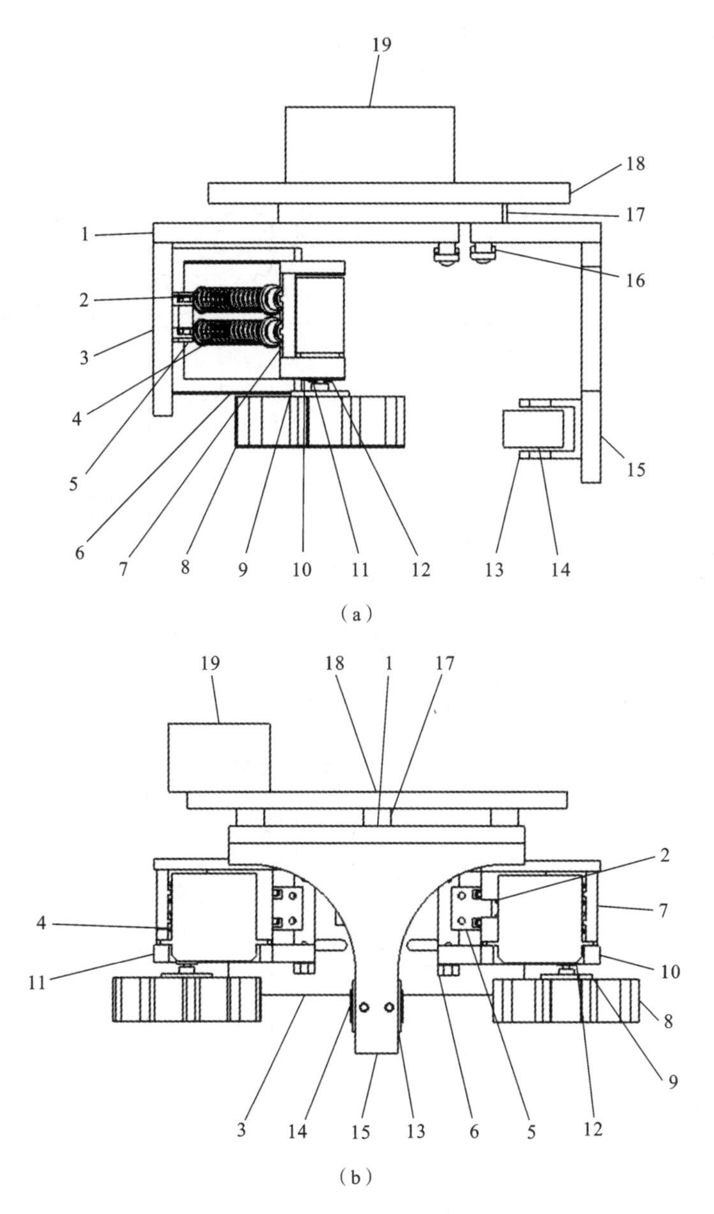

图 1 智能楼道消毒装置

(a) 正视图;(b) 右视图

1—外壳(左上);2,4—避振弹簧;3—外壳(左下);5—连接件(固定弹簧与整体外壳);
6—连接件(固定舵机外壳与整体外壳);7—连接轴;8—主动轮;9—舵盘;10,11—舵机外壳;12—舵机;
13—从动轮外壳;14—从动轮;15—外壳(右下);16—牛眼轮;17—左、右外壳连接件;18—附加板;19—水箱

知 $d'=\sqrt{2}r+\sqrt{2}X+R$,而 $d=X+R+r$,由此即可解得弹簧所需最小行程。

2) 电机部分

本作品以 ESP8266 为核心控制板,通过 UART 发送指令给 ZL～Z1 控制板使舵机转动,带动消毒装置在楼梯扶手上进行消毒与清洁,同时附带有 BMP280、HC-SR04、Water

Sensor水位传感器等模块，它们采集数据上传至云端，借助 OneNET 平台进行数据交互，使用户可实时掌握装置运行情况。

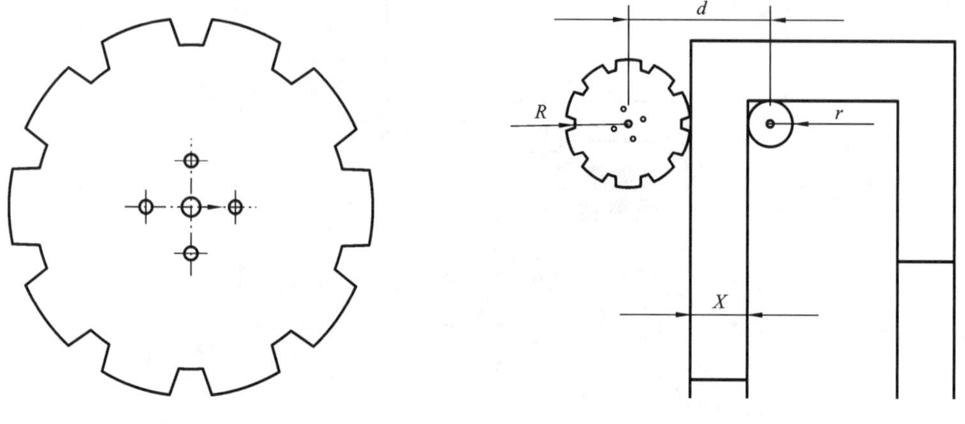

图 2　主动轮俯视图　　　　图 3　爬坡时两侧轮子状态

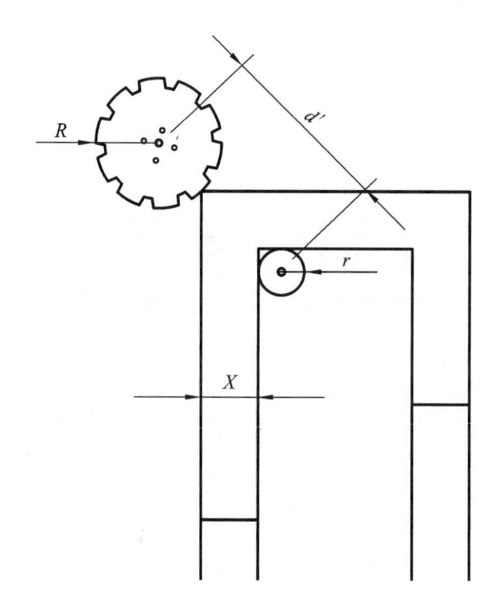

图 4　主动轮运动到扶手转角处

3. 主要创新点

(1) 设计与计算主动轮和从动轮外形、尺寸及各轮间距，解决装置在扶手直角拐弯处过弯时的难点。

(2) 装置顶部亚克力板为卡槽设计，可利用调节螺钉在卡槽中的位置来适应扶手的尺寸。

(3) 运行过程中利用超声波传感器判断有无人进入消毒范围。若监测到喷头射程范围内有人经过，则用智能语音提示，且装置自动停止工作，直到人离开消毒范围。

（4）采用简单的小程序，不仅可以做到一键开始、结束装置工作，同时可清晰明了地显示装置剩余消毒水量与具体所在楼层。

（5）利用循迹模块，当装置运行到最高楼层时，舵机自动翻转，调整运动方向。

4. 作品展示

本作品的实物图如图5所示。

图5 作品实物图

参考文献

[1] 陈彦宏.一种楼道雾化消毒装置:CN201520466708.6[P].2015-10-28.

[2] 胡校云，余芳，赵小红.一种医院楼道用喷雾消毒装置:CN201520733035.6[P].2015-12-30.

校园餐盘高效消毒处理机

上海理工大学
设计者:金啸宇　焦学文　李杨杨　刘煦旸　唐景辉
指导教师:王新华　李天箭

1. 设计目的

餐盘回收是学校及单位食堂的重要工作,目前这一工作都是由专门的回收人员来完成的。食堂就餐人员多,餐盘回收人员工作量大,工作效率不高,回收餐具会占用大量的时间,耽误整个清洗过程;同时餐盘中的剩余物会溅落到其他地方,十分不卫生。

新冠肺炎疫情当下,校园食堂的防护工作十分重要。小组拟设计一装置自动完成餐余倾倒处理工作,减少工作人员与餐余垃圾的接触,并对清洗后的餐具等进行紫外线消毒,防止病毒传播。

本作品减少了食堂工作者的工作量,还提高了食堂餐具回收的效率,缩短了回收餐具所用的时间;整个过程是不间断的,实现了自动化,同时也避免了餐盘中的剩余物溅落到其他地方,安全卫生。

本作品可应用于校园食堂、医院食堂、工厂食堂等人员集中用餐的场合,也可推广至快餐等餐饮服务业,提高餐饮服务业的自动化程度。

2. 工作原理

本作品工作原理简单,通过电机与链传动来完成将餐盘送入处理装置的任务,依靠压力感应器触发电机,通过联轴器直连传动使夹臂做翻转运动来实现餐余倾倒处理,再将餐盘移交给清洗装置完成清洗,最后进行消毒。

如图 1 所示,将餐盘放于传输装置入口处,传动链将带动餐盘前进,进入处理装置。如图 2 所示,处理装置接收传输装置送达的餐盘,由夹具夹紧餐盘后翻转倾倒餐余垃圾(垃圾收集装置位于箱体下部预留位置),再移交至清洗装置。处理装置下开口处可搭载一隔板,解决因两装置间存在间隙餐余垃圾遗漏而造成的污染问题,如洒漏汤汁等。由于处理过程存在离心作用,为避免残渣洒漏,附加设计防污罩,此盖可打开以方便装置的清洗与消毒。

如图 3 所示,传输装置两边各加装筷勺收集筒来收集筷勺,上部不封口,可加装消毒灯,对筷勺等进行预消毒。

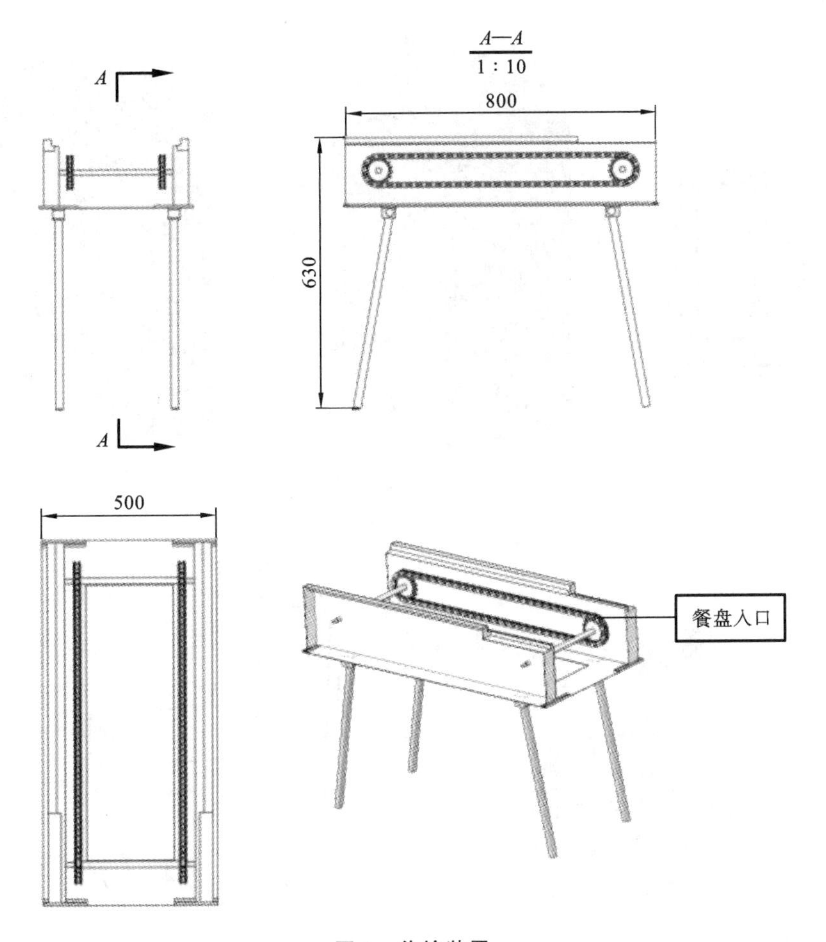

图 1　传输装置

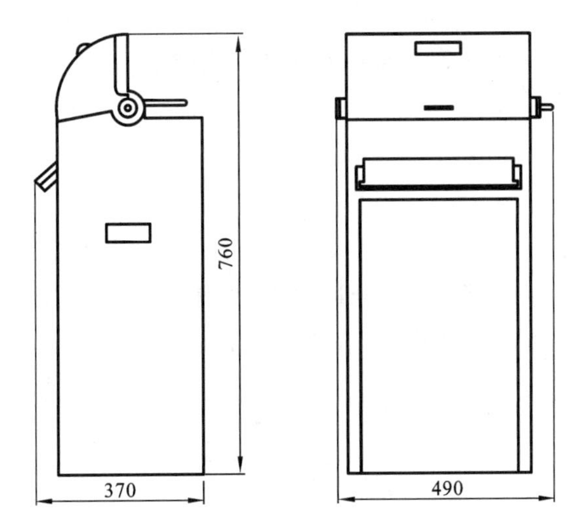

图 2　处理装置

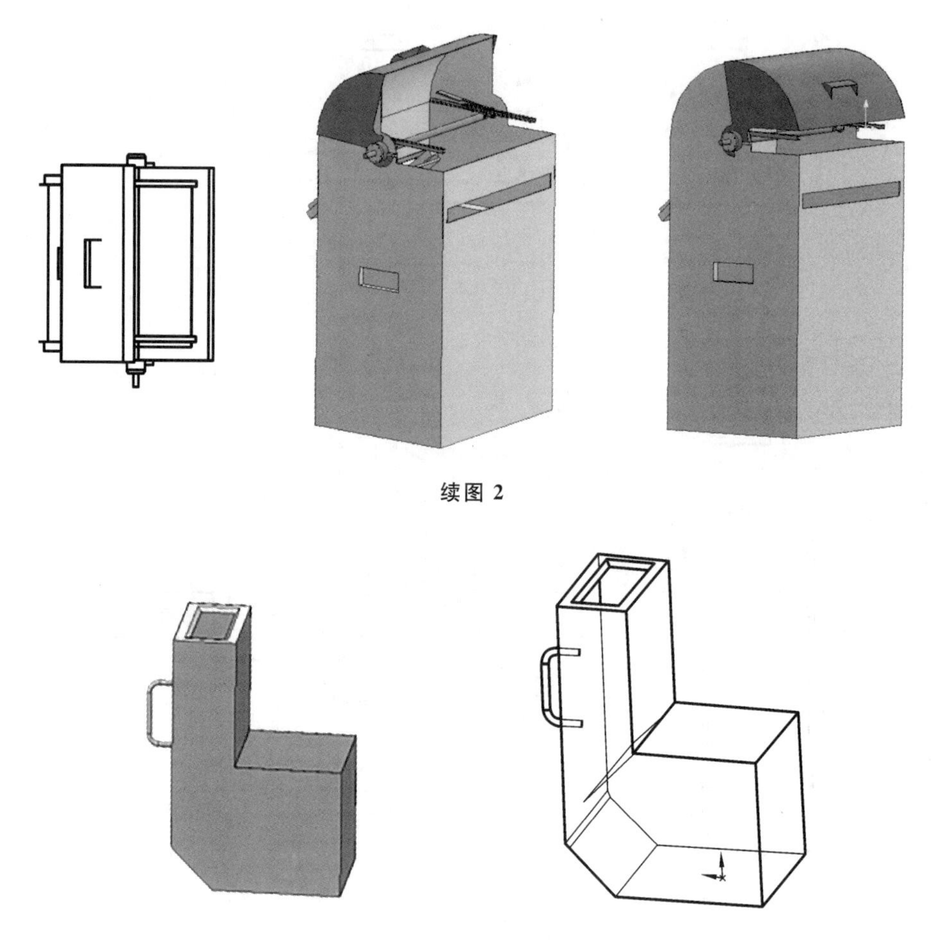

续图 2

图 3　筷勺收集筒

本作品占地面积相对小(1.1 m×0.9 m×0.76 m),结合食堂的具体环境,可以在多个窗口使用,配合全自动的流程,可提高餐盘回收处理的效率。

3. 主要创新点

(1) 餐盘运输采用链传动加装拨片推动餐盘的方式,稳定性好,不会打滑。

(2) 为保证夹具在开启时能调整至合适位置,准确完成餐盘的接收,设计的处理装置中夹具部分有主转动和辅助结构两部分,且在主转动部分设有挡片,可以保证转动部分与餐盘承载部分的良好接触。

4. 作品展示

本作品外形如图 4 所示。

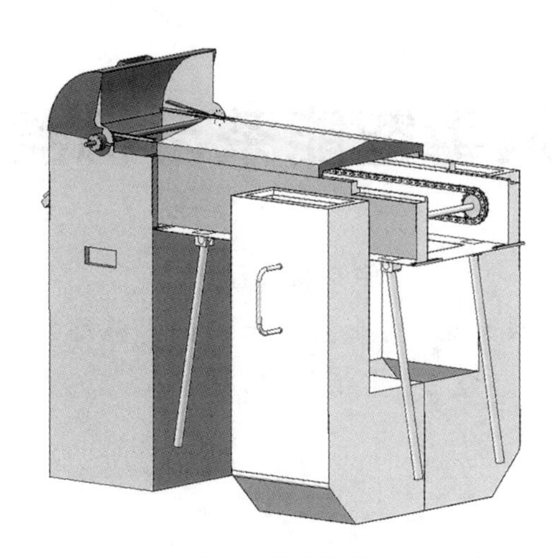

图4 作品外形

参考文献

[1] 濮良贵,陈国定,吴立言. 机械设计[M]. 10版. 北京:高等教育出版社,2019.
[2] 张毅刚. 单片机原理及接口技术(C51编程)[M]. 2版. 北京:人民邮电出版社,2016.
[3] 俞竹青,朱目成. 机电一体化系统设计[M]. 2版. 北京:电子工业出版社,2016.

自消毒智能茶艺机器人

华东理工大学
设计者:周业宽　张文斌　施懿航
指导教师:郭慧

1. 设计目的

茶作为中国人喜爱的饮品,在调养身体方面有着不可忽视的作用。但是,泡出一杯好茶并不是一件易事,除了需要把控茶叶用量及泡茶温度以发挥茶的最大功效外,泡茶过程的卫生、消毒环节也是十分重要的。为了获得"茶"的优质口感及养生功效,将具有中国民族特色的茶艺充分地展现出来,并致力于提高公共卫生健康水平,小组设计了一款自消毒智能茶艺机器人。本作品突破了传统泡茶的局限性,利用智能技术使茶艺机器人拥有更好的交互性、智能性以及自动化性能,满足顾客对茶的浓淡、温度以及茶叶种类等的个性化需求,充分还原专业大师泡茶的口感,发挥其养生功效。值得一提的是,小组十分关注泡茶背后的茶文化及泡茶过程的卫生、消毒环节,将整个泡茶流程高度可视化,前期将对茶叶、茶具进行消毒,深度融合美感、科技感及健康养生意识,为人们打造独一无二的泡茶体验。

本作品的意义主要有以下几点:

(1) 在后疫情时代,人们越来越关注生活的健康与安全,同时茶饮的健康也是人们关注的热点,开发一款可消毒的智能茶艺机器人是很有必要的。

(2) 现在大部分职场人士处于亚健康状态,在公司中放置几台茶艺机器人,无须人手动泡茶,就有一杯泡好的茶水待人们饮用。茶可以调养职场人士的身体,改善其健康状态。

(3) 自消毒智能茶艺机器人将科技与茶文化相结合,更好地传承了中国茶文化。

2. 工作原理

1) 机械部分

自消毒智能茶艺机器人由一个带盖茶壶、一个茶盒、一个公杯以及六个茶杯组成,其机械结构分别由注水机构、泡茶机构、机械臂机构、杯夹机构以及循环杯台机构组成。注水机构负责向茶壶和公杯加注开水,进行洗茶和泡茶。烧水工作由加热装置完成,同时烧水水箱内有温度传感器,可以保证水温恒定并满足最佳泡茶水温要求。注水动力由水泵提供,由舵机控制出水口方向,保证注水机构可以分别为茶壶与公杯注水,同时在出水口处增设单向阀，以保持水管内的水柱，避免注水时间延迟。

自消毒智能茶艺机器人通过手机控制开启，一键启动后机器人自动控制茶盒定量出茶，由接取机构将茶叶接送到茶杯中，从水箱中泵出热水进行第一步洗茶，翻板机构将洗茶水倒入公杯中，对公杯进行清洗消毒后机械臂夹取公杯将洗茶水倒掉，再次从水箱泵出热水至茶杯中，完成泡茶，翻板机构再次将茶水倒入公杯，机械臂夹取公杯的同时，夹取机构从消毒柜中夹取已消毒的杯子，机械臂夹取公杯向茶杯倒茶，散发香气的茶便泡好了。

2）控制部分

以 MQTT(message queuing telemetry transport)通信协议为例，如图 1 所示。

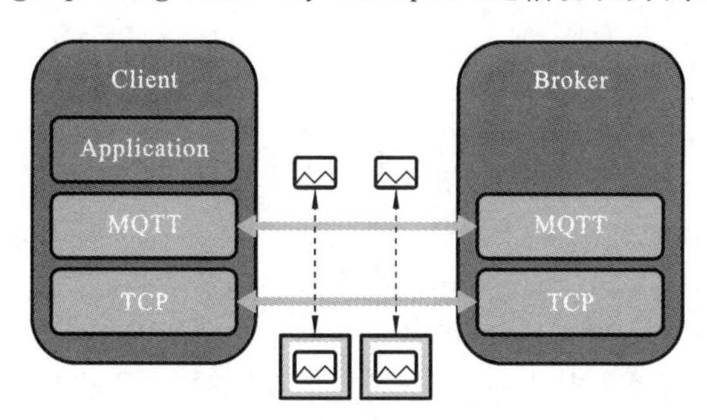

图 1　MQTT 通信协议

MQTT 是一项即时通信协议，是茶艺机器人中物联网的核心组成部分。该协议支持所有平台，将客户端(用户端)、云端服务器、茶艺机器人三者紧密联系起来，通过少量代码和带宽远程将用户端的信息传递给云端，再将云端消息发送给机器人，实现随时随地控制。

由于 MQTT 是轻量级基于代理的发布/订阅的消息传输协议，其协议开销小和能效高，故小组对茶艺机器人与客户端开通了双向通信通道，即用户不仅能远程控制机器人，还能通过手机端获取机器人的即时信息，了解泡茶的进度，及时掌握机器人的状态。

(1) 手机控制端：自主设计手机 APP 控制界面，APP 支持历史数据监测，泡茶机器人状态监测，水位高度、泡茶等待时间以及定时任务显示和设置，有两种泡茶模式和语音控制开关，以满足用户不同需求。

(2) 阿里云服务器：服务器端接入阿里云服务器，采用 MQTT 通信协议，克服传统的蓝牙和局域网通信的距离限制弊端，即使是在广域网下也可实现与设备的通信，实现严格意义上的物联网。

(3) 终端：终端主控芯片为 STM32F103，使用 ESP8266 Wi-Fi 模块接收服务器消息指令，并将数据通过串口通信方式透传到主控芯片，实现对应操作(如泡茶任务、定时任务、自动语音播报等)，并且反馈实时数据(如温度、水位高度、预计泡茶时间)给服务器端，使得 APP 可以获取实时数据。终端的泡茶任务由 16 个舵机和若干步进电机联动实现，运用的主要算法有机械臂运动规划和多运动机构的顺序联动，以及机械臂夹持的稳定及平衡算法。

3. 设计方案

1) 总体设计构想

设计一款可消毒且可智能完成选茶、出茶、洗茶、沏茶等工作，并且人机交互友好的自消毒智能茶艺机器人。该机器人包括人机交互系统、储茶及定量出茶系统、水温控制系统、茶杯消毒及存放系统、机械臂运动系统等。

具体设计构想如下：

(1) 利用手机APP选择茶叶品种及冲泡杯数，终端控制系统将信号传输至储茶及定量出茶系统、水温控制系统等。

(2) 储茶及定量出茶系统依据信号，控制指定蜗杆转出指定质量的茶叶，茶壶在下方接取茶叶。

(3) 水温控制系统依据信号，向茶壶注入指定温度的热水。

(4) 先对茶水进行一次倾倒，完成洗茶工作。

(5) 再次注入指定温度的热水，进行泡茶。与此同时，夹取机构将指定数量的茶杯放入指定位置。

(6) 待茶泡至所需时间后，倾倒茶壶中的茶水至公杯，机械臂夹取公杯将茶水依次倒入从消毒柜取出的茶杯中。

(7) 待用户取茶后，机器人循环以上步骤，取出新的杯子，完成续杯工作。

2) 基本参数设定

先根据自消毒智能茶艺机器人所需各部件的大小及数量，在SolidWorks中模拟作图，得出自消毒智能茶艺机器人的大体尺寸，并根据这一尺寸购买4根长度为800 mm和8根长度为400 mm的铝型材制作自消毒智能茶艺机器人外框架。根据各舵机实际工作阻力与阻力矩，选择扭矩为200 kg·m的舵机。根据茶盒尺寸(内壁长×宽×高为20 mm×20 mm×20 mm)选择步进电机。为了达到较好的控制及运行效果，选择7.4 V和11.1 V的电池。

3) 夹子移动方案比选

设想用夹子夹取杯子，采取可平行移动的装置，故制订以下两种夹子移动方案：

方案一：连杆平行移动装置(图2)，优点是成本低，结构简单，易安装；缺点是机构运动缓慢，泡茶效率低，摩擦力大，运动不稳定，同时噪声很大。

方案二：导轨平行移动装置(图3)，优点是导轨滑块移动的摩擦力小，运动更加稳定，只需要一个步进电机就可以控制；缺点是成本稍高，皮带安装有一定的难度。

综合考虑摩擦力、成本、运动稳定性等因素，选取方案二。

4) 机械臂夹取方案比选

机械臂机构是自消毒智能茶艺机器人的核心部分，所以机械臂夹取方式的选择十分重

图 2　连杆平行移动装置

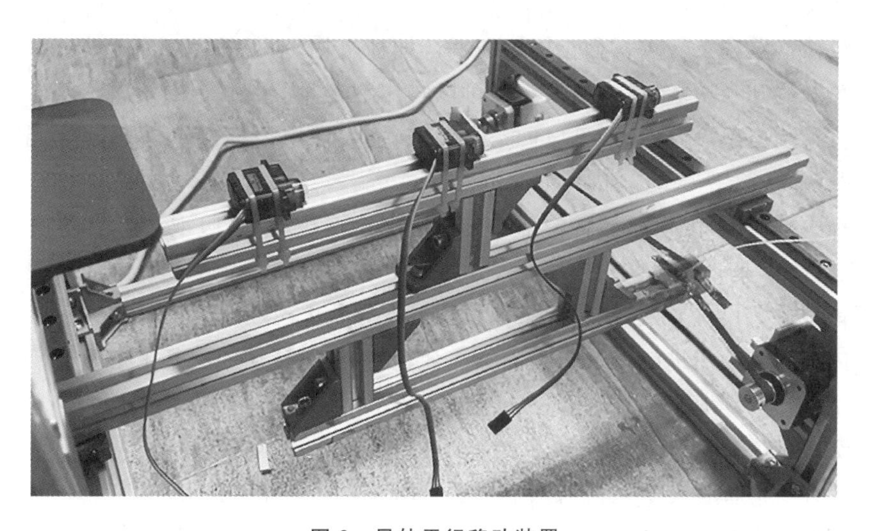

图 3　导轨平行移动装置

要,故制订以下两种机械臂夹取方案:

方案一:传统夹子夹取方案(图 4),优点是控制稍微简单;缺点是抖动很厉害,不稳定。

方案二:继电器磁力吸取方案(图 5),优点是磁力吸取更加稳定;缺点是需要多加一个舵机进行控制。

综合考虑稳定性等因素,选取方案二。

图4 传统夹子夹取方案

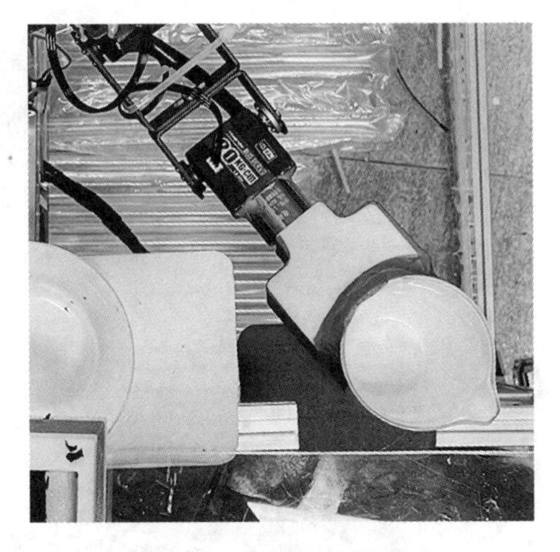

图5 继电器磁力吸取方案

4. 主要创新点

(1) 机械创新。

自主设计行星轮平行双板翻转机构和平行推杆机构,对舵机机械臂进行高精度控制并实现夹取系统的开合功能,最终使得茶壶可以整体翻转并形成一定的倾斜角度;

用舵机控制出水口方向,既可以向茶壶倒水,又可以向公杯倒水,同时可控制流量冲洗茶壶剩余茶渣。

当公杯中茶叶泡好后,机械臂端部电磁铁通电后产生磁力,吸取茶杯后的铁块,将茶杯吸住,实现倒茶作业。

下部铝型材上设置导轨,使茶杯夹取机构能在导轨上运动且摩擦力小。

茶盒内部结构为步进电机及与其同轴配合、同步定时转动的阿基米德蜗杆,可以实现精度较高的定量出茶作业。

(2) 控制创新。

自主设计自消毒智能茶艺机器人手机端 APP,操作界面人性化,可实现一键启动,同时增加续茶和结束泡茶并清洗茶具功能,利用专属设备接入服务器端口,可真正实现一个机器人对应一个服务器端口的一对一映射关系;服务器端接入阿里云服务器,采用 MQTT 通信协议,突破传统的蓝牙和局域网通信的距离限制,走在回家或去公司的路上就能控制家中、公司的茶艺机器人,提前泡茶不再是难事;终端主控芯片为 STM32F103,是基于 ARM Cortex-M 内核处理器的 STM32 系列的 32 位微控制器,可实现对应操作,并且反馈实时数据(如温度、水位高度、预计泡茶时间)给服务器端,使得 APP 可以获取实时数据。终端的泡茶任务由 16 个舵机和若干步进电机联动实现,且运用的算法新颖。

5. 作品展示

本作品实物图如图 6 所示。

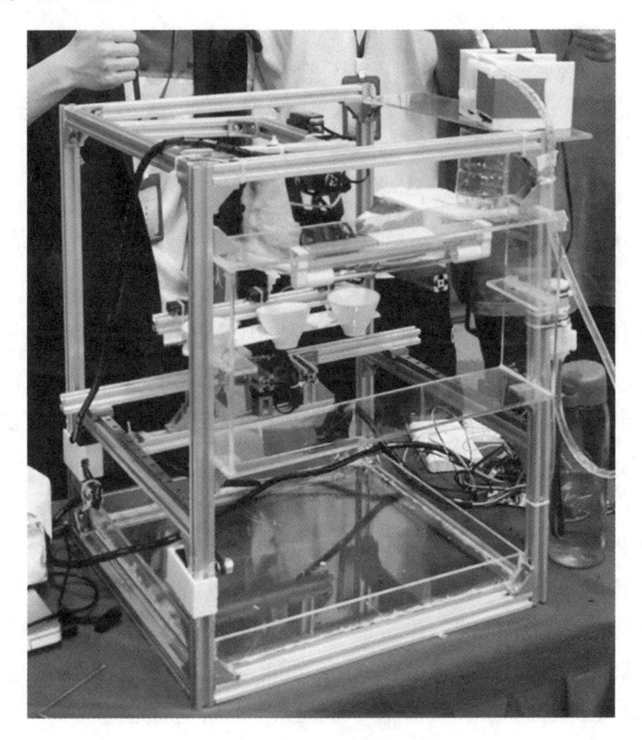

图 6　作品实物图

参 考 文 献

[1] 胡韶奕,陈雨,刘岩,等.一种智能茶道机器人:CN201920957031.4[P].2020-10-02.

[2] 王韵楚,陈梅林,佘注廷,等.基于三菱 RV-2F-D 的茶道机器人设计[J].自动化博览,2019(36):29-32.

基于智能监测系统的自主换药输液架

同济大学
设计者:吴光顺　张蓝天　杜晓丽　唐朵　任晓晴
指导教师:李梦如　李晓田

1. 研究背景及意义

静脉输液是现代医疗中一项重要的治疗技术,因给药迅速、疗效快、刺激小,其临床应用十分普遍,特别是在急救、常见疾病治疗等情况下,它更是必不可少的治疗措施。作为人口众多的国家,我国医疗器材领域拥有庞大的潜在市场。虽然政府重视发展智能医疗,鼓励相关技术创新,但我国医疗设备产品在世界范围所占比例仍然很小。

现在我国国内的大部分医院采用的都是传统的输液方式,即医务人员需要定时监护病人的输液情况。此种监护输液方式存在以下不可避免的缺点:

(1) 输液过程中,医护人员无法时刻关注某位病人,且输液管无法自主控制流量(图 1),导致无法了解输液的动态。且传统的输液方式,需要护士或病人自己手动换输液瓶,效率低。

(2) 若输液结束没有及时拔针处理,则有可能会发生回血或其他危险,给患者造成痛苦,甚至导致医疗事故。若药水未完全输尽就处理,则会造成浪费。

(3) 较长的输液时间会消耗医护人员大量精力(图 2),增加监护输液工作强度,导致差错率大幅上升,而且不利于病人休息,影响治疗质量。

图 1　输液管无法自主控制流量

图 2　忙碌的护士

考虑上述所提到的问题,为了有效地提高输液监护的稳定性和准确性,减轻病区综合管理的难度,小组设计了一套智能输液监控系统以解决传统输液方式的弊端。

本作品的意义体现在三个方面:其一,提高医院护士的工作效率,减少医疗事故,护士只需将病人所需药液挂到输液架上,系统就可以检测液体流量并自动换药,且所有的药液输完后会自动停止输液并开启警报,提醒护士前来完成输液的善后工作。其二,病人无须时刻关注输液瓶里药水的剩余量及药水滴速，给病人提供一个相对轻松的输液体验。其三，可以使每个病人得到最好的照顾，从而改善医院病房整体管理情况。

2. 设计原理

为了实现更换输液瓶、监测输液瓶药液量、控制流量、危险警报这四个主要功能，以基本机械构件和基本电子器件为基础，设计机械结构，且设计以 TC5520 为主的控制系统来传输信号及控制机电，如图 3 所示。

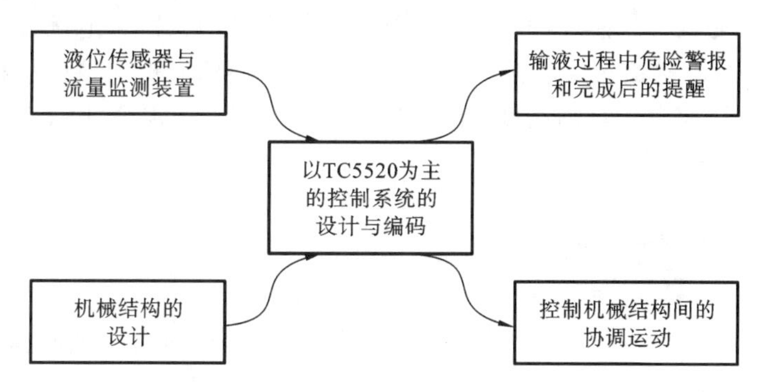

图 3　综合控制系统设计

1）基础构件工作原理

（1）蜗轮蜗杆减速器。

蜗轮蜗杆减速器的组成部件是蜗轮、蜗杆，蜗杆的作用是带动蜗轮，达到减速的目的。减速器是一种动力传递机构，利用齿轮的速度转换器将电机的回转数减至所要的回转数，并可以得到较大的转矩。

蜗轮蜗杆通过 90°的交叉配合实现传动，它最大的特点是具有自锁功能。

（2）滚珠丝杠。

滚珠丝杠工作时螺母与需做直线往复运动的零部件相连，丝杠旋转带动螺母做直线往复运动，从而带动零部件做直线往复运动。在丝杠、螺母和端盖（滚珠循环装置）上都制有螺旋槽，这些槽合起来就形成滚珠循环通道，滚珠在通道内循环滚动。

当将滚珠丝杠作为主动体时，螺母就会随丝杠的转动角度按照相应导程做直线运动，被动工件可以通过螺母座与螺母连接，从而实现相应的直线运动。滚珠丝杠副由于利用滚珠运动，故启动力矩极小，不会出现滑动运动那样的爬行现象，保证实现精确的微进给。

滚珠丝杠副的结构分为内循环结构和外循环结构两种。如图 4 所示，本作品选用的是内循环结构的滚珠丝杠副。

（3）光电液位传感器。

光电液位传感器内部包含一个近红外发光二极管和一个光敏接收器。近红外发光二极管所发出的光被导入传感器顶部的透镜。当液体浸没光电液位传感器的透镜时，光折射到液体中，从而使光敏接收器收不到或只能接收到少量光线。光电液位传感器感应到这一变化时，光敏接收器驱动内部的电气开关，启动外部报警或控制电路。如果没有液体，则近红

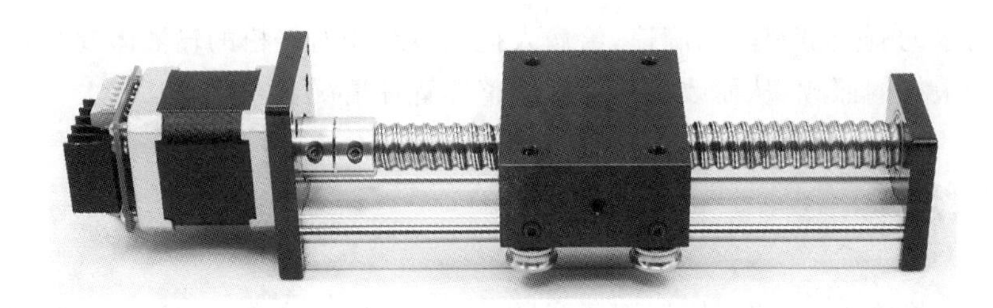

图 4　滚珠丝杠副

外发光二极管发出的光直接从透镜反射回光敏接收器。

本作品选择的是红外线感应的非接触小管液位传感器，见图 5。它无须直接接触液体，位于管子外部感应，可避免污染药液；可以调节灵敏度，使感应更加精确；内部还自带继电器，可直接驱动负载，完美满足高精度、无污染的需求；采用夹子定位，便于实现管子更换，能够有效推广。

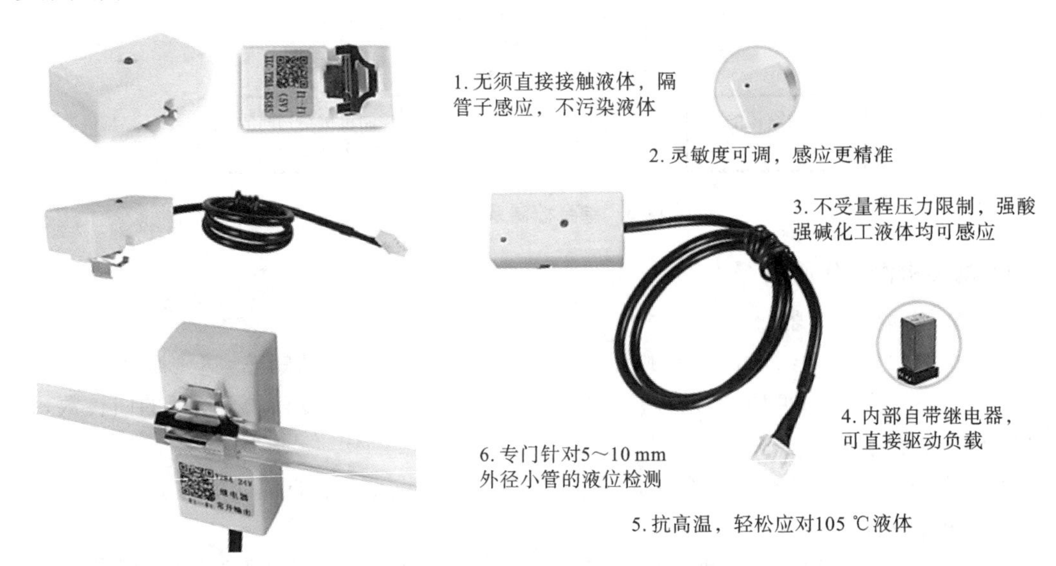

图 5　小管液位传感器及其优点

2）功能实现工作原理

（1）监测输液瓶药液量。

将小管液位传感器夹持于滴壶上方的软管上，利用光电液位传感器的工作原理，对软管中的液体进行监测。小管液位传感器被设定为常闭状态，即无法检测到液体则为“开”，检测到液体则为“闭”。当输液瓶中无药液，软管中无流经液体时，小管液位传感器的信号由“闭”状态转变为“开”状态，实现对输液瓶中剩余药液量的实时监测，也为后续更换输液瓶的操作提供控制信号。

（2）更换输液瓶。

当接收到输液瓶中药液量的监测信号后，双轴控制器下达指令，控制步进电机 1 与步进电机 2 交替运转。蜗轮蜗杆减速器增大步进电机 1 的力矩，使夹持着输液瓶的转盘定角度(90°)旋转，将下一输液瓶旋转至瓶塞穿刺器正上方。步进电机 2 与丝杠螺母机构相连，实现插拔瓶塞穿刺器的操作：丝杠顺时针旋转 6 圈，螺母下降 30 mm，瓶塞穿刺器从原输液瓶中拔下；丝杠逆时针旋转 6 圈，螺母上升 30 mm，瓶塞穿刺器插入下一输液瓶。

（3）危险警报。

危险警报需要在全部药液滴完时开启。为实现这一功能，在滴壶下方的软管上安装另一个小管液位传感器，当此传感器输出信号为“开”时，意味着所有药液滴完，此时警报响起。

3）机电控制系统

将两个小管液位传感器的开、关信号作为输入信号，TC5520 控制系统接收到信号后，对信号进行分析处理，然后由控制系统向双轴控制器输出信号，控制两个步进电机定角度旋转，从而完成旋转转盘及插拔瓶塞穿刺器的精准机械操作。

3. 市场调研

针对传统输液方式存在的一些问题，国内外现已实施的解决方案主要体现在智能输液监控管理系统方面，即通过一个无线装置，将每个输液位的输液状态、呼叫报警信息传递给护士服务站，护士在服务站就能监控每个输液位的输液进程、流速等情况。

比如广东德澳智慧医疗科技有限公司推出的智能输液管理系统，实现了输液的集中监控、量化管理和规范服务，减轻了医护人员的工作强度，减轻病人输液过程中的焦虑和烦恼。如图 6 所示，智能输液管理系统的功能有预估剩余时间、精准测量滴速、智能预警、自助辨别异常等。

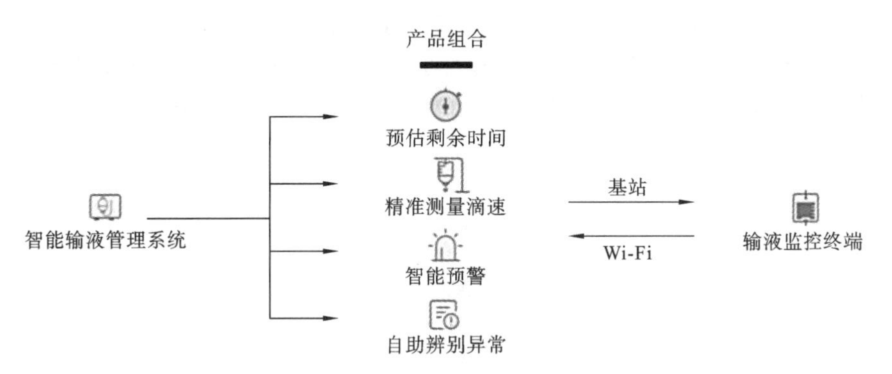

图 6　智能输液管理系统的功能

相似的智能输液监控系统还有杭州中道医疗设备有限公司研发的智能输液监控管理系统、杭州绿仰科技有限公司研发的智能输液监控系统等。

除此之外，还有设计师发明了便携式智能输液器，如图 7 所示。

传统的输液方式大多数采用重力式一次性输液器，这种输液器造价低廉，却让病人行动不便，在输液期间，病人无法随意活动，只能将吊瓶高高挂着，安静地等待输液结束。这一款有着突破性设计的便携式智能输液器可以根据输液袋的药物容积，自动计算输完整袋药液所需的时间，精准控制输液时间。同时它由于采用挤压式输液方式，不会造成血液回流等安全问题，让病人拥有轻松的输液体验。

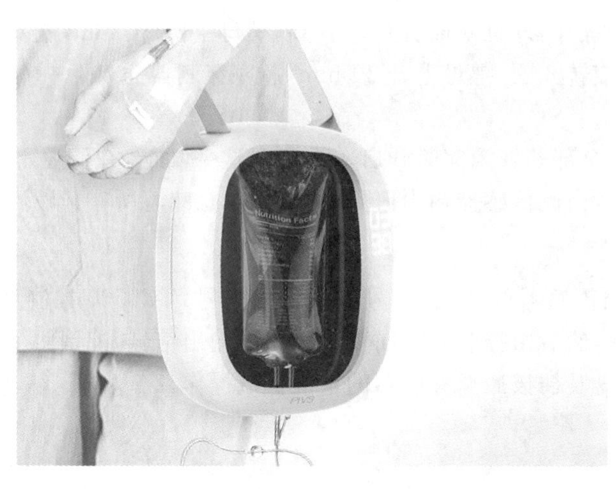

图 7　便携式智能输液器

现有针对输液架的设计产品如下：

(1) 监控并自动报警输液架：通过滴管控制液滴速度来检测输液是否正常，如果液滴速度与正常速度不匹配则启动红外线报警技术。

(2) 可折叠输液架：一种新型医疗护理用输液架，底座组件和支架组件的相互配合，实现输液架的可折叠，从而降低输液架的高度，方便输液架的存放，并且也降低了输液架被碰到的可能性。该输液架还可以变成移动小桌子，医护人员可将医疗托盘放在输液架上来完成对病人的换药工作；陪护人员也可利用输液架就餐等。

(3) 高度可调节输液架：电机的输出轴固定连接螺纹杆，螺纹杆的外表面螺纹连接螺纹套，螺纹套的顶部固定连接限位板，限位板顶部的中端固定连接升降杆，起到调节高度的作用，限位板顶部右侧的中端固定连接挂钩，可放置输液瓶，限位板的顶部固定连接放置盒，可放置备用输液瓶。

4. 设计目标

1) 对输液瓶中剩余药液量的实时监测

以输液管中的液体有无为信号，间接对输液瓶中的剩余药液量进行监测，当检测到空瓶状态时，发出控制信号，启动更换输液瓶的操作。

2) 对输液瓶实现精准更换

在当前输液瓶已空，且下一输液瓶未空的条件下，进行更换输液瓶的操作。该操作预期能够实现在时间上的精准(即当前输液瓶流空时立刻更换)和在空间上的精准(即保证瓶塞穿刺器在水平和竖直方向上准确插入瓶塞)。

3) 输液全部完成时的及时警报

输液结束的善后工作需要由医护人员完成，及时的警报不仅能提高医护人员的工作效率，而且能避免病人发生回血或其他危险。

5. 方案确定

1) 信号来源(监测输液瓶剩余药液量)

方案一:外贴式液位传感器。

该传感器适用于较大外径的容器,如图 8 所示,探头用胶水粘贴于被测容器外壁的上下方(液位的高位与低位)。若将其应用于自主换药输液架,则探头应安装于输液瓶表面,每个输液瓶需要两个探头。当更换输液瓶时,需同时转移探头,因其采用胶水粘贴,所以较难实现。如果不转移探头,则需要在每个输液瓶上都安装探头。这样的话,首先共计需要 8 个探头,成本高;其次安装困难,输液前期工作量大。

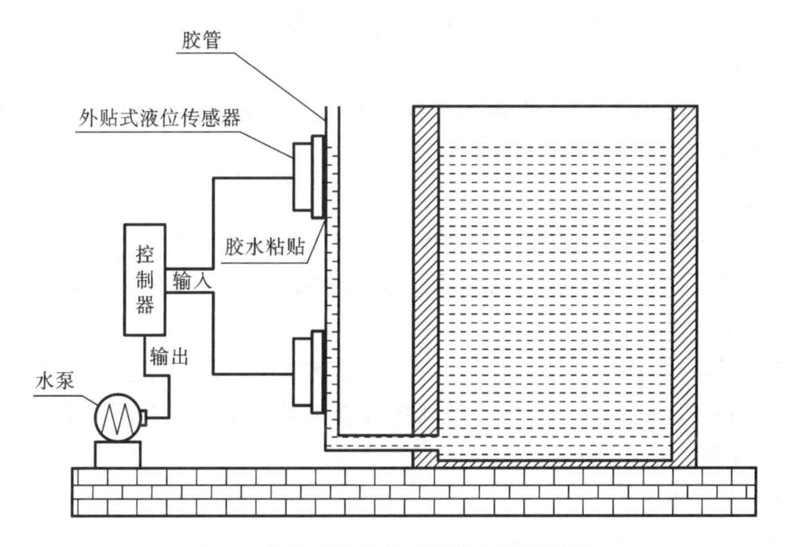

图 8　外贴式液位传感器的安装示意图

方案二:投入式液位传感器。

该传感器需要直接接触液体,会对药液造成污染,而且输液瓶为密闭容器,若要放入传感器,需要对输液瓶本身进行改装,大大增加了输液的前期准备工作。

方案三:小管液位传感器。

如图 9 所示,该传感器专门针对 5～10 mm 外径小管进行液位检测。将其夹持于输液管外侧,使用一个传感器便能实现对所有输液瓶剩余药液量的监测,无须转移,大大降低了成本。此外,该传感器隔管子感应,不直接接触液体,不会对药液造成污染。

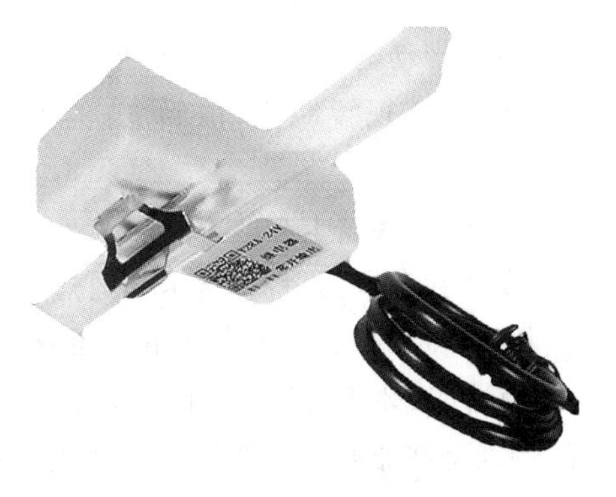

图 9　小管液位传感器的安装示意图

2）信号处理(信号控制转盘与瓶塞穿刺器)

更换输液瓶分为三个步骤，即拔瓶塞穿刺器、旋转转盘、插瓶塞穿刺器，且必须按序进行，所以需要控制两个步进电机交替运转。若用两个单轴控制器，首先要将传感器信号分为两条分别输入两个控制器，加设延时来实现功能的交替，但无法使控制丝杠的步进电机前后运转两次。但用双轴控制器能实现以上操作。而 PLC 工控板虽然也能完成上述操作，但相比双轴控制器更加烦琐且不直观。

3）机械结构

(1) 定角度旋转。

方案一：直流电机附棘轮机构。

用直流电机实现定角度旋转，设定的参数是电机运转的时间，由于输出力矩较大，电机起步时为非匀速旋转，再加上棘轮机构本身存在误差，最终会产生很大的偏差。

方案二：步进电机。

用步进电机实现定角度旋转，设定的参数为角度，所以相比直流电机，其误差更小，而且无须其他机构的辅助。

(2) 减速机构。

为了实现更加精准的定角度旋转，需要较大的减速比，蜗轮蜗杆传动可以满足此要求。对于齿轮传动和链传动，减速比越大意味着半径比越大，无法实现有效传动。

(3) 直线往复运动。

相比丝杠螺母机构，摇杆滑块机构尺寸大，而且其惯性矩大，会使整个装置不稳定，不适用于拔插瓶塞穿刺器这种精密操作。而丝杠螺母机构可以实现上升下降高度的精准控制，运行更加稳定、可靠。

(4) 输液瓶固定装置。

方案一：平行机械爪(图 10)。

安装夹持机械爪，利用 Arduino 板编写控制程序控制四个机械爪同时张开和闭合，以及控制机械爪的张开距离、夹持力度等。当护士将输液瓶挂好后，输液瓶下降，此时机械爪是张开的，瓶口下降到机械爪张口处时，机械爪闭合将瓶口夹紧，从而实现对输液瓶瓶口的稳定夹持和带动输液瓶转动一定角度。

优点：实现智能化，精确度高，夹持稳定性有保证。缺点：成本过高，大材小用，略显累赘。

方案二：弹簧卡扣。

安装弹簧卡扣，将弹簧卡扣通过螺栓螺母固定在转盘上，将输液瓶下拉至弹簧卡扣处，再利用弹簧卡扣的弹力卡住输液瓶瓶口。

优点：成本低，结构简单。缺点：不能保证夹持力度是否合适，可能会出现夹不住的情况，特别是在瓶塞穿刺器插入输液瓶过程中，可能出现输液瓶被顶出的情况；需要人力协助。

方案三：转盘上开口。

制作一个有开口的上面可以装卡扣的转盘，如图 11 所示。护士只需将输液瓶瓶口下拉至转盘开口处，将输液瓶推至半圆弧处，转动卡扣将输液瓶瓶口挡住并扣上，保证输液瓶瓶口不会滑出。

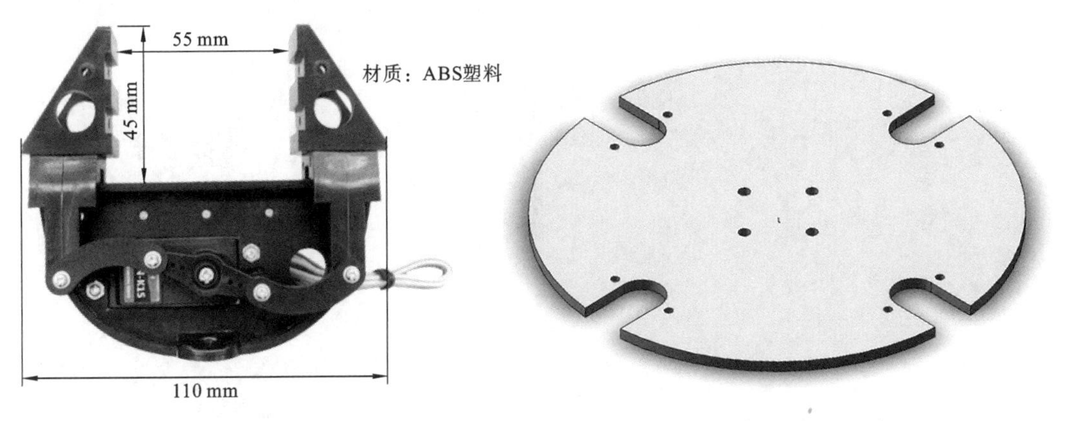

图 10　平行机械爪　　　　**图 11　转盘上开口示意图**

优点：结构再次简化，成本低，能保证输液瓶不会被瓶塞穿刺器顶出，且稳定性、精确度高。缺点：需要人力协助。

4）最终方案确定

如表 1 所示，对每个分功能解的优劣进行分析和筛选后，选择小管液位传感器以监测输液瓶剩余药液量，采用双轴控制器实现信号处理，选用步进电机实现转盘定角度旋转，采用蜗轮蜗杆传动实现较大的减速比，采用丝杠螺母机构实现上升下降高度的精准控制，最后选择转盘上开口结构对输液瓶进行固定，以达到预期功能。

表 1　分功能解筛选

分功能		分功能解（匹配机构或载体）		
		1	2	3
信号来源	监测输液瓶剩余药液量	外贴式液位传感器	投入式液位传感器	小管液位传感器
信号处理	信号控制转盘与瓶塞穿刺器	两个单轴控制器	双轴控制器	PLC 工控板
机械结构	定角度旋转	直流电机附棘轮机构	步进电机	
	减速机构	蜗轮蜗杆传动	齿轮传动	链传动
	直线往复运动	丝杠螺母机构	摇杆滑块机构	
	输液瓶固定装置	平行机械爪	弹簧卡扣	转盘上开口

6. 作品展示

本作品模型如图 12 所示。

图 12　作品模型

参 考 文 献

[1] 王冰冰. 一种新型的医疗输液架[J]. 电子乐园，2019(1):246.
[2] 张晓玲. 一种新型医疗护理用输液架:CN201921843579[P]. 2020-08-04.
[3] 孟海梅，刘洪来. 一种医疗护理用输液架:CN201921120673[P]. 2020-08-18.

智能注射装置

上海工程技术大学
设计者：丁焕杰　毕子祥　苏再尧　冉小龙　施奕宏
指导教师：张振山　张春燕

1. 设计目的

新冠肺炎疫情给医院带来的影响是非常大的。现在越来越多的人打算去医院注射新型冠状病毒疫苗，全国该疫苗接种人数从2021年1月初的900万人，增长到2月中旬的3123.6万人。这2000余万人在这一个月中进行了疫苗注射，医院的负荷可想而知。在全民接种新型冠状病毒疫苗的情势下，人们每次打疫苗都要花一上午甚至更多的时间去排队，这不仅浪费了时间，而且会增加交叉感染的风险。同时，庞大的人流量还需要安排专人管理秩序，嘈杂的环境也会降低医生的工作效率。

在这种情况下，医院对就医的各个环节都需要采取必要的辅助措施来缓解压力。小组以肌肉注射（主要针对疫苗接种）为对象，设计开发了智能注射装置，以协助医生、护士有效应对全民疫苗接种工作。

当前，智能注射装置暂时还未有广泛使用的小型装置。市面上更多的往往是通过大型装置中的机械臂来完成一些医学上的操作，例如静脉抽血等。而本作品定位于可量产的中小型机械装置，在注射流程中基本不需要人工的干预，实现自动化的同时实现了智能化。医护人员仅仅需要协助完成在所有备用的疫苗使用完毕后的填装以及注射器的回收工作。

小组成员考虑减少注射区域人流量，主要针对针药一体疫苗的肌肉注射，设计一款可以全自动注射疫苗的智能注射装置。此装置通过模拟医生注射时的动作流程，即从包装去除到消毒、注射，再到最后回收，实现智能化注射。

本作品的意义主要有以下几点：

（1）实现智能化、自动化，提高注射效率，减少医院的人流量。

（2）基于智能注射装置，衍生出更多注射形式的注射装置，并可以通过与医保卡的连接来实现药物个性化注射。

2. 工作原理

该智能注射装置包括疫苗储存机构、消毒机构、包装去除机构、疫苗输送机构、注射机构、回收机构六大机械机构及其控制系统。

1）机械机构

疫苗储存机构上，注射器按照固定方向竖直叠放，利用重力原理保持注射器一直卡在拨轮边，当拨盘旋转到卡槽时注射器能够滑进拨轮。

如图 1(a)所示，消毒机构采用喷洒消毒的方式，舵机 1 连接偏心轮 9，控制偏心轮旋转下压喷壶 10，达到喷洒消毒水的目的。

如图 1(b)所示，包装去除机构采用叉型卡槽 8，其配合注射器回拉产生的力使针头的保护壳剥落，在注射器注射期间，舵机 1 连接偏心轮 2 带动叉型卡槽上升，给注射器留出空位注射，在下一个注射器去除包装时降下。

如图 1(c)所示，疫苗输送机构采用拨轮 7，在圆形轮盘中设置 6 个卡槽，在注射结束之后旋转 60°，将使用过的注射器转入回收机构，并用卡槽将疫苗储存机构中新的注射器接住，完成一次注射器的替换。

如图 1(d)所示，注射机构采用后舵机 12 带动前舵机 11，后舵机通过一整体 3D 打印件连接前舵机，前、后舵机通过连杆连接卡槽，后舵机 12 控制大卡槽卡住注射器外套，前舵机 11 控制小卡槽卡住注射器的推杆，后舵机 12 正转实现扎针，前舵机 11 正转实现注射；后舵机 12 反转则实现拔针和复位，前舵机 11 反转则实现复位。两舵机之间的正反转配合，实现了大小舵机的单独移动，在注射器向前移动的同时也使两舵机之间保持相对静止，减少了扎针时因卡槽与下板件间的摩擦力而造成的回拉抽血的情况。大卡槽上设计了一个凸起物，刚好沿着上板件的轨道移动，限制了大卡槽的自由度。

回收机构采用可拆卸式的回收箱，保证了回收的高效性。

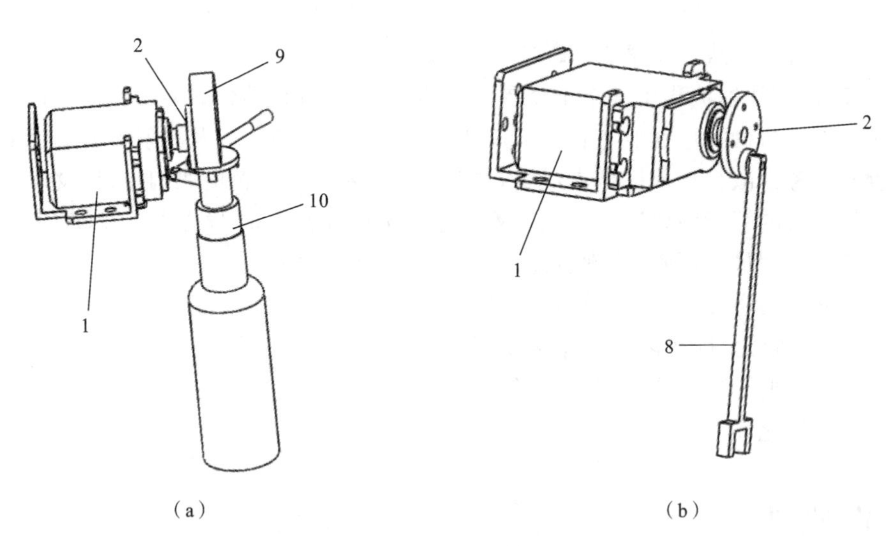

图 1　智能注射装置

(a) 消毒机构图；(b) 包装去除机构图；(c) 疫苗输送机构图；(d) 注射机构图；(e) 装置左视图

1—舵机；2，3，9—偏心轮；4—连杆；5—卡槽；6—舵机固定架；

7—拨轮；8—叉型卡槽；10—喷壶；11—前舵机；12—后舵机

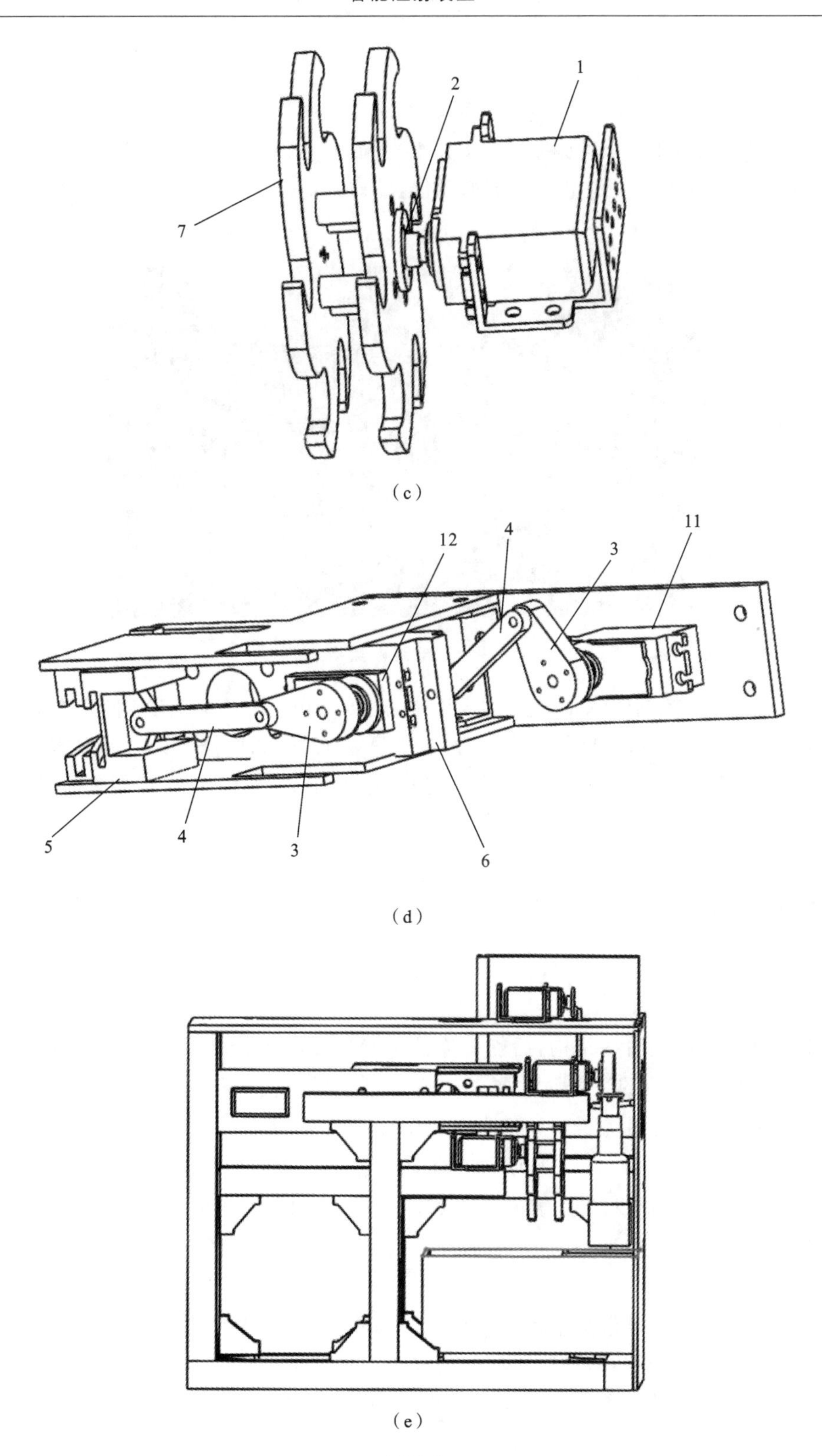

（c）

（d）

（e）

续图 1

2）控制系统

本作品采用基于 STM32 的舵机控制电路，采用 STM32F103C8t6 单片机，相较于广泛使用的 STM32F103VET6 学习机来说，STM32F103C8t6 在保证以 PWM 波来控制电机的情况下，将引脚减少到 48 根，电路板更加简化，并通过 P1～P6 来控制舵机。图 2 是电路板实物。

图 2　电路板实物

电控方面，采用控制输入信号脉冲宽度的方式，20 ms 为一个周期，舵机转动 0°代表舵机的占空比是 2.5%，转动 180°代表舵机的占空比是 12.5%；以修改计时器方式来控制其速度，达到扎针快、注射慢、拔针快的目的，充分考虑使用者的体验，将使用者的恐惧感降至最低。

3. 设计方案

1）总体机构

注射机构采用曲柄滑块结构，后舵机连接半径为 23.5 mm 的偏心轮作为曲柄，达到肌肉注射的要求(2/3 针头的注射深度要求)，前舵机同样连接半径为 23.5 mm 的偏心轮，达到疫苗注射的目的。通过力矩的计算公式 $\boldsymbol{M}_0(\boldsymbol{F})=\boldsymbol{r}\times(\boldsymbol{F}_1+\boldsymbol{F}_2+\cdots+\boldsymbol{F}_n)=\boldsymbol{r}\times\boldsymbol{F}_1+\boldsymbol{r}\times\boldsymbol{F}_2+\cdots+\boldsymbol{r}\times\boldsymbol{F}_n=\boldsymbol{M}_{01}+\boldsymbol{M}_{02}+\cdots+\boldsymbol{M}_{0n}$，即合力对某点 O 的力矩等于各分力对同一点力矩的矢量和，得出需要舵机提供的动力小于 20 N，符合舵机的动力要求。

消毒机构中舵机带动半径为 22.1 mm 的偏心轮转动，当其旋转 90°时将喷壶下压，且不会使喷壶卡住。

包装去除机构中舵机带动半径为 7 mm 的偏心轮转动，保证刚好卡住注射器针头保护壳，同时在上抬卡槽时不会影响注射器的前进。

疫苗储存机构中设置了 3 mm 宽的卡槽以卡住注射器，并且做了 15°的坡度以保证注射器能够顺利滑下，卡在拨轮未开槽的区域。

疫苗输送机构为圆形轮盘，开了 6 个卡槽，电机每旋转 60°，机构同时完成接住新疫苗注射器以及换下使用过的疫苗注射器两个步骤。

2）动力源方案比选

方案一：采用带有编码器的电机（图3），可以通过编码器的数据得知电机当前的角度以及速度，其扭矩也比较大，但是不容易控制，并且需要电机驱动器，会造成硬件方面即电路板设计的困难。一块100 mm×100 mm的电路板上只能放下两个电机驱动器，每个电机驱动器最多只能控制两个电机，而本作品使用5个电机，并不能满足要求。

方案二：采用舵机（图4），舵机扭力较小，只用3根线（电源正负极、PWM波控制）连接，且不需要电机控制；在控制时，舵机是电控友好型，不像电机要3线控制，舵机只需要一根PWM波控制线；在机械安装时，因其预先打好了安装孔，也便于安装。

考虑扎入皮肤时不需要特别大的力，选取方案二。

图3　带编码器的电机

图4　MG996R 舵机

3）3D打印件与亚克力切割件的比选

3D打印件制作比较方便，可以随意塑形，但是材质强度较弱，不适合支撑重要部件，其打印时间较长，不便于修改以及二次加工。亚克力板切割件的切割时间短，二次加工方便，但是其厚度一定，零件的设计不是很自由。激光切割时亚克力板会热胀冷缩，导致实物与模型之间有误差，但是这可以通过在设计时考虑公差以及在实物上进行二次加工解决。

综合比较后，本作品的疫苗储存机构、大小卡槽、舵机固定架这三个零件采用3D打印件，其余的板件、偏心轮、连杆等零件采用亚克力板切割件。

4. 主要创新点

（1）利用曲柄滑块机构和卡槽来控制注射器的前后移动、注射和复位。

（2）考虑装置的紧凑性和美观性，采用铝型材框架。

（3）使用电池驱动，具有便携性。

（4）通过修改占空比以及计时器来达到扎针快、注射慢、拔针快的效果，减轻用户的疼痛感、恐惧感。

5. 作品展示

本作品实物图如图 5 所示。

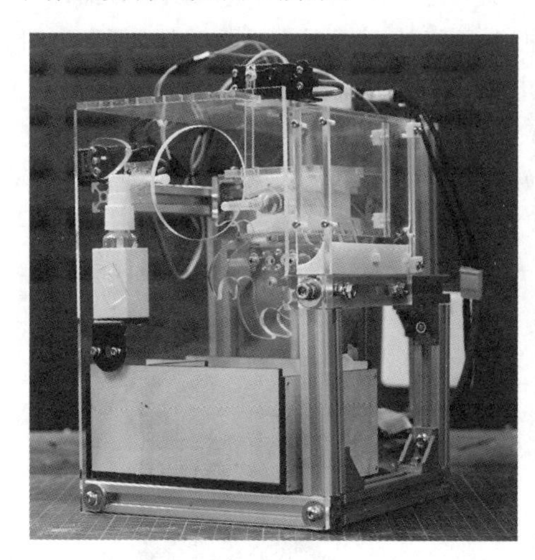

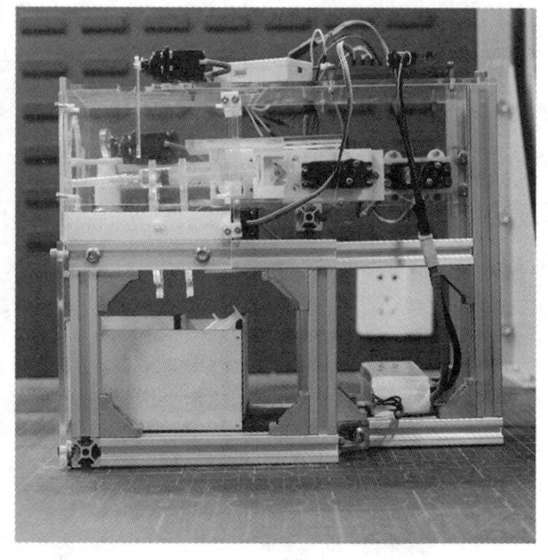

图 5 作品实物图

参 考 文 献

[1] 谢梦莎,宋禧,房昭雄,等.关于首批接种新冠疫苗人群的社会调查[J].养生保健指南,2021(36):291-292.

[2] 徐欢,王建平.基于 STM32 的飞轮倒立摆的平衡控制[J].工业控制计算机,2020,33(1):7-9.

[3] 王宝香,柳成.机械设计与机械制造的技术分析[J].煤炭技术,2013,32(4):11-12.

智能急救箱

上海大学
设计者:俞朱恺　陶沁缘　江天一　吴诗楠　远昌贝
指导教师:孙泽俊　顾纫浩

1. 设计目的

急救箱是公共场所的必需品,虽然使用的次数不多,但是不可或缺。每当需要或使用急救箱时,经常出现各种问题。根据各种新闻报道,传统急救箱在使用中有以下几个问题:一是缺少安全措施,容易被不法分子盗窃;二是很多人在需要使用急救箱时,无法找到急救箱;三是找到急救箱后,不知道应该使用哪种药品或是不知道如何对伤口或病情进行处理等。为了解决上述问题,小组专门设计一款全新的智能急救箱,对传统急救箱功能进行了延伸,以期能够更好、更及时地为用户提供急救服务。

2. 工作原理

1)本地自动化

该智能急救箱的自动化主要通过电机、滑轨和插销实现,本地的串口屏获得需要的药品类型,生成信号并通过串口通信输入 Arduino Mega 2560,Arduino Mega 2560 在进行逻辑判断后,带动相应的电机或插销运作,再返回信号给串口屏,使药品数量减 1。

2)物联网

本地通过 ESP8266 将联网数据上传,物联网平台为 OneNET,每一次总电源断开为一次初始化,所有药品数据变为最大值,可以利用小程序或是 OneNET 应用云来下达命令。ESP8266 模块会向 Arduino 发送一个字节的数据,来指明需要运转哪一部分的电机或插销,最后 ESP8266 向 OneNET 返回一个值,表明出货完成,药品数量减 1。

3)人工智能

想要实现智能化操作,必须有一个操作平台。树莓派由于体积小、成本低,同时能够直接控制其他底层硬件,因此成为第一选择。虽然相比 PC(个人计算机),其功能上有所牺牲,但是仍能实现对物联网的云控制和云管理。在树莓派上安装 Ubuntu 64 位操作系统,便可在树莓派中进行与 PC 中相同的操作。小组设想该智能急救箱能实现对使用者的面部识别,判断其是否佩戴口罩,并对不同区域使用人数进行大概的估计,来实现对药品等的合理分配和调度。为了实现该设想,使用建立在 TensorFlow 上的 Keras 神经网络,通过算法初步建立一个不成熟的网络。然后在互联网上找寻大量人们戴口罩的图片,并进行修正和对齐,以此构建一个训练集。利用训练集对网络反复进行训练后,网络便成熟到可以识别。使用 Python 里的 OpenCV 库调用摄像头,捕捉使用者的面部图像,进行修正后网络自主与训练集进行对比并给出判断结果。

4）机械结构

基于将售卖盒装药品、提供多种急救资源以及按个数输出口罩的功能融为一体的思路,设计出图 1 所示的机械结构。

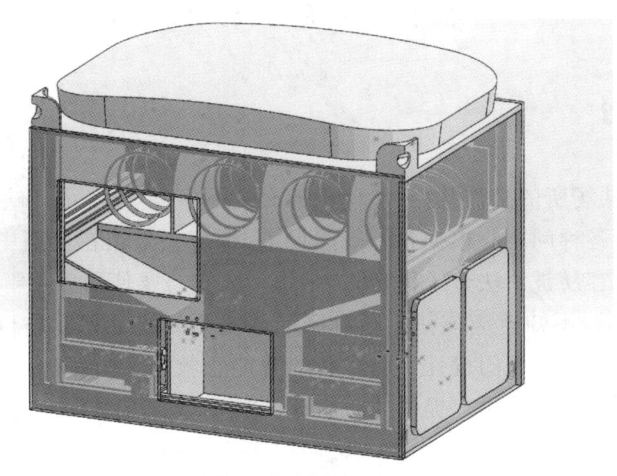

图 1　机械结构

(1) 常规药品模块。

原方案为使用推杆将药品推出,但是由于推杆体积过大,影响箱体大小,因此改为货道弹簧结构(图 2)。

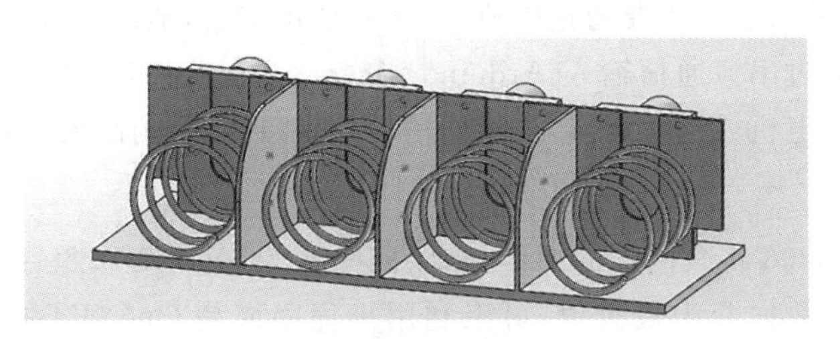

图 2　货道弹簧结构

该结构由 XXY-DY01 微动开关型齿轮电机和螺旋出货弹簧组成,弹簧接头需要与电机塑料接头密切配合,右旋电机配合左旋弹簧出货,电机自带转动检测开关,每转动一圈信号开关发出信号。弹簧旋转出货,直观可视且工作效率高。模块化的设计具有可拆卸性,能实现商品多样化。

(2) 口罩模块。

如图 3 所示,该模块固定于移动平台上,两侧安装滑轨和滑块,采用直线导轨 T 形丝杠以及 28 步进电机微型滑台。步进电机接步进电机驱动器,步进电机驱动器接步进电机控制器,步进电机驱动器接收到脉冲信号后驱动电机按设定方向转动角度,带动丝杠和移动平台运动使滑块按小格推出，滑轨与滑块引导运动，实现每次能够取出一个口罩。口罩模块工作精度高，符合使用需求。

（3）急救药品模块。

如图4所示，该模块底部安装有LY-011A微型电磁锁，通电吸合而断电弹出，配合后部装有的弹簧，电磁锁弹出后可拉出舱体取走急救药品。两侧安装滑轨与滑块引导运动，便于推出及更换药品。

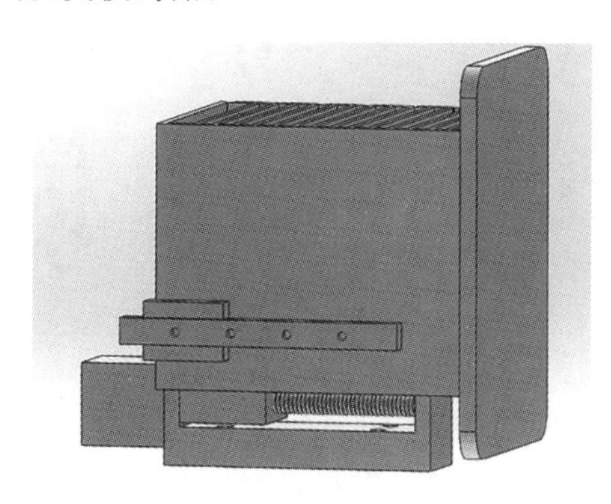

图3　口罩模块

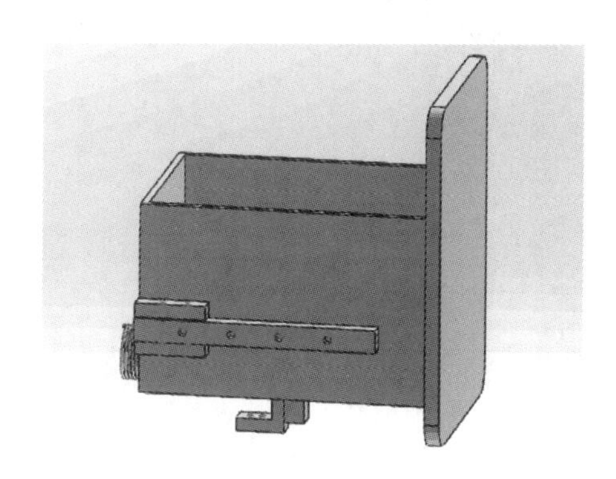

图4　急救药品模块

（4）共享急救箱。

顶部的共享急救箱内部均匀分格，配备日常消毒用品、个人防护用品和急救物品等，前端装有一个小型电磁阀锁，通电缩回而断电弹出，用户选择后便可开盖取物，便捷、便民且应急能力强。

3. 作品展示

本作品实物图如图5所示。

图5　作品实物图

参考文献

[1] 何舟，董笑凡，岳增霖，等. 一种基于物联网的智能急救箱管理系统和方法：CN201910195973.8[P]. 2019-12-17.

[2] 张崧，朱敬波，莫子亮. 智能化急救包管控系统的研究[J]. 广西电业，2014(8)：22-25.

智能粪菌分离系统

东华大学

设计者:张吉正　万昌鹏　杨淑丞　施家瑜　潘伟

指导教师:吕宏展　李姝佳

1. 设计目的

粪菌移植技术被美国《时代》周刊评为“2013 年十大医学突破”之一,可以治疗腹泻、便秘等胃肠道病症,还可治疗糖尿病、肥胖症、自身免疫性疾病、肠道过敏性疾病、神经发育异常和神经退行性疾病等。迄今为止,全世界已有数万例患者接受粪菌移植治疗。

学术期刊持续有相关文章发表,节选如下。

2011 年,*Nature Medicine* 杂志发表了 *Fecal matters* 专题,将粪菌移植推到了前所未有的高度,奠定了粪菌移植作为严重难辨梭状芽孢杆菌感染的一线疗法的基础。

2012 年,Vrieze 等将健康人的粪菌移植到代谢综合征患者肠道内,患者的胰岛素敏感性显著上升,由此发现了肠道菌群对治疗代谢综合征的价值。2016 年,Nieuwdorp 等将来自体型较瘦人的粪菌移植到肥胖人群当中,发现可以改善肥胖人群的胰岛素抵抗情况。

2015 年,Tim Spector 等发表在《英国医学杂志》上的研究显示,对于严重感染性疾病,粪菌移植(成功率 85%)比抗生素(成功率 20%)治疗更有优势。

2017 年,发表于 *Scientific Reports* 上的研究发现粪菌移植可以影响阿尔茨海默病的进程,为预防及治疗阿尔兹海默病提供了新的可能。

2018 年,Wang Yinghong 等发表在 *Nature Medicine* 上的一项研究将粪菌移植与癌症治疗挂上钩。这项来自美国 MD 安德森癌症中心的研究显示,“粪菌移植”可以改善癌症治疗的副作用。

2019 年美国癌症研究协会(American Association for Cancer Research, AACR)年会上,两个研究团队的研究结果都表明粪菌移植可治疗肿瘤:一些最初未从免疫治疗药物中获益的患者,在接受粪菌移植后,患者的肿瘤停止生长甚至缩小。

最近,发表于 *Scientific Reports* 上一项新的研究发现,肠道细菌和传到大脑的生物信号有紧密联系,粪菌移植两年后,自闭症儿童的症状明显减轻。

粪菌移植当前越来越受到人们的重视,越来越多的医生和病人在尝试粪菌移植技术,尤其在中国,市场非常大。但是粪菌分离工作当前基本处于人工状态,效率低,质量不可控,粪便中的一些成分,比如寄生虫虫卵等,人工很难分离。

目前粪菌分离设备生产厂家较少,粪菌分离设备容易“堵”,而且存在交叉感染的可能性。而小组设计的智能粪菌分离系统在一定程度上解决了这些问题。该系统包括光电检测、自动控制和与之配套的操作软件等，用于粪便采集、粪菌分离，获得高度纯化的菌群。

2. 工作原理

粪菌制备中用到的技术手段主要是过滤和漂洗，过滤的目的是去除不溶性颗粒杂质，漂洗的目的是去除可溶性杂质。智能粪菌分离系统在机器内安装粪菌收集桶，并将粪菌收集桶内的搅拌棒与机器的搅拌电机连接起来，然后加注适当的生理盐水并搅拌，形成粪便的悬液。粪便悬液过滤后被灌注到 50 mL 离心管中进行分离。

智能粪菌分离系统的设计功能需求如下：

(1) 设备具有可视化功能，能够观察各节点的状态，优化过滤桶数量。

(2) 设备需带有除臭功能，能有效处理搅拌时及灌装时产生的臭气。

(3) 操作界面设计简洁，能进行中英文语言选择，每个功能需要单独启停及设置参数，具有数据录入、导出功能；预留 2 个接口，兼容外接键盘，方便后续系统优化升级；需使用触摸电阻屏(注意操作使用时戴手套情况居多)，并带语言提示功能。

(4) 设备需配便签打印机器，且需能打印不干胶，并考虑更换纸张的便利性。

搅拌桶带有初级过滤功能，有两个目的：防止后面的过滤设备堵塞；节省过滤设备。

智能粪菌分离系统设计时的注意事项如下：

(1) 过滤系统网棉的选择需要考虑细菌的体积(中等大小的杆菌长 2～3 μm，宽 0.3～0.5 μm)。

(2) 要考虑设备振动过滤过程中的噪声，需要增设弹簧或橡胶，改善箱体的密封性，以减小噪声。

(3) 需配电子图像显微镜(注意放大倍数)，图像数据可以外接导出，优化检查步骤，防止产生异味。

(4) 搅拌电机转速可调，并需一定扭矩，蠕动泵速度可调，气泵压力可调。

(5) 设备配有辅助照明系统，便于查看菌液质量。

3. 设备指标

输入电压：100～240 V(交流)，50/60 Hz。

额定功率：100 W。

运行环境：温度 5～40 ℃，湿度 15%～85%，大气压强 86～103 kPa。

工作环境：大气压强 0～150 kPa。

设备振幅：振动方向，垂直(上下)0～10 mm，水平(左右)0～10 mm。

振幅可调范围：0～10 mm。

承重量：500 g。

最大加速度：$<10g$($g=9.8\ m/s^2$)。

时间设定范围:1～120 min。

运行次数:任意设定。

精密度:频率可显示到 0.01 Hz,精密度 0.1 Hz。

设备运行噪声:小于 60 dB。

4. 主要创新点

本作品具有如下创新点:过滤器部分容易安装;采用弹簧振动结构,噪声较小;触控屏操作,简便,易上手;信息条码自动打印;过滤设备采用透明材料,可直观观察过滤状态;可装负离子发生器,净化空气 ;无把手,电动开启/关闭门技术;蠕动泵+气泵,采用液气结合技术;采用液气流量可调技术。

5. 现实意义

文献检索发现,有关粪菌医用价值的研究很多,部分研究甚至登上了 *Nature* 子刊。大量学者的研究表明:粪菌对数十种疾病均有很好的治疗效果,每年都有数万名患者接受粪菌移植治疗。小组设计的智能粪菌分离系统不但能减轻目前人工分离粪菌的工作量,还能提高粪菌分离的效率,从而加大粪菌的供应量,满足更多患者的需求。

6. 作品展示

本作品的搅拌桶、搅拌电机、振动电机如图 1 至图 3 所示,整体外形如图 4 所示。

图 1　搅拌桶

图 2　搅拌电机

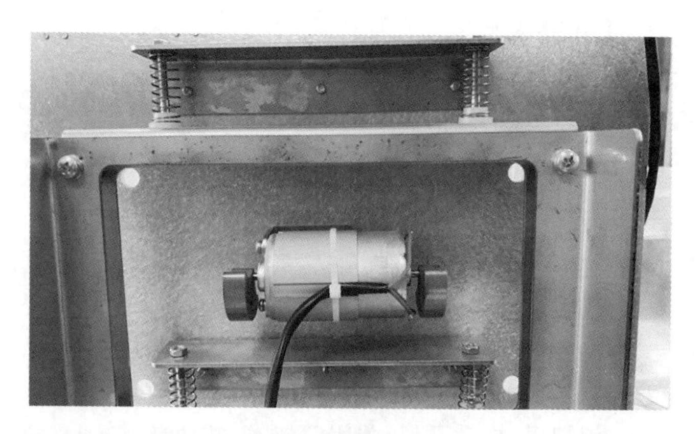

图3 振动电机

图4 整体外形

参考文献

[1] 王新华. 机械设计基础[M]. 北京：化学工业出版社，2011.

[2] 刘鸿文. 简明材料力学[M]. 2版. 北京：高等教育出版社，2008.

[3] 陈秀宁，施高义. 机械设计课程设计[M]. 4版. 杭州：浙江大学出版社，2012.

[4] 杨可桢，程光蕴，李仲生. 机械设计基础[M]. 5版. 北京：高等教育出版社，2006.

[5] 张佳佳. 粪菌移植治疗成人溃疡性结肠炎疗效及相关因素分析[D]. 太原：山西医科大学，2019.

[6] 郑晗晗，江学良. 粪便菌群移植治疗艰难梭菌感染有效性和安全性的 Meta 分析[J]. 中国全科医学，2016，19(2)：199-205.

[7] 周庆云，潘学勤. 难治性炎症性肠病患者粪菌移植治疗的护理[J]. 中华护理杂志，2016，51(4)：508-510.

非接触式核酸检测辅助装置

上海理工大学
设计者：史鸿飞　刘元正　舒雨晨　石楠楠　赵梓伊
指导教师：吴恩启　钱炜

1. 设计目的

目前核酸检测工作普遍以人工方式进行，检测过程中，医护人员需要手拿样本瓶并手动打开样本瓶盖进行样本提取，提取完成后还需拧上瓶盖并放回冰包保存。此过程中，医护人员感染病毒风险较大，因此小组希望研制一款自动化机器，代替人手完成这一系列动作，保护医护人员。

本作品的意义有如下几点：

(1) 本装置主要应用于类似新型冠状病毒的检测，也可广泛应用于医院、实验室等场景。

(2) 当样本为腐蚀性或有毒性液体时，可以避免实验人员在灌装或者取用液体时因手动旋转瓶盖产生溅液而受到伤害。

(3) 当样品数量较多时，该装置还能显著提升检测效率。

(4) 本作品为使用机器人进行自动检测作业奠定基础，具有重要的现实意义。

2. 工作原理

非接触式核酸检测辅助装置分为储瓶机构、旋盖机构、移瓶机构、夹紧机构。储瓶机构（图 1)通过电机驱动丝杠螺母，将排列好的样本瓶依次向前推送至旋盖机构下方。

旋盖机构(图 2)首先使用丝杠螺母驱动 L 形杆件夹持样本瓶盖，接着利用内外螺纹正反转三爪卡盘实现瓶盖的开合。

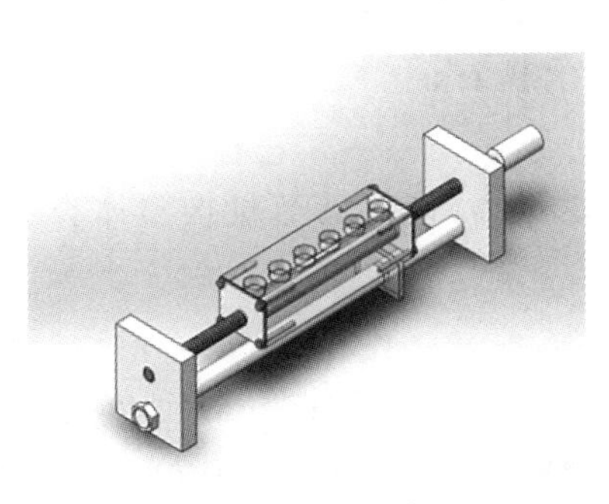

图 1　储瓶机构

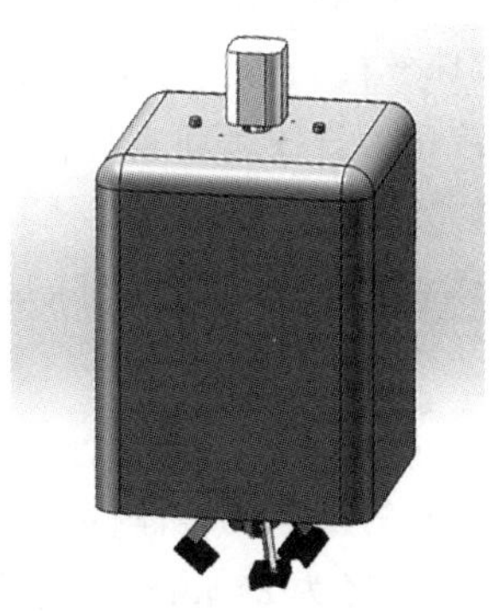

图 2　旋盖机构

移瓶机构(图 3)利用十字滑轨来实现旋盖机构的移动,进而带动样本瓶从储瓶机构移动至夹紧机构。其设定了限位挡块,以限制连杆机构的最大工位,防止在断电时由于电机失去动力导致连杆超过最大工位而出现无法复位的情况。

夹紧机构(图 4)使用单齿轮双齿条带动 V 形块夹紧样本瓶身,并在夹紧机构上完成旋盖动作。

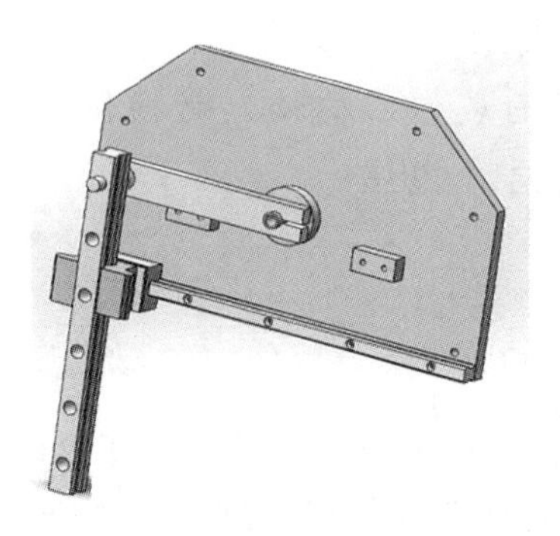

图 3　移瓶机构

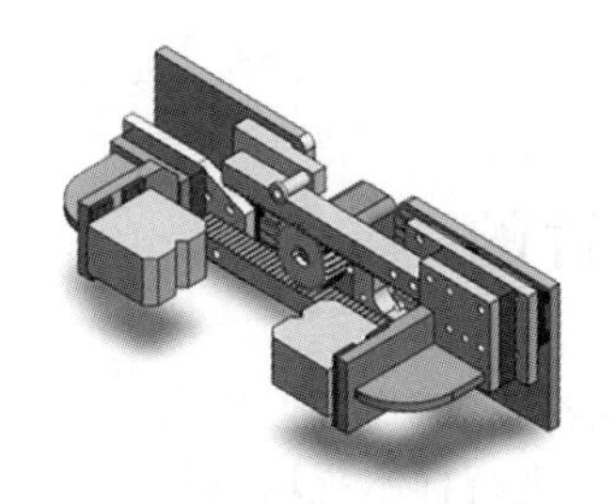

图 4　夹紧机构

非接触式核酸检测辅助装置工作原理如下:医护人员将待测样本瓶放入储瓶机构,样本瓶被推送至旋盖机构下方,旋盖机构夹持样本瓶,并将样本瓶移至夹紧机构处,夹紧机构夹紧样本瓶并进行旋盖,移瓶机构移走瓶盖,医护人员提取核酸检测样本,结束后旋盖机构拧紧瓶盖,移瓶机构将样本瓶送回储瓶机构原位,完成一次动作。

3. 设计方案

1) 储瓶机构设计方案

(1) 总体设计构想。

从功能角度出发,为实现将样本瓶从起始位置运输至指定位置,同时将已检测样本储存起来,基于丝杠螺母机构进行初步的设计和构思。虽然滚珠丝杠副制造成本高,但其传动效率可达 90%,摩擦阻力矩小,精度高,运动具有可逆性,使用寿命较长,完全符合传动的要求,故选用滚珠丝杠副作为传动部件。螺母部分预留位置储存样本瓶。利用电机驱动丝杠,将旋转运动转化为直线运动实现传送功能,设计承载 1 kg。

(2) 基本参数确定。

考虑整体框架的尺寸和实际运用时的传送距离,设置储瓶机构整体长 440 mm、高 100 mm。

① 传送。

考虑样本瓶的质量和整体框架的尺寸,设置丝杠的直径为 15 mm,长度为 400 mm。为保证刚度,设置直径为 20 mm、长度为 460 mm 的光杆作为引导杆,两端车小段螺纹,用螺母固定在两端的固定支架上。

② 储瓶。

根据市面上核酸检测样本瓶规格，设置储瓶位置每个瓶口的直径为 20 mm。且为了配合移瓶机构，每个放置样本瓶的孔壁设置 5°的倾斜度，孔深取样本瓶瓶身高度的 1/5，既能保证移瓶机构顺利将样本瓶取出，也能保证样本瓶可以较为稳固地存放在储瓶机构上。为方便编程，每一个放置样本瓶的孔间距相同。瓶壁与瓶壁之间间隔 14 mm，瓶壁与储瓶架边缘间隔 5 mm，保证间隔余量足够，方便孔的加工。

2）旋盖机构设计方案

旋盖机构的设计目的是代替人手完成开合盖，可视为简化机械手，具有夹持和旋转开盖两部分功能。

夹持功能：采用丝杠螺母驱动三爪式旋盖装置。该装置利用三组与槽口配合的 L 形杆件，杆件随着导向块的升降带动三组 L 形杆件收放，继而通过杆件末端牛筋块夹持样本瓶瓶盖。

旋转开盖功能：使用内外螺纹套筒，配合上下浮动滑块，其原理类似丝杠螺母机构，通过内外螺纹正反转三爪式旋盖装置，实现瓶盖的旋入与旋出；旋转的同时，螺纹配合使得套筒能沿竖直方向上下浮动一定距离，从而避免瓶盖与瓶身在旋盖过程中发生磕碰。

3）移瓶机构设计方案

（1）总体设计构想。

移瓶机构设计目的是实现样本瓶从储瓶机构至夹紧机构的位置变换，以划分功能区，并方便使用者从开盖后的瓶中取样，最大化利用竖直与水平方向的空间。其原理类似流水线生产中的移栽机构。该机构整体通过背板固定在铝型材框架上，由单个电机驱动，连杆与十字滑轨配合运动，实现了旋盖机构整体带动样本瓶在 xz 平面内的圆弧运动，从而最大化地利用空间。

（2）基本参数确定。

考虑整体框架尺寸与其他部分机构的装配位置，移瓶机构（不包含电机）中十字滑轨长 450 mm，电机驱动连杆长 150 mm。

4）夹紧机构设计方案

（1）总体设计构想。

夹紧机构使用单齿轮双齿条带动 V 形块夹紧样本瓶瓶身，并在夹紧机构上完成旋盖动作。夹紧机构总体长 250 mm、宽 300 mm、高 150 mm，设计承载 1 kg。

（2）基本参数确定。

① V 形块装置尺寸。

为了实现夹紧，该装置采用两个 V 形块。按所要夹紧的试剂瓶大小设计 V 形块规格，故这个 V 形块中间的缺口是底边长 16 mm、高 8 mm 的等腰三角形，再从负重和稳定角度考虑，确定厚度为 50 mm，宽度为 80 mm，长度为 80 mm。

② 齿轮和齿条装置尺寸。

为了实现 V 形块的移动和夹紧功能，采用单齿轮双齿条配合。结合整体结构尺寸及电机转速，选用参数 $D_a=50$ mm，$D=46$ mm，$D_f=41$ mm，模数 $m=2$，压力角 $\alpha=20°$，齿顶高

系数 $H_{a^*}=1$，顶隙系数 $c^*=0.25$，齿宽 $b=30$ mm 的直齿齿轮和与其配合的总长度为 253 mm 的凯元齿条 L107W15M2。

5）电路及编程原理

图 5 是控制电路的原理图。

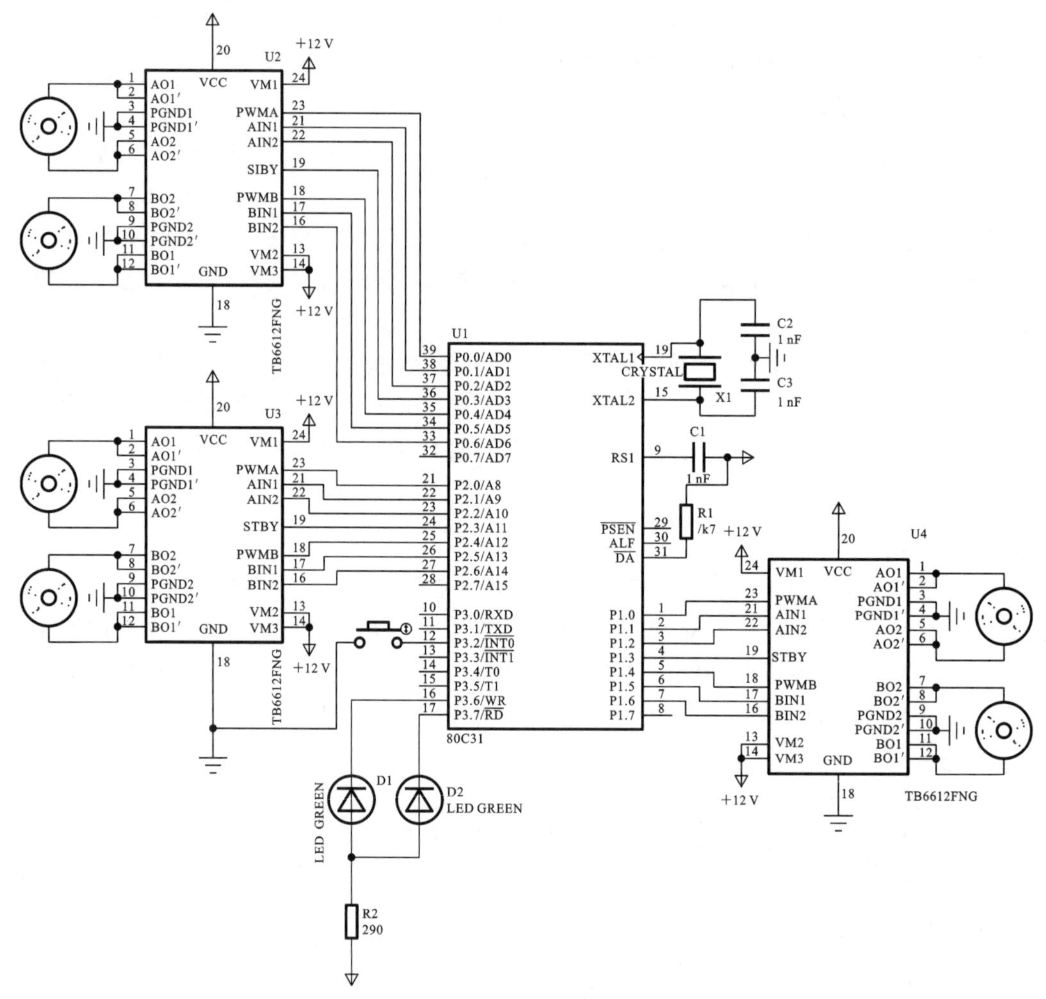

图 5　控制电路的原理图

结合各个机构，需要对 6 个电机分别进行正反转、旋转时间和停止刹车的控制。鉴于 6 个电机都是 12 V 减速直流电机，可以采用同一种电机驱动方式。在选取电机驱动方式时，刚开始选取了 L298N 电机驱动芯片，但是在进行实际电路功率计算时发现该芯片的工作电流过小，并不适合所选电机，同时该芯片还存在驱动电路体积过大和芯片对电压稳定性要求高的问题。因此最后选择了东芝公司生产的 TB6612FNG 电机驱动芯片。TB6612FNG 电机驱动芯片的最大电流可以达到 1.4 A，同时最高工作电压调高到 13.5 V，避免由于电压不稳而使电机无法工作，甚至烧毁芯片。一个 TB6612FNG 电机驱动芯片可以驱动两个电机，所以在控制电路中采用了 3 个基于 TB6612FNG 电机驱动芯片的电机驱动模块。

考虑独立的每个机构中电机动作并不复杂，且电机数量也不多，不需要太多的 IO 端口，因此采用了AT89S51微处理器作为驱动3个电机驱动模块的控制器，它具有低成本、低功耗和操作简单的优点。

在设计电路时，将3个电机驱动模块分别放置在P0、P1和P2三个端口，方便后续编程和接线。同时，在外部中断口INT0处放置了一个按钮开关接地，便于程序编写。为了后期可以方便地调试程序和烧录芯片，空出了P3.0和P3.1端口，以备与USB转TTL的CH340芯片接线使用。在P3.6和P3.7端口放置了两个LED灯，作为机构运动状态的指示灯。

在程序编写过程中，采用外部中断触发，自定义了3个函数：RightRotate、LeftRotate和Hold。其中，RightRotate函数和LeftRotate函数类似，需要向其传递电机序号和转动时间两个参数进行调用。而Hold函数则不需要参数传递，调用时将控制所有电机刹车。初始化函数时，打开外部中断，并调用Hold函数。刚开始将触发模式设为下降沿触发，但在后来的实际调试中发现，电路的电压不稳定，经常出现连续触发的现象，所以最后改为低电平触发。在中断处理程序中，设置了一个标志位来记录机构的运动状态，根据标志位选择两种运动顺序，依次按顺序调用RightRotate函数和LeftRotate函数实现控制机构的两种运动方式。同时，在主程序中不断检测标志位来改变两个LED灯的亮灭状态。

4. 主要创新点

(1) 目前市面上核酸检测装置缺少自动拧盖等功能，该辅助装置弥补了这一空白，可大大降低医护人员感染病毒的风险。

(2) 采用单电机驱动十字滑轨，使旋盖机构能在 xz 平面内做圆弧运动。

5. 作品展示

本作品示意图如图6所示。

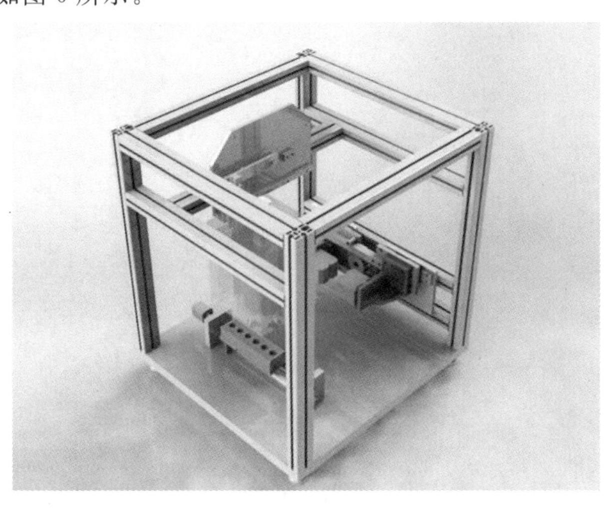

图6 作品示意图

参考文献

[1] 戴雷.新型冠状病毒核酸检测试剂盒:CN202022938255.6[J].2020-12-10.
[2] 张国豪.一种便携式核酸检测设备:CN201520093005.3[P].2015-10-21.
[3] 陈鸿彬.便携式核酸检测器:CN201930394889.X[P].2020-02-18.

基于磁珠法的核酸提取器

上海建桥学院
设计者:岑伟耀　陈杰文　郑光前　宋梓豪　王杰鑫
指导教师:潘铭杰

1. 设计目的

结合本届上海市大学生机械工程创新大赛的主题,小组以“提升疫情期间核酸检测效率”为切入点,进行机械的创新设计和制造。经过讨论,作品定名为“基于磁珠法的核酸提取器”。

2019 年底,新冠肺炎疫情暴发,核酸检测是目前最主流的病毒检测方法,因其对病毒的 DNA 和 RNA 拥有检测速度相对较快的鉴定优势,为防止疫情蔓延产生极为积极的作用。这意味着核酸检测的需求也在急速增长,如何可以更加高效地完成这一过程,是一件极有意义的事。

整个核酸检测过程大致可以分为三个步骤:(1) 取样;(2) 核酸提取;(3) 进行检测。

针对核酸提取,目前临床上有几种比较成熟的方式,之所以选取磁珠法,是因为其拥有可以代替人工的绝对优势;若采用醇盐体系代替传统方式,其使用的氯仿、苯酚等有毒试剂危害操作者身体健康;而磁珠法借助磁性,可更加快速地实现富集等。故基于磁珠法进行机械创新也是为了凸显其优势。

基于“核酸提取纯化原则和要求”,本作品力求达到如下要求:

(1) 保证核酸一级结构的完整性;

(2) 排除其他分子的污染;

(3) 核酸样品中不存在对酶有抑制作用的有机溶剂和过高浓度的金属离子;

(4) 其他生物大分子的污染应该降到最低程度。

本作品的设计目的是在核酸检测过程中,将从样本中提取核酸这一步骤高效化、自动化;提升磁珠法在临床上的稳定性;推广利用磁珠法提取核酸。

2. 工作原理

1) 磁珠法提取核酸原理概述

用磁珠法提取核酸分为裂解、结合、洗涤、洗脱四个主要的过程。

裂解过程:利用裂解缓冲液促使蛋白质与核酸分离;

结合过程:利用结合缓冲液即磁珠溶液,结合核酸;

洗涤过程：利用洗涤缓冲液 1、洗涤缓冲液 2、80%的酒精对核酸进行三次洗涤；

洗脱过程：利用洗脱缓冲液将磁珠与核酸分离，再回收磁珠。

2）用磁珠法提取核酸的自动控制

基于磁珠法的核酸提取器要求实现磁棒、磁棒套的纵向移动（图 1），振动和核酸提取试剂盒的横向移动。如图 2 所示，振动由直流电机带动偏心轮实现。

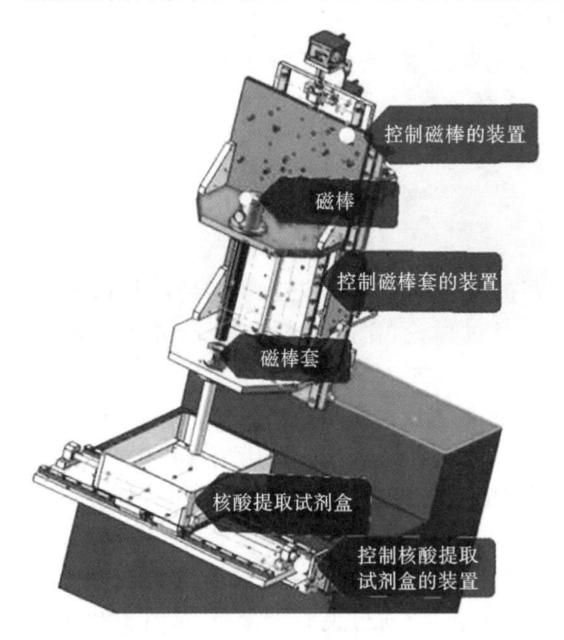

图 1　纵向移动

图 2　振动的实现

核酸提取试剂盒分为 6 组，分别从 1～6 编号。1 中添加裂解缓冲液，2 中添加磁珠溶液，3～5 中添加洗涤缓冲液，6 中添加洗脱缓冲溶液。

磁珠法提取核酸的操作步骤如下：

(1) 磁棒套插入 1 中，磁棒套振动，一段时间后停止，让裂解缓冲液对样本作用更加充分，使核酸分离出来。

(2) 磁棒套插入 2 中，磁棒插入磁棒套中，两者振动，一段时间后停止，此时磁棒套上携带磁珠，带着磁珠的磁棒套重新插入 1 中。

(3) 磁棒和磁棒套在 1 中振动，一段时间后停止，使磁珠和样本核酸结合，吸附在磁棒套上。

(4) 移动磁棒和磁棒套分别插入 3～5 中振动，一段时间后停止，实现洗涤。

(5) 移动磁棒和磁棒套至 6 中，取出磁棒，振动磁棒套，一段时间后停止，使磁珠与核酸分离。

(6) 将磁棒重新插入磁棒套吸附磁珠，之后将磁珠带回 2 中。

3）磁珠法作用效果的增强

在核酸提取试剂盒下增设电磁铁装置，为电磁铁通入交流电，使其产生变化磁场，在上述振动过程中核酸提取试剂盒中的磁珠受到变化磁场的作用，混乱程度增加，使得核酸提取过程进行得更加充分。核酸提取试剂盒下可放置的电磁铁装置结构如图 3 所示。

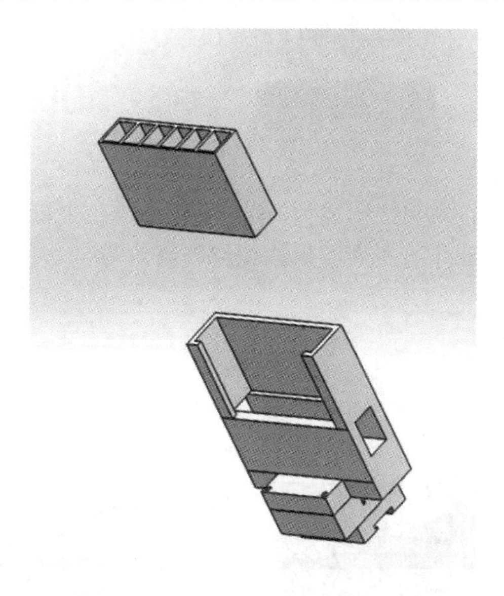

图 3　电磁铁装置结构

3. 设计方案

本作品的整体结构较为简单，主体就是利用过步进电机和直流电机实现对三个移动副的移动和借助通入交流电的螺线管所产生的变化磁场来增强作用效果。

本作品的设计涉及以下三个部分：

1）步进电机对位移的控制

本作品依靠步进电机实现对磁棒套、磁棒及其振动机构和核酸提取试剂盒的位移控制，常见的方案有两种：(1) 由步进电机带动同步带轮、同步带，从而实现对同步带上零件的控制；(2) 由步进电机带动丝杠，从而实现对丝杠上零件的控制。由于本作品对位置精度要求较高，还要考虑零件自重、振动的影响，故选取丝杠更为合适。

对步进电机的控制，需要紧密结合核酸提取的过程。依据各个零件位移 d 和丝杠的导程 D，约束步进电机的转速 n、启停间隔时间 t。

2）直流电机对振动的控制

对振动的控制是基于核酸提取过程中使各试剂作用更充分的需求，其中直流电机的转速 v，受到振动频率 f 的约束，即 $v=1/f$；偏心轮的孔与圆心间的距离 d，受到振幅 A 的约束，即 $2d=A$；直流电机的启动与停止受磁珠法过程的约束。

3）磁场强弱的控制

利用电磁铁产生的变化磁场来影响核酸提取试剂盒中磁珠的运动，进而提升作用效果。

(1) 由于电磁铁与磁珠并不是直接接触，故电磁铁产生的磁场强度要达到一定的值才能起作用；同时，磁场也并非越强越好，受实际各因素的制约，最合适的磁场强度由试验效果确定。

（2）磁场产生与消失受磁珠法过程的约束。

4. 主要创新点

（1）磁珠法可代替人工；无须使用氯仿、苯酚等对人体产生危害的有毒试剂。

（2）核酸检测过程中，磁珠法实现了核酸提取的高效与自动化。

5. 作品展示

本作品实物图如图 4 所示。

图 4　作品实物图

参 考 文 献

[1] 李小锋，李晨阳，范秋丽，等. 一种一体化纯化核酸提取器：CN201720021278.6[P]. 2018-02-09.

[2] 马亚敏. 一种核酸提取器[J]. 生物技术通报，1987(8)：18-19.

[3] 赵宏群，卢昕，逄波. 高通量半自动细菌核酸提取与纯化体系的构建[J]. 疾病监测，2016(3)：256-259.

基于物联网的一站式集成“门神”

华东理工大学
设计者:张孟珂　李冰俏　余康喆　许佳路
指导教师:马新玲

1. 设计背景及意义

1) 设计背景

在新冠肺炎疫情防控常态化的当下,依然存在着病毒通过物传人的风险。而房门和外衣作为每个人日常生活中每天都会接触到的物品,若不能做到及时、有效的消毒,其传播病毒能力将显著增强。但是目前国内外设计出的防疫机械不仅功能较为单一,只有单独的消毒、测温功能或者两者的结合,而且这些机械大多应用于公共场所,如医院、社区入口、机场等。市面上缺少一款针对居民个人日常生活疫情防护的多功能全自动一体化机械。

因此,小组基于 Arduino 等开源电子硬件平台,创新设计了一款集人脸识别技术、物联网技术、压力感应与人体红外感应于一体的,应用于居民房门及其周边区域,在疫情中能够有效降低病毒传播能力,对个人日常生活进行防护的多功能全自动一体化装置——基于物联网的一站式集成“门神”。

2) 设计意义

本作品的设计意义主要有以下几点:

(1) 为疫情中居民的日常生活提供便利。采用人脸识别技术控制房门的开闭,免去手动开门的环节,避免手与门把手的接触;集对衣物的除湿、杀菌、除臭功能于一体。

(2) 将多个家具整合到一个装置中,提高空间利用率。本装置包括侧边鞋柜、置物递物柜、主体衣柜,降低家具的分散性,大大节省存放空间。

(3) 实现整体的智能化控制。换衣镜通过物联网技术实时获取天气、时间、温度以及手机备忘录中的日程信息,并在使用者出门时根据天气、温度状况自动搭配衣物并送出,使用者也可通过换衣镜或者手机 APP 对系统所选择的衣物进行更换。

(4) 阻断病毒传播,有效助力疫情防控,保障居民的生命健康安全。避免使用者与门把手的接触,在一定程度上阻断了病毒的传播。

2. 设计方案

1) 总体设计构想

为了使衣柜兼具防疫与自动挂取衣物的功能,其柜门部分应具有较高的密封性,挂取机构应具有较大的灵活度；为减小接触面积，柜门开口应尽量小；为保证选取衣物的准确性与高效性，挂取机构需对所挂衣物进行分类。

2）柜门开闭方案比选

在疫情背景下，外衣具有携带病毒的风险，为了降低感染病毒的风险，柜门关闭后需要有较高的封闭性。目前市面上衣柜柜门的开闭方式主要有两种：旋转开闭与滑轨式开闭。其中，后者的密封性相对较高，控制更加方便，故选取后者。在此基础上，针对滑轨式柜门开闭方式制订了以下两种方案：

方案一：采用双层门板单层柜门（图1）。两层门板之间留有空隙，考虑摩擦力的作用，空隙的宽度应略大于门板的厚度，并且门板预留的凹槽与柜门突出的滑块相配合，通过电机、丝杠、同步带传动实现柜门的左右移动，从而实现柜门的开闭。优点：设计、控制简单，使用的零件较少；缺点：密封性较差，成本较高。

方案二：采用单层门板双层柜门（图2）。两层柜门分别为固定板与柜门板，柜门板上通过螺栓螺母连接止推块，止推块中间的宽度为柜门板允许前进的最大距离。同时固定板上预留凹槽以放置动力弹簧，使得柜门板运动至凹槽时，压缩的动力弹簧利用弹力使柜门关闭。门板侧边与柜门板侧边的厚度逐渐增加，即侧边具有倾斜角度，以使电机、丝杠、传送带传动时柜门板能够顺利地从凹槽中滑出，实现柜门的开启。优点：密封性较好，成本较低；缺点：控制较为困难，使用的零件较多，采购难度较大。

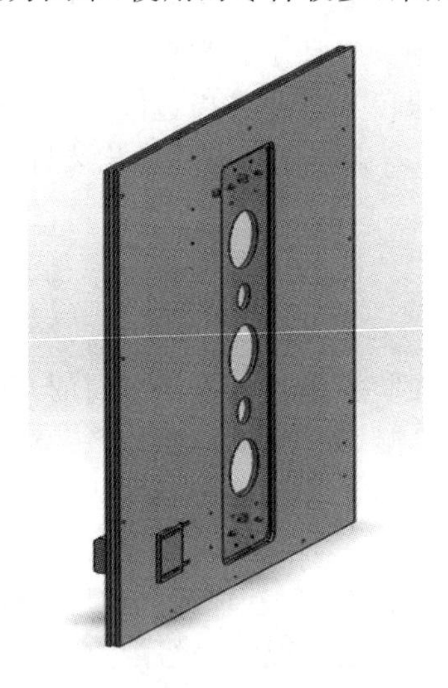

图1　双层门板单层柜门

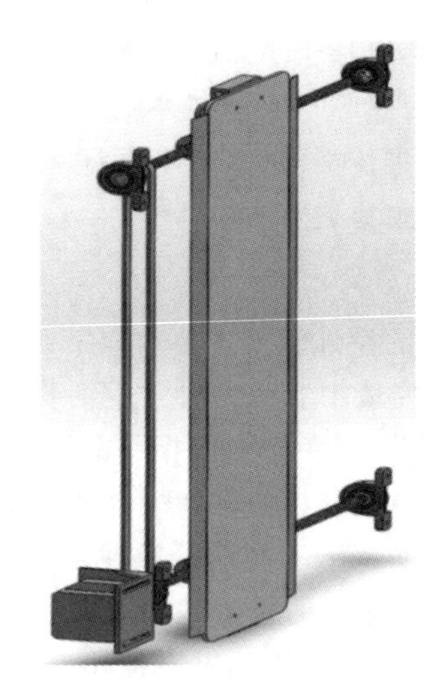

图2　单层门板双层柜门

综合考虑所需功能、成本与可行性，采用方案二。

3）挂取机构方案比选

由于需要对挂入的衣物进行分类，要求挂衣架的容量尽可能大，分类更为清晰。针对衣柜的挂取机构制订了以下两种方案：

方案一：挂衣架环形转动，挂取机构竖直运动。挂衣架使用链条链轮驱动，带动衣物整体进行环形转动。挂取机构利用电机、丝杠传动实现上下转动，利用挂取机构的挂钩与环形挂衣架上挂钩的高度差，将衣物运到衣架挂钩上。其中，挂取机构的挂钩为双钩，以保证衣物运输时的稳定性，且双钩间留有足够的空隙；挂衣架的挂钩为单钩，以保证拿取衣物时的便捷性，并且能够穿过双钩间预留的空隙，实现取衣挂衣的功能。优点：设计、控制简单；缺点：所需动力较大，灵活性较差，成本较高。

方案二：挂衣架不动，挂取机构多自由度运动。其中，挂衣架采用铝合金型材与135°角码配合搭建，组成七边形结构，确保衣物分类的准确性。针对多自由度挂取机构制订了以下两种方案：

(1) 采用齿轮圆盘控制(图3)。挂取机构的中心为一个齿轮圆盘，圆盘外围的双挂钩通过齿轮与中心圆盘的啮合，贴着齿轮圆盘外围360°旋转。上方两个步进电机与光杆、光杆滑块配合，控制齿轮齿盘整体在水平面内的移动；光杆滑块下方步进电机控制齿轮齿盘及双挂钩在竖直平面内的移动，实现衣物的挂取。优点：控制简单；缺点：结构复杂，质量较大，制造困难，成本较高。

图3　齿轮圆盘控制

(2) 采用舵机配合控制(图4)。采用单轴舵机与双轴舵机配合实现挂取，其中单轴舵机

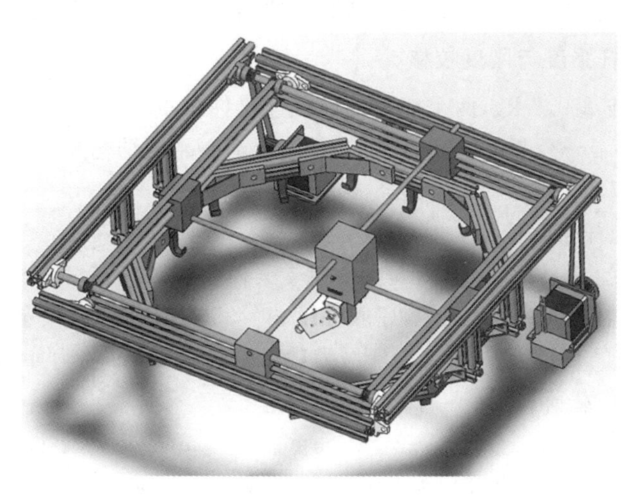

图4　舵机配合控制

控制水平面内挂钩的360°转动，双轴舵机控制竖直平面内挂钩的上下移动。两个步进电机与光杆、光杆滑块配合，控制挂取机构整体在水平面内的移动。优点：结构简单，质量较小，成本较低，灵活性较好，四自由度模拟人手挂取衣物；缺点：控制较为困难。

综合考虑所需功能、驱动效率、预期成本与可行性，采用方案二，且多自由度挂取机构采用舵机配合控制。

3. 理论设计计算

1）总体尺寸设计

本作品的最大特点在于将衣橱、鞋柜、置物递物柜整合到一个装置中，因此只有设计好各个部分的结构尺寸，才能合理、协调地实现其功能。根据尺寸要求，本作品的所有装置尺寸均按实物的一定比例缩小。

（1）衣柜尺寸。

市场主流衣柜尺寸：长度为165 cm，宽度为135 cm，高度为220 cm。

缩小后的尺寸：长度为55 cm，宽度为45 cm，高度为70 cm。

（2）置物递物柜尺寸。

市场主流置物递物柜尺寸：宽度为25 cm，距离地面高度为120 cm。

缩小后的尺寸：宽度为8.3 cm，开口高度为39.5 cm。

（3）鞋柜尺寸。

市场主流鞋柜尺寸：长度为70 cm，宽度为25 cm，高度为110 cm。

缩小后的尺寸：长度为23 cm，宽度为8.3 cm，高度为38 cm。

（4）穿衣镜尺寸。

市场主流穿衣镜尺寸：宽度为25 cm，顶部距地面高度为160 cm，底部距地面高度为80 cm。

缩小后的尺寸：宽度为12 cm，顶部距地面高度为55 cm，底部距地面高度为25 cm。

2）挂取机构光杆强度与刚度校核

挂取机构设计载重2.5 kg，两个舵机加舵机连接件自重140 g，T8丝杠螺母自重12 g，T8丝杠滑块自重75 g。参考市场上的光杆，并结合本作品的结构及设计要求对挂取机构光杆的强度和刚度进行了校核。

（1）挂取机构光杆强度校核。

挂取机构光杆受力可以简化为图5所示简支梁模型，其中$L=440$ mm。

已知：光杆的材料为45号高碳钢，屈服强度$\sigma_s=355$ MPa，弹性模量$E=210$ GPa，取安全系数$s=1.2$，光杆的直径为6 mm，设计最大载重量为2.5 kg，受力如图5所示。

① 计算最大工作载荷。

光杆承受最大的载荷：

$$G=mg=(2.5+0.14+0.012+0.075)\ \text{kg}\times 10\ \text{m/s}^2=27.27\ \text{N}$$

假定最大载荷$F=30$ N。

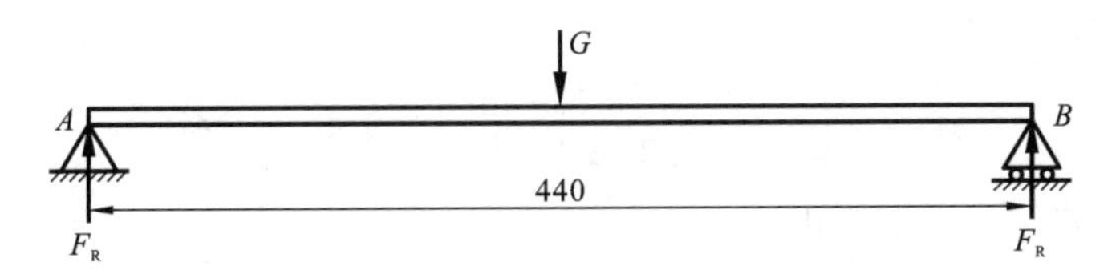

图 5　光杆受力简图

② 计算支座反力。

由载荷的对称性可知：

$$F_{RA}=F_{RB}=\frac{F}{2}=\frac{30}{2}\ \mathrm{N}=15\ \mathrm{N}$$

③ 计算剪力 $F_s(x)$和弯矩 $M_s(x)$。

a. $10\leqslant x<220$ mm：

剪力　　$F_s(x)=15$ N

弯矩　　$M_s(x)=15x$

b. 220 mm$\leqslant x\leqslant$440 mm：

剪力　　$F_s(x)=-15$ N

弯矩　　$M_s(x)=15\times(0.44-x)$

④ 画出剪力图和弯矩图，如图 6 所示。

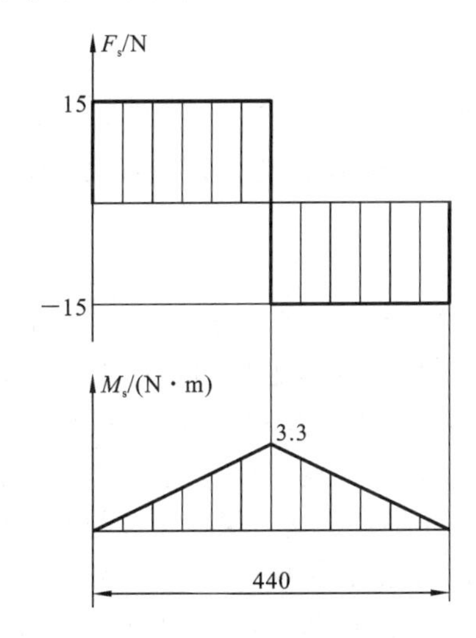

图 6　光杆剪力图和弯矩图

⑤ 计算最大弯曲正应力。

对 z 轴的惯性矩：

$$I_z=\frac{\pi D^4}{64}=\frac{\pi\times 6^4}{64}\ \mathrm{mm}^4=63.62\ \mathrm{mm}^4$$

抗弯截面系数：

$$W=\frac{I_z}{y_{\max}}=\frac{63.62\ \mathrm{mm}^4}{3\ \mathrm{mm}}=21.21\ \mathrm{mm}^3$$

最大弯曲正应力：

$$\sigma_{\max}=\frac{M_{\max}}{W}=\frac{3.3\ \text{N}\cdot\text{m}}{21.21\times10^{-9}\ \text{m}^3}=155.59\ \text{MPa}$$

⑥ 校核挂取机构光杆的强度。

许用弯曲应力：

$$[\sigma]=\frac{\sigma_s}{s}=\frac{355}{1.2}\ \text{MPa}=295.83\ \text{MPa}$$

显然 $\sigma_{\max}<[\sigma]$，满足强度要求。

（2）挂取机构光杆刚度校核。

由以上简化模型可知，在挂取机构光杆承受最大载荷状态下的最大变形量（挠度）为

$$\omega_{\max}=-\frac{Fl^3}{48EI_z}=-\frac{30\times0.44^3}{48\times210\times10^9\times63.62\times10^{-12}}\ \text{m}=3.985\times10^{-3}\ \text{m}=3.985\ \text{mm}$$

因此，挂取机构光杆的最大弯曲变形量为 3.985 mm，并且出现在光杆的中心位置，完全满足使用要求。

4. 工作原理及性能分析

1）工作原理

（1）整体结构。

如图 7 所示，整个装置由柜门 1、多自由度挂取机构 2、除湿除尘消毒装置 3、置物递物柜 4 以及鞋柜 5 五个部分构成，其中除湿除尘消毒装置机械结构较为简单，采用风扇与加热片配合除湿与等离子消毒。

（2）柜门工作原理。

如图 8 所示，丝杠 14 通过联轴器 12 与步进电机 10 相连，丝杠 6、14 通过同步轮 7、13 和同步带 9 实现联动，丝杠、步进电机通过电机固定件 11、立式轴承座 8 与前侧门板相连，实现固定。当步进电机转动时，丝杠上的丝杠螺母 5 平行移动，带动固定板 3、止推块 2 以及门板 1 水平运动。当柜门板运动到前侧门板对应的凹槽时，固定板上的动力弹簧 4 通过弹力作用将柜门板推入凹槽中，止推块 2 通过螺栓螺母与柜门板连接，止推块的后侧卡在固定板的边缘，控制门板移动的距离，防止柜门板移动距离过大，实现柜门的关闭；当步进电机反向转动时，丝杠带动丝杠螺母反向移动，由于门板侧边以及前侧门板凹槽处厚度逐渐增加，具有倾斜角度，使得门板能够顺着侧边厚度的递增压缩动力弹簧，实现柜门的开启。

（3）多自由度挂取机构工作原理。

如图 9 所示，挂钩 1 通过螺栓螺母与晾衣杆件 2 连接，实现固定，晾衣杆件两边通过 135°角码 3 连接，与竖直支撑杆 5 通过 90°角码 4 连接。步进电机通过电机固定件 14 与竖直支撑杆固定，用同步轮 13 与同步带 12 相连，带动光杆转动。光杆 7、8 通过卧式轴承座 6、11 与水平固定杆 22 相连，光杆 7 转动带动光杆滑块 10、19 移动，从而带动光杆以及连接块 9 左右移动。右侧步进电机 20 控制连接块的前后移动。单轴舵机 16 通过舵机固定件与连接块相连，再通过短 U 形舵机连接件 21 与双轴舵机 18 连接，双轴舵机两侧通过长 U 形

舵机连接件 17 与钩子 15 相连，单轴舵机控制钩子位置的水平移动，双轴舵机控制舵机位置的竖直移动，从而满足挂取的灵活性要求。

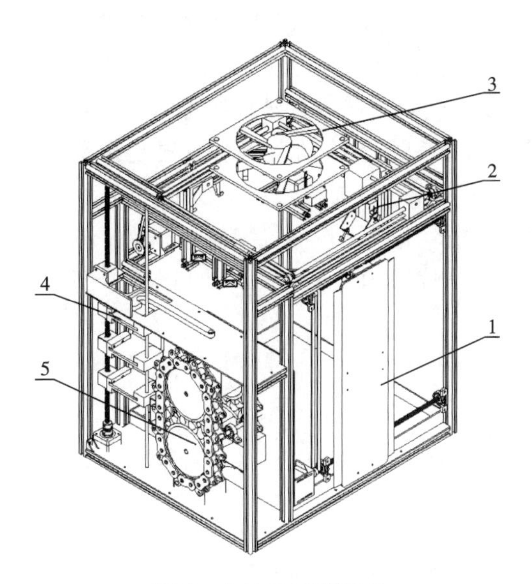

图 7　本作品三维视图

1—柜门；2—多自由度挂取机构；
3—除湿除尘消毒装置；4—置物递物柜；5—鞋柜

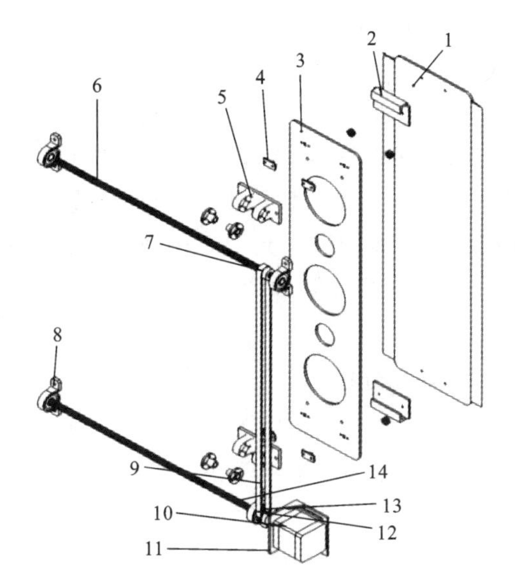

图 8　柜门三维视图

1—柜门板；2—止推块；3—固定板；4—动力弹簧；5—丝杠螺母；
6,14—丝杠；7,13—同步轮；8—立式轴承座；9—同步带；
10—步进电机；11—电机固定件；12—联轴器

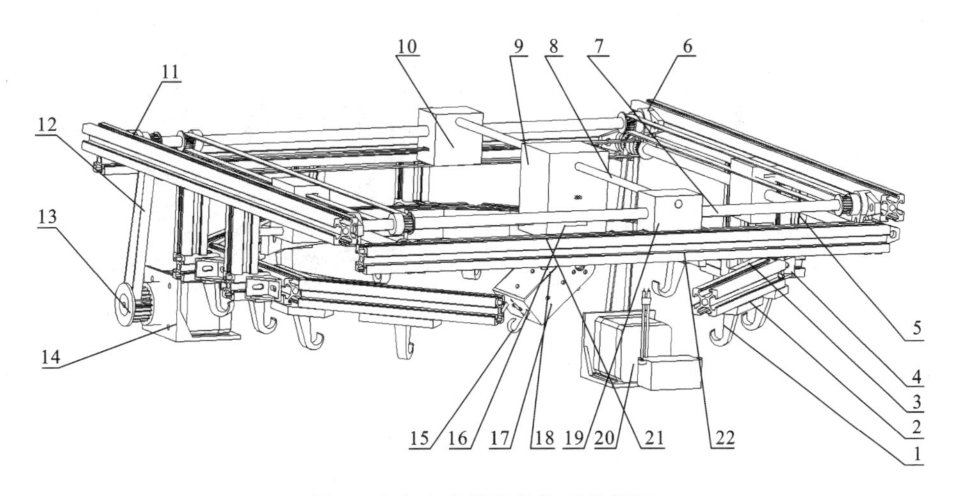

图 9　多自由度挂取机构三维视图

1—挂钩；2—晾衣杆件；3—135°角码；4—90°角码；5—竖直支撑杆；6,11—卧式轴承座；7,8—光杆；
9—连接块；10,19—光杆滑块；12—同步带；13—同步轮；14—电机固定件；15—钩子；16—单轴舵机；
17—长 U 形舵机连接件；18—双轴舵机；20—步进电机；21—短 U 形舵机连接件；22—水平固定杆

(4) 鞋柜工作原理。

如图 10 所示，鞋仓 1 用两个立式轴承座 2 与光杆 3 连接，光杆通过链条接头 4 与链轮连接。步进电机 7 转动带动连杆 6 转动，从而带动齿轮 5 转动，实现链轮的传动、鞋仓的循环运动。

(5) 置物递物柜工作原理。

如图 11 所示,步进电机 2 通过电机连接件 1 与底面铝型材连接,实现固定。步进电机用联轴器 3 与丝杠 4 相连,从而带动丝杠转动。左、右两侧的丝杠 4、光杆 14 控制置物柜的移动方向。其中,右侧光杆通过光杆支撑座 13 与底板连接。丝杠通过丝杠螺母 5 与置物架 8 连接,步进电机转动时,带动丝杠转动,从而带动置物架 8 上下移动。当对应置物架移动到开口位置时,单轴舵机 12 通过舵机连接件 11 与推杆 10 连接,舵机转动带动推杆转动,从而推出 L 形置物板 6,送出对应物品。舵机回转时,利用推杆以及 L 形置物板上磁铁 7 的吸附作用,使 L 形置物板回到原位。当置物递物柜回到原位时,柜门 9 卡至开口位置,实现封闭。

2) 性能分析

本作品的机械结构精妙且容易实现,无复杂的零件,易于加工和实现机械化生产,成本低,效率高,结构紧凑,可装配性与工艺性好;操作简单,人机交互友好,具备多种功能。若本作品实现市场化推广,将会成为疫情家居防护的一大亮点。

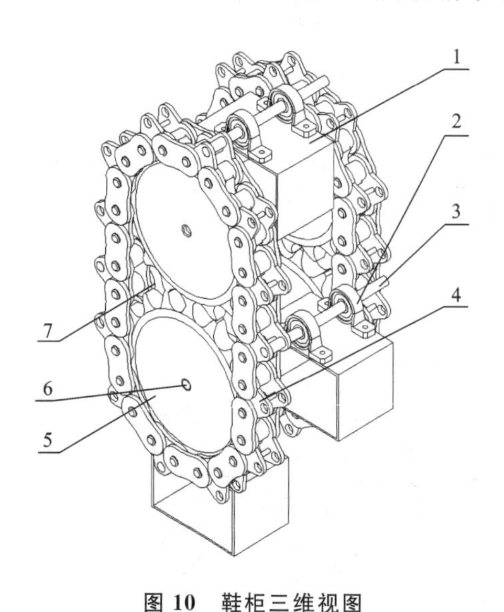

图 10 鞋柜三维视图

1—鞋仓;2—立式轴承座;3—光杆;4—链条接头;5—齿轮;6—连杆;7—步进电机

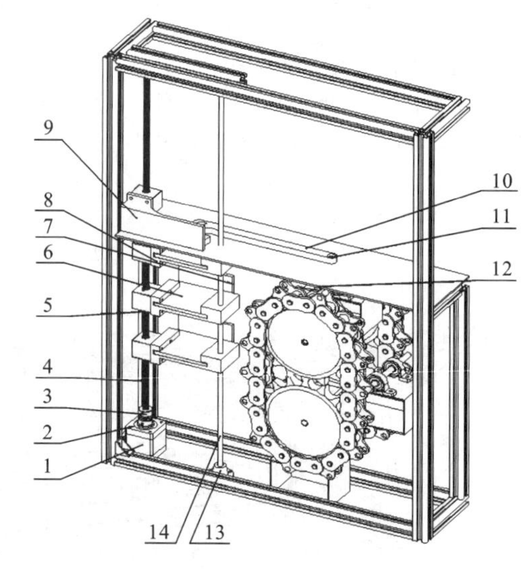

图 11 置物递物柜三维视图

1—电机连接件;2—步进电机;3—联轴器;4—丝杠;5—丝杠螺母;6—L 形置物板;7—磁铁;8—置物架;9—柜门;10—推杆;11—舵机连接件;12—单轴舵机;13—光杆支撑座;14—光杆

5. 主要创新点

(1) 采用多自由度挂取机构(一个单轴舵机与一个双轴舵机相配合)模拟人手挂取衣物的动作。

(2) 衣架为七边形结构,方便衣物的分类、拿取与放置。

(3) 采用止推块与动力弹簧配合,能够精确地实现柜门的开闭,保证衣柜内部空间的封闭性。

(4) 侧边鞋柜用链轮实现鞋仓的循环传动,运转效率高,挑选准确率高。

(5) 置物递物柜使用磁铁吸附,实现了推杆退回时置物板回到原位。

(6) 机械与电子设备结合,让使用者与系统进行交互,更好地完成对衣物的挑选。

(7) 应用物联网技术,实时信息获取更加便利,系统功能更加多样。

6. 作品展示

本作品实物图如图 12 所示。

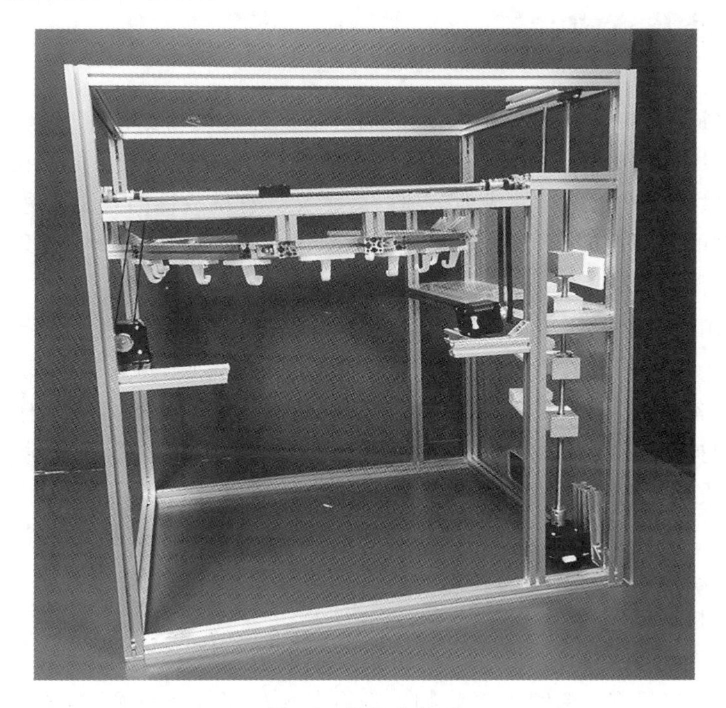

图 12　作品实物图

参考文献

[1]王新华.机械设计基础[M].北京:化学工业出版社,2011.

[2]刘鸿文.简明材料力学[M].2 版.北京:高等教育出版社,2008.

[3]陈秀宁,施高义.机械设计课程设计[M].4 版.杭州:浙江大学出版社,2012.

一种应用于紧急医疗部署的无人机运输装置

上海交通大学
设计者：朱晋　张亦潜　郑永琪　史全卓
指导教师：肖建荣

1. 设计背景及意义

近些年来，各类公共卫生突发事件层出不穷，新冠肺炎疫情给国家带来了重大损失，给人民生命带来了巨大的威胁。因此，紧急医疗部署正受到国家和人民的重视，如何精准、有效、迅速地部署紧急医疗救助行动成为一项既棘手又具有挑战性的重要课题。其中，医药物资作为挽救生命的关键性应急资源，如何在紧急配送中实现快速、高效地运输成为紧急医疗救助行动的重要部分。

现阶段，我国医药物资应急保障体系发展已较为完备，但医药紧急配送环节暂未与现代物流有机结合，医疗物资运送智能化、信息化水平低，调度延迟，运输效率低。与此同时，医疗物资又具备筹备难度大、时效性强且不可替代的特点。除了通用药品和消毒用品外，相关医疗部门一般根据不同灾情需求，临时筹集、调运所需要的医药物资，而部分如血液等物资，具有易腐性、保质期短的特点，储备条件苛刻，对运输要求颇高。

结合我国现阶段医药物资应急保障体系的缺陷，以及部分医疗物资的特点，小组尝试将紧急医疗部署与新兴物流行业——无人机物流进行有机结合，研究并设计一款应用于紧急医疗部署的无人机运输装置。

该装置的功能及意义如下：

(1) 鉴于一批灾后需求激增的医疗物资都有苛刻的运输条件要求，该装置配备半导体制冷模块，可用于运输血液、胰岛素、疫苗等需要低温环境储备的物资。

(2) 鉴于医疗物资的需求随机性大，该装置引入模块化设计，与可拆卸挡板配合使用，针对不同伤员的不同情况规划物资，提高医疗物资的使用率，降低运输成本。

(3) 本装置依托大疆 M600 无人机进行搭建，具有即插即用的特点，降低了设计成本，在特大事故发生后能够迅速响应，同时也为医疗事业单位与企业的合作提供了可能性。

2. 工作原理

1) 无人机控制逻辑

该装置以大疆 M600 无人机为搭载平台，并通过蓝牙控制。该装置工作流程如下：

(1) 当无人机运输网络平台收到运输需求后,无人机内运输箱降温模块提前启动,开始进入降温模式。

(2) 配送平台向医疗机构发出需求通知,医务人员进行医疗物资的准备,此过程中无人机运输箱降温至合适温度。

(3) 现阶段的设想中,需医务人员手动将医疗物资存放至运输箱中,实现固定,以完成无人机起飞前的最后准备工作。在未来的计划中,医疗物资从物资中心配送至无人机或将采取无人方式以进一步减少人员接触。现阶段的机库设计已实现配送物资自动进入配送箱,但并没有实现固定等功能,这点仍需继续改进。

(4) 无人机根据系统规划的路线实行最高效率的飞行。

(5) 无人机抵达目的地,需求方手动取出物资或是依托统一的机库进行物资收取。

在该流程中,有且仅有供给方和需求方两者接触医疗物资,减少了接触物资的人员,有效降低交叉感染的风险,保证医疗物资的安全。

2) 半导体制冷冰箱的工作原理

1821 年,塞贝克发现,在有着两种不同材料导体的回路中,如果两种导体温度不同,电路中就会产生电势差,这就是塞贝克效应。而冰箱的制冷效果则是由塞贝克效应的逆过程——珀耳帖效应所实现的。倘若在由两种材料导体所构成的回路中加以一定的电势差,可以推知这两种导体会出现一定的温度差,也就是一端放热同时另一端吸热的现象。在本作品中,采用的回路中两种材料由半导体的两端,即 PN 结的 P 端与 N 端所构成。如图 1 所示,在电路中使用 12 V 的直流电源,连接在 PN 结两端,PN 结组成一个热电偶。在 PN 结相连接的上方,电流由 P 端流向 N 端,吸收热量,形成冷端;而在下方,电流则是由 N 端流向 P 端,释放从上方吸收的热量,从而形成热端。冷端吸收冰箱内部的热量,再通过热端释放到环境中,此过程可以实现热量的传递与交换。理论上,在电压一定的情况下,冷、热两端的温度差也是恒定的。因此,冰箱的制冷效果在一定程度上也取决于冰箱外的环境温度。

在半导体制冷片的冷热两端分别增加散热片和可以加强对流的风扇,可使热量更快地在两端传递。如图 2 所示,本作品采用两个半导体制冷原件,前端较小的散热片和风扇是冷端,向内安装在冰箱壁上;另一端朝向外部,为散热端。理论上半导体制冷原件的热惯性很小,制冷与制热的速度都非常快。在冷端空载、热端散热良好的情况下,通电约 1 min 后,制冷片的两端就能达到最大温差,从而为冰箱迅速提供制冷功能。

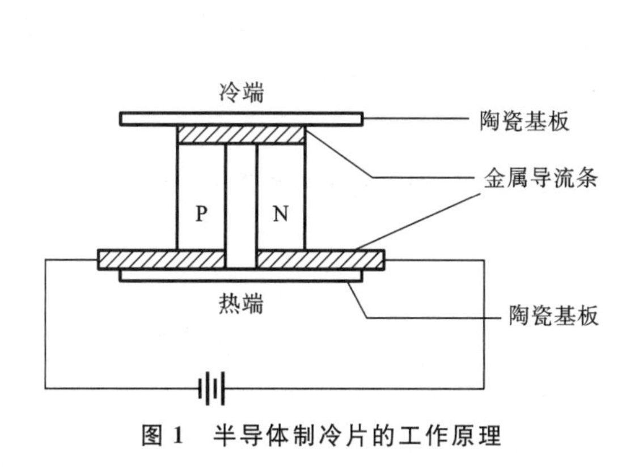

图 1 半导体制冷片的工作原理

图 2 本作品使用的制冷装置

3. 设计方案

1）总体设计构想

本作品主要依托无人机的搭载平台进行模块化可拆卸式设计，避免无人机送货产品的单一化、样板化。同时对无人机存储箱也进行了模块化设计，方便各种不同类型、不同大小医疗产品的放置。针对医疗物资运输中的冷藏需求，对比半导体制冷与传统压缩机制冷方式后，选择半导体制冷方式进行降温，并进行初期数据测量和分析。

2）制冷方案选择

比较半导体制冷与压缩机制冷两种较为常见的制冷方式。

（1）压缩机制冷。

当前我国小容量制冷压缩机的种类繁多，按照技术类型主要分为往复式、滚动活塞和线性压缩机三类，小容量制冷压缩机主要用于冰箱、冰柜、空调等，按照应用和测试标准可以分为低背压、中背压和高背压三种。低背压式小容量制冷压缩机的制冷温度通常在−35～−15 ℃，主要用于肉类等冷冻食品的储藏；中背压式小容量制冷压缩机的制冷温度通常在−15～0 ℃，主要用于需保鲜的农产品、饮料等的储藏；高背压式小容量制冷压缩机的制冷温度则在5～15 ℃，主要应用于空调、除湿机等领域。

（2）半导体制冷。

相比压缩机制冷设备有冷凝器、压缩机、节流元件与蒸发器等多种元件，半导体制冷设备的制冷部分仅仅为两片半导体制冷片。该设备有质量轻、方便、易操作等多种优势。同时，其由于使用温度传感器、继电器等元件，可以通过简单的代码逻辑进行相对方便的控制，控制流程为设定温度→半导体制冷片自动降温→温度传感器检测温度→到达一定温度后进行信号振荡式调节。虽然半导体制冷片比压缩机制冷设备的热效率低，但在无人机运输这类短距离、小体积运输中，半导体制冷片仍拥有其巨大的优势。

对半导体制冷片进行测试。测试一：空箱测试，将半导体制冷片置于体积为125 L的泡沫箱中，可以看到，在10 min左右，该箱体从约24 ℃降至10 ℃，如图3所示。

测试二：在泡沫箱中放置约1 L矿泉水，以模拟最大放置量情况，可以看到，该箱体温度在10 min左右降至12 ℃，并在约30 min后稳定于11.2 ℃，如图4所示，基本与测试一情况相似。

由此可见，在保温性能良好的快递运输装置中，半导体制冷装置能够很好地实现其制冷保温功能。

3）无人机存储箱外形设计

小组设计了两种无人机存储箱外形方案，方案一如图5所示，方案二如图6所示。

针对这两种方案，小组进行了Flow Simulation流体力学仿真，结果如图7、图8所示。

根据两方案的流体力学仿真结果，本作品选择方案二。

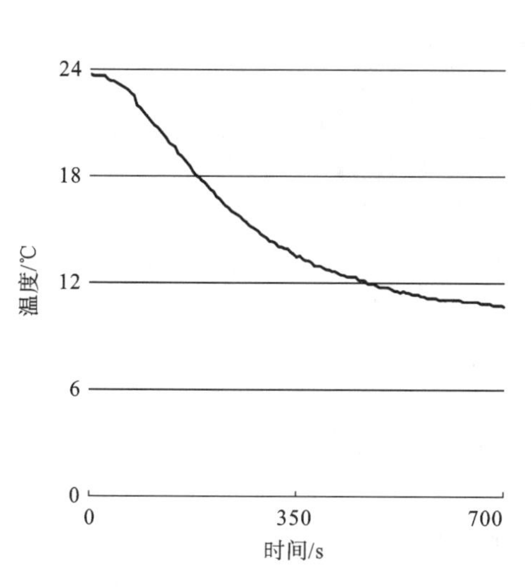

图 3　测试一结果

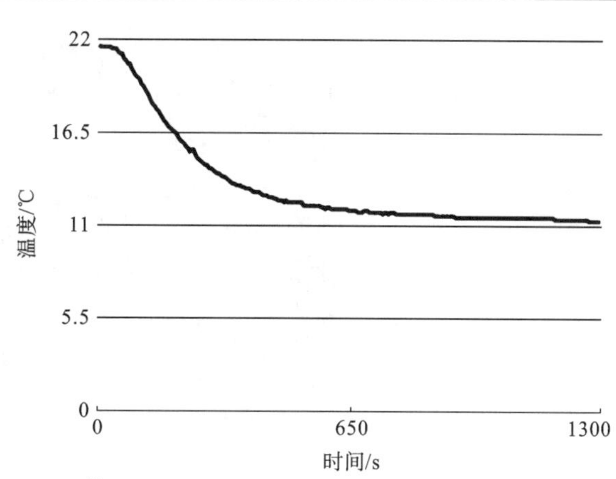

注：
1. 箱体内放有两瓶水；
2. 测试时间在2021年4月26日13：00；
3. 最终温度在30分钟后稳定在11.2 ℃

图 4　测试二结果

图 5　无人机存储箱外形方案一

图 6　无人机存储箱外形方案二

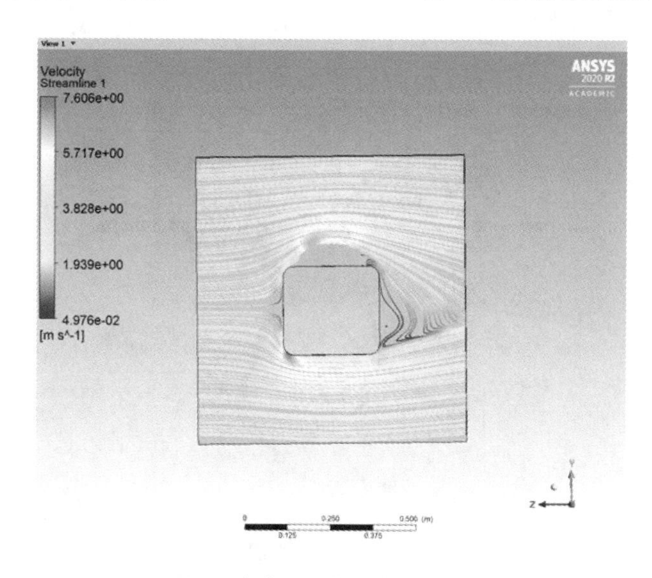

图 7　方案一流体力学仿真结果

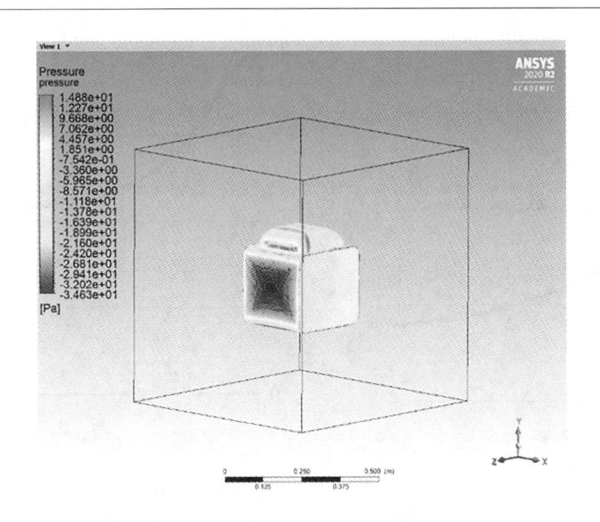

图 8　方案二流体力学仿真结果

4. 主要创新点

（1）以无人机为载体，减少运输过程中的人员接触，避免药物污染，自动化程度高，保证运输效率与安全。

（2）内置制冷保温系统，满足部分药品冷藏运输需求，保证药品质量。

（3）存储箱使用模块化设计，可灵活调整内部结构，以适应多种药品规格。

5. 作品展示

本作品实物图如图 9 所示。

图 9　作品实物图

参考文献

[1] 贾艳婷,徐昌贵,闫献国,等.半导体制冷研究综述[J].制冷,2012,31(1):49-55.

[2] 蔡振伟,王俊彪.小容量制冷压缩机技术现状与展望[J].造纸装备及材料,2021,50(2):86-87.

后疫情时代公共区域按键设计

上海海事大学

设计者:姚翰升　陆欣缘　秦晨睿

指导教师:张立　强海燕

1. 设计目的

在后疫情时代,如何避免病毒在公共场合传播成了一大难题。基于目前市场上公共区域采用传统接触按压式开关按键存在病原体潜在传播风险这一缺点,需要设计一款能有效解决这一问题的装置,以有效降低人流量较大的公共区域按键(如电梯按钮)的病毒传播风险。

现有按键之所以存在上述这一缺点,是因为现有的交互方式为按压式的机械结构。在触发时,使用者用手指按压键帽来触发电子开关,同时通过手指获得连接键帽的弹簧片带来的按压反馈。在公共设施(如电梯)中,按键因被大量人群触碰而成为传播病毒的载体,可能产生交叉感染,不利于公共卫生健康。

包括新型冠状病毒在内的呼吸道传染病病原体大多不是独立存在的,而是被包裹在不同粒径的呼出小液滴中。这些呼出小液滴在患者的呼吸活动中产生,比如说话、唱歌和咳嗽。呼出小液滴是传播病毒的主要媒介。这些小液滴产生后在不同力的相互作用下在空气中扩散,在物体表面之间传递,为病毒的传播提供可能。液滴的惯性与粒径成正比,同时受到重力和气流拉曳力的作用。一般来说,重力与液滴粒径的三次方成正比,气流的拉曳力与液滴粒径成正比。粒径稍微大一点的呼出液滴[直径大于 50 mm,暂且称为大液滴(large droplet)]惯性大,受重力影响大,但是受气流影响小。这些大液滴在呼出射流中能够保持在呼出时的初始动量,具有较大的重力沉降速度,不会跟随空气流线运动。重力沉降导致它们在人体近距离(多数为 1～2 m)内脱离呼出气流(假设呼出气流方向向前),它们可能沉降在任何近距离内遇到的物体表面上。并且,当不同粒径呼出液滴携带的病毒浓度相等时,近距离空气传播的风险远远大于飞沫传播。因此,在一些空间狭小的社会公共场所中,公共设施表面极其容易附着大量细菌、病毒,这些细菌、病毒往往能够存活数小时,在开有空调的温暖、潮湿的环境中甚至存活得更久。尽可能避免与这些按键的直接接触是本作品的设计目的,小组基于此,在实现免接触的同时带来一定的压力反馈。

小组还对本设计的可行性、可生产性进行评估,具体如下:(1) 目前市面上的产品普遍存在制造和成本过高的问题,不利于大面积推广。且这一领域在国内属于起步阶段,市场需求空间巨大。(2) 由于新冠肺炎疫情的反复,该类设备作为公共区域应对病毒传播的一项措施成为后疫情时代的一大发展方向。(3) 除了公共区域的按键之外,本作品还可以应用于其他领域,发展前景广阔。

2. 工作原理

1)结构原理

小组重新设计了电梯按键面板,具体如下:

(1)按键处的按钮设计为空心形式,使用按键时,只要将手指伸进空心结构就能触发红外传感器信号,按键功能随之被触发;

(2)当红外传感器被触发时,PWM 电子开关被触发,电磁阀门启动,从空心结构的底部向上喷出气柱,以提供压力反馈;

(3)按键周围的装饰灯替换为紫外线灯,起到杀菌的作用。

主要技术指标包括:

(1)空心结构尺寸为 30 mm×30 mm×20 mm,且埋入按键面板内;

(2)选用较为灵敏且探测距离较短(2030 mm)的小型红外传感器;

(3)气泵出气量 8 L/min,提供较为明显的触觉反馈;

(4)每个空心结构都采用与 PWM 电子开关相连的两通气阀。

2)程序原理

要实现相应的功能,则需要寻找可用的且较为成熟的信息技术。由于 Arduino IDE 开发平台是开源的,且具有灵活性较好的特点,故在设计过程中小组采用 Arduino UNO 开发板作为硬件基础开展程序代码的编写。

当红外传感器感应到手指时,气泵工作,PWM 电子开关发出脉冲信号,触发按键对应的气阀和总气阀,向使用者的手指喷出气体,提供触觉反馈,同时触发 LED 灯带亮显,提供视觉反馈,实现预期设计的功能。

3. 原型制作

1)草模制作

利用激光切割板和亚克力板以及光敏树脂快速成型技术,结合支持 Arduino IDE 的硬件设备,搭建了原型机并进行了测试,且实现了预期的功能。

2)外观优化

利用 CNC 技术对亚克力板进行切割加工,对原型机外观造型进行升级,使其更具现代感。同时对原型机内部结构、硬件分布进行规划和设计,模块化的设计使其更加美观。

4. 主要创新点

(1)无接触 本作品采用红外传感器,无须压力触发电子开关,避免接触带来的病毒感染风险；

(2) 反馈感　当红外传感器触发时，气泵启动，用喷射出的气体压力代替传统的按压反馈；

(3) 实用性强　在后疫情时代，如何有效地避免公共场所的病毒传播成了一大问题，该项设计有效地解决了这一问题，具有现实意义。

5. 作品展示

本作品的应用照片和实物图如图 1、图 2 所示。

图 1　作品应用照片

图 2　作品实物图

参 考 文 献

[1] 薛娟，孙梦媛．浅析后疫情时代基于全龄友好的社区公共空间设计更新策略[J]．艺术科技，2021(3)：156-157.

[2] 车洁，段忠诚．后疫情时代高校宿舍建筑室内公共空间设计研究[J]．中外建筑，2021(8)：121-124.

面向医院的智能垃圾分拣装置

上海大学
设计者：郭玥　陈晓宇　江佳颖　任梦潮
指导教师：李佳俊　陈杰

1. 设计目的

医疗卫生机构产生的垃圾主要分为医疗废物和生活垃圾两大类。医疗废物即医疗卫生机构在医疗、预防、保健以及其他相关活动中产生的具有直接或者间接感染性、毒性以及其他危害性的废物，《医疗废物分类目录(2021年版)》将其分为5类，包括感染性废物、病理性废物、损伤性废物、药物性废物和化学性废物。

医疗废物与生活垃圾的合理分类，不仅可有效节约资源，减轻对环境的危害，还可实现废物再利用；反之，不仅会对环境造成严重危害，还会对人类身体健康造成严重威胁。因此，对医疗废物和生活垃圾进行科学合理的分类具有重要的社会意义。

本作品的功能主要包括以下几点：

(1) 智能识别垃圾种类并完成投放；

(2) 实时监控周边人员口罩佩戴情况，当其未正确佩戴口罩时进行语音提示；

(3) 实时检测垃圾桶的满载及温度、湿度情况，并上传至物联网。

本作品的设计目的是利用自动化智能分类，减少分拣过程中的参与人员，降低分拣员被医疗废物病毒、病菌感染的风险，并提高医疗废物处理效率。

2. 工作原理

1) 基于机器视觉与深度学习的垃圾种类识别

在智能垃圾分拣系统设计过程中，垃圾的检测与定位将采用OpenCV进行画面的捕捉。在画面捕捉过程中，外界环境因素不确定，主要是光线的明暗程度会对垃圾画面的识别造成一定的影响。为了避免此类问题，机器视觉设计主要采用了背景差分算法，实现垃圾识别平台的补照强光。背景差分算法能够确保整体系统的稳定运行，它主要对当前帧与背景帧进行运算，实现对垃圾物品的预先判定，确保对医疗废物的准确识别。

在深度学习方面，应用InceptionV3结构模型实现对各类医疗物品的分类卷积。InceptionV3模型一共有46层，由11个Inception模块组成，图1中每一个图标都代表一个Inception模块。可以看到，该模型中Inception模块是将不同的卷积层通过并联的方式结合在一起的。在Inception模块里进行卷积核分解，使用两个3×3卷积核代替5×5卷积核，用三个 3×3 卷积核代替 7×7 卷积核，减少参数量，加快计算速度。它还引入了“Factorization into small convolutions”的思想（即将大尺寸卷积核分解为多个小卷积核乃至一维卷积核），将一个较大的二维卷积核拆成两个较小的一维卷积核，比如将 7×7 卷积核拆成 1×7 卷积核和 7×1 卷积核，或者将 3×3 卷积核拆成 1×3 卷积核和 3×1 卷积核。这样，一方面减少了大量参数，加速运算并减轻了过拟合；另一方面，增强了一层非线性扩展模型表达能力，提升系统的运行效率，提高物品的分类工作效率。这种非对称的卷积核结构拆分，比对称地拆分为几个相同的小卷积核效果更明显，可以处理更多、更丰富的空间特征，增强特征多样性。

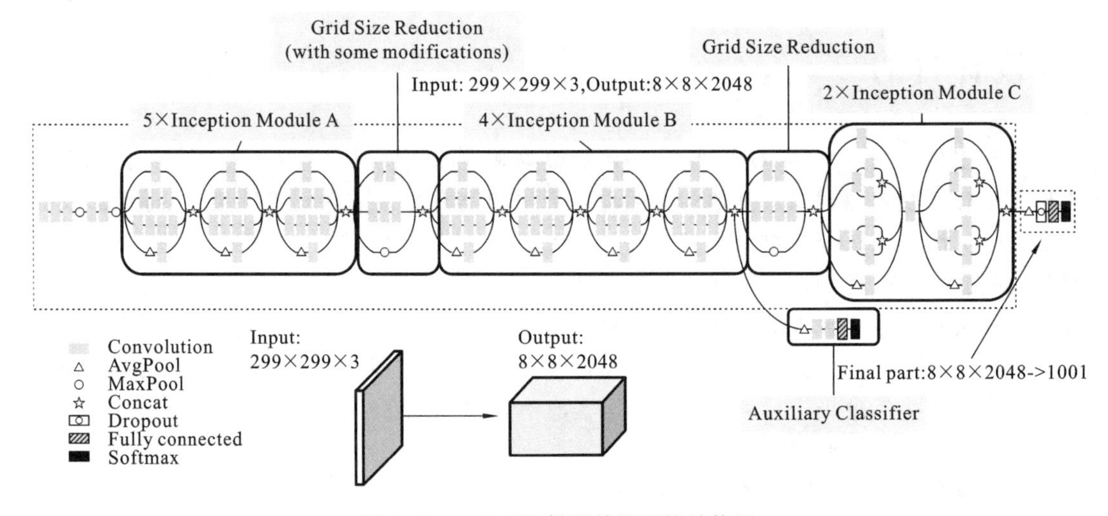

图 1　InceptionV3 模型神经网络结构图

2）口罩佩戴检测

该功能的实现基于语义分割深度网络算法。SegNet 是基于 FCN，修改 VGG-16 网络得到的语义分割网络，可使用该网络并灌溉数据集进行训练，获得相应语义分割模型；利用该模型，调用笔记本电脑摄像头，对垃圾桶周边人员的人脸进行识别与检测，判断其是否正确佩戴口罩，输出结果并将结果用语音进行播报。

3）物联网

垃圾分类投放后的处理是耗费大量人力物力的工作。利用物联网上传垃圾箱满载信息，通过平台进行数据传输及信息可视化，可实现对医疗废物及生活垃圾处理的合理安排。

4）功能实现流程

（1）面向医院的智能垃圾分拣装置的功能依靠英伟达 NVIDIA JETSON NANO GPU 开发板、Arduino Mega 2560、金属传感器、显示屏之间的通信完成，主要流程如下：

① 设备启动，4 个舵机复位，即保持投放口关闭；

② 将垃圾至于投放口，英伟达 GPU 开发板调用摄像头对垃圾进行拍照、识别；

③ 英伟达 GPU 开发板计算结果，并输出指定信号；

④ 利用金属传感器，获取当前位置；

⑤ Arduino Mega 2560 接收来自英伟达 GPU 开发板的垃圾种类信号，判断电机转动的角度及方向；

⑥ Arduino Mega 2560 控制舵机与电机，完成垃圾的投放。

(2) 面向医院的智能垃圾分拣装置同时具备对垃圾投放人员及周边人员口罩佩戴情况的监测功能，并语音提示未佩戴口罩人员戴好口罩，规范防护，主要流程如下：

① 调用笔记本电脑摄像头，采集周边人员图像，对摄像头视频流中的人脸进行识别，判断其是否正确佩戴口罩；

② 若有人口罩佩戴不规范则播放语音提示。

图 2 为本作品主要功能实现的流程图。

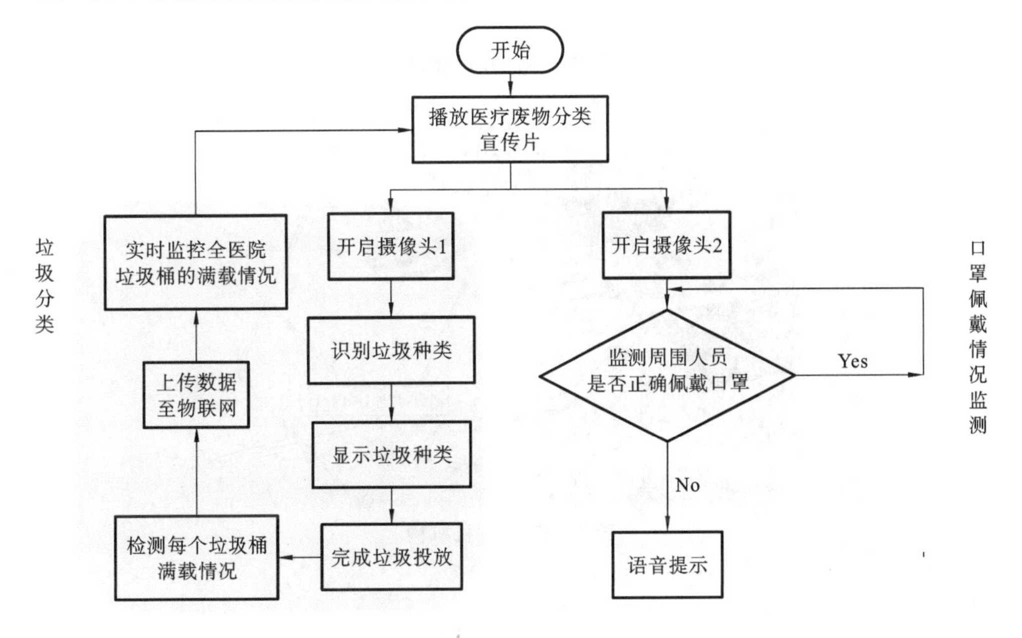

图 2　主要功能实现的流程图

3. 设计方案

1) 投放口

投放口最初的设想为采用下沉式装置，使投放时垃圾尽量垂直落下，考虑电机的安装位置，四扇门采用圆周排列，如图 3 所示。

由于整体高度受限且考虑托盘受力问题，放弃了下沉式投放口设计，采用图 4 所示的连杆-舵机机构。

最终将投放口的开口设计在一侧的中央，正对垃圾桶的位置，如图 5 所示。

2) 旋转机构

在垃圾投放过程中，垃圾桶底部旋转机构会将相应类别的垃圾桶(共 4 类)旋转至垃圾投放口下方，故旋转机构转速与电机转速之比为 1∶4，即电机转 1 圈，旋转机构转 1/4 圈。

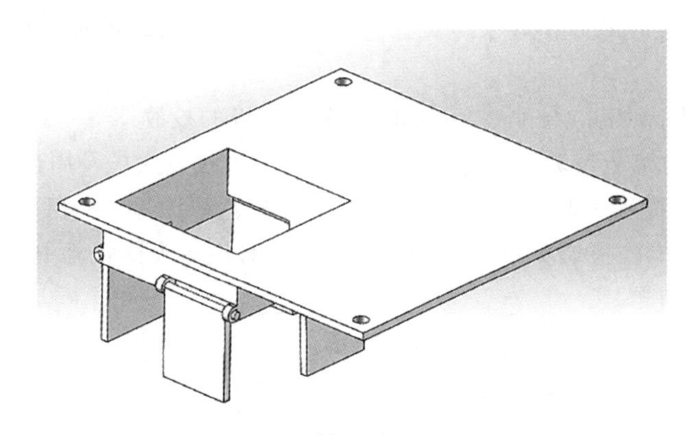

图 3　下沉式投放口

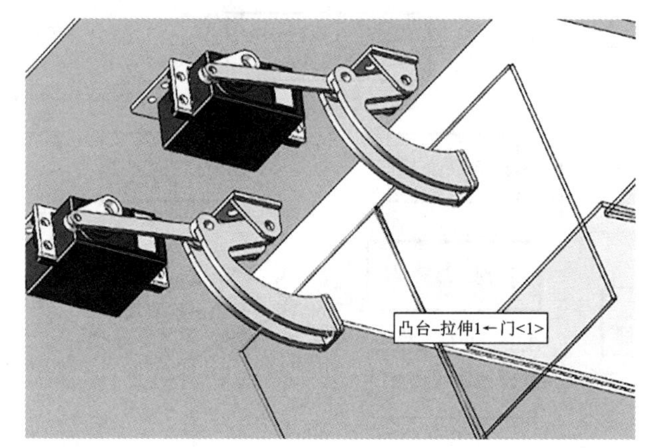

图 4　连杆-舵机机构

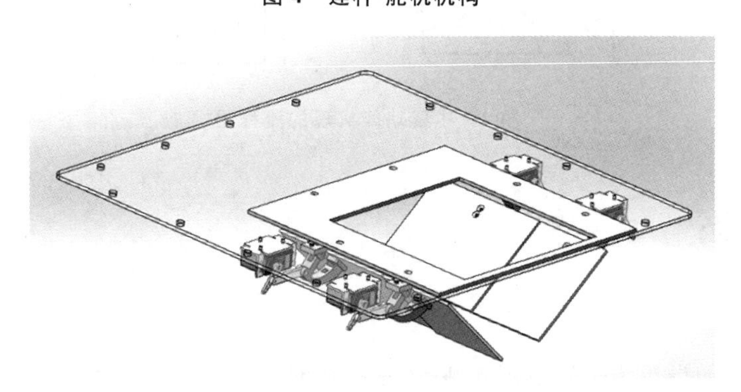

图 5　投放口结构图

因此提出了槽轮机构和齿轮传动机构这两种旋转机构方案，具体比较如下：

(1) 槽轮机构(图 6)：步进电机转动存在误差，而槽轮机构是一个间歇机构，可容忍转动误差，在一个周期中仍然转动 1/4 圈；但其对安装精度要求高，只能在较低速度下转动，转动速度较高则会出现不稳定或转不动的情况。

(2) 齿轮传动机构(图 7)：无法容忍步进电机转动误差，但其对安装精度要求不高，齿轮啮合即可转动，转动较稳定。

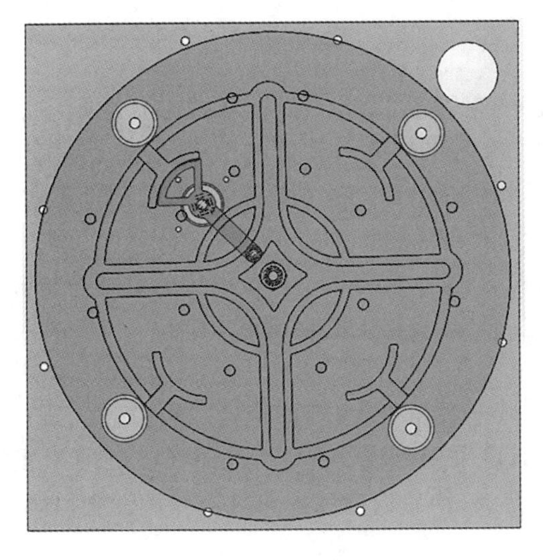

图6　槽轮机构

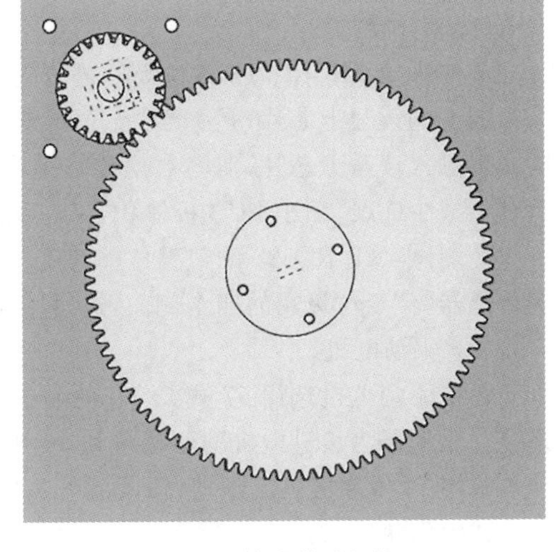

图7　齿轮传动机构

综合考虑两种方案的优劣(即从稳定性、安装便携性、制作和装配难易程度等角度考虑),决定采用齿轮传动机构。利用计算机三维软件制作零件,在模拟装配并检查干涉后,确定最终的制作方案。

图8为最终的机械传动结构图。

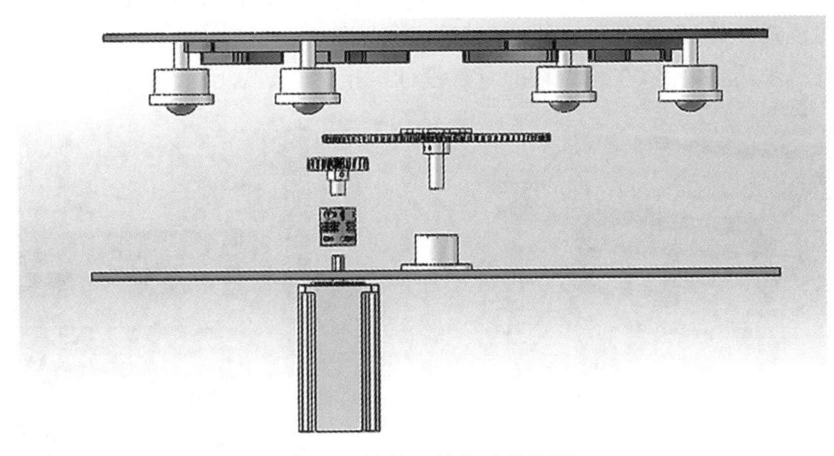

图8　最终的机械传动结构图

3) 传感机构

(1) 超声波传感器。

装置的满载检测功能依靠超声波传感器实现,选用的超声波传感器为URM09,它具有高达50 Hz的测量频率,是DFRobot主要针对一些快速测距或避障应用设计的超声波传感器。该款传感器内置温度补偿,采用I^2C协议通信,设计有150 cm、300 cm、500 cm三个测距量程供程序选择切换,更小的量程设置会带来更短的测距周期和更低的测距灵敏度,可根据实际需要灵活设置。

后考虑I^2C默认端口通信与显示屏存在冲突,不利于调试,将该传感器更换为IO引脚通信的超声波传感器。

(2) 定位装置。

最初采用 MF RC522 对垃圾桶进行定位，它是应用于 13.56 MHz 非接触式通信中的高集成度的读写卡芯片，是 NXP 公司针对"三表"应用推出的一款低电压、低成本、体积小的非接触式读写卡芯片，双向数据传输速度高达 424 kbit/s，与主机间通信采用 SPI 模式，有利于减少连线，缩小 PCB 板体积，工作稳定，读卡距离远。

经测试，MF RC522 的数据传输速度受距离影响较大，故将用于定位的传感器更换为金属传感器，位于垃圾箱的四个侧面，通过感应附在一号垃圾桶上的金属完成定位。

(3) 驱动电机。

起初驱动电机选用 57 式 2.5N 的步进电机，该电机扭矩大、性能稳定、精准度高、响应迅速。驱动器为步进电机的驱动模块，为 DM542，可采用直流 9～42 V 供电(12～24 V 最佳)，采用 H 桥双极恒流驱动，输入信号高速光耦隔离，内置温度保护和过流保护设备，自动半流减少发热。

由于步进电机存在丢步现象，且考虑定位装置换为金属传感器，可通过金属传感器的 01 信号作为实时的刹车信号，将步进电机更换为直流电机。

4) 电路设计

最初计划将整体的控制电路置于图 9 的下沉式隔板中，中间隔层设计充分利用闲置空间，方便承上启下的排线布线，以及各种硬件如树莓派、电路板等电子器件的放置。靠近垃圾桶后面的位置开口，方便进行排线、调试等工作。

之后进一步调整电路，在垃圾箱的背部设计电柜，如图 10 所示。

图 9　最初框架设计

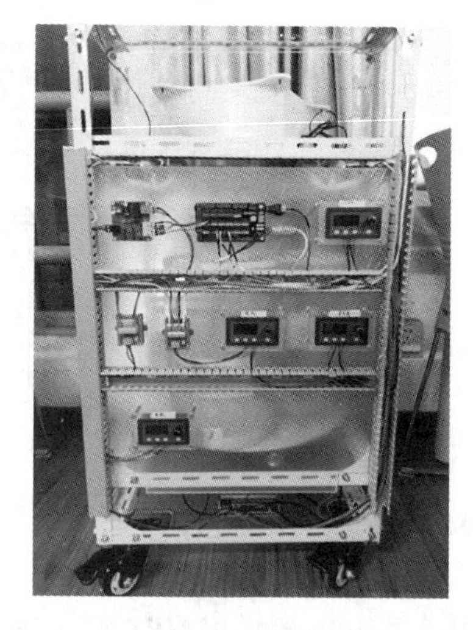

图 10　电柜

4. 主要创新点

(1) 采用深度学习实现垃圾智能分类与口罩佩戴监测，减少医院管理成本，降低工作人员的感染风险。

(2) 采用物联网实时监控全医院垃圾桶满载情况，避免垃圾满载，感染物溢出，可灵活安排人员，减少人力资源的浪费。

5. 作品展示

本作品实物图如图 11 所示。

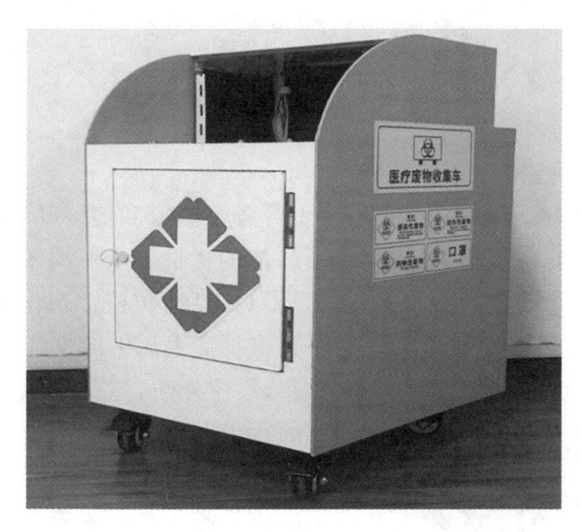

图 11　作品实物图

参考文献

[1] 吴传垚，文华. 医疗卫生机构垃圾分类存在问题及建议[J]. 环境与发展，2020，32(9)：223-224.

[2] 张凯. 医疗垃圾处理源头分类研究[J]. 福建质量管理，2020(14)：169.

[3] 梁怀新，孙小棋，张众磊，等. 基于机器视觉与深度学习的医疗垃圾分类系统应用[J]. 商品与质量，2020(6)：1，93.

[4] 陈宇超，卞晓晓. 基于机器视觉与深度学习的医疗垃圾分类系统[J]. 电脑编程技巧与维护，2019(5)：108-110.

[5] 霍晴晴，郭健全. 医疗废弃物多目标多周期可持续回收网络优化[J]. 上海理工大学学报，2020，42(5)：479-487.

[6] 何清，李宁，罗文娟，等. 大数据下的机器学习算法综述[J]. 模式识别与人工智能，2014，27(4)：327-336.

[7] 李静，徐璐璐. 基于机器学习算法的研究热点趋势预测模型对比分析[J]. 现代情报，2019，39(4)：11-23.

基于日常公共卫生防护的智能防疫桌

上海工程技术大学
设计者:林尔毅　蒋翰征　顾羽麾　郭小龙　利俊蔚
指导教师:郑立辉　杨杰

1. 设计目的

自 2019 年底新冠肺炎疫情暴发至今,全世界各个国家和地区都不同程度地遭受了新型冠状病毒的侵袭。面对此次疫情,各国付出了惨痛的代价。众所周知,新冠肺炎患者的治疗和有效疫苗的研发是一个困难而漫长的过程,所以在疫情防控常态化的今天,我们能做的便是将日常生活中的疫情防控工作做得周密、细致,不留死角,这是打赢这场没有硝烟的战争的重中之重。大量人群聚集的公共场所如医院、银行、学校等的疫情防控是整个疫情防控中的薄弱环节。现有的智能桌主要应用于日常办公场所,且通常造价不菲,如图 1 所示。此类智能桌一般具有自动升降、提醒使用者转换姿势等功能,但都不具有疫情防控功能。

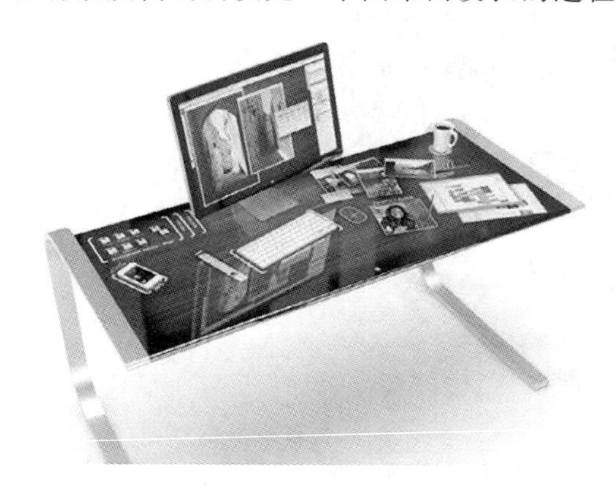

图 1　市面上现有的智能桌

基于此,小组拟设计一款应用于人流量大的公共场所疫情防控的智能防疫桌。具体来说,此智能防疫桌可自动对使用者进行体温监测与报警,对桌体、桌面及周围环境进行自动监测与消毒,对公共用笔进行自动消毒与更换以及对使用者进行无接触的手部消毒等,使人流量大的公共场所的疫情防控更快捷、高效、可靠,同时降低公共场所日常维护人员的工作量。综上所述,智能防疫桌对公共场所的疫情防控以及公共卫生安全具有重要意义。

具体来说,本作品的意义可归纳为以下几点:

(1) 适用于人流密集的公共场所如医院、银行、学校等,能够减少这些场所日常工作人员的任务量,同时保障卫生防疫工作快捷、高效、可靠。

(2) 自动测温功能可实时进行体温监测,减小人工测温的误差。

(3) 环境消毒装置可自动感知周围环境,如无人使用,可自动对桌面及周围环境进行消毒,代替工作人员的定期消毒,使整个桌子及周围环境更加卫生。

(4) 手部消毒装置在感知到使用者手部时,可自动挤出消毒液,实现无接触手部消毒。

(5) 笔筒消毒装置可实现公共用笔的自动消毒,并可在消毒完成后自动更换笔。

2. 工作原理

基于日常公共卫生防护的智能防疫桌的各个功能部件的工作原理介绍如下。

如图 2 所示，测温装置 3 用于对使用者进行体温测量。图 2 为初始状态，当感应到人入座时，舵机启动带动测温装置整体转动，使其转动到桌面上方，如图 3所示，测温装置会对该区域的手部进行测温，主要使用红外测温传感器模块、STM32。图 3中，顶端的红外测温传感器 3 由杜邦线连接，该 Arduino 硬件通过串口通信连接至 STM32，实现温度数据的接收。通过判断语句，结合试验所得的温度对应曲线，判断使用者体温是否处于有效且正常的范围内。利用测温传感器(图 4)，进行温度数据的采集，电压信号经放大电路放大至单片机工作电压范围内，再经 A/D 转换器，将电压信号转化成数字信号。当测温装置检测到持续的异常温度时，桌子侧面的小红灯会亮起以报警(根据使用场景，也可开启蜂鸣器配合报警)。同时也可以使用 Wi-Fi 模块及时将不正常的数据上报监督者电脑或手机用于处理体温信息的 APP 上。

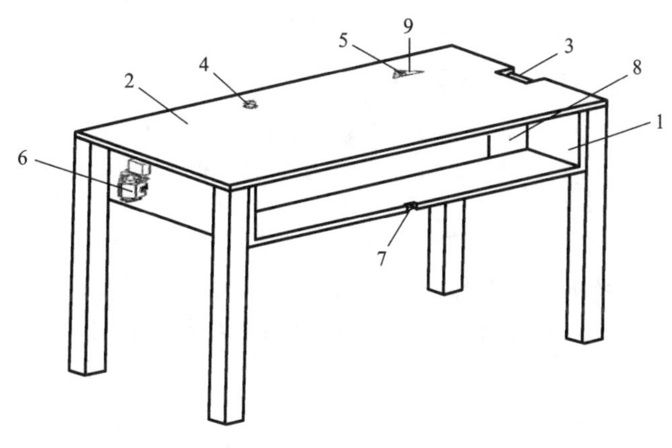

图 2　智能防疫桌

1—防疫桌本体；2—面板；3—测温装置；4—环境消毒装置；5—消毒笔筒；
6—手部消毒装置；7—红外感应装置；8—控制单元；9—滑入槽

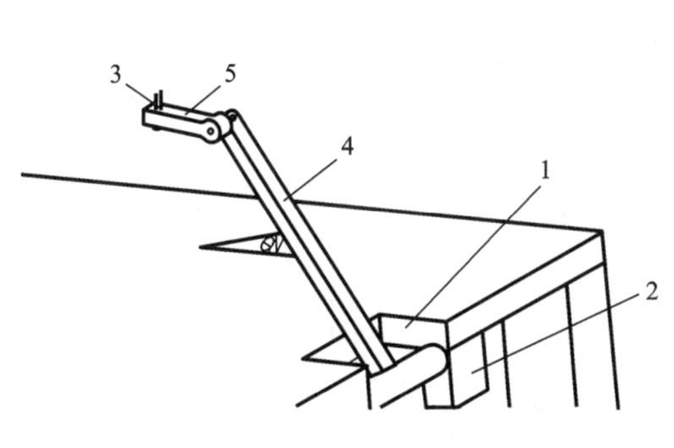

图 3　测温装置

1—避让缺口；2—驱动单元；3—红外测温传感器；4—主骨架；5—载物板

图 4　测温传感器

智能防疫桌的红外感应装置，用于感应防疫桌是否有人在使用。

环境消毒装置如图5所示，用于对桌面和桌子周围环境进行消毒。利用机械推杆1将雾化喷头3升到最高点，然后喷出消毒液，其机构包括微型水泵、雾化喷头以及两个电源。微型水泵和推杆连接一个电源，另一个电源为单片机供电，设定固定时间（例如医院上下班时间），由单片机控制微型水泵电源打开和电机运作，升降装置上升并喷洒雾状消毒液进行消毒，一段时间后单片机指令关闭微型水泵电源，升降装置下降，完成自动消毒。也可设置按钮人工控制消毒，以及时保证公共场所的卫生、安全。

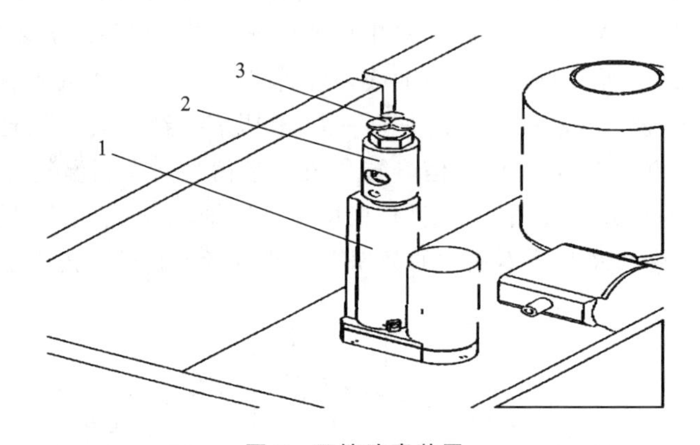

图5 环境消毒装置

1—机械推杆；2—喷头连接件；3—雾化喷头

笔筒消毒装置如图6所示，用于对笔筒里面的笔6进行消毒，其由简单圆柱笔筒、电机7、舵机和杠杆组成。笔筒被隔成四部分，可升降底板8均可上下移动。初始状态下，杠杆推动舵盘位置上的笔筒可升降底板，使一支笔通过桌面圆孔伸出桌面供使用者拿取，当笔通过

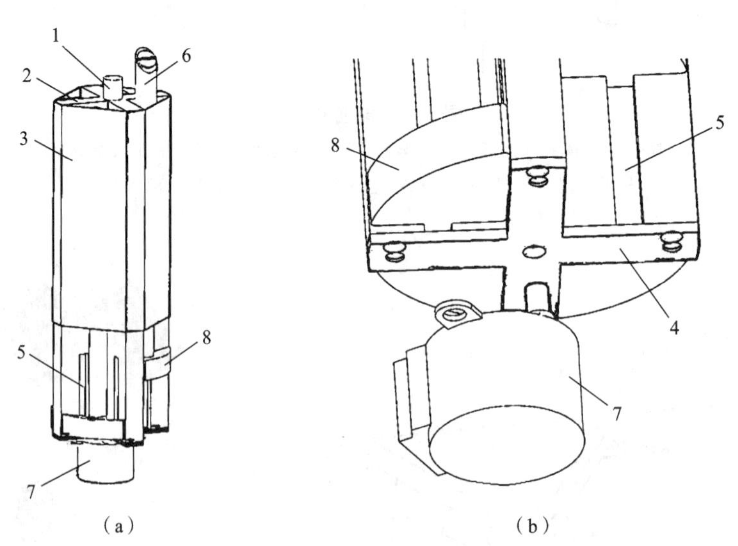

图6 笔筒消毒装置

1—中心旋转轴；2—笔筒隔板；3—丝网；4—十字形主体；5—升降槽；6—笔；7—电机；8—可升降底板

圆孔放回时，电机和舵机交替运转，将笔旋转到消毒喷洒区域进行消毒，已完成消毒的笔将供下次使用。利用红外测距或压力感应模块(图7)，感应笔的拿取或放回，当笔取走时舵机带动杠杆旋转下降，当笔放回时，单片机先控制电机转动一定角度将已使用的笔转至消毒区域，然后延时操控舵机启动杠杆将新笔抬起。

手部消毒装置如图8所示，用于对使用者的手部进行消毒。该装置总体由两侧抓手3和伸缩底板2组成，两侧抓手利用抓手转轴顶部单向齿轮的限制，可实现对市面上绝大多数瓶装消毒液的稳固抓取。顶部采用弹性顶板7，与瓶装按压式消毒液的顶部按压头接触，当舵机的舵盘逆时针旋转时，舵盘压杆便将弹性顶板向下压，以挤压瓶装消毒液的按压头，实现一次消毒液的自动按压。实际使用过程中，感应装置感应到手部后，驱动手部消毒装置实现无接触消毒液自动按压。手部消毒装置外部和内部结构如图9和图10所示。

图7　压力感应模块

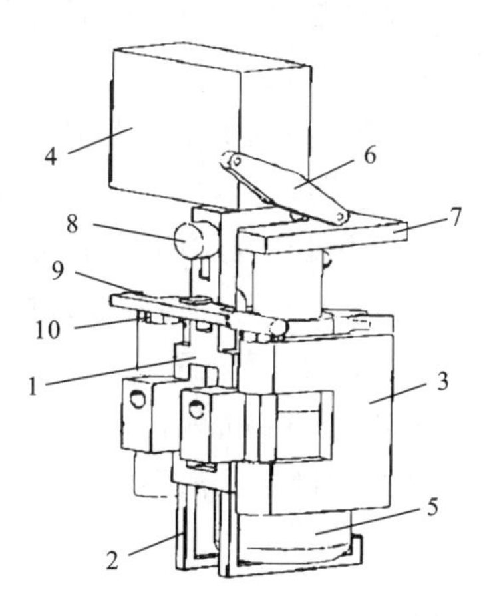

图8　手部消毒装置

1—主挂架；2—伸缩底板；3—抓手；4—舵机；5—消毒瓶；
6—舵盘压杆；7—弹性顶板；8—固定件；9—单向锁紧件；10—单向齿轮

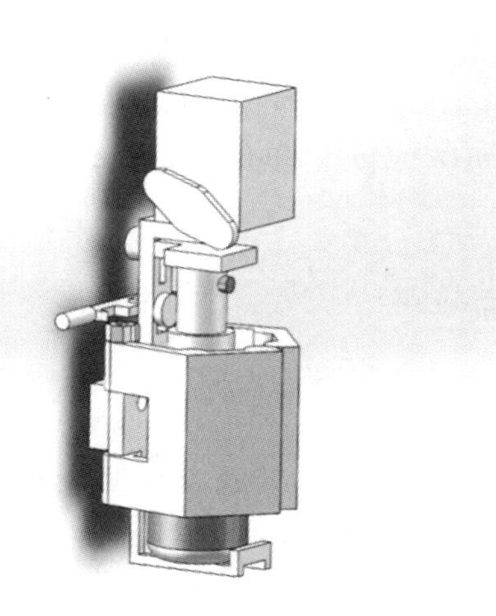

图9　手部消毒装置(外部)

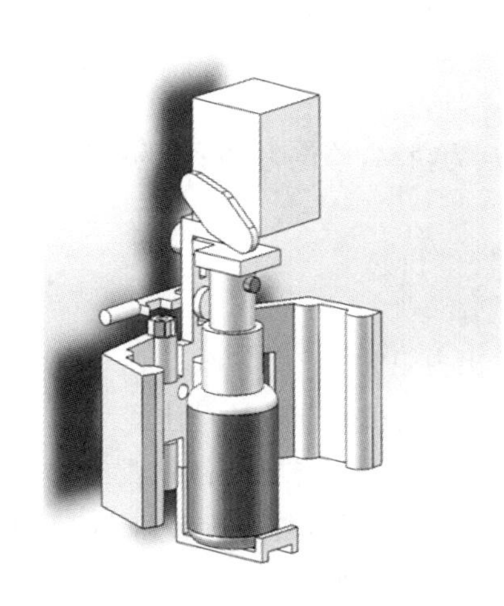

图10　手部消毒装置(内部)

控制单元分别与上述测温装置、红外感应装置、环境消毒装置、笔筒消毒装置和手部消毒装置相连接。

3. 设计方案

1）设计构想

所设计的智能防疫桌主要应用于公共场所的入口处，以医院为例，在有病人需进入门诊或病人家属要进入住院部陪床场景下，智能防疫桌通过红外感应装置检测到有人入座后，舵盘位置上的舵机启动，带动测温装置整体转动，使其转动到桌面上方，测温装置会对该区域手部进行测温，若检测体温异常，桌子侧面的小红灯会亮起报警。若进入医院的人员需要用笔进行信息登记，则智能防疫桌笔筒消毒装置的杠杆推动舵盘位置上的笔筒可升降底板，使一支笔通过桌面圆孔伸出桌面供使用者拿取，当笔通过圆孔放回时，电机和舵机交替运转，将已使用的笔旋转到消毒喷洒区域进行消毒，已完成消毒的笔供下次使用。若进入人员需进行手部消毒，只需将手伸到桌子侧面的手部消毒装置下，红外感应装置感应到手部后，舵机的舵盘逆时针旋转，舵盘压杆便将弹性顶板向下压，以挤压瓶装消毒液的按压头，实现一次消毒液的自动按压，完成手部消毒。为保证桌子及周围环境的卫生，需对桌面及周围环境进行消毒，可设定固定时间(例如医院上下班时间)，由单片机控制微型水泵电源打开和电机运作，升降装置上升并喷洒雾状消毒液进行消毒，一段时间后单片机指令关闭微型水泵电源，并收回装置，完成自动消毒。

2）基本参数确定

(1) 驱动电机参数计算。

驱动电机用于驱动消毒笔筒旋转，已知消毒笔筒转动惯量 $J=1.43\ \mathrm{kg\cdot m^2}$，扭矩、功率和转速之间的关系如下：

$$P=\frac{Tn}{9.55} \tag{1}$$

其中，P 为功率，单位为 W；T 为扭矩，单位为 N·m；n 为转速，单位为 r/min。上式可以改写为

$$T=9.55\frac{P}{n} \tag{2}$$

得出输出力矩为 1.2 N·m。

(2) 公共用笔升降时间计算。

笔的升降通过舵机与滑轨配合牵引可升降底板完成，舵机转速为 0.12 s/60°，即 $\omega=500\ \mathrm{rad/s}$，一次升降舵机旋转角度 $\theta=90°$，可升降底板升降距离 $h=25\ \mathrm{mm}$，一次升降时间为 t(单位为 s)，则有

$$t=\theta/\omega \tag{3}$$

因此，公共用笔的一次升降时间为 0.18 s，升降高度为 25 mm。

3）电机方案比选

方案一：步进电机。优点：电机（采用激磁绕组）停转的时候具有最大的转矩；由于每步精度在3%～5%，而且不会将上一步的误差积累到下一步，因而有较好的位置精度和运动的重复性；起停和反转响应迅速；由于没有电刷，可靠性较高，因此电机的寿命取决于轴承的寿命；电机的响应仅由数字输入脉冲确定，因而可以采用开环控制，故电机的结构比较简单而且控制成本低。缺点：步进电机的力矩会随转速的升高而下降。当步进电机转动时，电机各相绕组的电感将形成一个反向电动势，频率越高，反向电动势越大。在它的作用下，电机随频率（或速度）的增大而相电流减小，从而导致力矩降低，当力矩低于负载时会破坏同步。

方案二：直流电机。优点：启动和调速性能比较好，过载能力强，转矩大。缺点：造价高，使用直流电，故障较多。

由于不需要过高转矩且为保证工作可靠，减小故障率，故选择方案一。选取的步进电机及控制器如图11所示。电机参数：电流1.5 A，机身长度34 mm，出轴长度23 mm，出轴轴径5 mm。

4）手部消毒装置抓手固定方案比选

方案一：使用硬扣。优点：连接稳定、牢固。缺点：消毒液更换十分不方便。

方案二：使用魔术贴。优点：抓手分开比较方便，便于消毒液的更换。缺点：连接没有硬扣牢固。

综合实际情况，消毒液本身质量不大，且下方有托板，为更换消毒液方便，选择方案二。手部消毒装置实物图如图12所示。

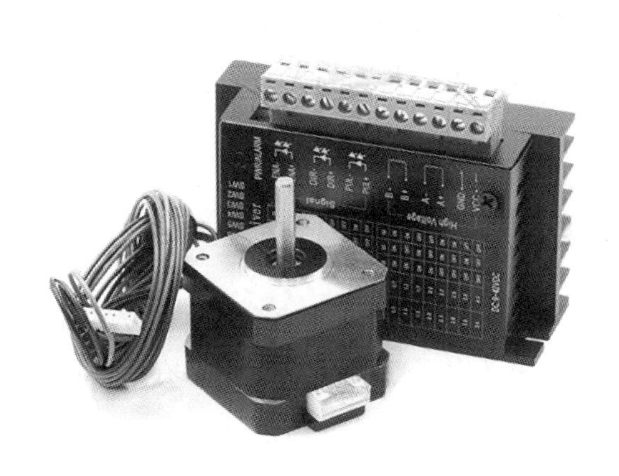

图11　步进电机及控制器

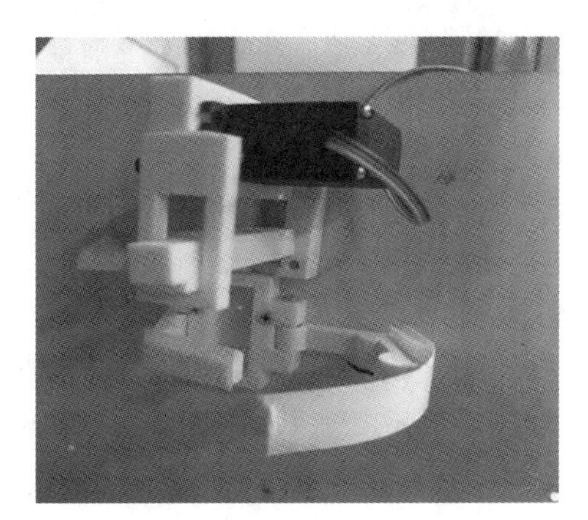

图12　手部消毒装置实物图

5）桌腿材料方案比选

方案一：使用木制桌腿，如图13所示。优点：在组装过程中比较容易切割和拼接。缺点：稳定性较差，比较容易变形和损坏。

方案二：使用铝型材桌腿，如图14所示。优点：稳定性好，不易变形和损坏，比较适合长期使用。缺点：在制作、组装过程中不易切割和拼接。

综合实际情况，本装置在公共场所要长期使用，选择方案二。

图 13　木制桌腿

图 14　铝型材桌腿

4. 主要创新点

(1) 智能测温功能：通过 STM32 单片机控制防疫桌机械装置自动测温，并通过 A/D 转换器收集数字信号处理数据，可多次测温，使获得的体温数据更加准确、可靠，还可对异常数据进行报警。

(2) 环境自动消毒功能：环境消毒装置可在设置的固定时间或者通过红外感应装置判定无人使用时，自动对桌子以及周围环境进行喷洒消毒，比人工消毒更加省时省力，保障环境卫生。

(3) 笔筒消毒功能：针对银行、医院等场所存在公共用笔卫生问题，设置了内嵌型笔筒消毒装置，通过舵机和滑轨滑块的配合对公共用笔进行自动旋转消毒和更换，保证公共用笔卫生，减少病原体的传播。

(4) 无接触手部消毒功能：手部消毒装置可保证对市面上绝大多数瓶装消毒液的稳固抓取。当其感应到人体手部时，可驱动机械装置，实现一次消毒液的自动按压，有效避免消毒瓶口与多人手部接触而发生交叉感染，保证使用者个人手部卫生。

5. 作品展示

本作品模型如图 15 所示。

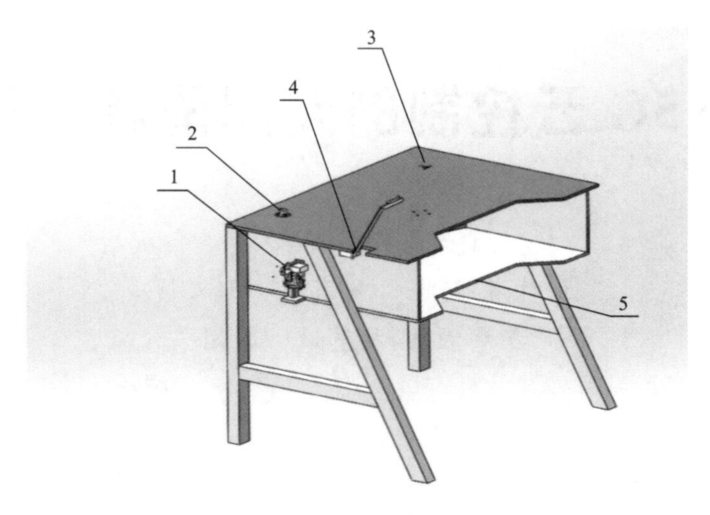

图 15　作品模型

1—手部消毒装置;2—环境消毒装置;3—笔筒消毒装置;4—测温装置;5—防疫桌本体

参考文献

[1] 王震,董亮,祖娇,等.智能桌椅的设计[J].电子世界,2020(6):154-155.
[2] 潘鹏,李浩铭,李瀛康,等.一种基于 STM32 的智能桌椅[J].科技风,2019(6):7.
[3] 濮良贵,陈国定,吴立言.机械设计[M].9 版.北京:高等教育出版社,2013.
[4] 杨可桢,程光蕴,李仲生.机械设计基础[M].5 版.北京:高等教育出版社,2006.
[5] 刘鸿文.材料力学Ⅱ[M].4 版.北京:高等教育出版社,2004.

基于 5G 云控制的无配重健身器械

上海工程技术大学

设计者：陈亮　胡宗辉　王文扬

指导教师：杨慧斌　闫娟

1. 设计目的

我国已在 2020 年实现了全面建成小康社会的第一个百年奋斗目标，但是人民的身体健康仍然是我们需要进一步努力的地方。我国人口结构的特点是老龄化人口较多，且随着生活水平的提高，疾病和肥胖人群数量不断增长。当前国内新冠肺炎疫情肆虐，人们需要通过健身运动来增强自身免疫力，以抵御未来未知病毒的侵害以及因不良生活习惯而导致的各类疾病。小组响应“全民健身”的号召，从健身房的健身器械入手，对现有的健身器械进行改造。

小组成员在平日健身时发现传统健身器械存在三大缺点：一是调整重量费时费力，传统健身器械使用手动更换配重的方式来调整重量，且需要使用者自己计算重量，费时费力。二是有极大的安全隐患，传统健身器械使用手动更换配重，极易造成器械的倒塌，且自由训练器械没有一个固定的保护功能，在训练者力竭或是选择重量不当时会使训练者受伤，甚至危及生命安全。三是重量的安排不够精确，传统健身器械采用的配重块是以 5 kg 为单位的，这就导致使用者在重量的选择上十分受限，重量的安排也不精准。

小组为克服传统健身器械的上述弊端，设计了一种新型的无配重且能远程控制的智能健身器械。使用者操作装置上的触摸屏或手机 APP，均可实现对装置输出扭矩的精准控制，从而弥补传统健身器械的不足，优化用户体验。

本作品的意义主要有以下几点：

(1) 对传统健身器械进行智能改良，有助于提高健身器械的实用价值，在未来可以实现量产，扩大智能健身器械市场。

(2) 使用电机控制模块有助于提高健身器械对输出扭矩控制的精准性。在健身器械改装过程中锻炼小组成员的动手实践能力和理论知识运用能力，在健身器械相关软件的操作、编写和数据处理等过程中增加小组成员对相关编译软件知识的认识，提高相关能力。

(3) 使用具有拟态网接口的伺服控制器，有助于将健身器械与互联网结合，优化用户使用体验，保证用户安全。

在后续的研发中小组将结合“互联网＋”理念，真正实现本作品的智能化。

2. 工作原理

1) 健身器械工作原理

使用伺服电机拖动绳索,代替使用配重块拖动绳索,控制电机输出转矩达到改变训练负重的目的。开发具有人机交互界面的控制器来控制伺服电机,使用者可以通过界面选择相应的负重。将绳索的一端连接在电机的转轴上,转轴转动以拉动绳索使绳索缠绕在转轴的套头上,整条绳索通过滑轮与握杆连接。

如图1所示,基于5G云控制的无配重健身器械主要由伺服电机、固定底座、行星齿轮减速机、联轴器、可绕绳圆柱滚筒、绳拉式健身器械主体、机架等主要部件组成。

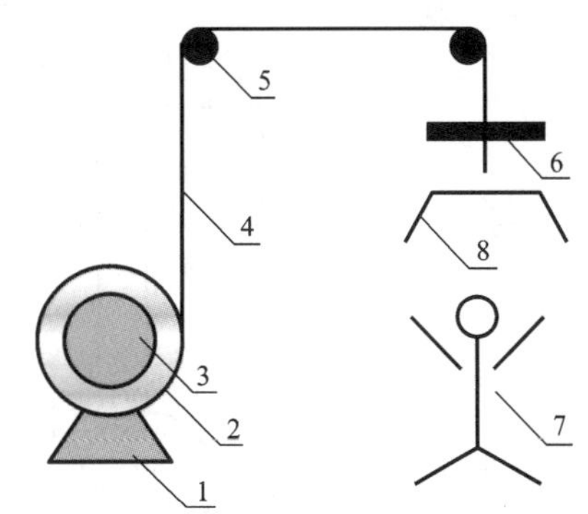

图1 基于5G云控制的无配重健身器械结构简图

1—固定底座;2—卷绳器;
3—伺服电机及行星齿轮减速机;
4—钢缆绳;5—定滑轮;
6—限位器;7—健身者;8—握杆

伺服电机作为原动机,输出较小的原始转矩 T_0,通过减速机的放大作用后,在减速机的输出轴端输出放大转矩 T_1,再通过联轴器把放大转矩传递到滚筒轴上。滚筒轴获得大转矩后带动滚筒转动,滚筒上预先缠绕一部分的尼龙绳以便在转矩的作用下有进一步缠绕的趋势,与尼龙绳另一端相连的握杆则受到滚筒施加的向上力。这时使用者可以向其施加向下的力来克服握杆受到的向上力,使握杆向下运动,同时滚筒和伺服电机在外力的作用下被迫反转。当握杆向下运动一段距离后,使用者松开握杆不再施加力,外力消失后,电机不再被迫反转,又带动滚筒转动,滚筒则通过尼龙绳给握杆施加力,使握杆以合适的速度向上运动,到达指定位置后,在限位器的作用下静止在限定位置,等待使用者施力。使用者可再一次给握杆施加向下的力,重复上述过程。在整个健身过程中,使用者受到阻力的作用,且可以重复该过程,达到短时负重训练的效果,实现健身目的。

2) 控制系统电气原理设计

控制系统电气原理设计图如图2所示。

3) 验证伺服电机的可行性

交流伺服电机相比其他电机有一定的优势,因为交流伺服电机是由正弦波控制的,转矩脉动小。同直流伺服电机相比,其主要优点有:

(1) 没有电刷和换向器,工作可靠,对伺服电机的保护要求较低。

(2) 伺服电机定子绕组的散热好。

(3) 惯量小,峰值转矩大。

(4) 对工作环境的适应性较强,可以适应高速、大力矩工作环境。

(5) 在相同的功率下,伺服电机的体积和质量较小,启动转矩大。

模拟量转矩指令(TC)的输入电压和伺服电机输出转矩间的关系如图3所示。±8 V

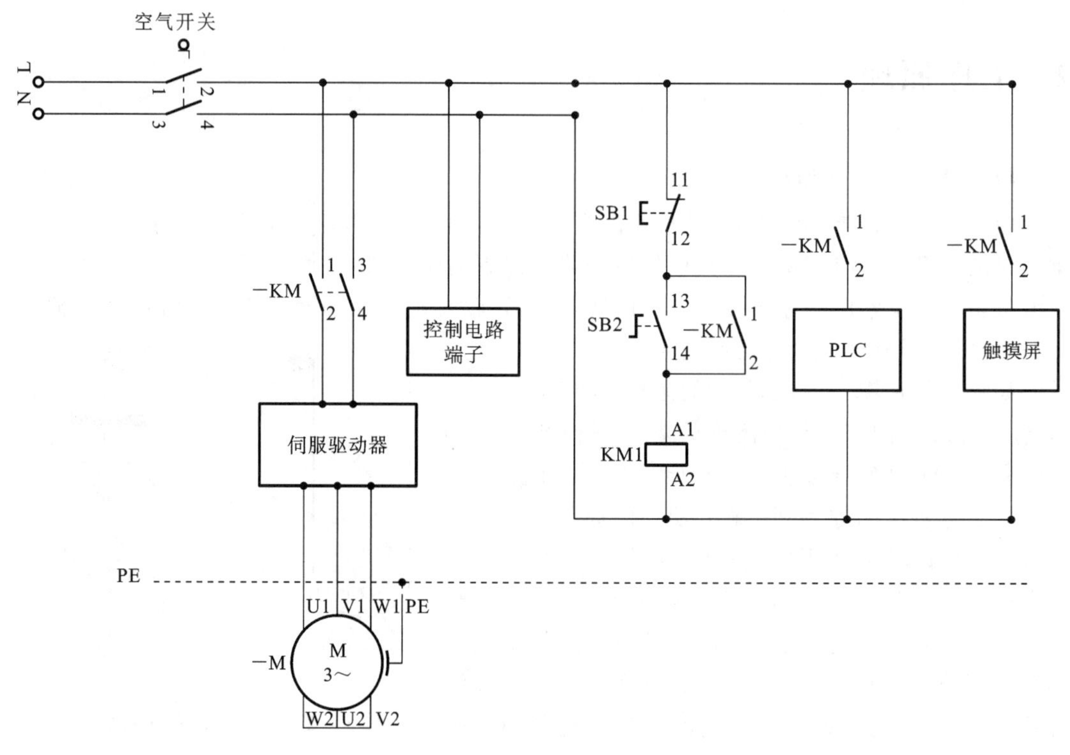

图 2　控制系统电气原理设计图

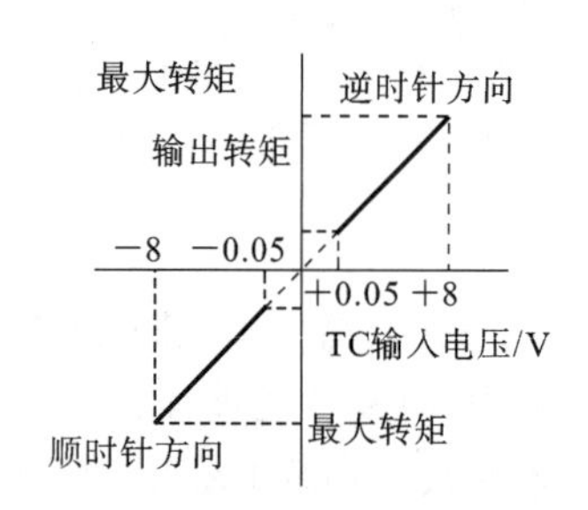

图 3　TC 输入电压与伺服电机输出转矩间关系图

对应最大转矩，±8 V 输入时所对应的转矩通过电机的参数设置来改变。一定电压所产生的输出转矩值，由于产品的不同，存在一定差异，但其电压波动范围在±0.05 V 以内。由于交流伺服电机的转子电阻大，与普通异步电机的转矩特性曲线相比，有明显的区别。这时可使临界转差率 $S_0>1$，使其转矩特性更接近于线性，而且具有较大的启动转矩。该伺服电机完全可以满足改良健身器械的正常运转，从而很好地代替了原有配重块以输出相同的阻力。

4）PLC 伺服控制系统原理

PLC 伺服控制系统由 PLC、伺服电机、伺服驱动器、执行机构和触摸屏构成，如图 4 所示。

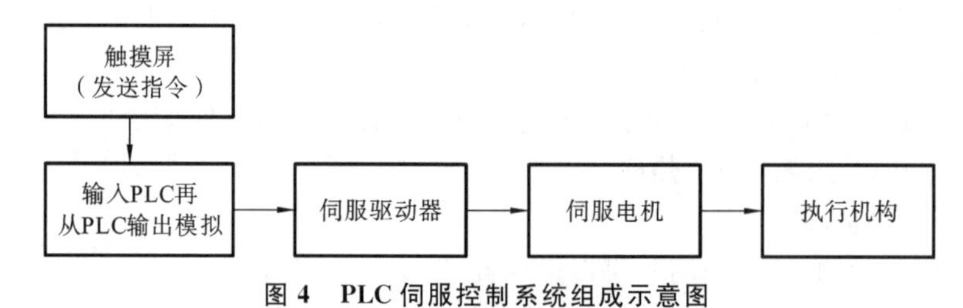

图 4　PLC 伺服控制系统组成示意图

编写 PLC 与触摸屏控制程序以及设计人机交互界面，可以实现对伺服电机的手动控制以及自动控制。当控制模式为手动控制时，可以控制电机的正反转以及电机输出的转矩。当控制模式为自动控制时，则可以实现电机输出转矩的线性变换，即当时间参数 t 固定，每过 Δt，电机输出转矩线性增长直至达到电机设定输出转矩的最大值。当按下停止按钮时，伺服电机停止运行。

5）MQTT云平台实现远程控制与数据上传存储和分析

MQTT(message queuing telemetry transport，消息队列遥测传输)是ISO标准(ISO/IEC PRF 20922)下基于客户端-服务器的消息发布/订阅的传输协议。它工作在TCP/IP协议族上，可以在硬件性能低和网络状况不好的工业环境中仍保持良好的互联通信效果。现场设备如PLC、传感器、采集器等仪器仪表可通过串口或网口与MQTT智能网关连接，MQTT网关主动采集设备数据，并进行协议解析，解析数据经过标准化后以JION字符串的格式，用MQTT协议作为上行链路接入协议，把设备数据传送到用户自定义的MQTT云平台。

在用户使用健身器械的过程中，MQTT网关可以主动采集设备的数据，并将数据上传至相应的MQTT云平台，MQTT云平台则将上传的数据存储在后台。管理者可以在后台数据的基础上，使用云计算分析设备，为用户提供更加合理、更加有效的健身方案，提升用户的健身体验感和成就感。管理者利用云平台收集的数据，可以对设备运行状况进行远程监视，然后利用云计算分析数据，检验设备运行状态是否良好，并当设备需要维护时生成报警信号，方便设备后台管理和维护，降低设备的日常检测和维护成本。

该健身器械的智能健身系统流程图如图5所示。

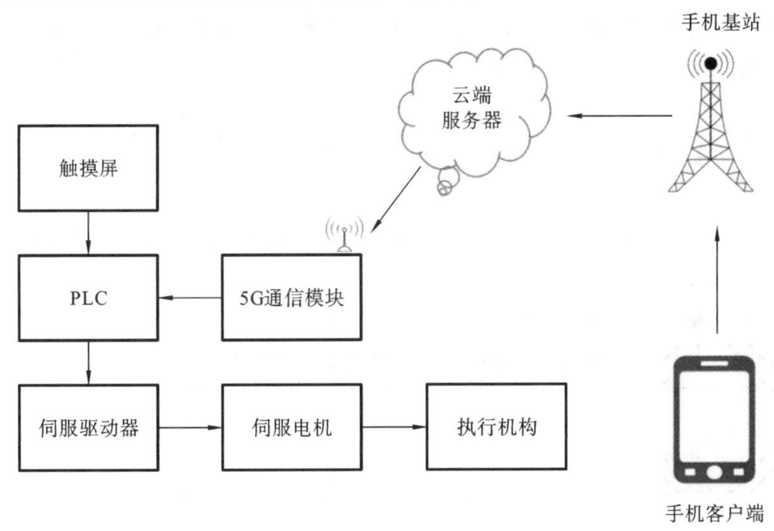

图5　智能健身系统流程图

3. 设计方案

1）减速机类型选择

由于伺服电机输出的原始额定转矩 $T_0=1.3\ \mathrm{N\cdot m}$，远远不足以直接驱动滚筒工作，因此需在伺服电机和滚筒之间增设减速机，利用减速机的转矩放大作用，获得较大的转矩，从而带动滚筒工作。减速机是一种机械传动装置，一般用于低转速、大转矩的工作场合，可以达到降低转速、提高转矩的作用。减速机的种类繁多，型号各异，按照传动类型主要分为齿轮减速机、蜗轮蜗杆减速机、行星齿轮减速机。其中，蜗轮蜗杆减速机通过蜗杆传动，具有减速范围大、减速效果好、承载能力高、工作可靠性好、工作过程平稳、噪声小、寿命长等优点。但是蜗轮蜗杆传动本身具有自锁特性，即蜗杆主动可以带动蜗轮转动，但蜗轮主动则不能带动蜗杆转动。这一特性决定了蜗轮蜗杆减速机非常适用于提升作业，在一定程度上可以保证作业安全，但该减速机不能用于需反转作业的场合。健身器械使用时，存在电机和滚筒的反转运动，需要减速机能反转作业，所以不能选用蜗轮蜗杆减速机。而齿轮减速机与行星齿轮减速机相比，结构较简单，尺寸较大，随着减速比的增大而效率降低，噪声变大。考虑伺服电机尺寸较小，为使尺寸匹配和节约空间，选用行星齿轮减速机。行星齿轮减速机是由齿轮减速机延伸优化而来的，内部主要传动结构有太阳轮、行星轮、行星架、轴承等。太阳轮和行星轮既可以正向转动，也可以反向转动，满足健身器械的工作要求；传动效率可以达到95%～99%，传动平稳、可靠，广泛应用于步进电机和伺服电机上。

2）基本参数确定

伺服电机法兰盘尺寸为 60 mm×60 mm；输出的原始转矩 $T_0=1.3\ \text{N}\cdot\text{m}$；滚筒的直径 $D=50$ mm，滚筒长度 $L=35$ mm；尼龙绳直径 $d=8$ mm，长度 $l=5$ m；联轴器外径为 32 mm，内径为 15 mm，长度为 41 mm。

在一般使用情况下，负重训练所需的力 F 不大于 400N（以负重 40 kg 为例，按 $g=10\ \text{m/s}^2$ 计算），则驱动滚筒所需的放大转矩为

$$T_1=400\times0.05\times0.5\ \text{N}\cdot\text{m}=10\ \text{N}\cdot\text{m}$$

由此得出减速比 i 应为

$$i=T_1/T_0=10/1.3=7.69$$

考虑整个传动系统的功率损耗和摩擦阻耗，以及市面上较常见的行星齿轮减速机减速比，最终选择减速比 $i=10$。

PM060 斜齿行星减速机相关技术参数如表 1 所示。

表 1　PM060 斜齿行星减速机技术参数

技术参数	单位	数值
减速比		10
额定扭矩	N·m	30
最大扭矩	N·m	45
紧急制动扭矩	N·m	75
最大容许径向力	N	1530
最大容许轴向力	N	630
抗扭刚度	N·m/arcmin	7
最大输入转速	r/min	8000
额定输入转速	r/min	5000

续表

技术参数	单　位	数　值
噪声	dB	≤58
平均寿命	h	20000
满载效率	%	≤95
转动惯量	$kg\cdot cm^2$	0.13

4. 主要创新点

（1）采用伺服电机驱动。电机输出转矩不仅可以完美代替原有配重块重量，还解决了原有负重不能小幅度增加问题，即通过控制电机输出转矩实现负重的精准控制。

（2）使用触摸屏实现人机交互。在使用过程中，不仅用户可以通过触摸屏选择适合自己的重量，同时健身器械也可以实时监测用户身体各项指标以及用户使用器械是否规范，若监测到用户出现危险情况，健身器械可自行停止，并发出警报。

（3）使用MQTT智能网关实现5G云控制。将健身器械连接至互联网，每次可将用户使用健身器械的有关数据上传至云端，这样便可针对用户生成特定的训练输出扭矩，使健身器械更加智能化，实用性更强。同时用户可在APP上对健身器械进行预约使用和控制，实现该器械的共享。

5. 作品展示

本作品实物照片如图6所示。

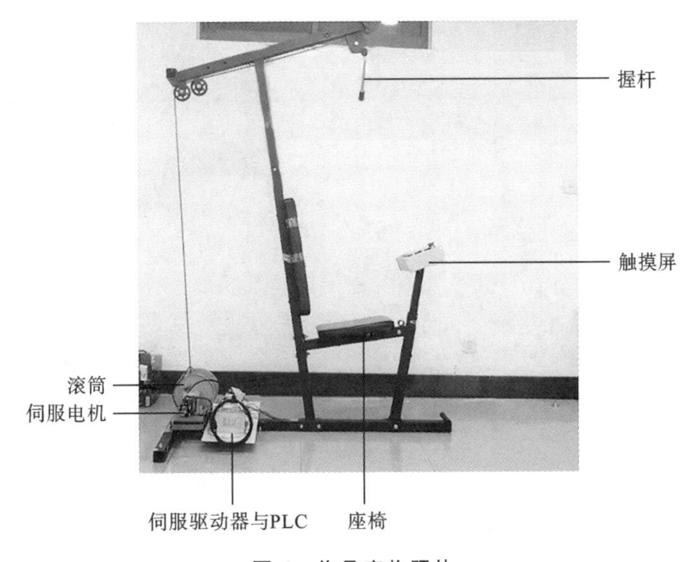

图6　作品实物照片

参考文献

[1] 丁惠忠.基于S7-200Smart PLC的高性能交流伺服控制系统设计[J].微型电脑应用,2020,36(12):16-19.

[2] 胡志刚.基于三菱PLC的伺服电动机控制系统设计[J].价值工程,2017,36(5):80-81.

格斗陪练机器人

上海交通大学
设计者:张丰瑞　李博辰　高龙翔　郑泽州　吴锦思
指导教师:盛鑫军

1. 设计背景

1) 概要

近年来,武术格斗类运动受到的关注越来越多,格斗练习者的群体越来越大。2020 年 3 月,张伟丽成功卫冕 UFC(终极格斗冠军赛)世界冠军,极大地提升了中国在国际格斗运动界的影响力,同时也使格斗运动尤其是综合格斗(mixed martial arts,MMA)在国内迎来更多的关注。

通常,格斗训练包括两个部分:一是基本动作训练;二是灵活的攻防训练。基本动作训练,譬如直、摆、勾三种基本拳法,鞭腿、正蹬、侧踹等腿法,还有肘击、膝顶等技术动作,它们都需要通过反复的训练形成肌肉记忆,其训练方式也非常简单,只需要利用相应的固定靶反复进行击打练习即可。基本动作训练足以强身健体,但若想走向赛场实战,灵活的攻防训练必不可少,这往往需要一位水平相当的真人陪练才能进行。

所以,小组面向格斗运动爱好者设计了一款人形格斗陪练机器人,既满足练习者对基本动作训练的需求,可进行击打练习;又能较好地模拟真人打出的直拳、摆拳、勾拳三种基本拳法,可进行躲闪或防御训练;同时可调节出拳速度和拳法组合方式,实现个性化定制训练。该装置使得格斗训练更加方便、快捷,减少了对真人陪练的依赖。

2) 现有产品

(1) 组合固定靶。

如图 1 所示,该套训练器材由不同位置、不同角度的固定靶组成,可以让练习者完成不同动作的训练,价格也很低。但组合固定靶没有活动能力,练习者只能用其进行固定套路招式的训练,完全没有训练反应能力的功能。

(2) BotBoxer 智能沙袋。

BotBoxer 智能沙袋(图 2)配备了高速计算机视觉和动作识别系统,能够识别练习者的出拳,并通过移动拳击靶来做出反应,可训练人对灵活移动目标的击打能力。其反应迅速,甚至不弱于专业拳击手,并且能进行个性化训练方案定制,每次训练结束后还能对练习者本次训练做出智能评估,可谓功能强大,表现十分亮眼。但其只能训练击打能力,不能训练躲闪和防御能力,另外价格也十分昂贵。

图1　组合固定靶

图2　BotBoxer 智能沙袋

3）设计目的

从上文可以看出，目前市场上缺少集攻防于一体，并能训练反应速度的格斗训练产品。小组旨在设计一款格斗陪练机器人，既满足练习者对基本动作训练的需求，同时可以较好地模拟真人陪练的出拳动作，进行灵活的攻防训练，并给人真实的对抗感。

本作品的具体设计指标如下：

占地面积：1～2 m^2，与普通训练器械高度相当；

尺寸：总高 1.7～1.8 m，肩高 1.5 m，臂长 75 cm，与人相仿；

出拳速度：0.5～2 拳每秒；

工作电压：24 V（直流电压）；

底座耐冲击能力：100 kg；

功耗：小于 500 W。

组合固定靶、BotBoxer 智能沙袋以及格斗陪练机器人的优缺点对比如图 3 所示。

名称	组合固定靶	BotBoxer 智能沙袋	格斗陪练机器人
优点	1. 结构简单； 2. 价格低廉； 3. 能训练多种动作	1. 机器视觉； 2. 高度智能化； 3. 训练攻击效果好； 4. 可指导练习者改进	1. 能模拟三种基本拳法； 2. 实现个性化训练； 3. 攻防兼具
缺点	不能训练躲闪和防御能力	1. 价格高昂； 2. 不能训练躲闪和防御能力	位置固定，真实感略有不足

图 3　组合固定靶、BotBoxer 智能沙袋以及格斗陪练机器人优缺点对比

2. 设计方案

1）功能模块分解

格斗陪练机器人功能模块分解见图 4。

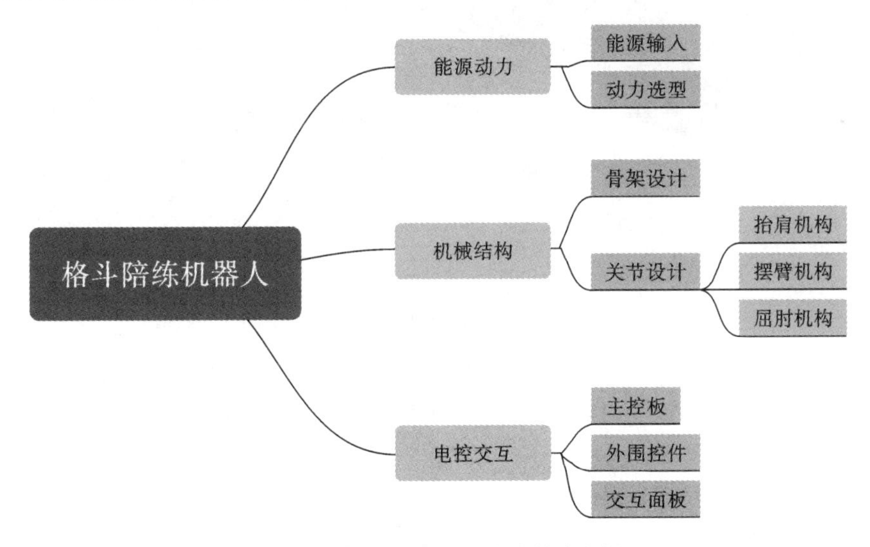

图 4　格斗陪练机器人功能模块分解

2）机构设计

骨架采用 4040 铝型材，配合使用标准角件、6061 铝合金 CNC 定制件、M8＋M5 螺栓进行连接，并在高冲击、高振动等重点部位加螺丝胶防松，保证高强度和高稳固性。

采用电动＋气动混合动力，出拳速度、力度均可调，响应迅速。经过查阅有关人体运动功率的文献和采访综合格斗相关人士，结合相关计算，选择 24 V、200 W、80 r/min 蜗轮蜗杆减速电机和 800 W、30 L 空压机，保证足够的驱动力矩、速度和供气量。

电源、空压机以及其他控件均设计专用安装座/安装板，与骨架绝缘，防止漏电伤人，并可通过铝型材槽中的螺栓方便调节其位置；魔术贴设计实现电源的快取快放并吸附牢固，轮挡＋锥座设计实现气泵放入即不晃动，无须锁定，提起即可拿出；同时，空压机置于底座，大大降低了整机重心，使骨架更稳固。

本作品整体设计方案如图 5 所示，骨架底部设计细节如图 6 所示。

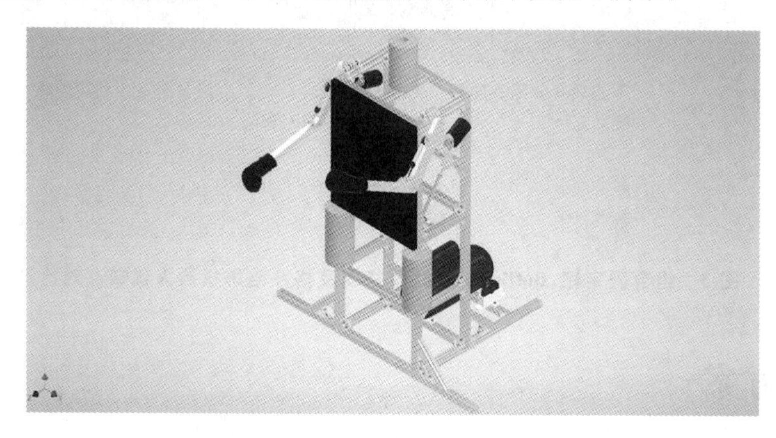

图 5 整体设计方案

图 6 骨架底部设计细节

手臂采用铝板拼接＋低填充率 3D 打印夹层结构，兼具质量轻与强度足的特点，既减小电机负载，又防止铝板失稳变形；手部完全采用软质材料过渡并包裹拳套，防止伤人。手臂结构如图 7 所示。

安装头靶、胸靶、腿靶多个靶位，可供使用者练习直拳、摆拳、勾拳、低扫腿、肘击、正蹬、侧踹、顶膝等多种技术动作，模拟攻击对手身体不同部位；配合两个机械臂随机出拳，可进行攻防对抗练习。

抬肩机构（图 8）：抬肩动作由摆动导杆机构实现，由气缸提供推力或拉力，控制整个手臂安装板抬起或放下，实现摆拳和勾拳的转换。

摆臂机构（图 9）：摆臂动作由曲柄摇杆机构实现，电机通过蜗轮蜗杆减速电机输出扭矩，带动曲柄稳定运转，在电机扭矩足够的情况下，反向利用急回特性，模拟人类出拳时力量爆发、速度较快而收拳时肌肉放松、速度较慢的特点；另外，手臂安装板采用向前延伸导轨槽的设计，分散轴上限位的受力，同时也减轻了运转时手臂的侧向晃动。

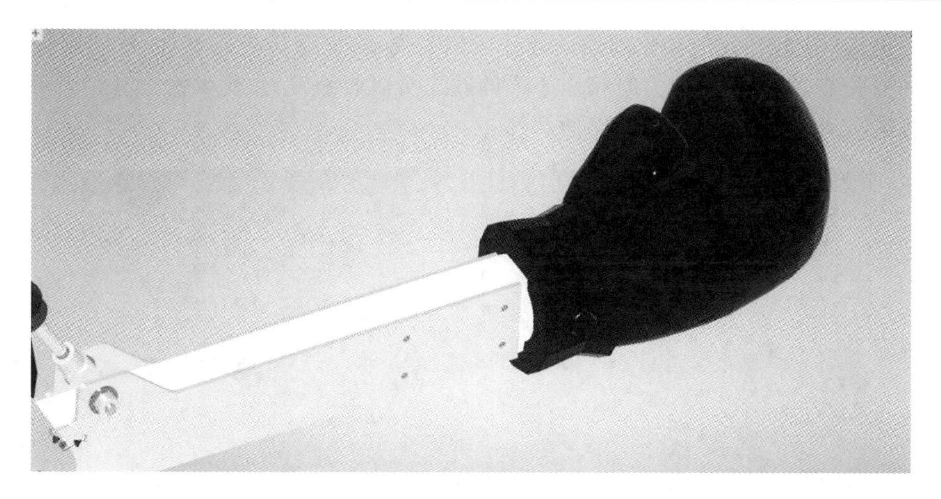

图 7　手臂结构

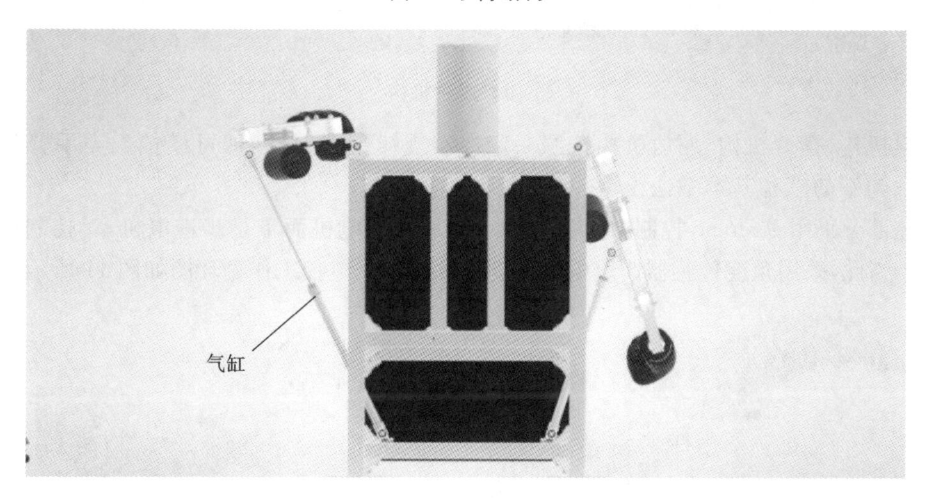

图 8　抬肩机构

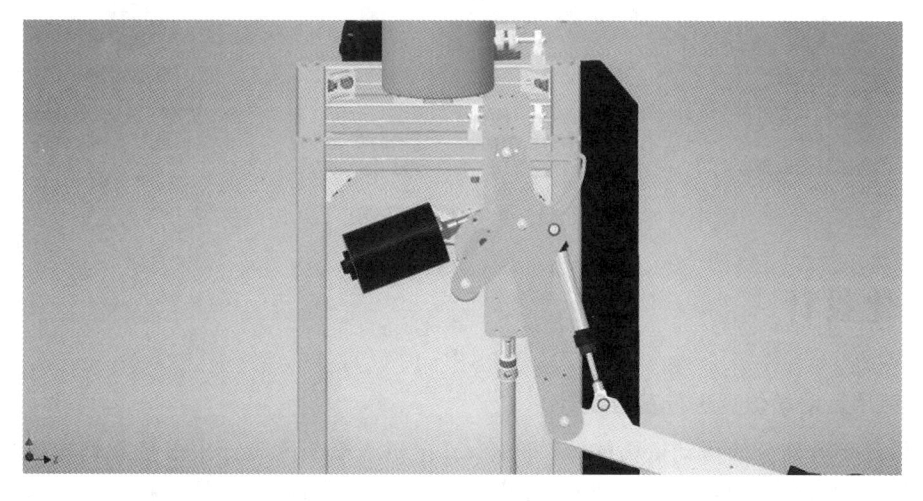

图 9　摆臂机构

屈肘机构(图 10):屈肘动作由摆动导杆机构实现,为完全仿生式设计,法兰限位轴承相当于人的肘关节,气缸提供拉力时相当于人的肱二头肌收缩发力,提供推力时相当于人的肱三头肌收缩发力,以完成肘关节的屈伸动作。

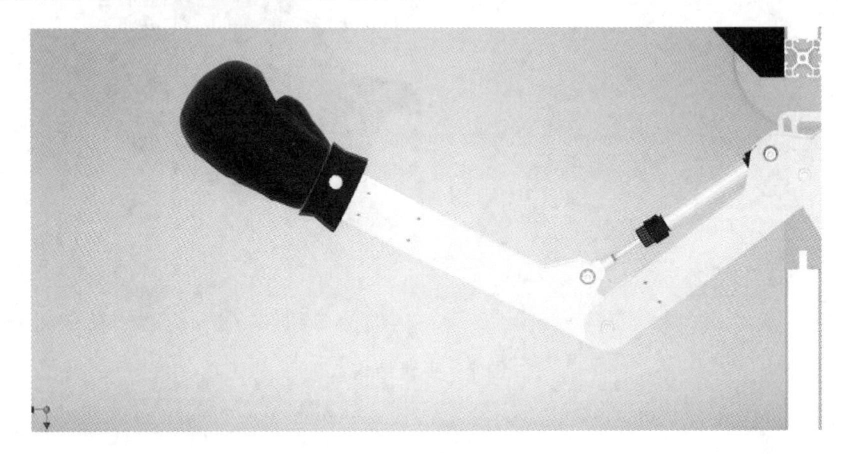

图 10　屈肘机构

抬肩机构、摆臂机构、屈肘机构按照一定控制规律配合运动,即可模拟人类手臂做出直拳、摆拳、勾拳的三种基本拳法。

电控部分采用 Arduino 控制,为降低成本,采用普通电机而不是步进电机,对控制造成一定困难。为此,采用角度传感器读取电机转动角度信息。电控工作循环图如图 11 所示。

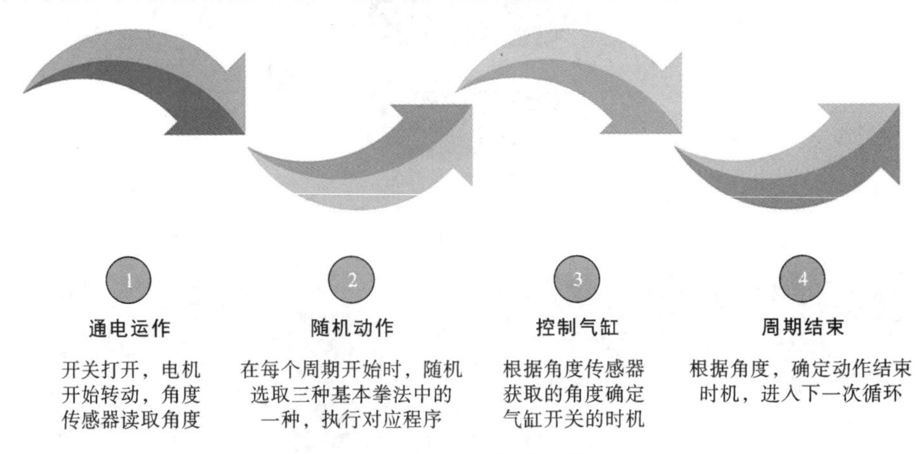

图 11　电控工作循环图

3. 细化设计

1) 利用运动学仿真进行基板设计

本作品手臂部分的传动机构整体长度较大,在初版模型的设计中仅依靠蜗轮蜗杆减速电机直径为 12 mm 的 D 形轴和一根直径为 8 mm 的圆轴与基板连接。根据静力学分析结果和工程经验,这种连接并不稳固,因此考虑延伸一部分基板,并在基板上开槽为另外一根直径为 8 mm 轴提供支点。

确定基板上槽的位置和尺寸有两种办法:一是利用解析法,二是在 CAD 软件中进行运动学仿真。这里选择在 CAD 软件中进行运动学仿真,Inventor 软件仿真所得的曲线可以便捷地导入草图,方便后续处理。

按照蜗轮蜗杆减速电机功率计算其输出扭矩,公式为

$$T=\frac{9549PI\eta}{n}$$

计算结果是 557 N·mm,将输出扭矩等初始条件导入软件,要求输出从动板与大臂之间连接轴轴心的运动轨迹,得到的仿真结果如图 12、图 13 所示。

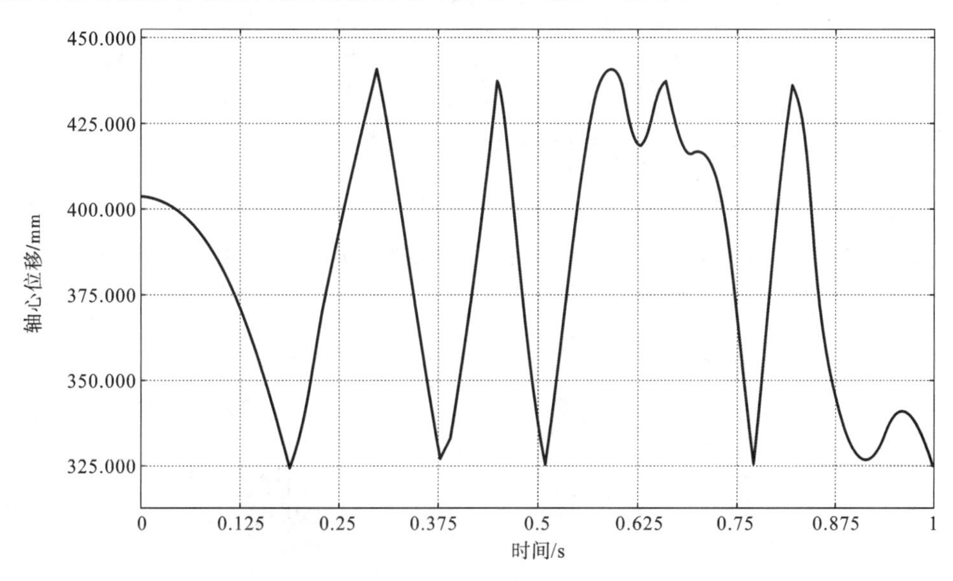

图 12　位置仿真结果

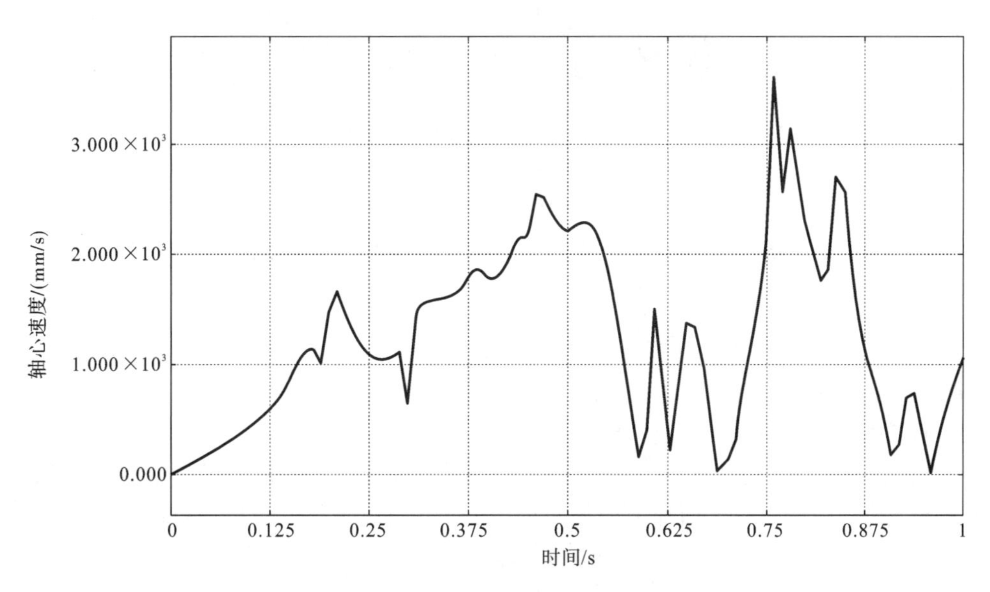

图 13　速度仿真结果

将获得的轨迹曲线导入基板 base-plate 文件中，对所得的曲线进行整理，以所得轨迹线上点为圆心，绘制直径为 8.6 mm 的圆，圆的包络线即为开槽的边界，如图 14 所示。

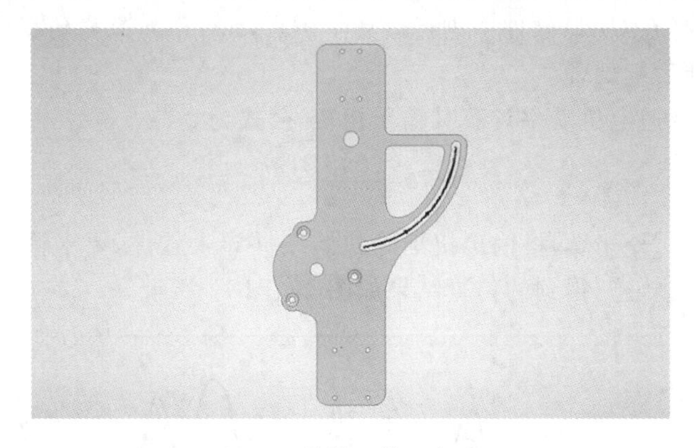

图 14　基板开槽示意图

2）利用运动学仿真辅助连杆机构设计

对需提供的三种基本拳法进行轨迹分析，用拳套模型质心的轨迹代表拳套的具体运动。勾拳轨迹如图 15 所示，较好模拟了人的勾拳动作。

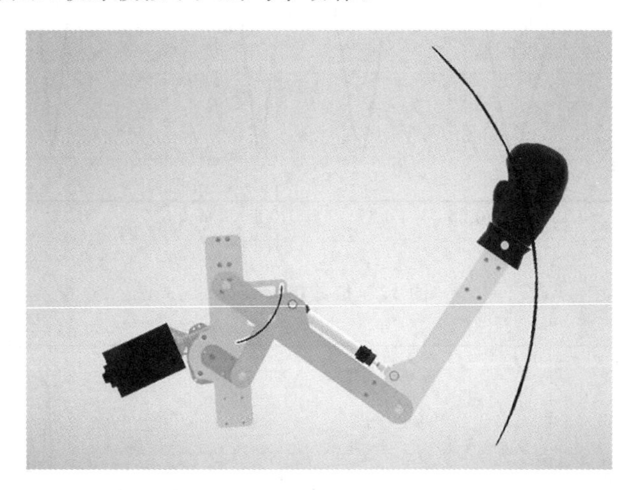

图 15　勾拳轨迹

但由于直拳和摆拳涉及气缸等更多参数，加上对软件操作不熟，仿真结果非常混乱，故没有得到其正常的轨迹图。

3）通过应力分析校核零件强度

格斗陪练机器人的主要受力可以分为两大部分：一是整体框架在击打或运动时所受到的冲击力，二是手臂零部件在运动时受到的应力。

在整体框架方面，用 4040 铝型材搭建一个长方体结构，在框架侧面加装四根长度为 30 cm的铝型材，在正面和背面加装四根长度为 50 cm 的铝型材，防止击打时整体框架产生变形。在正面放置打击靶部位的后面加装两根长度为 40 cm 的铝型材，一方面给打击靶提供更好的支撑，另一方面将受到的应力分散开来，保证支撑的铝型材不产生形变。为了保证整体结构的稳定性，在底板侧面分别加装两根长度为 30 cm 的铝型材并用 45°斜撑加固，防止机器人在挥臂时左右晃动。在底板后侧加装两根长度为 50 cm 的铝型材并用 45°斜撑加固，减轻质量和为机器人提供有效支撑，并在其受击打时也能有较高的稳定性。在后侧延伸铝型材上面放置空压机，利用空压机的质量来保证机器人在出拳时不会前倾。

对整个手臂的零部件分别进行应力分析与改进，结果如图 16 至图 21 所示。

基板主要受到手臂和电机本身质量产生的压力和运动时手臂两固定轴产生的切应力，为了减小大臂固定轴产生的切应力，在板上沿大臂运动轨迹开槽并通过轴和限位设计进行固定，有效减小大臂固定轴处的切应力。在槽的顶端增加连接到基板的支撑，该支撑与基板连接处应力较大，故进行圆角处理来避免应力集中。为了减轻质量并保证零件的强度，选用 10 mm 厚的铝板作为基板。

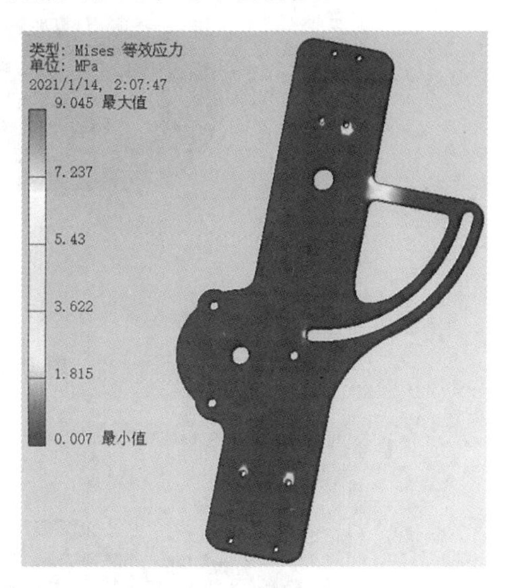

图 16　基板受力分析

D 形轴连接件一端固定在 D 形轴上，一端通过法兰轴承与钢轴固定，D 形轴转角处应力最大，容易使连接件产生形变。最初准备使用 3 mm 厚的铝板加工制作，根据应力分析，3 mm 厚的铝板所受的最大应力为 81.96 MPa，超过铝板的最大屈服强度 55.2 MPa，在实际测试时，采用木板、亚克力板和铝板的连接件夹层结构，但均出现一定程度的形变，所以更换为更高强度的钢板并增加厚度，最终 D 形轴连接件采用 9 mm 厚的钢板，通过应力分析可以看出 9 mm 厚的钢板所受应力较小，强度符合要求。

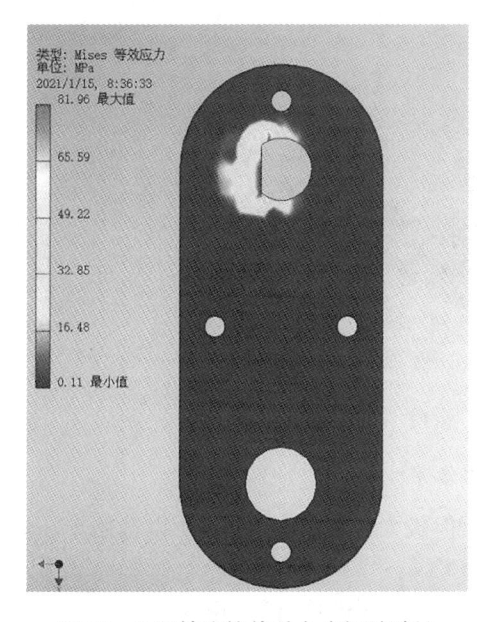

图 17　D 形轴连接件受力分析(铝板)

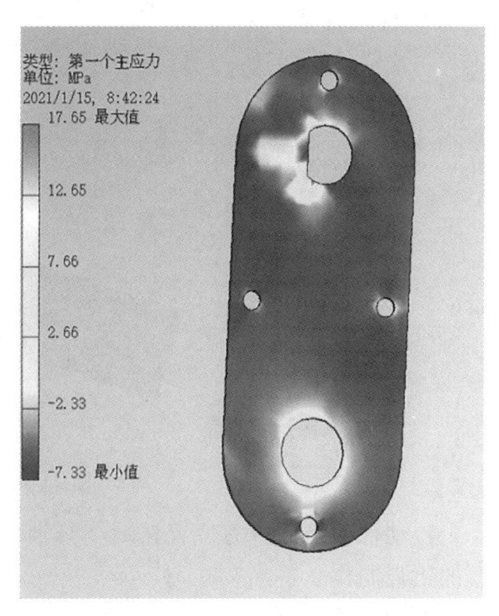

图 18　D 形轴连接件受力分析(钢板)

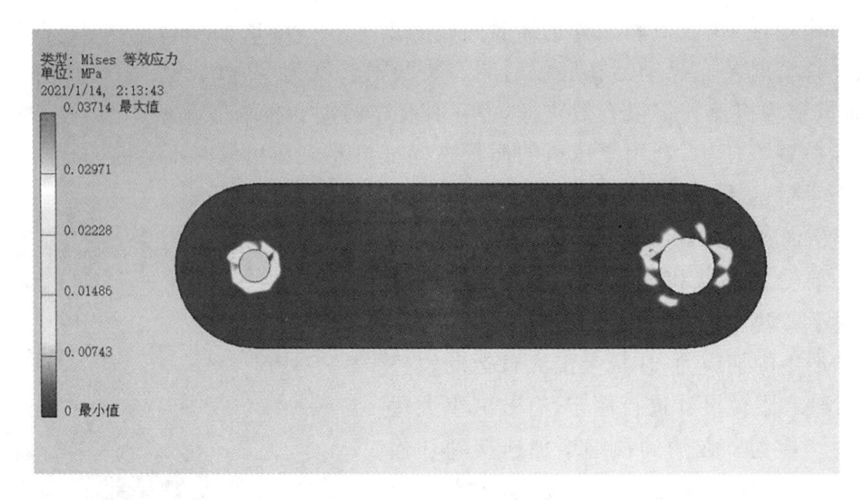

图 19　传动件受力分析

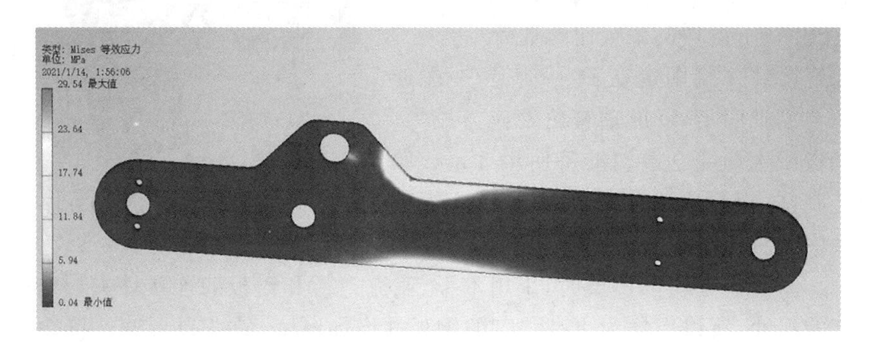

图 20　大臂构件受力分析

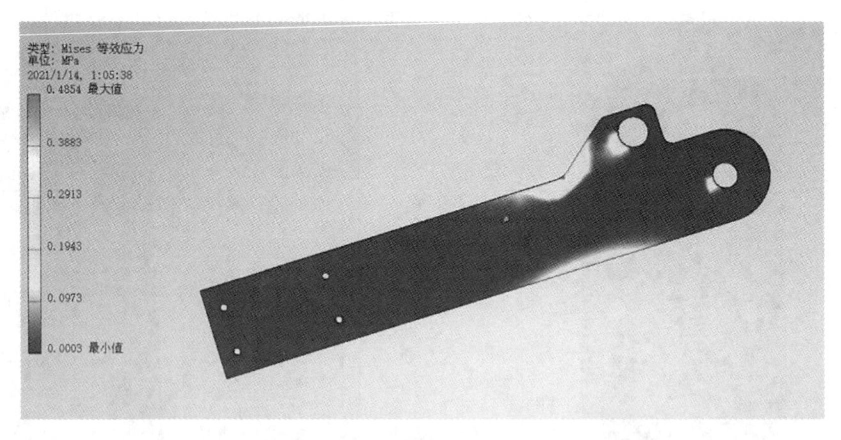

图 21　小臂构件受力分析

传动件的最大应力位置在两个与轴连接的孔处，但最大应力都比较小，所以选用 3 mm 厚的铝板制作。

大臂构件采用夹层结构，用两个 3 mm 厚的铝板作为外部连接，内部用 30 mm 厚的 3D 打印件作为支撑，通过螺钉固定，既减小了两端轴部的应力，又保证了大臂构件运动的稳定性，在顶部与气缸连接处进行加宽处理来减小气缸运动时的切应力，并进行圆角处理来避免应力集中。

小臂构件同样采用夹层结构，用两个 3 mm 厚的铝板作为外部连接，内部用 24 mm 厚的 3D 打印件作为支撑，通过螺钉固定。小臂构件夹在大臂构件两块铝板之间，在气缸连接处进行了一端加宽、另一端不加宽的处理，以避免与大臂构件内 3D 打印件的干涉，并进行圆角处理来避免应力集中。

4. 主要创新点

（1）采用仿人结构设计，最大限度接近真人出拳效果，相比市面现有产品，功能更为全面；

（2）占地面积小，与常见固定式健身器械相仿，利用气动系统与曲柄摇杆急回特性实现高爆发力的快速出拳；

（3）成本低，结构简单，模块化设计，便于拆装维护，利于推广。

5. 作品展示

本作品实物图如图 22 所示。

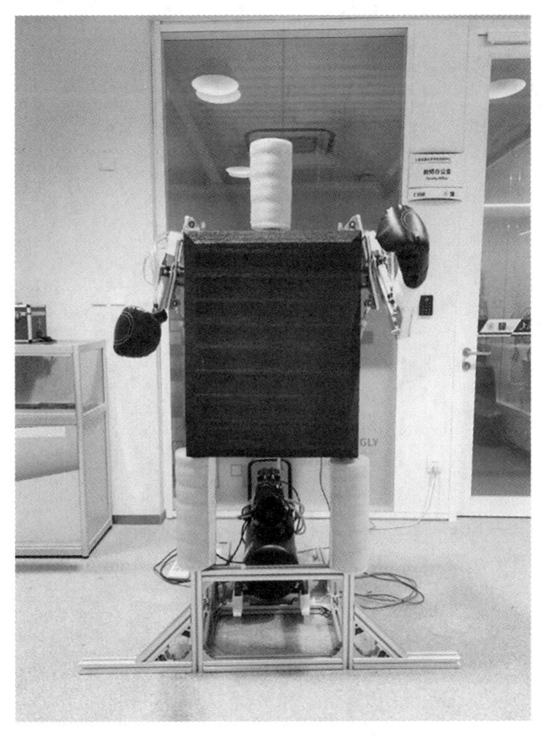

图 22　作品实物图

参考文献

[1] 杨可桢,程光蕴,李仲生,等.机械设计基础[M].6版.北京:高等教育出版社,2013.
[2] 蒋寿伟.现代机械工程图学[M].2版.北京:高等教育出版社,2006.
[3] 邹慧君,郭为忠.机械原理[M].3版.北京:高等教育出版社,2016.
[4] 鲍敦桥.仿真类人机器人设计及高层决策方法的研究[D].合肥:合肥工业大学,2009.
[5] 吕清华.一种拳击训练装置:CN201920130172.9[P].2019-10-18.
[6] 黎石华.一种仿生拳击机器人:CN201721549686.5[P].2018-06-05.
[7] 法西奥.拳击训练设备:CN200980116741.3[P].2011-05-04.
[8] 张侃.一种拳击练习用机械式拳击训练装置及训练方法:CN201610418757.1[P].2016-10-26.
[9] 孙兆勤,孙勇,赵向东.智能多组合式拳击训练器:CN201620411154.4[P].2016-10-05.
[10] 鲁格罗.改进的拳击玩偶和拳击动作再现的方法:CN200710107032.1[P].2008-11-19.
[11] 石开.一种用于搏击格斗训练机器人系统:CN201810879346.1[P].2018-12-11.
[12] 林德胜.VR游戏智能拳击格斗及训练手套:CN201810559981.1[P].2018-10-26.

滑动擦式黑板

东华大学
设计者：潘伟　李洪森　李俊　祁茂宇　黄钊
指导教师：李姝佳　冯培

1. 设计目的

在目前教学中，黑板是重要的课堂教学工具。传统的黑板用粉笔在上面写字，黑板写满后需要擦掉所写的字，一般由老师自行手动擦除。擦黑板费时费力，有时还擦不干净，甚至出现因没有板刷而没办法擦黑板的情况，这严重影响老师的教学效率。并且擦黑板过程中粉笔屑四处飞扬，对人们的身体健康和设备使用造成影响，具体如下：

(1) 人体吸入大量的粉尘，在口腔、呼吸道、肺部沉积，容易引发慢性疾病。

(2) 从化学成分上分析，粉笔的主要成分是碳酸钙、硫酸钙以及少量的氧化钙等，使用粉笔会产生大量粉尘，长时间飘浮在空气中使教室空气质量下降。

(3) 粉笔产生的粉尘危害教室内的电器设备，影响设备的性能、质量和使用寿命。

小组成员考虑传统黑板的不足，设计了一种新式的黑板结构，可自动将写满字的黑板擦拭干净，既省时又省力，从而达到提高课堂效率、让老师和学生拥有更高质量的课堂环境的目的。

本作品是一款适用于教学环境下的自动化黑板设备，能较好地弥补传统黑板的不足。它采用简易滑轨结构，通过电机驱动使外侧黑板自动向下方移动，其背面粘贴板刷布，并利用两块黑板交错时机擦除内侧黑板上的书写痕迹，从而实现黑板的擦除。外侧黑板利用相同的原理，在其移动方向上安装擦拭条，轻松擦除黑板的书写痕迹。

从使用方面来看，本作品能够帮助老师完成黑板的擦除和清理工作，提升课堂效率；同时，可有效地防止粉尘飞扬，避免呼吸系统疾病的产生。

从受众方面看，本作品实用性强，且实现方法简单，造价低，应用前景广，非常适合推广。

2. 工作原理

滑动擦式黑板整体结构主要分为擦拭装置、传动装置、吸水装置和粉尘收纳装置以及控制系统等。

1) 擦拭装置

外侧黑板背面加装擦拭装置，内外侧黑板交错时外侧黑板背部的擦拭装置对内侧黑板进行初次擦拭。当内外两侧黑板完全错开时，位于黑板上方的擦拭装置启动，上方擦拭装置分为内、外侧两段，内侧为第一段擦拭装置，外侧为第二段擦拭装置。

首先是浸润擦拭，即第一段擦拭装置用水浸润擦拭条将需要擦拭的黑板完全擦净；然后是无水擦拭，在浸润擦拭完成后，交换第一、第二段擦拭条位置，干燥的擦拭条从内侧进行自上而下的擦拭，擦干黑板上残留的水分。两段擦拭装置均沿黑板两侧的滑轨移动，保证擦拭的均匀性。

2）传动装置以及吸水装置

（1）传动装置。

① 黑板的错位移动。

黑板均置于滑轨上，实现黑板的纵向移动。当内外侧黑板切换位置时，手动按下黑板侧边的按钮，收起内外轨道的隔板，将外侧黑板推至内侧，同时利用齿轮传动，将内侧黑板移至外侧。

② 擦拭条的上下移动。

采用带轮传动的方式，在黑板的上、下两侧均放置定滑轮，用链条连接滑轮和擦拭条，保证擦拭条能够匀速上升和下降，可以通过按钮控制擦拭条上升和下降的速度。

（2）吸水装置。

在黑板旁边安置储水器，将抽水泵置于黑板上方。在第一段擦拭装置擦拭条的上方放置与其长度相等的有均匀出水小口的水管，抽水泵工作时即可将储水器内的水抽至上方水管，再由出水小口均匀浸润擦拭条。抽水泵能根据设置好的抽水时间，自动停止抽水，以防止擦拭条浸水过多。

3）粉尘收纳装置

在黑板左、右两下角放置两个吸尘器类装置，当内外侧黑板交错时，内侧黑板被擦掉的粉尘落在下方滑轨内，在完全错开后，两侧吸尘器开始工作，吸走滑轨内的粉尘，防止粉尘堆积过多而阻碍黑板的纵向移动。

4）控制系统

所有的控制按钮均加装在黑板左、右两侧，让老师无论在哪一侧均可及时、快捷地使用按钮。控制按钮有：

（1）黑板纵向交错移动控制按钮；

（2）内外侧黑板交换位置控制按钮；

（3）抽水泵工作按钮；

（4）定滑轮转动变速按钮。

3. 设计方案

1）总体设计构想

从升降式黑板的原理出发，利用齿轮齿条之间的相互配合使黑板自动完成上下升降，黑板的一侧有固定的齿条，而随着齿轮的转动，实现黑板的升降。但是两个黑板之间的空隙没有充分利用，所以计划在外侧黑板背面加装一块长 80 cm 左右的铝材板条，在板条上粘贴擦黑板用的板刷布，板条旁边利用 TD8120MG 舵机控制其旋转，使得板条可以内翻，这样就可以实现黑板的擦与不擦的功能。黑板示意图如图 1 所示。

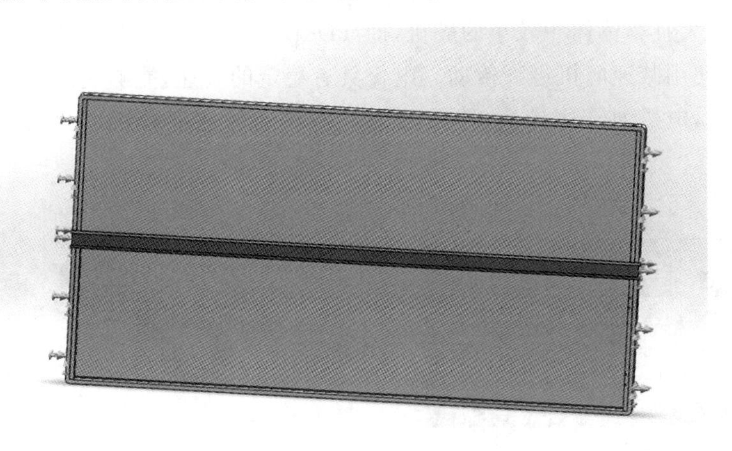

图 1　黑板示意图

同时，在分析黑板运行原理后，提出黑板自动升降功能设计。在黑板两侧，有一个固定的齿轮带动链条的转动机构，对该齿轮进行二次设计加工，并与舵机结合，再用舵机控制器将蓝牙设备与遥控按键连接，即可实现手动控制黑板的升降，并且实现一键擦黑板功能。

利用 SolidWorks 的应力计算插件，对材料的受力点进行受力分析，以确保整个黑板不会因为板条的加入产生形变而影响使用寿命。

2）具体材料选择

（1）齿轮的选择。

方案一：购买市面上现有型号的齿轮进行二次加工，手动加工齿轮上的孔，使之与舵机位置匹配。其优点在于强度大，可持续使用，但缺点在于加工难度大，不便于手动加工。

方案二：运用 3D 打印知识，根据需求设计一个能够和链条正常啮合的齿轮，并进行齿轮分析和 3D 打印（图 2）。其优点是能够很好地满足需求，缺点是普通材料不能满足磨损和强度要求，而高强度的材料价格高昂。

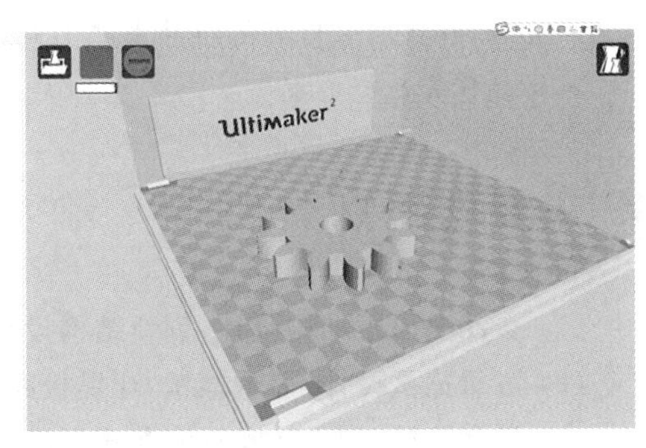

图 2　齿轮分析和 3D 打印

本作品优先选择方案二，方案一备选。

(2) 传动机构的选择。

方案一：使用舵机进行传动。考虑整体的外观和受力，经过受力分析(图3)和对比，决定选择扭矩较大且整体体积较小的舵机，即TD8120MG舵机(图4)。

方案二：使用减速电机进行传动。电机具有稳定的转速，能够更好地实现黑板上下移动的功能。但是，电机的转速较快，使得黑板上下移动的速度较快，发生碰撞和冲击可能性较大。

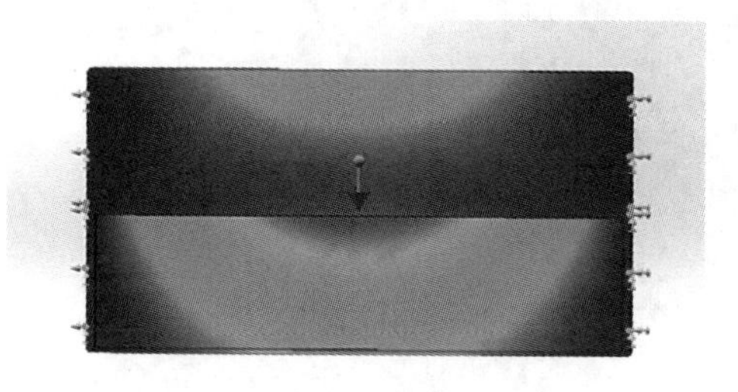

图3　受力图

图4　舵机

出于安全考虑，本作品优先选择方案一，方案二备选。

(3) 黑板本体的选择。

选择两块50 cm×80 cm的黑板进行拼接，同时材质选择木质板，便于黑板的改良和二次加工。

(4) 传动链条的选择。

方案一：选用不锈钢链条，其特点是抗腐蚀性好，适用于比较复杂的环境下，不易生锈，使用寿命长。

方案二：使用自润滑链条。这种金属制成的链条具有耐磨损、抗腐蚀的特性，并且能够自润滑，不需要维护，使用起来更加方便，如在黑板的使用过程中可以避免出现因为链条生锈或者没有润滑而导致的卡顿情况。

方案三：使用高强度链条。高强度链条是在原有链条的基础上改进链条的形状，对链板进行特殊的处理制造而成的。高强度链条具有良好的抗拉特性，比普通链条的抗拉强度高15%～30%，并且具有良好的抗冲击能力和抗疲劳特性。

本作品优先选择方案三。

4. 主要创新点

(1) 自动擦黑板结构设计：创新结构设计，实现黑板的快速擦拭，提升课堂效率。

(2) 三重擦拭设计：多重擦拭，让黑板经过一次移动后变得干净，便于下次使用。

(3) 浸润擦拭：利用软胶管滴漏式浸润，使用方便、快捷，也节省资源。

(4) 一键式切换：通过遥控或者按键控制，实现黑板一键上下切换。

参 考 文 献

[1] 徐一航. 自动擦拭无尘黑板的结构创新设计[J]. 中国新通信,2019,21(11):223-224.

[2] 吴米,张世亮,吴佳,等. 自动旋转式黑板结构研究及仿真分析[J]. 装备制造技术,2017(12):54-57,61.

[3] 余心明. 一种自动黑板擦的机械结构设计[J]. 机械工程师,2016(12):157-158.

盲文助学打印机

上海工程技术大学

设计者:廖静　李浩　洪润鑫　李琳　杨晓莹

指导教师:卢晨晖　张春燕

1. 设计目的

随着时代的进步和智能科技的发展,我国教育水平正在不断提高,并且已经取得很好的成绩,国民受教育机会越来越多,文化程度也不断提升。然而,对于一些身体有缺陷尤其是视障人群,仍然存在学习资料匮乏的情况。

目前,盲文资料的生产方式主要有两种:手工刻印和机器刻印。手工刻印是使用一块盲文刻字板和一根刻针手动在纸上留下痕迹,效率极其低下。机器刻印是使用专用的机器即高成本的开模印刷机在纸上刻印盲文,如同普通的打印机,事后再由人工校对排版,多用于工厂大规模生产。然而,市面上的盲文刻印机价格高昂,动辄上万元。因此,小组希望能够运用机械结构结合视觉识别、语音识别等算法知识,设计一款能将汉字文本自动转换为盲文并能完成指定份数打印的盲人打印机,使视障用户可通过敲击键盘上的字符或利用语音输入功能来打印所需盲文资料,同时还可以通过摄像头自动识别文本、转换成盲文并完成打印工作。

综上,该盲文助学打印机不仅能够在新冠肺炎疫情下辅助视障人群参加网络学习,还能够在疫情防控常态化的当下为视障学子提供纸质教材。

2. 总体设计方案及工作原理

1) 设计要求

参考现有盲文打印机,对本作品提出以下几点设计要求:

(1) 代替传统盲文打印方案,减小盲文打印的成本,提高盲文打印的普及率;

(2) 可进行较小份数的盲文打印,提高打印的利用率;

(3) 可通过智能算法将指定内容转换为盲文,使得打印的内容更加丰富;

(4) 经济且体积小巧,普通家庭也能够使用。

2) 设计指标

(1) 工作环境:12 V 直流;

(2) 整机质量:1.5 kg;

（3）语音识别范围：≤2 m；

（4）电源续航时间：3 h（为实物样机指标，后续可修改为稳压源 24 h 供电）；

（5）最大负载质量：100 kg；

（6）响应控制时间：≤3 s；

（7）打印头移动速度：8000 mm/min。

3）总体设计构想

基于 Arduino 开发的盲文助学打印机在机体上安装 Arduino 开发板，利用 USB 接口、语音识别模块或基于 OpenMV 开发的智能识别模块将需打印的内容输至打印机构，并将各工作流程用语音提示，以实现视障人群能独立使用该作品的目的，且整个使用过程便捷、智能、易学。

4）机械结构

（1）整体结构。

如图 1、图 2 所示，盲文助学打印机由打印机整体框架 1、打印装置移动机构 2、打印机构 3、打印纸传递机构 4、打印纸储存机构 5、控制单元组成，整体控制机构与控制单元连接，打印机整体框架 1、打印装置移动机构 2、打印机构 3、打印纸传递机构 4、打印纸储存机构 5 分别与控制单元连接。打印机整体框架 1 即整体机架，固定设置于地面上，用于支撑打印机主体。打印机构 3 与打印装置移动机构 2 相连，当处于初始状态未工作时，打印头位于机器左上角区域。

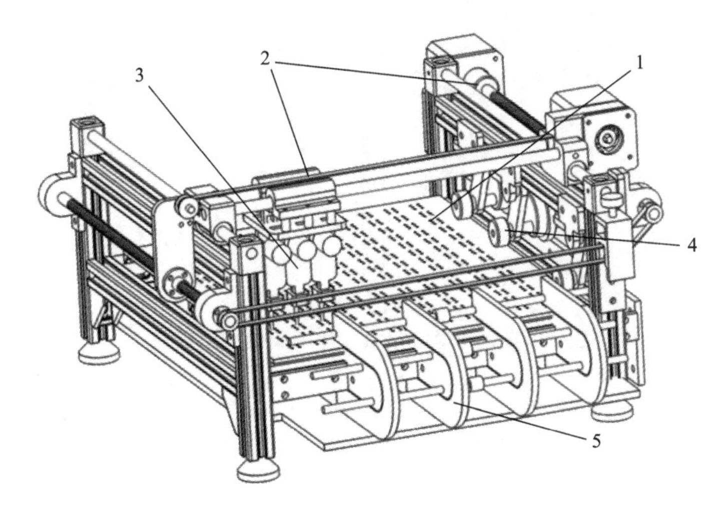

图 1　盲文助学打印机整体结构示意图

1—打印机整体框架；2—打印装置移动机构；3—打印机构；4—打印纸传递机构；5—打印纸储存机构

（2）打印机整体框架。

如图 3 所示，打印机整体框架上有一块带有很多盲文六相小孔的底板 2，用于打印时打印头寻位，放置于 2020 铝型材 3 搭起的框架上，铝型材之间采用螺栓和角铁 4 连接，四个支脚安装有橡胶材质的软垫 1，以减轻打印过程中的整体振动，提高打印的精准程度。

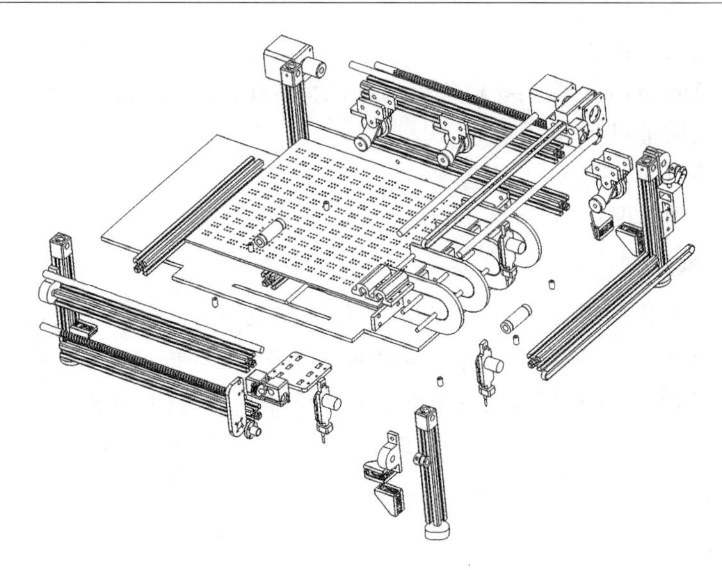

图 2　盲文助学打印机的整体爆炸示意图

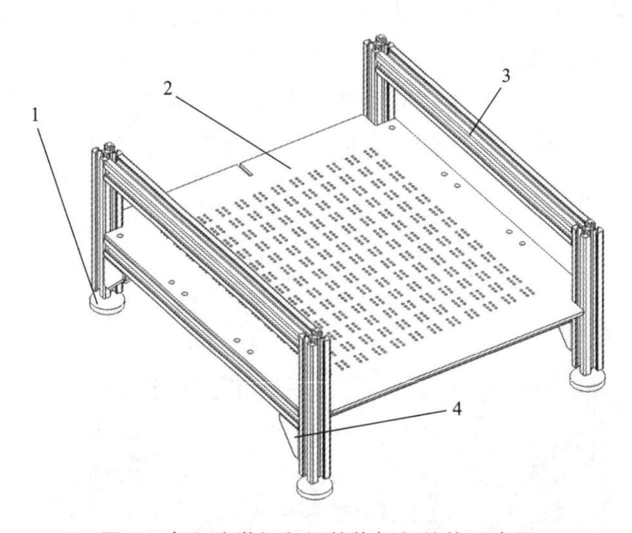

图 3　盲文助学打印机整体框架结构示意图

1—软垫；2—带盲文六相小孔的底板；3—2020 铝型材；4—角铁

（3）打印装置移动机构。

如图 4、图 5 所示，打印装置移动机构使得打印机构可在二维平面上移动，且在 x 方向和 y 方向上带有限位开关，在 x 方向上靠一个 42 步进电机 1 移动，42 步进电机用联轴器与 T8 丝杠 2 连接，y 方向上的移动装置放置于两根光轴上，且为了保持顺滑，在连接支撑处使用直线轴承。为了保证打印机两边的同步度，且提高电机的利用率，使用同步带将两根丝杠进行同步，且用同步带张紧器 4 进行张紧。在 y 方向上使用同步带进行移动，一端用 42 步进电机带动同步轮进行驱动，另一端用轴承同步带进行固定，x 方向和 y 方向的运动叠加靠两个丝杠螺母来实现。

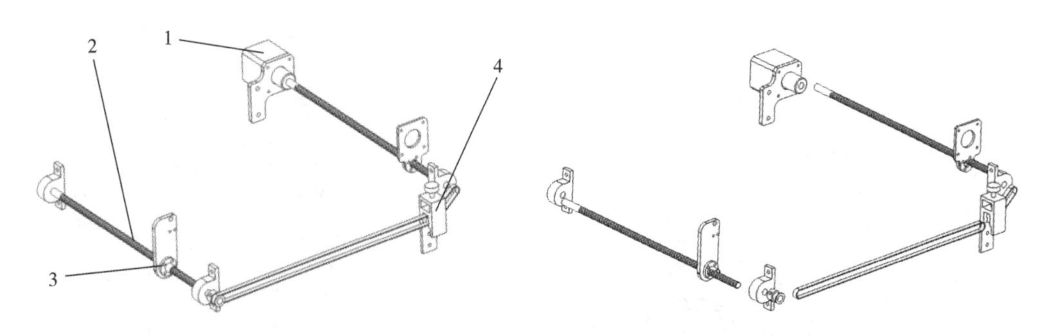

图 4　盲文助学打印机打印装置移动机构结构示意图

1—42 步进电机；2—T8 丝杠；3—丝杠螺母；4—同步带张紧器

图 5　盲文助学打印机打印装置移动机构的爆炸示意图

(4) 打印机构。

如图 6、图 7 所示，打印机构整体固定在固定架 1 上，使用 SG90 舵机进行驱动，电机连接凸轮，凸轮推动带挡片的运动结构 2，使得戳针 5 向下戳动，再靠弹簧 3 沿着两根直径为 4 mm 的光轴 4 弹回，从而完成搓纸打印。

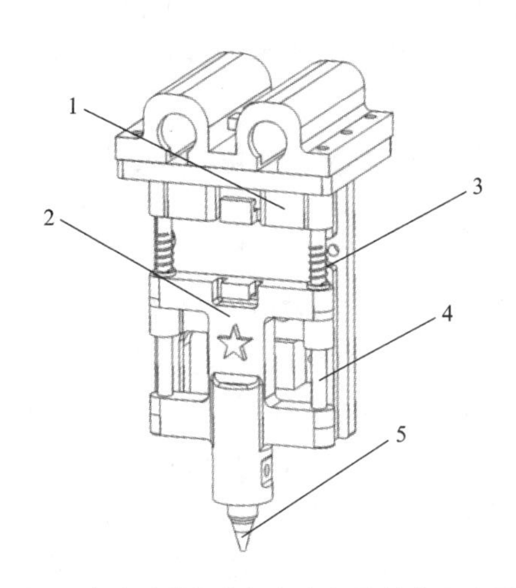

图 6　盲文助学打印机打印机构结构示意图

1—固定架；2—运动结构；3—弹簧；4—光轴；5—戳针

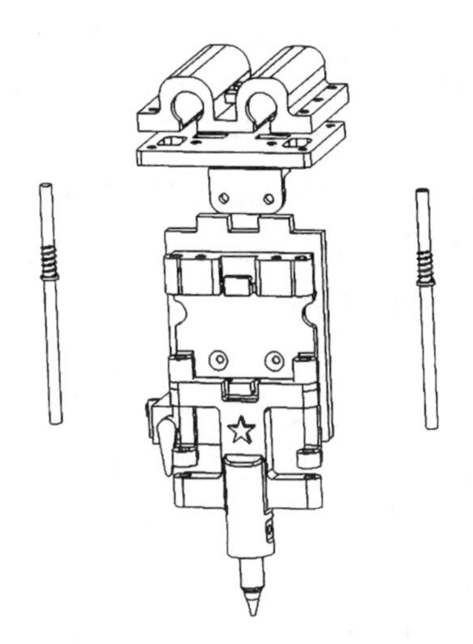

图 7　盲文助学打印机打印机构的爆炸示意图

(5) 打印纸传递机构。

如图 8、图 9 所示，打印纸传递机构固定于打印机整体框架的一根铝型材上，全部零件都用 5 mm 厚的亚克力板切割而成，且在各零件的连接处靠推力球轴承 3 进行顺滑，靠一根小弹簧 4 支撑，其目的是可通过手拧螺栓来调节搓纸的力道，搓纸由一个小型减速步进电机 5 驱动，电机的输出轴与打印机专用搓纸轮 2 相连，调节手拧螺栓使得搓纸轮外径与带有盲文六相孔的底板相切。

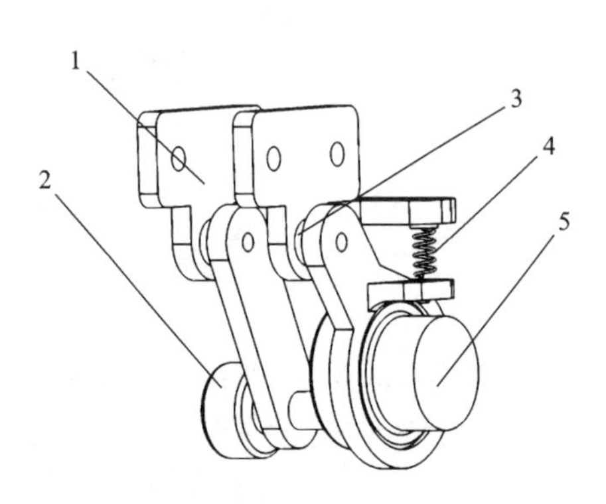

图 8　盲文助学打印机打印纸传递机构结构示意图

1—亚克力板切割件(5 mm 厚);2—搓纸轮;
3—推力球轴承;4—小弹簧;5—减速步进电机

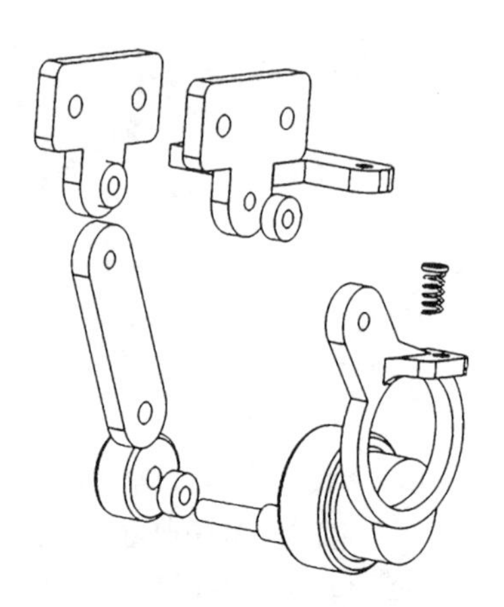

图 9　盲文助学打印机打印纸传递机构的爆炸示意图

5) 智能算法

盲文助学打印机可通过 USB 接口与计算机连接来实现串口传输,发出命令并进行打印,且计算机与摄像头和麦克风连接,可通过 Python 算法实现对文本的视觉识别和语音识别,增加盲文的输入形式。

其摄像头包括 OpenMV 模块和文字识别处理模块,OpenMV 模块和文字识别处理模块设置于打印机上,分别与计算机连接。

(1) 盲文转换。

市面上普通的盲文打印机一般不具有盲文与汉字文本相互转换的功能,使得使用者只能打印现有的盲文资料,而不得不放弃大部分学习资料。小组针对此问题,在盲文打印机上设计了盲文转换功能,大幅增加视障人士能够使用的资料。中文对应的盲文,其书写规则是按照汉字的拼音来的。因此,设计算法时在 Python 中利用 PyPinyin 库将识别到的汉字先转换成对应的拼音,再利用一个简单的 Python 字典将拼音中的声母、韵母、声调与盲文中的每个"方"一一对应,最终将汉字转换成对应的盲文。该功能可以迅速、准确地将汉字转换成盲文,转换效率高。

(2) 智能输入。

① 语音识别。

市面上的盲文打印机的输入方式较为单一,对于视障人士而言,按键输入是非常烦琐且不易掌握的,因此小组设计了语言识别功能以解决视障用户输入困难的问题。该功能采用 SpeechRecognition 库并调用 PyAudio 从麦克风读取音频文件进而转换成文本。当用户在使用打印机时,可以直接通过麦克风进行输入,设备在检测到有效语音后可进行智能识别和文字转换,最后实现盲文输出。该功能可以方便视障人士以语音方式录入想要打印的东西,提高录入效率。

语音识别工作原理如图 10 所示。语音识别工作流程如图 11 所示。

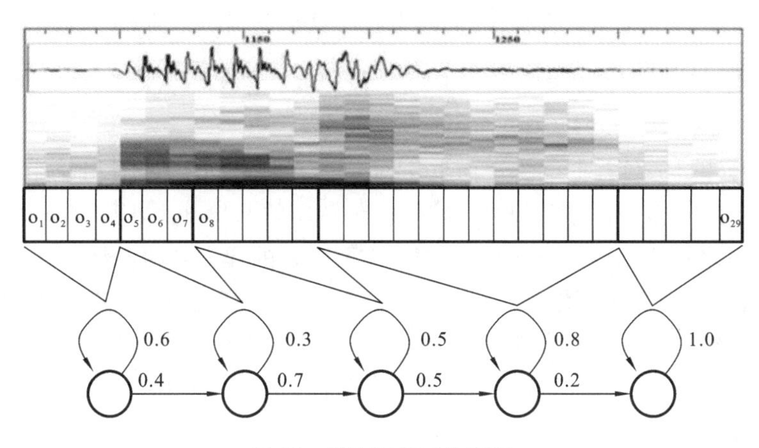

图 10　语音识别工作原理

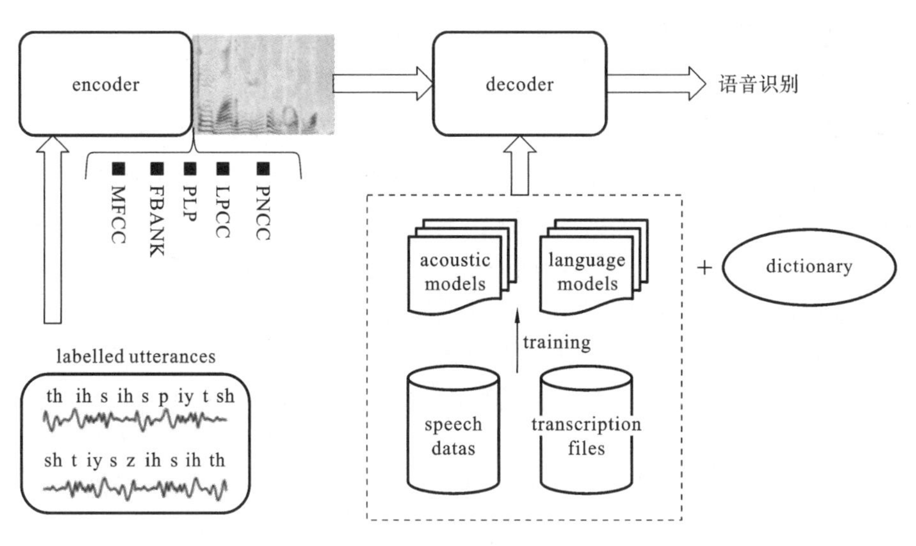

图 11　语音识别工作流程

② 图像识别。

对于线上教学，图片资料的传送是十分常见的，而视障人士对该部分资料的接收却十分困难，因此小组设计了图像识别功能。该功能利用 OpenMV 进行图像输入，配合 PyTesseract库对图片中的文字进行识别并转换成文本模式，最后将转换完成的文本再转换成盲文进行打印。该功能可方便视障人士接收图片上的信息，并进行学习。

③ 语音提示。

为了方便视障人士准确掌握打印进度，小组设计了语音提示功能，增强打印机的可使用性。该功能利用 pyttsx3 模块将文本转换成语音并播报，也可以保存为文件，调用文件进行语音播报。但保存的文件采用 AIFF 格式，且音频是 pcm_s16be 编码，而常见的音频是 MP3 格式，所以使用 AudioSegment 库把 AIFF 格式文件转换成 MP3 格式文件。该功能利用 Python SDK 模块将功能选项与语音播报参数一一对应，实时播报打印进度，可根据打印进度提醒使用者下一步应该怎么操作，同时在打印结束时通过语音提示使用者打印完毕，以及在什么位置取打印好的资料。该功能方便视障人士进行打印操作。

6）工作原理

盲文助学打印机通过控制二维平面上 x、y 两个方向上的 42 步进电机来实现打印戳针在平面任意位置的打印。打印戳针通过舵机控制转动的凸轮加上小弹簧进行搓纸运动，初始状态下戳针抬起并抵住，当凸轮转动时戳针靠两弹簧的弹力自动下落往纸上戳，模拟用手戳纸的动作，从而在盲文纸上留下凸起痕迹，完成盲文的逐字打印。同时，在打印平面的两侧安装带有搓纸轮的 6 个无相步进电机（左侧 3 个，右侧 3 个），可以带动打印平面上的盲文纸运动，使盲文纸在打印完成后可自动从平面上滑出，接着打印下一张盲文纸。搓纸轮配合戳针移动系统和戳针系统就可以实现对任意盲文文本的批量打印。

3. 构件选型及设计

1）电机的选型及设计

为保证打印头部分戳针装置在二维平面上的精准定位，在 x 方向上选用 20 齿直径为 9.5 mm的同步轮装配到 42 步进电机的轴上，再将 2GT 同步带连接在打印戳针装置上，使之实现 x 方向的任意移动，在 y 方向上则采用 T8 丝杠（直径为 8 mm，导程为 8 mm）加上丝杠螺母进行移动，从而实现在二维平面上的任意移动。

同时为实现在二维平面上的精准控制且降低制作成本，在 x 和 y 方向上选用可通过脉冲精准控制的 42 步进电机（图 12）。进行搓纸的电机要求体积小巧，功率恒定，转动平稳，传递的扭矩较大，因此选择五相步进电机 28BYJ48（图 13）。通过测试，由于打印机所需扭矩较小，且无须精密复杂控制，故选用常用的 SG90 舵机（图 14）作为打印头部分控制戳针的舵机。

图 12　步进电机

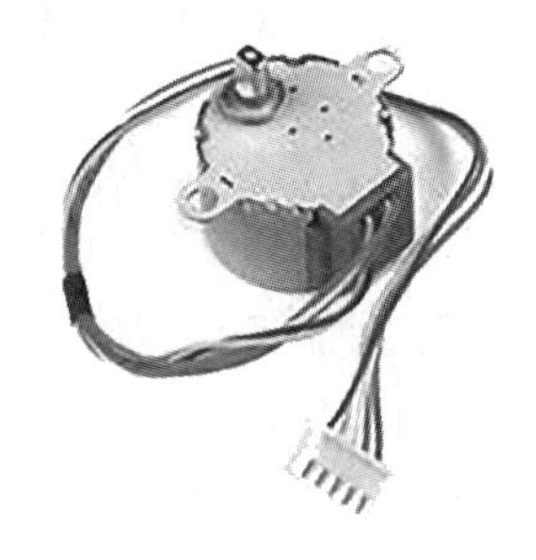

图 13　五相步进电机 28BYJ48

图 14　SG90 舵机

2）硬件电路的选型及设计

（1）主控组件的选型及设计。

为实现智能盲文打印机的整体集成控制，本作品采用自制控制单元，包括控制器和控制电路，控制电路的主控芯片为ATMEGA328P，使用的是两块Arduino UNO R3开发板（图15），其具有14个数字输入/输出引脚（其中6个可用作PWM输出）、6个模拟输入、16 MHz晶振时钟、USB接口、电源插孔、ICSP接头和复位按钮，仅用USB数据线连接计算机就能供电、下载程序和进行数据通信。相比市面上的其他主控模块，该模块有便于控制、集成度高、成本较低的优点，适合作为盲文助学打印机的主控组件。

（2）电机驱动组件设计及计算。

控制电路的驱动部分中，一部分采用L298N主控芯片，最高输出电流2 A，可同时驱动两个电机转动，电源电压为4.5～4.6 V，可驱动大功率直流电机、步进电机、电磁阀等；特别是其输入端可以与单片机直接相连，即可受单片机的控制。当驱动直流电机时，只需改变输入端的逻辑电平，就可以实现电机的正转与反转。控制电路的驱动部分中，还有一部分采用TB6560步进电机驱动器（图16）来驱动42步进电机，最高输出电流2 A，只可驱动一个42步进电机转动，电源电压为4.5～40 V。本作品的TB6560步进电机驱动器使用5 V供电，可驱动精准控制的42步进电机，TB6560步进电机驱动器与单片机的连接采用共阳极接法，分别将CP＋、U/D＋、EN＋连接到控制电路的电源上，即可受单片机的控制。当驱动42步进电机时，利用CP＋、U/D＋、EN＋分别控制电机的转角和速度、电机正反转方向和使能。本作品中搓纸轮通过6个步进电机驱动器进行驱动。打印装置移动机构中两个42步进电机分别与主控芯片的PB4引脚、PB5引脚、PA4引脚、PA5引脚、PA6引脚和PA7引脚连接，打印机构中的减速电机与主控芯片的PB0引脚和PB1引脚连接，还设置一个备用的L298N电机驱动芯片与主控芯片的PC13引脚和PC14引脚连接。L298N驱动电路如图17所示。

图15　Arduino UNO R3开发板

图16　TB6560步进电机驱动器

（3）降压模块组件设计及计算。

降压电路主要采用TPS5430和LP5907MFX两款芯片，由于电机或者电控组件均为12 V或者5 V供电，且总电流不会高于5 A，因此采用TPS5430作为12 V转5 V降压模块的主控芯片，它可将12～24 V的电源转置成5 V，给舵机、继电器、无线模块、串口屏等外设供电。TPS5430具有欠电压闭锁电路功能，在上电时，内部电路运行无效，直到输入电压超过阈值电压才会启动，自我保护性能良好。人体静止时产生的静电电压为1500 V，而TPS5430可承受2000 V的静电电压冲击。TPS5430降压电路如图18所示，基于此芯片搭

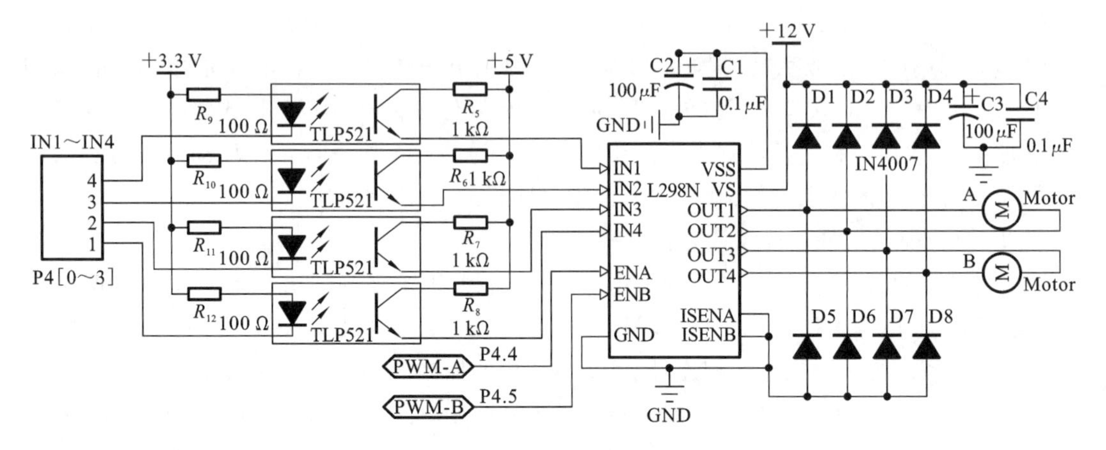

图 17　L298N 驱动电路

载了基本 BUCK 电路拓扑，包括 SS54 二极管、15 μH 电感、330 μF 电容，以及 10 kΩ 和 3.3 kΩ 的分压电路。当 TPS5430 内置的开关管闭合时，二极管 D2 是断开的，由于输入电压与储能电感 L1 接通，因此将输入与输出压差加在 L1 上，使通过 L1 的电流线性增加。在此阶段，除向负载供电外，还有一部分电能储存在电感 L1 和电容 C5 中。当开关管断开时，L1 与输入电压断开，但由于电感电流不能在瞬间发生突变，因此在电感 L1 上就会产生反向电动势以维持通过的电流不变。此时二极管 D2 导通，储存在电感 L1 中的电能就经过由 D2 构成的回路对负载供电。考虑开关管的开关频率会对电源的稳定性造成影响，采用100 nF 的电容作为反馈电容，将开关频率降低至 500 kHz，使得输出的电源纹波电压极低。

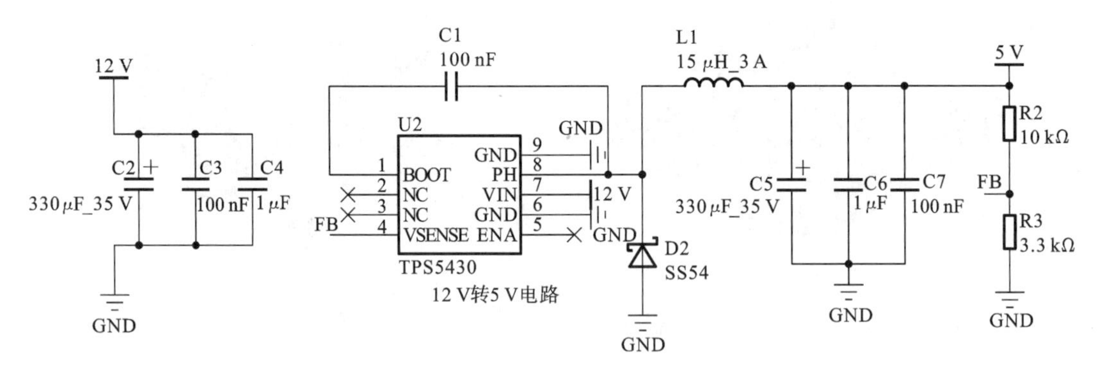

图 18　TPS5430 12 V 转 5 V 降压电路

针对单片机供电问题，采用 5 V 转 3.3 V 的降压模块，选取 LP5907MFX 作为主控芯片，最大输出电流为 250 mA，满足 STM32 单片机供电电流 50 mA 的要求。LP5907MFX 采用创新的设计技术，无须噪声旁路电容便可提供出色的噪声性能，并且支持远距离安置输出电容。图 19 所示为 LP5907MFX 降压电路。采用两个 22 μF 的输入滤波电容，使得输入纹波电压低于 0.5 V，保证芯片的供电稳定性。

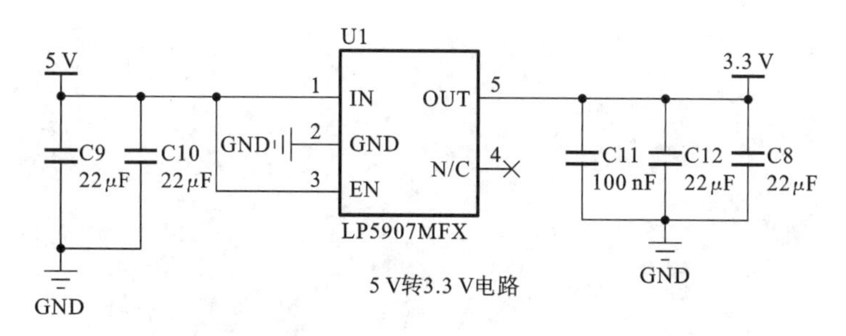

图 19 LP5907MFX 5 V 转 3.3 V 降压电路

4. 主要创新点

(1) 采用丝杠加同步带机构通过 42 步进电机控制二维平面上的任意移动,结构合理,控制精准且成本较低。

(2) 采用可精准控制且体积小巧、传递扭矩大的五相步进电机配合限位开关来精准控制盲文纸的运动。

(3) 采用舵机加凸轮的结构配合小弹簧来驱动戳针,做到结构简单且便于维护调节。

本作品由于具有一定的创新性和实用性,已成功申请发明专利——一种智能盲文打印装置(申请号:202110504050.3)。

5. 总结及应用前景

1) 总结

基于 Arduino 开发的盲文助学打印机整体结构简单,成本相对低廉,面向用户群体广泛,经初步试验,能够将用户所需汉字文本转换为盲文并完成打印,实现便捷智能的文字输入和打印的操作,可使用户获得智能便捷的盲文打印体验。

2) 应用前景

基于 Arduino 开发的盲文助学打印机具有小巧轻便、便于操作、成本低廉、快速等其他市面现有盲文打印机械所没有的优势,主要应用于视障人群助学市场。它紧跟当今时代发展,体现人文关怀精神,能提高视障人群的学习效率。此外,该作品也可应用于办公场景,便于视障用户办公阅读文稿;同时为居家上网课的视障学子提供便利的纸质教材。因此,该基于 Arduino 嵌入式开发的盲文助学打印机,能为用户提供便捷、即时的盲文打印体验。

6. 作品展示

本作品的实物照片如图 20 所示。

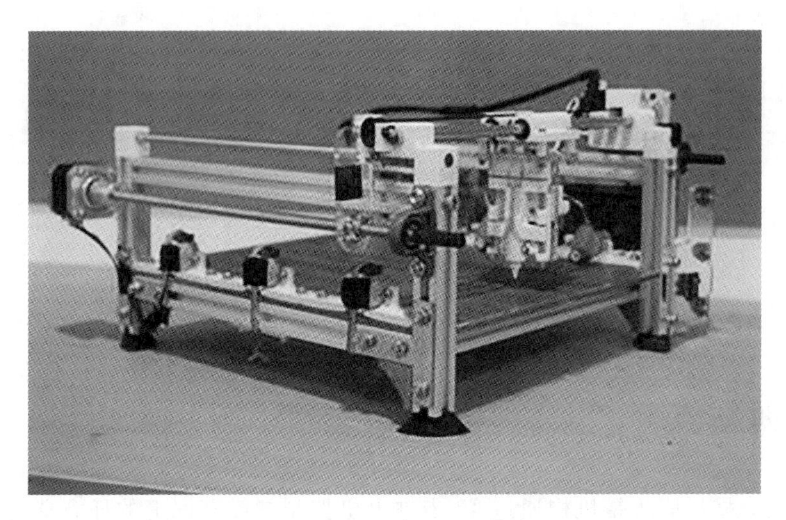

图 20　作品实物照片

参 考 文 献

[1] 王新华.机械设计基础[M].北京:化学工业出版社,2011.
[2] 刘鸿文.简明材料力学[M].2版.北京:高等教育出版社,2008.
[3] 陈秀宁,施高义.机械设计课程设计[M].4版.杭州:浙江大学出版社,2012.
[4] 杨可桢,程光蕴,李仲生.机械设计基础[M].5版.北京:高等教育出版社,2006.

基于图像识别的自动拍照系统

上海海洋大学
设计者：陈国壮　廖钰洁　郭栩菲　縻慧年　陈劭烨
指导教师：冯国富

1. 设计目的

在微生物科研项目中，科研人员总要利用数字显微镜来定期观察胚胎发育情况，并且预测胚胎是否发育正常。当胚胎发育进入关键时期原肠中期时，原肠中期的胚胎分为三类：没有胚芽、有不完美胚芽和有完美胚芽。此时需要人工识别胚胎是否发育成功，并分别对每类进行统计计数，根据有完美胚芽的数量和比例确定苗种繁殖情况，并对发育成功胚胎和没有发育成功胚胎进行分类和统计计数，从而预测苗种繁殖的数量和质量。

科研人员要建立从苗种培育前期、培育中期、培育后期、养殖期的质量检验模型和质量评价模型，并进行品种各个生长阶段的质量监控。如此繁重的工作，将耗费科研人员大量的精力。而这种过程简单、重复性高的工作，完全可以交给计算机来完成。本着"时间就是金钱，效率就是生命"的原则，小组拟开发一套基于图像识别的自动拍照系统应用于科研活动中，以期极大地提高科研人员的工作效率。

2. 工作原理

(1) 以 Arduino 开发板(图 1)作为中控，搭建机械臂，可以完美运行 Gcode。

以 Arduino UNO 开发板作为中控，配合 A4988 步进电机驱动芯片。向 Arduino 开发板中烧录 Grbl 程序，再配合 CH341SER(串口通信)，使开发板可以接收上位机发送的 Gcode，从而驱动步进电机工作，驱动机械臂产生位移。

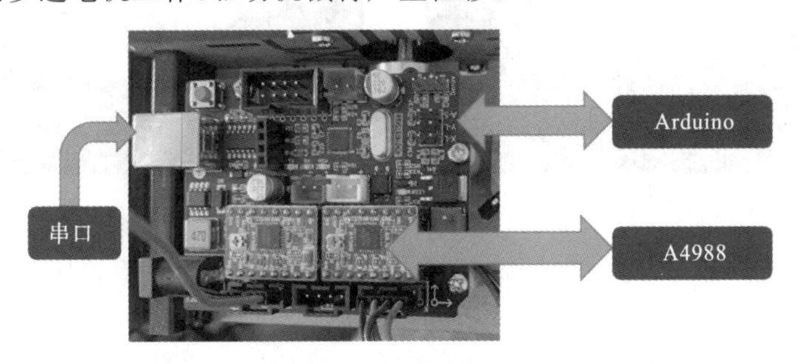

图 1　Arduino 开发板

(2) 利用显微镜大量采集胚胎的图像，利用 YOLOv2 神经网络，获得训练模型。

利用开发板上摄像头模块通过显微镜采集大量的胚胎图像(图 2)，利用 YOLOv2 神经网络对采集的图片先进行人工标注，然后将标注的信息和图片信息放入 YOLOv2 算法中进行训练，以获得稳定的训练模型。

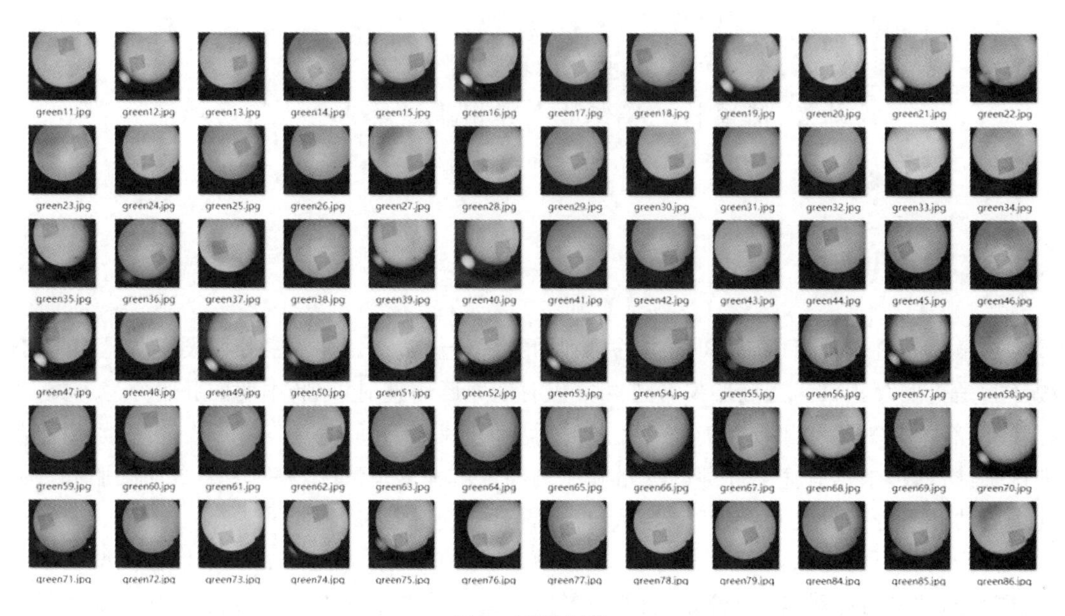

图 2 胚胎图像

(3) 将训练好的 YOLOv2 模型烧录至带有 KPU(神经网络处理器)的 K210 开发板中。

小组采用搭载 KPU(神经网络处理器)的 K210 开发板，将训练成功的 YOLOv2 模型烧录其中。利用代码，驱动开发板运行 YOLOv2 模型，识别摄像头所观察到的胚胎细胞(图 3)。

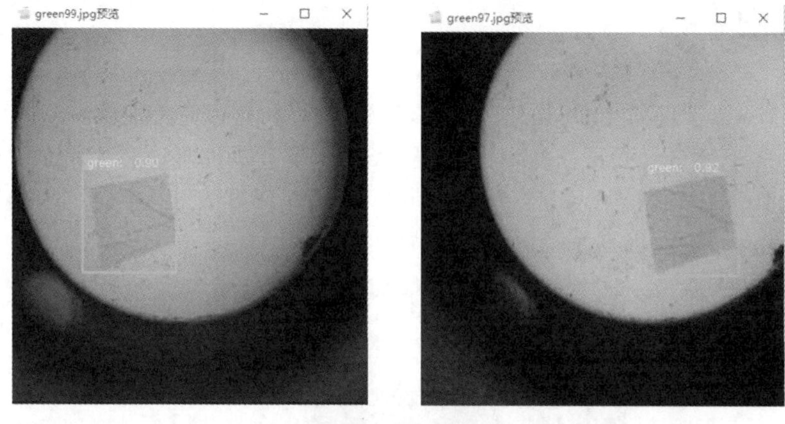

图 3 胚胎细胞

(4) 将机械臂、K210 开发板、显微镜三者结合起来，实现胚胎拍照和普通细胞识别等功能。

由于本作品需要对细胞进行观察，故机械臂末端应有一个载玻片的载体，于是小组制作了一个 3D 打印件(图 4)，完美解决了机械臂与显微镜之间的联系问题。

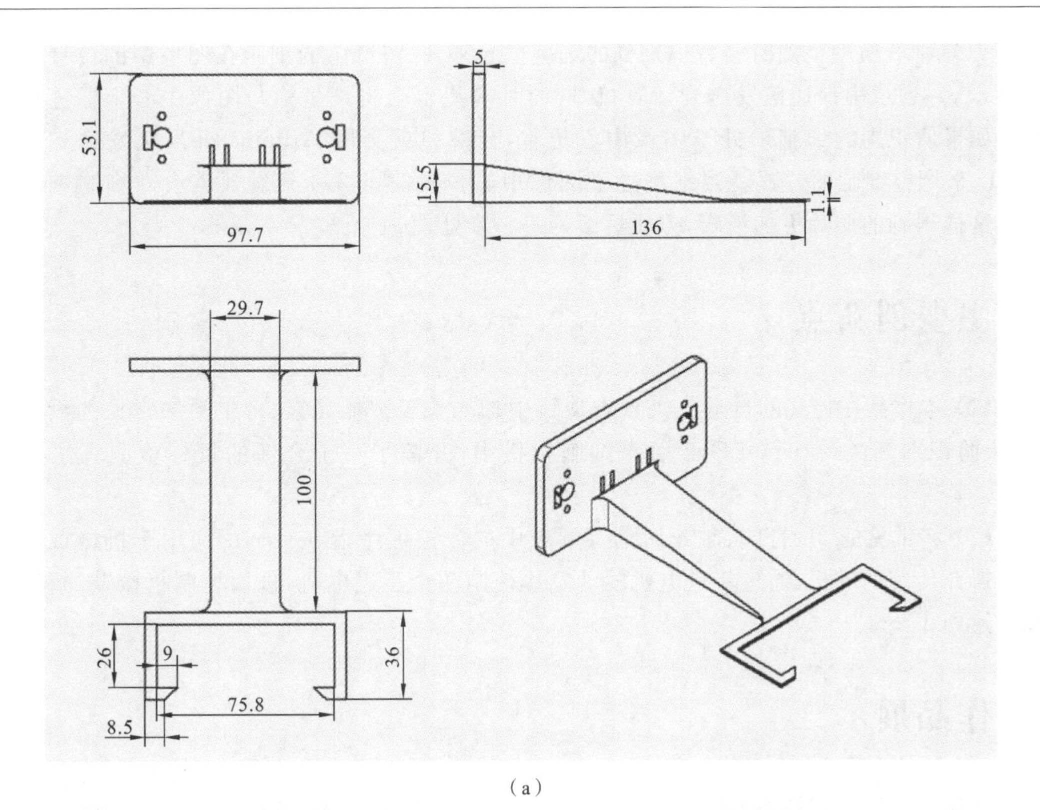
5
53.1
15.5
1.1
97.7
136
29.7
100
26
9
36
75.8
8.5

（a）

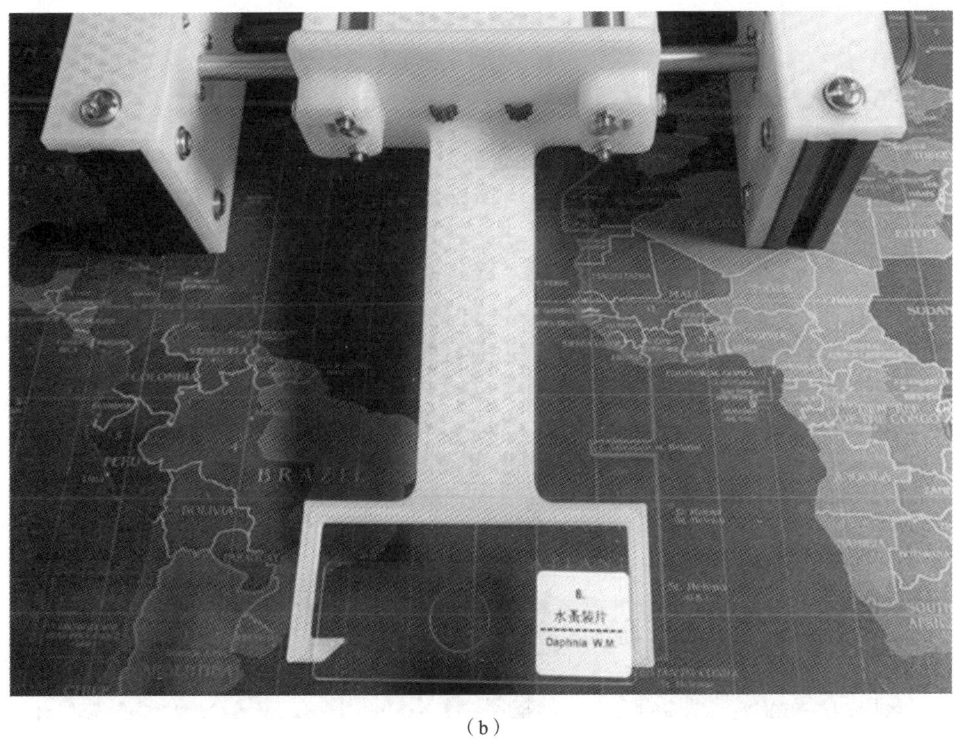
6.
水蚤装片
Daphnia W.M.
BRAZIL
BOLIVIA
COLOMBIA
PERU
EGYPT
SUDAN
MALI
ANGOLA

（b）

图 4　3D 打印件

YOLOv2 模型检测时会将识别到的细胞框起来,并将产生的细胞在图像中的位置坐标[即(x,y)]通过串口通信发送到计算机,同时计算机也会将该坐标与图像中心坐标进行比较。如果所识别的细胞未处于图像中心位置,计算机就会向 Arduino 开发板发送相应的 Gcode 来调整细胞的位置。当细胞处于图像中心位置时,K210 开发板就会对细胞进行拍照。这样得到的照片更加清晰,方便后续的进一步处理。

3. 主要创新点

(1) 本作品在传统的自动化机械类项目中加入人工智能元素,将生活中常见的汽车识别、人脸识别算法——YOLOv2 引入细胞拍摄中,开辟了一个全新的目标检测算法应用场景。

(2) 将常见的 3D 打印、激光切割等领域中的数控程序指令 Gcode 应用于机械臂的控制。摒弃传统的舵机,通过步进电机驱动芯片控制两个步进电机,进而控制机械臂的移动,精度达到 1 mm。

4. 作品展示

本作品实物图如图 5 所示。

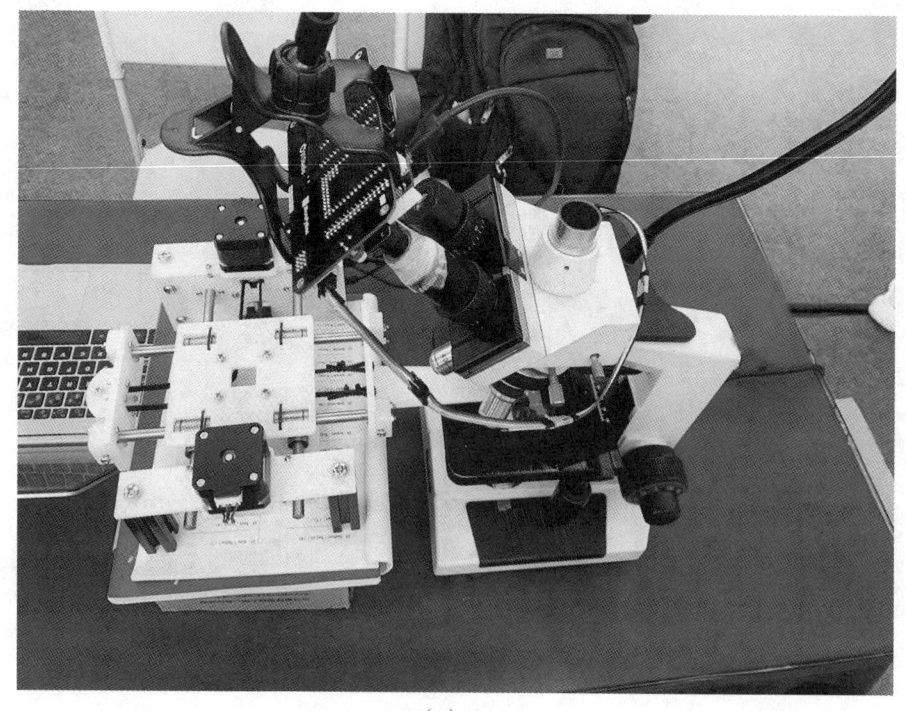

(a)

图 5 作品实物图

(b)

续图 5

参考文献

[1] 聂开俊. 基于 GRBL 的小型数控雕刻机的研制[J]. 机床与液压,2019,47(4):176-180.

[2] 方梓锋,张锋. 基于 K210 和 YOLOv2 的智能垃圾分类平台[J]. 自动化与仪表,2021,36(8):102-106.

[3] 徐必利,储健,林曦,等. 基于视觉神经的垃圾分类系统[J]. 科技与创新,2022(4):145-147.

[4] 谭俭辉. 基于 K210 人脸身份识别与测温系统设计[D]. 广州:广东工业大学,2021.

[5] 陈超鹏. 嵌入式超轻量级人脸检测与验证系统设计[D]. 广州:广东工业大学,2021.

[6] 陈晓斐. 3D 打印技术在"计算机辅助制造"教学中的应用[J]. 科技与创新,2022(8):153-155,159.

智能识别分拣图书摆放装置

上海工程技术大学
设计者：曹宇坤　刘潇威　梁明龙　胡聪　王润杰
指导教师：岳敏　吴明晖

1. 研究现状、趋势与意义

我国制造业走过机械化、自动化、数字化等发展阶段，已经搭建起完整的制造业体系和制造业基础设施，在全球产业链中具有重要地位。国家有关智能机械制造的政策支持，促进了智能机械的设计与创造。图书馆地位的提升，有力推动了其背后软硬实力的提升。图书摆放的便捷化已经成为图书馆背后软硬实力的重要体现。单片机、机械臂、精密材料等技术，都为目标识别提供了理论和实践基础。

图1所示为图书馆工作系统。现有图书管理设备，主要侧重于对图书的识别与分拣。图书的分拣大多依据RFID电子标签来实现图书快速识别并自动分拣到指定移动还书箱，自动进行图书分类，减轻了图书管理员的分类压力，也便于图书分类。但此类设备并没有解决图书的摆放问题。

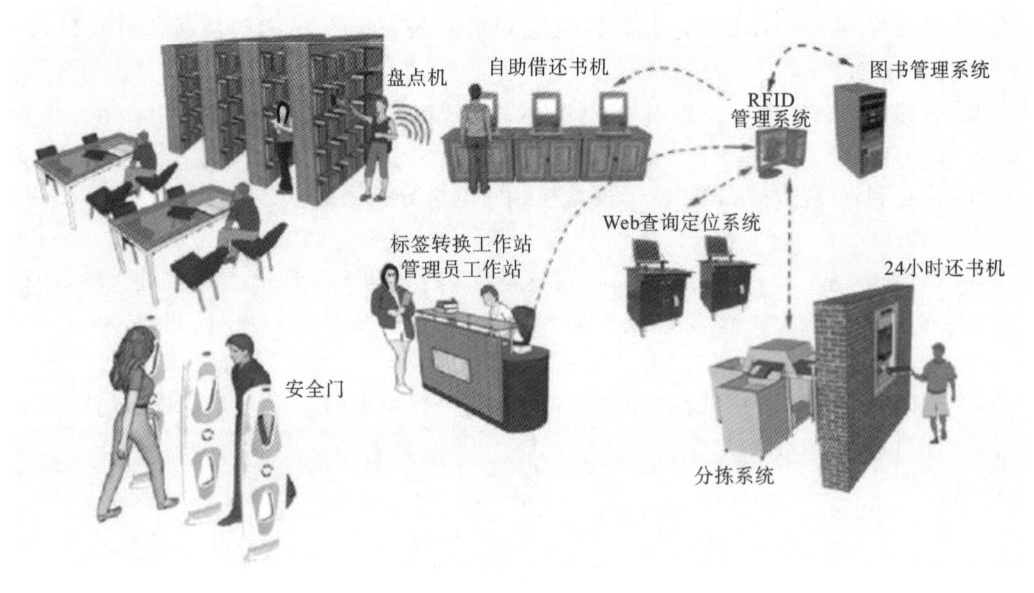

图1　图书馆工作系统

为解决图书摆放问题，小组设计了一款基于 LPC54606 单片机的图书摆放装置，它是一个便捷识别并摆放图书的机械结构体，集中运用了计算机、信息识别、信息融合、通信、人工智能及自动控制等技术，是典型的高新技术综合体。

2. 设计功能

嵌入式读取模块 GM65 将视觉识别条形码的信号输入单片机，再由单片机向电动伸缩杆、舵机机械臂以及电机驱动器输出电信号，从而实现图书摆放。

嵌入式读取模块读取视觉信号后将得到目标位置信息，并控制小车整体向目标位置移动，根据目标位置信息控制伸缩杆高度，用楔形装置将书架中的图书撑开后用机械臂将目标图书送入指定位置。

3. 各个部件

1）识别

识别采用 GM65 条码识读模块。这是一款性能优良的扫描引擎，不仅能够轻松读取各类一维条码，而且可以高速读取二维条码，对线性条形码具有非常高的扫描速度，也能轻松扫描纸质条码及显示屏上的条码。GM65 条码识读模块是在图像智能识别算法基础上开发的先进的条码识别及解码模块，可以非常容易且准确地识读条码符号，极大地简化了条码识读产品的开发难度。

图 2　GM65 条码识读模块

GM65 条码识读模块如图 2 所示，它可实现对整个书架上图书信息的收集（该功能同样可应用于商店货架上的信息统计）。

2）摆放

（1）楔形可开口尖端（图 3）。

识别条码后，装置得到图书位置以及厚度信息，楔形尖端获取信息后插入指定位置，并撑开比图书厚度稍大的距离，以供后续放书操作。

（2）麦克纳姆轮。

采用四个麦克纳姆轮（图 4），实现装置自由移动，达到运输图书和到达书架指定位置的目的。

麦克纳姆轮前进后退、左右平移的原理如图 5、图 6 所示，图中实线是车轮转动产生的摩擦力，虚线是分力。

刚体在平面内的运动可以分解为三个独立分量：x 轴平动、y 轴平动、yaw 轴自转。如图 7

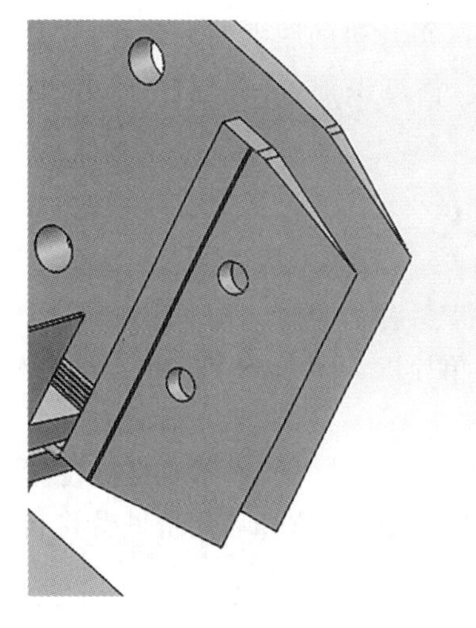

图3 楔形可开口尖端示意图

图4 麦克纳姆轮

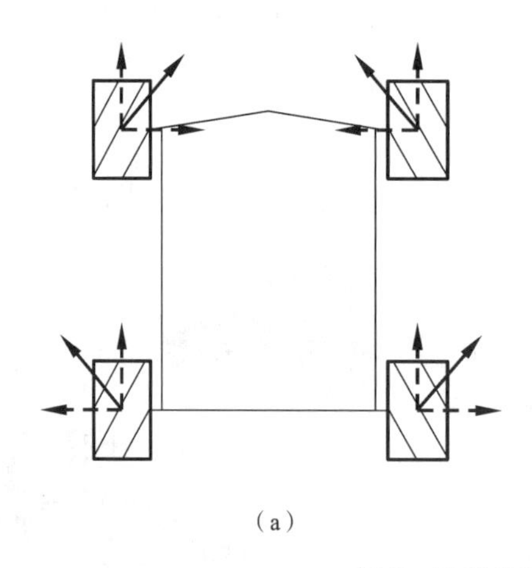

(a)

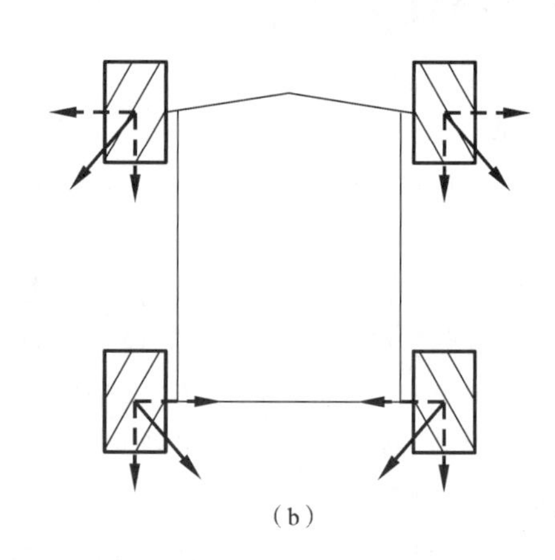

(b)

图5 麦克纳姆轮前进后退原理

(a) 车轮向前移动;(b) 车轮向后移动

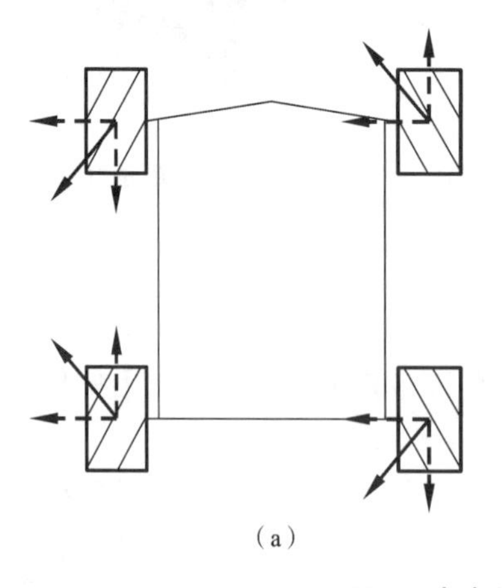

(a)

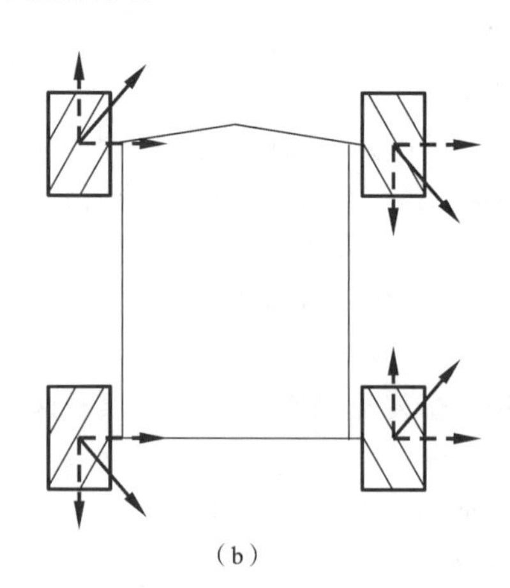

(b)

图6 麦克纳姆轮左右平移原理图

(a) 车轮向左移动;(b) 车轮向右移动

所示，底盘的运动也可以分解为这三个量，并且 $\vec{v}_{t_x}$ 表示沿 x 轴运动的速度，即左右方向，定义向右为正；$\vec{v}_{t_y}$ 表示沿 y 轴运动的速度，即前后方向，定义向前为正；$\vec{w}$ 表示绕 yaw 轴自转的角速度，定义逆时针为正。

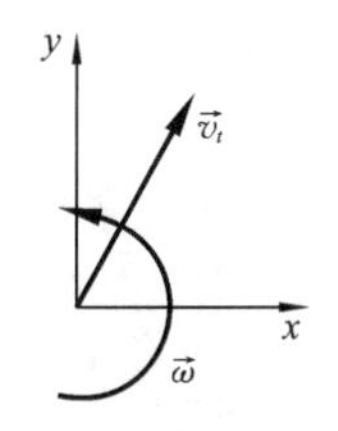

图 7　底盘运动速度分量

以上三个量一般都视为四个轮子的几何中心(矩形的对角线交点)的速度。如图 8 所示，计算轮子轴心位置的速度，定义：$\vec{r}$ 为从几何中心指向轮子轴心的半径矢量；$\vec{v}$ 为轮子轴心的运动速度矢量；$\vec{v}_r$ 为轮子切线方向的速度分量。那么可以计算出：

$$\vec{v}=\vec{v}_t+\vec{w}\times\vec{r}$$

如图 9 所示，计算辊子的速度。将轮子轴心位置速度，分解出沿辊子方向的速度 $\vec{v}_{/\!/}$ 和垂直于辊子方向的速度 $\vec{v}_{\perp}$。其中，$\vec{v}_{\perp}$ 是可以忽视的，而

$$\vec{v}_{/\!/}=\vec{v}\cdot\hat{u}=(v_x\boldsymbol{i}+v_y\boldsymbol{j})\cdot\left(-\frac{1}{\sqrt{2}}\boldsymbol{i}+\frac{1}{\sqrt{2}}\boldsymbol{j}\right)=-\frac{1}{\sqrt{2}}v_x+\frac{1}{\sqrt{2}}v_y$$

其中，$\hat{u}$ 是沿辊子方向的单位矢量。

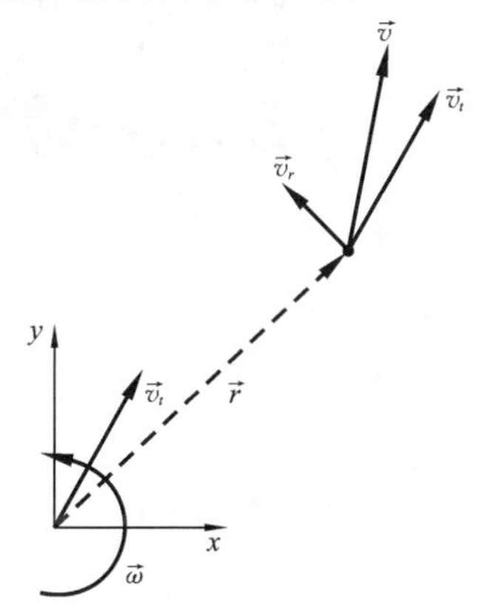

图 8　轮子轴心位置速度计算

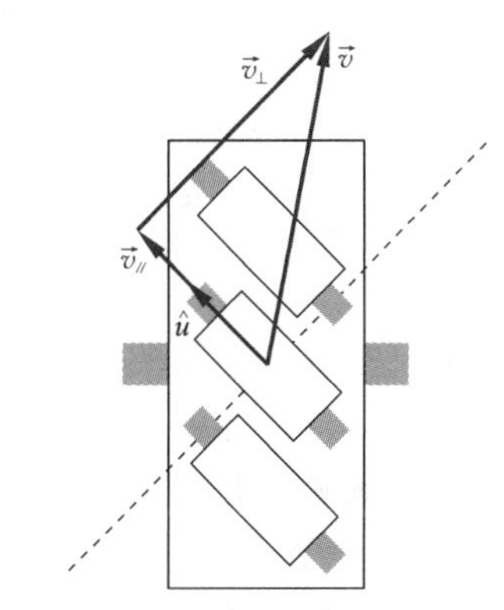

图 9　辊子速度计算

如图 10 所示，计算轮子的速度。

由辊子速度计算轮子转速，即

$$v_w=\frac{\vec{v}_{/\!/}}{\cos 45^\circ}=\sqrt{2}\left(-\frac{1}{\sqrt{2}}v_x+\frac{1}{\sqrt{2}}v_y\right)=-v_x+v_y$$

根据图 10 中 a 和 b 的定义，有

$$\begin{cases}v_x=\vec{v}_{t_x}+\vec{\omega}b\\ v_y=\vec{v}_{t_y}-\vec{\omega}a\end{cases}$$

结合以上四个步骤，可以根据底盘运动状态解算出四个轮子的转速，即

$$\begin{cases}v_{w_1}=\vec{v}_{t_y}-\vec{v}_{t_x}+\vec{\omega}(a+b)\\ v_{w_2}=\vec{v}_{t_y}+\vec{v}_{t_x}-\vec{\omega}(a+b)\\ v_{w_3}=\vec{v}_{t_y}-\vec{v}_{t_x}-\vec{\omega}(a+b)\\ v_{w_4}=\vec{v}_{t_y}+\vec{v}_{t_x}+\vec{\omega}(a+b)\end{cases}$$

(3) 可伸缩推杆。

推杆实物图如图 11 所示。推杆通过伸缩来调整高度，使识别系统和楔形可开口尖端到

达指定位置,以保证能将图书放入指定位置。

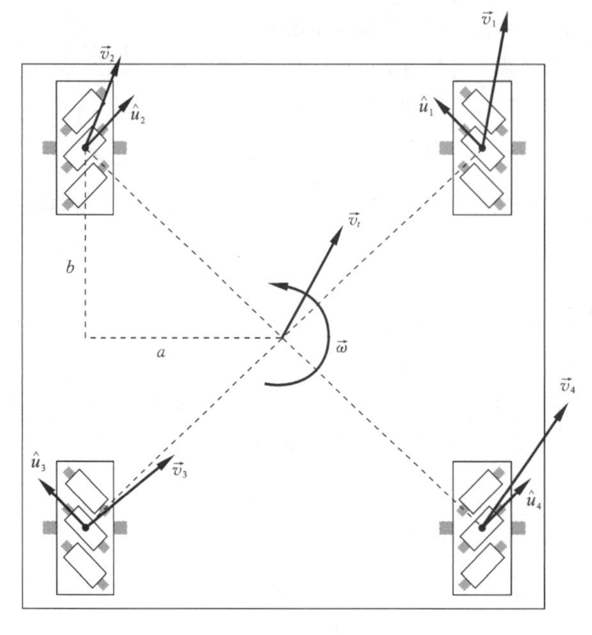

图 10　轮子转速计算

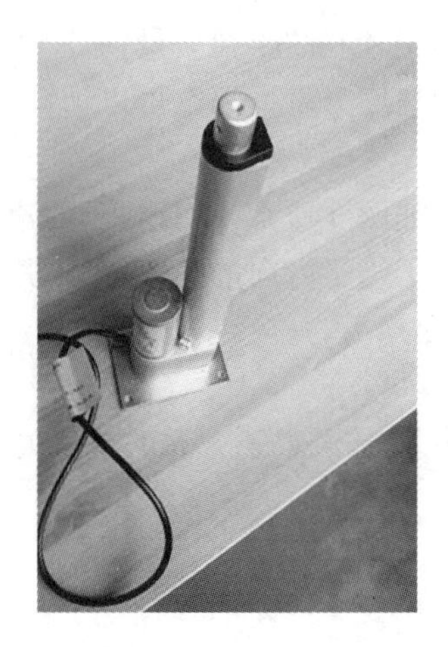

图 11　推杆实物图

4. 主要创新点

(1) 使用麦克纳姆轮,结合智能车系统相关知识,使小车运动更加灵活,有利于小车在书架之间穿梭。

(2) 引入楔形可开口尖端,巧妙地解决了图书摆放问题。

5. 作品展示

本作品三维模型预览图和实物图如图 12、图 13 所示。

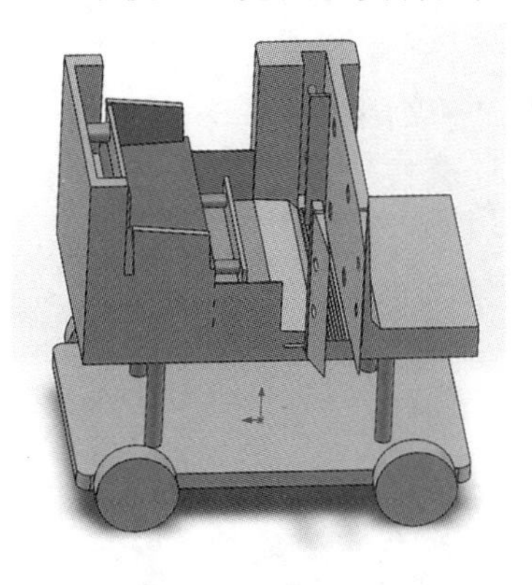

图 12　作品三维模型预览图

图 13　作品实物图

参考文献

[1] 韩泉泉,李洪斌,刘日良.自动整理图书的机器人机械手研究[J].机械制造与自动化,2012,41(2):142,182.

[2] 赵晋芳,张海华,郭太君.一种图书搬运机器人的设计[J].福建质量管理,2016(4):138.

[3] 朱瑛,马慧婷,谢睿.错架图书识拣机器人结构设计及运动学分析[J].机床与液压,2020,48(5):34-38.

“赛博拉瓦锡”——远程化学实验教学系统

上海交通大学
设计者：牛瑞骐　徐哲恺　魏奕晨　陈语林　季弋琨
指导教师：肖建荣　孙婷

1. 设计目的

由于某种条件的限制，学生有时因未参与线下教学而无法使用学校的化学实验设备；在设施相对落后的学校中，可能也不具备进行化学实验教学的条件。而化学是一门实验性学科，实验是化学教学中不可或缺的一环。

既有的化学实验模拟软件虽然能通过动画等手段部分弥补化学线上教学过程中实验的缺失，但不能逼真地展现实验过程中的现象，同时学生也无法自主操作。因此，小组决定开发一款智能助学机械，将机械实验平台和网络平台有机连接，把一套能够进行化学实验操作的机械装置的控制权交给学生，最终使学生通过网络便能透过设备屏幕，自行进行真实的化学实验。

本作品的意义主要有以下几点：

(1) 为学生搭建一套远程化学实验平台，共享进行化学实验的仪器和药品，帮助无化学实验条件的学校开展化学教学，让学生体会化学学科的魅力。

(2) 将基础的化学实验操作进行抽象并分别加以机械化，在确保实验流程标准化的同时又给予学生足够的自由度。

(3) 该系统具有广泛的发展前景。以对实验操作的抽象为基础，在未来其可被用于自动化实验，能大批量地完成预先给定参数的实验任务；以网络框架为基础，随着机械结构的改进，在未来其可以完成危险化学品、生物制品等特种实验，利用远程操控特点保证实验人员的安全。

2. 工作原理

1) 机械部分

机械结构主要分为四个模块，分别实现四种主要功能：取样、运输、实验操作及观察。

(1) 取样：药品管理平台。

整个机械部分由中央机械控制平台(图 1)和药品管理平台(图 2)组成。药品管理平台由一块 Arduino UNO 开发板驱动。药品架上层接入四个舵机，分管四个阀门，可以同时转载并控制四种液体样本;下层则是实验仪器放置区,预留一个锥形瓶、一个烧杯以及两个试管的放置区。

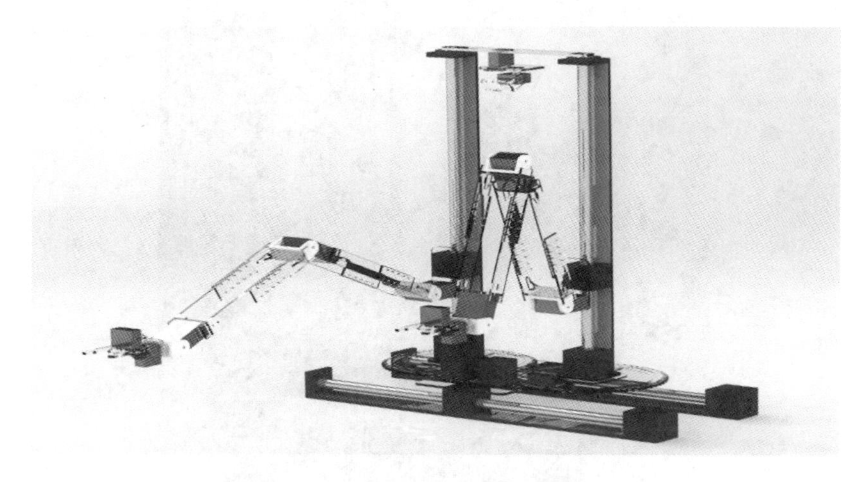

图1　中央机械控制平台模型

图2　药品管理平台

(2) 运输:中央机械控制平台。

中央机械控制平台(图3)大体由两只拥有8个自由度的机械臂组成。横向的水平移动由两组57/56步进电机驱动的丝杠滑台实现,步进电机的转动,带动上层平台移动到对应的位置。纵向的上下位移各由一只57/56步进电机驱动的丝杠滑台实现。底座的旋转分别由一只42步进电机以齿轮传动的方式驱动。而机械爪的前后伸缩、振荡和抓取,均由两组5个舵机控制。舵机通过 Arduino Mega 开发板直接控制,而步进电机则连接 DM542、TB6600 驱动板,再由 Arduino Mega 开发板通过脉冲信号进行控制。前端软件控制台经由树莓派中转,将指令通过 SPI 端口输送到 Arduino Mega 开发板,再由开发板分别向各个控制器传递运动指令,精准稳定地控制舵机,使步进电机运行到对应的位置。

(3) 实验操作。

化学实验涉及多种操作,本实验平台可以通过机械臂上多舵机的联动来完成振荡操作,通过两个机械臂的配合联动来完成溶液互倒操作。同时,机械臂也能利用特定的夹具和精

图3 中央机械控制平台实物图

准的控制手段实现精确夹取器皿和药品;还能利用夹取物的质量和伸长量这两大参数来自动补偿角度,避免机械臂过度下垂。

(4) 观察:摄像头模块组件。

实验的观察主要由摄像头模块组件完成,摄像头模块组件由红外摄像头、微距摄像头和直播摄像头组成,它们分别负责大视角观测整个实验、观察刻度数值和观察实验过程中的热量变化。其中,红外摄像头固定于实验台的热成像区,以隔绝背景上其他物件温度的影响。微距摄像头(图4)固定于机械臂上以灵活调整视角,保证读数时视线与液面基本齐平。直播摄像头位于两机械臂正中上方,以俯瞰的姿态观察整个实验场景,同时为其配备了具有2个自由度的云台来确保视角的灵活性,如图5、图6所示。

图4 微距摄像头

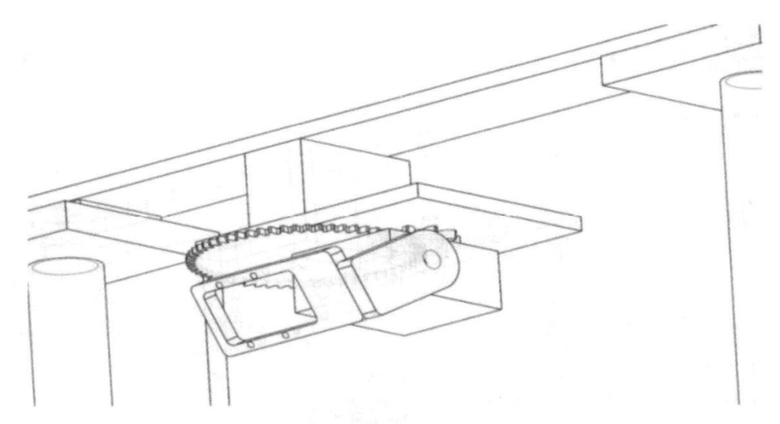

图 5　搭载直播摄像头的云台设计图

图 6　云台和直播摄像头

2）网络部分

网络部分主要由前端软件控制台、后端网页服务器、控制指令收发器、直播服务器、热成像数据收发器等模块组成。网络整体结构如图 7 所示。

3. 设计过程

1）机械部分

（1）总体设计目标。

根据初高中化学实验教学内容，选取了三个具有代表性的化学实验作为设计基准：氢氧化钠与硫酸铜的反应、盐酸滴入大理石以及滴定实验。这三个实验涉及初高中化学实验中的典型仪器与药品，故所有设计以能够流畅、稳定地实现这些实验操作为目标。

（2）总体设计方案。

首先为本作品的机械部分粗略地规划了三个部分：药品区、机械臂平台以及实验区。药品区主要实现实验药品以及仪器的存储和摆放。为了方便机械臂的夹取，对药品架进行了

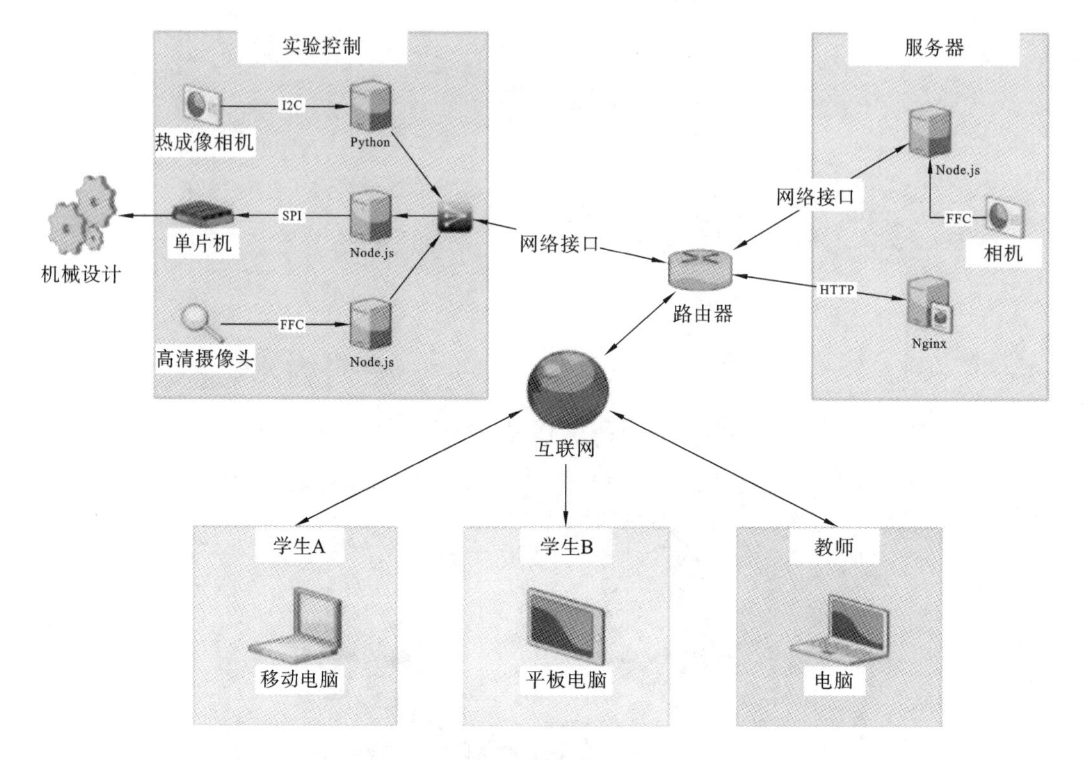

图 7　网络整体结构

专门的设计，确保所有物品摆放位置合理。在实验区架设一个平台，它是所有实验的发生地，取样后的试剂将会由机械臂平台运输到这里参与反应。位于中央的机械臂平台是机械部分的核心和重点。实验过程中机械臂平台的运动精度是重中之重，因此在设计机械臂平台的动力单元时采用可以通过 PWM 信号精确控制的重型金属舵机以及由步进电机驱动的丝杠滑台。这些设备的信号端由一块 Arduino Mega 开发板统一控制，并由两组总功率达到 450 W 的稳压电源持续供电，可以避免电池供电导致的电压不稳，确保运行过程的稳定性。机械臂主要采用折叠式手臂的设计，在保证伸缩阈值的前提下最大限度地确保结构的灵活性，如图 8、图 9 所示。

(3) 机械臂的精度补偿。

理想状况下，只要所有电机的位置确定，那么机械臂的位置与抓取物品的姿势就是确定的。但是在实际操作过程中，所抓取物品的重力会导致机械臂因为形变而偏离理论位置。小组采取了较为原始的“打表”技巧，即通过多次试验测得不同物品在其重力下的实际位移与设定位置的偏差程度，并将这些值输入控制程序中。这样，控制程序便能进行修正，以达到更为准确地控制抓取物品姿势的目的。

(4) 实验仪器的模块化改造。

化学实验仪器，如烧杯、试管等，各有各的规格，粗细、形状均不同。但小组并没有设计多种机械爪。小组的设计构思是将这些特异性的实验仪器“标准化”，即为它们设计一个标准的夹具，利用 3D 打印技术，为每一种实验仪器都配备标准的夹具，使所有的仪器都能使用相同的机械爪夹持。

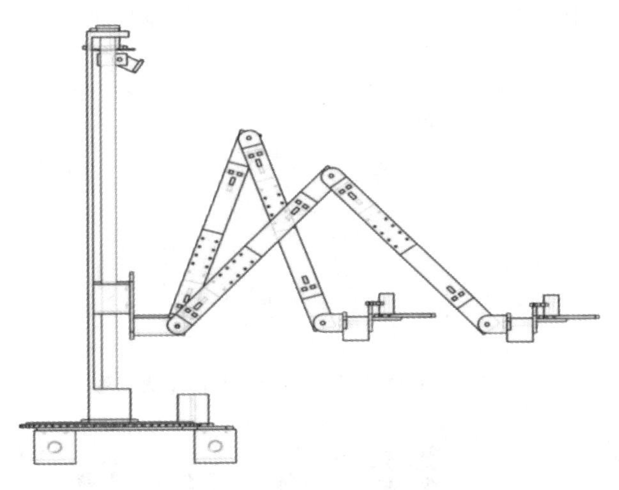

图 8　折叠式手臂示意图一

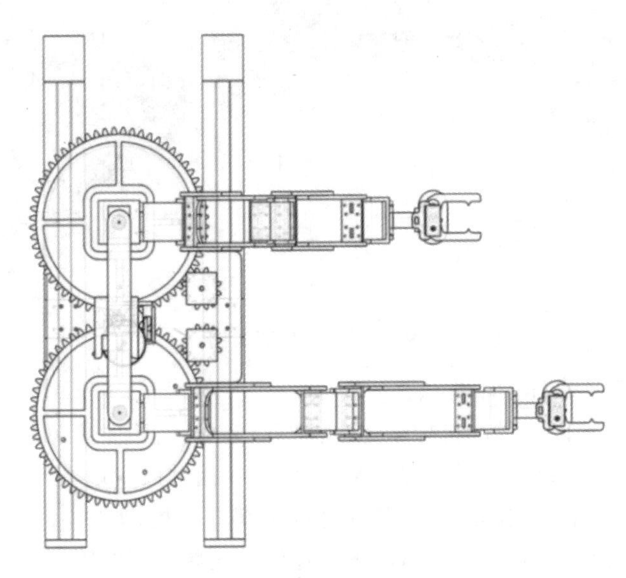

图 9　折叠式手臂示意图二

烧杯的标准化夹具设计如图 10 所示。

图 10　烧杯的标准化夹具设计

夹具标准化后采用的机械爪设计图如图 11 所示。机械爪实物图如图 12 所示。

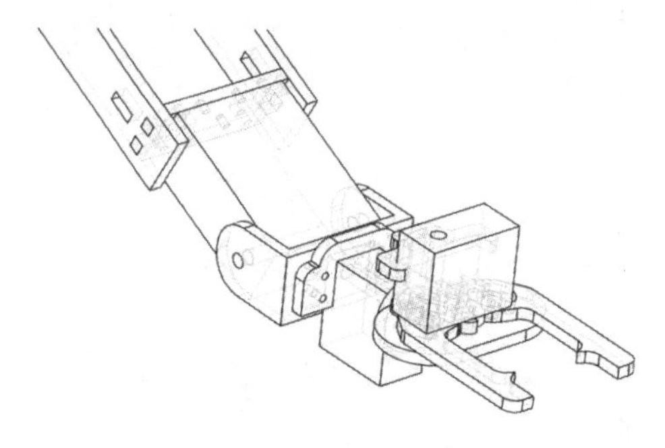

图 11　夹具标准化后采用的机械爪设计图

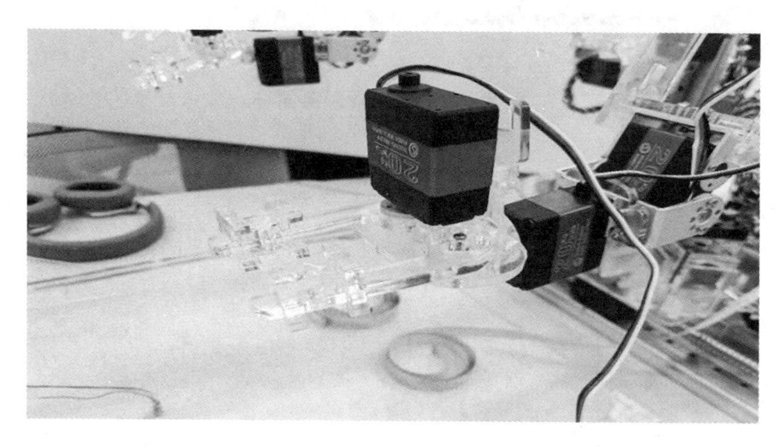

图 12　机械爪实物图

(5) 探索固体药品取样的新方法。

液体药品的取样可以通过舵机控制的电控阀门完成,而固体药品的取样却是一道难题。针对固体药品的取样,小组设想了多种方案,但大多都因难以实现、设计过于复杂、成本过高而被否决。最终,小组采用创新式的阿基米德取水车式结构,如图 13 所示。该结构能将电机的旋转运动转换为线性的平移运动,能平稳地将试剂瓶底部的固体药品提升到上端,并确保机械结构简单且便于维护。

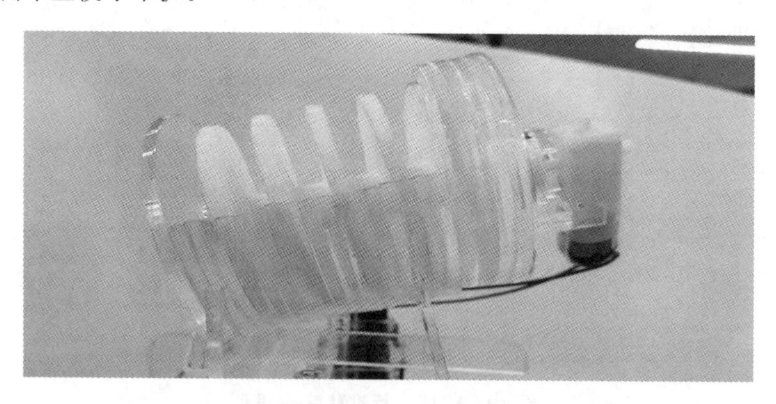

图 13　采用阿基米德取水车式设计的固体药品储存器

(6) 保证沉浸式的实验体验。

为在远程实验时使学生有身临其境的体验,整套设备架设了三个摄像头,让学生能够通过相关装置全方位观察实验状态。第一个摄像头是直播摄像头,由两个舵机组成的云台放置在整个装置的顶端,可以实现对实验场景的整体观察。第二个摄像头是35 mm定焦微距摄像头,它安装在一只机械臂上,该摄像头可以更为细致地观察化学反应的进行。第三个摄像头是红外摄像头,它固定架设在实验台,通过感知温度来反馈反应热量的吸放情况。

2) 网络部分

(1) 总体设计目标。

硬件方面,需要能够通过网络实现对机械元件的控制。软件方面,需要为用户提供简便的操作界面与数据反馈。其他技术难点:为了实现实时操作,实验教学系统的直播延时应低于1 s;需要确保在大量电机带来的电磁干扰情况下指令传输的准确性。

(2) 硬件部分。

在机械部件的直接控制方面,采用Arduino系列的单片机,它能调节电信号,控制步进电机、舵机等元件的运转。

采用树莓派作为网络与电路之间的桥梁。相较于普通计算机,树莓派有着充足的GPIO接口,它们能实现树莓派与其他电路之间的高度融合。而相较于Arduino的网络扩展版,树莓派又具有一定的处理能力与运行Linux操作系统的能力,可提供更为高效与复杂的网络后端服务。

(3) 软件部分。

在面向用户的前端方面,采用HTML+CSS+JS的面向浏览器方案。相较于独立应用,浏览器方案具有跨平台、无须安装、使用便捷等特点,真正实现了"只要有网络就能使用教学系统",提升了助学效果。

在后端方面,采用Node.js进行设计。Node.js库可实现包括树莓派摄像头、GPIO接口控制、WebSocket收发、SPI通信等大量关键功能。

(4) 直播。

实验直播尝试了3种技术路线,最终达到低延迟要求。

① RTMP协议。

RTMP(real time messaging protocol,实时消息传输协议)是Adobe公司为FLV封装格式设计的基于TCP的数据传输协议。

RTMP的延时通常为5 s左右,虽然有通过大量的自定义将该值降低至0.5 s的案例,但这需要具备大量的专业知识及经验,最终放弃了基于RTMP的直播方式。

② HLS协议。

HLS(HTTP live streaming),是Apple公司提出的基于HTTP的媒体流传输协议,用于实时音视频流的传输。HLS把整个流分成一个个小的文件来下载,其中包括.m3u8文件与.ts文件。前者是索引文件,后者包含音视频的媒体信息。

HLS中传输的基本单元.ts文件是由原始音视频数据打包而来的,这就要求摄像头数据接收方具有一定的处理能力，能够连续及时完成视频信息的相关运算。本作品所采用的树莓派主机的处理能力不足以支持对数据的快速打包，多次尝试后将基于 HLS 的直播的延时降低至 4 s，最终还是放弃。

③ 客户端解码。

受基于 HLS 的直播方式中遇到的处理能力不足问题的启发，小组设想能否利用客户端本身的算力，因而尝试将原始视频数据通过 WebSocket 协议发送给客户端，客户端采用 Broadway.js 库将原始数据直接解码为浏览器内的图像显示的技术路线。这种方式将直播延时降低至 0.5 s 以下，完全符合本作品所需的低延迟直播要求。

(5) 指令传输。

为了实现学生用户在网页端的远程操控，作为服务器的树莓派需要与 Arduino Mega 板进行 SPI 通信，由接到指令的 Arduino Mega 板继续完成学生用户指定的机械动作。但是在测试过程中，小组发现由于导线较长、环境电磁干扰较强等，出现了字节错误甚至字节丢失问题。

为了应对字节错误，采用了 CRC 循环冗余校验，即在树莓派信息发送时增加一个校验字节，Arduino Mega 板对整体信息进行校验，发现错误后即向树莓派反馈，让其重新发送指令。

为了应对字节丢失，采用了“超时重发”策略。由于一次正常的 SPI 通信会在 1 ms 内完成，一旦 Arduino Mega 板检测到通信在 1 ms 内没完成，就向树莓派反馈，让其重新发送指令。

再次测试，发现 Arduino Mega 板能正确接受并执行所有指令。采取 CRC 循环冗余校验以及“超时重发”策略，保证了通信的可靠性，让学生用户的操作在机械上得以正确体现。

4. 主要创新点

(1) 本作品最终实现了学生能通过网络操作真实的化学实验，极大地辅助了远程条件下的化学实验教学。

(2) 机械层面，抽象了化学实验中的各类动作，并利用类似双手的两只机械臂加以实现，使实验环境标准、可控，学生也能在化学实验操作中锻炼技能；各类仪器采用模块化设计，在便于控制的同时也易于推广，从而满足不同实验的需求。

(3) 网络层面，搭建了完整的通信系统，给每一位能够连接网络的用户提供远程的逼真的化学实验教学；遵循现代用户体验设计准则，为用户提供简洁、互动性强的控制界面来操控化学实验。

5. 作品展示

本作品的机械装置如图 14 所示，交互界面如图 15 所示。

图 14　作品机械装置

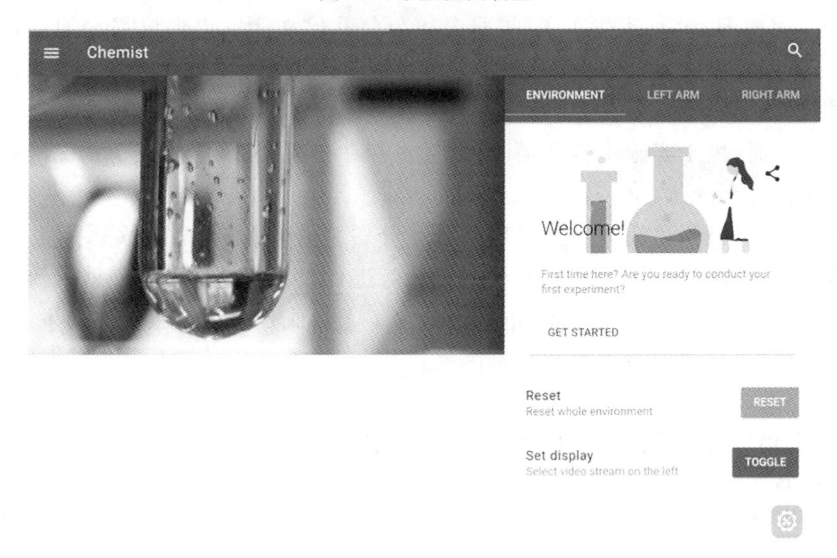

图 15　作品交互界面

参考文献

[1] 李文彬. 分析化学仿真实验教学在远程教育中的实践与探索[J]. 实验室科学, 2012,15(2):36-38.

[2] 万浩,熊焰. 远程教育环境下物理化学虚拟实验教学体系建设[J]. 化工高等教育, 2012,29(6):35-38.

[3] 胡慧慧,董磊,马文忠. 基于校园网的 PLC 远程实验教学平台建设[J]. 实验室科学, 2019,22(2):134-136.

"哙享卫筷"智能服务机器人

华东理工大学
设计者：张子轩　李东晓　郦滢澄　孙矢初
指导教师：马新玲

1. 研究背景

新冠肺炎疫情暴发以来，不论是外出就餐，抑或是在家吃饭，公共卫生、清洁消毒等问题备受关注。而围桌共食、不用公筷的就餐方式，给病毒与细菌的"趁虚而入"提供了便捷途径，易引发幽门螺杆菌感染、甲肝、戊肝、手足口病等疾病，危及人民的健康。

2020 年 3 月 9 日，北京市发布了《推行公筷公勺共建文明餐桌倡议书》，随后，各地纷纷倡导分餐制，倡议餐厅主动提供公筷公勺，鼓励市民自觉分餐，利用科学防护措施，多方位阻断病毒传播路径。事实上，早在 20 世纪 80 年代甲肝、2002 年"非典"暴发时，公筷公勺意识就已经产生。然而，由于实施不具有强制性，且不存在相应处罚，随着疫情状况的好转，人们的公筷公勺意识逐渐淡化。

通过多方调查发现，目前市面上未出现自动分餐装置，现在分餐制多采用人工处理：一是厨师在后台制作分配菜品，二是服务员在餐桌旁进行布菜。这样不仅使就餐流程加长了，延长就餐时间，减小座位周转率，同时也大大增加了人力成本和运营压力。如果没有高效便捷的自动分餐装置，分餐制将很难在大范围推行。

基于此，小组设计了一款自动智能、高效稳定、富含趣味、交互性强的"哙享卫筷"智能服务机器人，帮助用户在就餐过程中自动分餐，阻断细菌、病毒传播路径。

本作品的意义主要有以下几点：

(1) 阻断病毒传播路径，助力疫情防控。智能分餐，避免了食客之间的唾液接触，降低了细菌和病毒传播的概率。

(2) 自动清洁，降低维护成本，防止细菌滋生。

(3) 智能趣味分餐，活跃餐桌氛围。友好的人机交互实现智能分餐，趣味性强，可以活跃气氛，使用户更易于接受"公筷""公勺"。

2. 设计方案与工作原理

1) "哙享卫筷"智能服务机器人的整体设计方案

"哙享卫筷"智能服务机器人包括三个核心模块：进出碗碟模块、智能分餐模块和清洁模块。用户可以通过语音、HMI 串口显示屏以及手机 APP 等方式发出盛菜指令。机器人自动通过防畸变广角摄像头捕捉餐桌环境并进行图像处理，构建空间笛卡儿坐标系，并根据运动学分析，确定进出碗碟次序与分餐机械臂运动轨迹。

“哙享卫筷”智能服务机器人各模块的设计功能与特点如下：

(1) 进出碗碟模块：巧用双层伸缩导轨和行星齿轮转盘结构实现碗碟的进入、盛放、送出；

(2) 智能分餐模块：在智能机械臂系统上挂载“鳍条仿生爪”和“易倾倒汤勺”两种执行机构，分别实现菜与汤的盛取；

(3) 清洁模块：使用高频水泵将储水槽中的清洁液喷出，利用高速射流将执行机构上的食物残渣与残液冲洗干净。

2）进出碗碟模块

当机器人接收到盛菜指令的电信号时，进出碗碟模块开始运转。如图 1 所示，首先，巧用双层伸缩导轨，将需要盛菜的碗碟 5 送入托盘 4，双层导轨驱动具有伸展距离远、精度高、对环境影响小等特点。圆周等距分布的 6 个牛眼轮 1 安装在托盘 4 底部，行星齿轮 2 的转动带动牛眼轮 1 在滑轨 6 上滑动，步进电机 3 根据所需分餐的菜品带动行星齿轮 2 旋转特定角度，实现指定菜品运输到合适的工位。

行星齿轮与滑轨配合的巧妙设计，既达到了结构设计的紧凑性要求，减小了结构的体积，降低了控制的难度，提高了运行的准确性，又保障了一定承重下模块运行的平稳性。

3）智能分餐模块

智能分餐模块结构示意图如图 2 所示，由六自由度机械臂及搭载的“鳍条仿生爪”和“易倾倒汤勺”组成。

图 1　进出碗碟模块结构图

1—牛眼轮；2—行星齿轮；3—步进电机；
4—托盘；5—碗碟；6—滑轨

图 2　智能分餐模块结构示意图

(1) 六自由度机械臂。

六自由度机械臂由镂空氧化铝合金支架组成，在保证强度的同时最大限度减轻其质量，结构小巧，便于携带。其臂身由圆形底盘、U 形铝板、V 形铝板以及舵机支架组装而成，机械臂搭载 7 种不同型号的高精度舵机，利用多路舵机控制其运行速度。

机械臂坐标表示法通常采用笛卡儿坐标系。绕轴正方向采用右手定则确定，关节空间

坐标为 θ_1、θ_2、θ_3、θ_4、θ_5、θ_6，笛卡儿空间坐标为 x、y、z、α、β、γ，如图 3 所示，其中先将坐标系 $\{B\}$绕 $\hat{Z}_B$ 旋转 α 角度，再绕 $\hat{Y}'_B$ 旋转 β 角度，最后绕 $\hat{X}''_B$ 旋转 γ 角度。

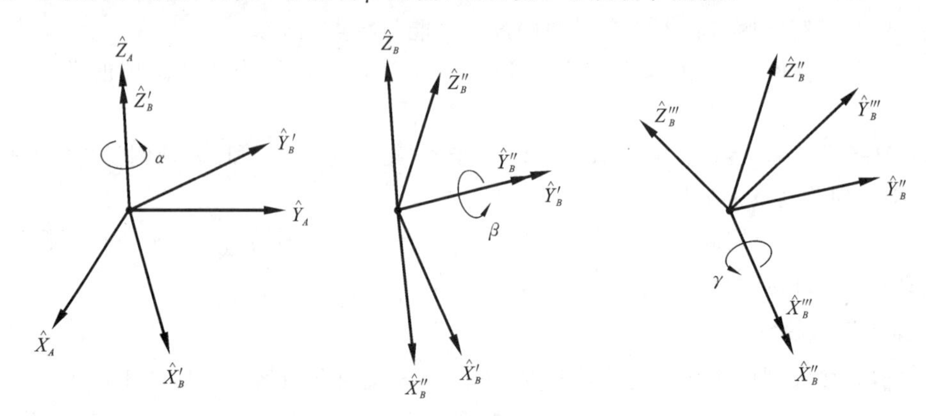

图 3　机械臂坐标表示法

坐标变换通常为平移变换与旋转变换。平移变换可直接采用向量相加的方式得到变换后的坐标。旋转变换用于描述一个物体在坐标系中的位置和朝向，总是可以等效为描述新旧坐标系之间的关系。依据对二维坐标系旋转变换的分析，进一步推导出三维坐标系的旋转变换关系式。将坐标轴单位向量用参考坐标系表示，可得：

$$\vec{X}_B^A=\begin{bmatrix}\cos\theta\\-\sin\theta\end{bmatrix}$$

$$\vec{Y}_B^A=\begin{bmatrix}\sin\theta\\\cos\theta\end{bmatrix} \tag{1}$$

用 2×2 矩阵表示为：

$${}_B^A\boldsymbol{R}=[\vec{X}_B^A\quad\vec{Y}_B^A]=\begin{bmatrix}\cos\theta & \sin\theta\\-\sin\theta & \cos\theta\end{bmatrix} \tag{2}$$

从而能够确定旋转的位置与朝向。由此可见，空间三维坐标系可采取 3×3 的 $\boldsymbol{R}$ 矩阵表示，其旋转矩阵可表示为：

$${}_B^A\boldsymbol{R}=[\vec{X}_B^A\quad\vec{Y}_B^A\quad\vec{Z}_B^A] \tag{3}$$

式(3)是从坐标系$\{B\}$至坐标系$\{A\}$的旋转矩阵，每一列均为坐标系$\{B\}$的坐标轴单位向量在坐标系$\{A\}$中的表达式。在此基础上，对六自由度机械臂每个关节指定运动参数，采用广泛应用于各类机器人的建模与运动学求解的 DH 参数法描述机器人各关节坐标系之间的关系。对机械臂连杆的长度、偏移、扭转以及关节转角进行计算分析，进而实现运动规划，完成指定菜品的分菜动作。

(2) 鳍条仿生爪。

本作品的执行机构之一采用鳍条仿生爪结构。如图 4 所示，鱼鳍由两个"V"形骨头及其间的结缔组织构成，拉动"V"形骨头的一侧会导致鱼鳍变形，使骨头根处和尖端朝施加载荷的方向发生弯曲，即鳍条在贴近物体时会发生变形以适应物体的表面形状，称为鳍条效应(图 5)。

图 4　鱼鳍示意图

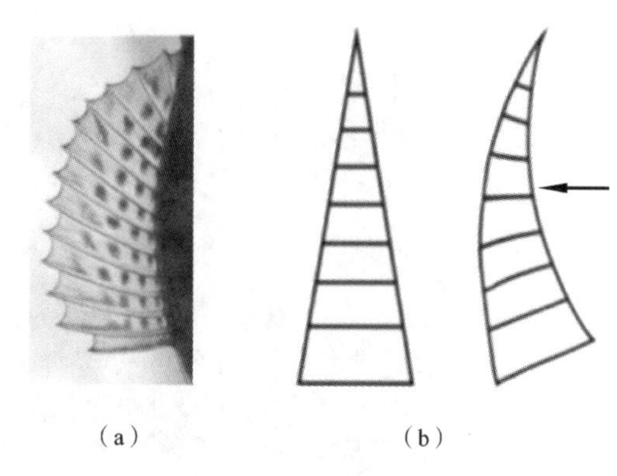

(a)　　(b)

图 5　鳍条效应示意图

(a) 鱼鳍;(b) 鳍条结构(静态→受力)

如图 6 所示,A、D 为固定端,AB、BC、CD 为连杆,利用舵机连接不完全啮合齿轮,配合连杆结构控制爪头的开合,具有较好的稳定性和灵活性。如图 7 所示,相比平行捏取,采用被动柔性的鳍条仿生爪结构,增大了接触面积,使得捏取动作更容易控制和实现。就像人手一样,人手是有骨有肉的,刚性骨骼结构相当于刚性结构,而肌肉和皮肤则相当于柔性结构。这种刚柔结合的结构使得人手兼具刚性手和柔性手的优点,既负载大、抓取稳定,又能抓取柔软易碎的物体。

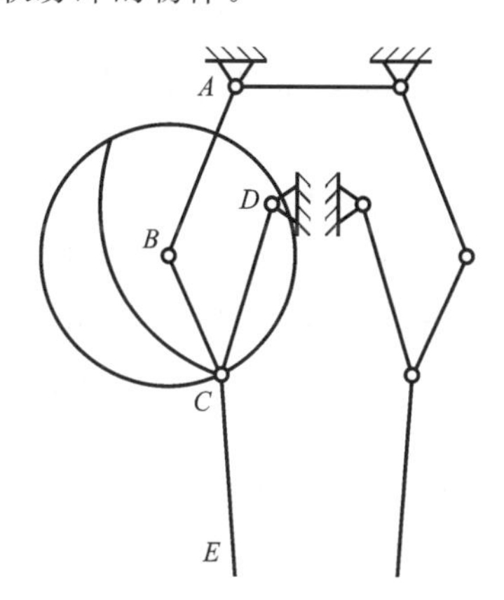

图 6　鳍条仿生爪结构原理图

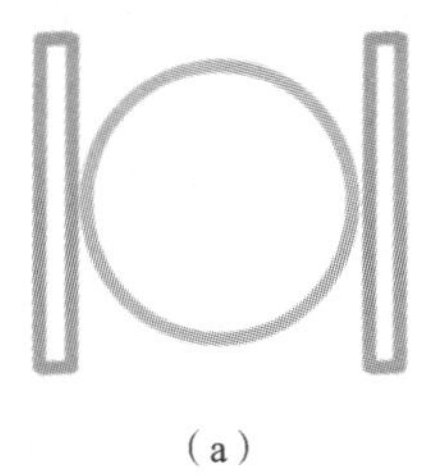

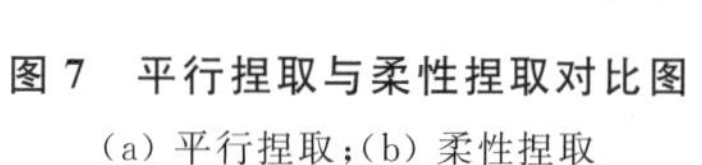

(a)　　(b)

图 7　平行捏取与柔性捏取对比图

(a) 平行捏取;(b) 柔性捏取

鳍条仿生爪结构主要包括固定底座、不完全啮合齿轮、柔性爪头、舵机和电路板,如图 8 所示,它利用 TPU(热塑性聚氨酯弹性体)柔性材料 3D 打印制成,安全可靠,能根据被加持物品外形改变鳍条形状,保证自适应被动柔性加持,在保证不对物品造成损伤的前提下实现稳定抓取。

(3) 易倾倒汤勺。

易倾倒汤勺表面线条流畅,勺壁厚度渐变 ,重心位于汤勺前端,当汤勺伸入汤碗中舀取汤汁时,重心的合理设置能使汤勺在竖直状态下进入汤碗,且汤勺易倚靠在碗沿,勺口和液面略呈倾斜角度,增大舀取量。勺沿采用凹槽结构,避免汤勺在运动过程中晃荡而使汤汁溅

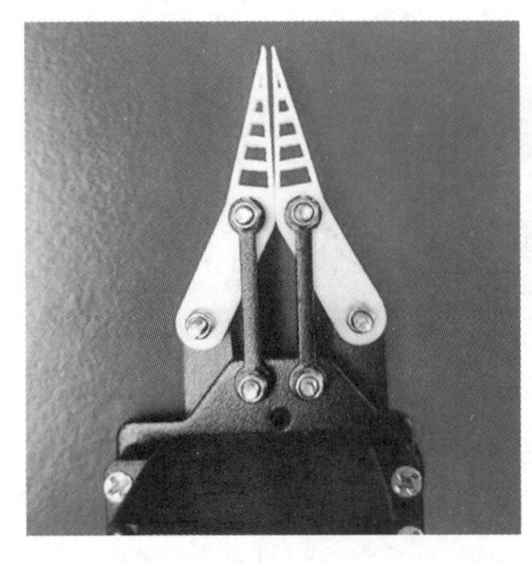
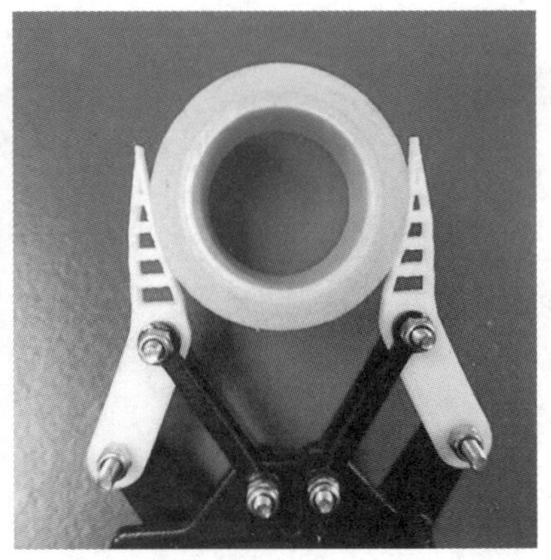

图 8　鳍条仿生爪结构与抓取状态

出。尖角槽口的设计能够有效保证倾倒时的稳定、可靠。

4）清洁模块

清洁模块由高频水泵、储水槽和清洗器皿构成。执行机构在完成每种菜品的盛取后，机械臂按照预设的运动轨迹，将鳍条仿生爪或易倾倒汤勺伸入清洗器皿中，高频水泵将储水槽中的清洁液喷出，利用高速射流将执行机构上的食物残渣与残液冲洗干净。

高频水泵配备 4 个可替换喷头，用户可根据冲洗需要，任意切换清洁模式。配套喷头可 360°旋转调整方向，最大限度保证冲洗无死角。搭载新型碳刷智能永磁电机，水压高达 140 psi(1 psi=6.859 kPa)，能产生 1400 次/分高频脉冲水柱，全方位深入清洁执行机构，迅速冲走食物残渣。同时，其采用独特的稳压系统，能够控制水压稳定输出。

高频水泵的水箱及喷头部分均采用透明材质，用户可直观感受其卫生状况。可拆卸式水箱设计，便于清理水箱中的水垢等污渍。200 mL 大容量水箱设计，减少用户续水次数。机身设置 4 种模式，分别为标准模式、强劲模式、温和模式、脉冲模式，适应性强，可满足不同状况的冲洗需求。

（1）标准模式：喷头喷出标准水压，适用于大部分食物残渣的冲洗，如菜叶、汤汁等。

（2）强劲模式：喷头喷出强劲水压，适用于重油、重酱料、黏稠度高的顽固性食物残渣的冲洗，清洁强度高，冲击力大。

（3）温和模式：喷头喷出的水压较温和，适用于流动性好的液体类食物残渣的冲洗。

（4）脉冲模式：喷头喷出变频脉冲水压，强弱交替，用于执行机构的深度清洁。

清洁模块整体结构精致小巧，节能高效，续航能力强，采用食品级材质，安全性高。

3. 分析与参数计算

“啥享卫筷”智能服务机器人的有限元分析分为静力学与动力学两部分。

1）静力学分析

静力学分析主要通过在执行机构末端施加载荷，以模拟工作状态下整机及关键零部件的受力情况。其主要针对以下输出变量进行分析：

① 形变：考察整机的形变，获得"哙享卫筷"智能服务机器人在工作载荷下末端执行机构的工作精度，且判断其能否达到要求的精度等级。观察零件的形变情况，进一步对危险位置进行类似加厚处理的结构优化。

② 应力：考察整机的应力，判断"哙享卫筷"智能服务机器人是否会发生应力集中，并能根据应力集中现象进行应力消散等处理。观察零件的应力情况，以进行类似圆角、挖孔等加工处理，从而减小应力。此外，还可以将应力与材料的屈服极限相比较，以确保机构的安全。

(1) 静力学有限元原理。

有限元法是求解偏微分方程的一种数值解法，其采用的是无限逼近思想，以求解方程的近似值。在静力学分析中，多采用矩阵位移法，其可分解细化为以下 4 个步骤：

① 结构体离散化。

将连续体分解为若干个小单元，各单元之间通过节点连接，并通过某种组合形成一个可以替代原连续体的结构。

② 单元分析。

假设矩阵$[N]$为位移函数矩阵，则结构体中任意节点的位移与应变可以表示为

$$\{f\}^e=[N]\{q\}^e \tag{4}$$

$$\{\varepsilon\}^e=[B]\{q\}^e \tag{5}$$

其中，$\{q\}^e$ 表示单元节点位置矢量矩阵，$[B]$表示应变矩阵，则可通过物理方程求得应力矩阵与单元刚体矩阵，即

$$\{\sigma\}^e=[D]\{\varepsilon\}^e=[D][B]\{q\}^e=[S]\{q\}^e \tag{6}$$

$$\{q\}^{*e}\{F\}^e=\iiint\{\varepsilon\}^{*\mathrm{T}}\{\sigma\}\mathrm{d}V \tag{7}$$

其中，$[S]$表示应力矩阵，是反映单元应力与节点位移关系的常数矩阵；$\{q\}^{*e}$为单元节点虚位移；$\{F\}^e$ 表示外力矩阵；$\{\varepsilon\}^{*\mathrm{T}}$表示单元节点虚应变。将方程(5)与方程(6)代入方程(7)，得

$$\{q\}^{*e}\{F\}^e=\iiint\{q\}^{*e\mathrm{T}}[B]^{\mathrm{T}}[D][B]\{q\}^e\mathrm{d}V \tag{8}$$

化简后可得

$$\{F\}^e=[K]^e\{q\}^e \tag{9}$$

其中，$[K]^e$ 表示单元刚度矩阵。

③ 整体分析。

将单元刚度矩阵进行整体叠加迭代后可得总体刚度矩阵$[K]$，单元节点力矢量整体叠加迭代后可以得到结构体力矢量$\{F\}$。

④ 约束处理并求解方程。

(2) 整机静力学分析。

在 SolidWorks 软件中进行整机建模后，将模型转换为 Parasolid 格式并导入 ANSYS Workbench 中。在整机材料方面，根据实际情况进行设置。起支撑、连接作用的板材选择铝合金材料，舵机内部结构与舵机外壳选择 TPU 材料，起连接作用的螺母螺栓选择结构钢，在 ANSYS 材料库中设置力学参数，如表 1 所示。

表 1　材料特性表

材料名称	弹性模量/MPa	泊松比 μ	密度/(g/cm^3)	抗拉强度/MPa
铝合金	71000	0.33	2.81	280
TPU	550	0.30	1.2	34.3
结构钢	200000	0.30	7.85	250

网格划分方面，选择以单元尺寸 4 mm 为基准，应用自适应网格划分方法。该方法可以对不同的结构变化应用不同的网格密度。在一些较为平直的平面上，网格划分可以适当稀疏些，在结构变化剧烈、频繁的位置上，加密网格划分。该方法在保证精度的同时加快计算速度。最终“哙享卫筷”智能服务机器人被划分为 75516 个单元 171227 个节点，以便后续仿真进行得更精准。整机网格质量图如图 9 所示。

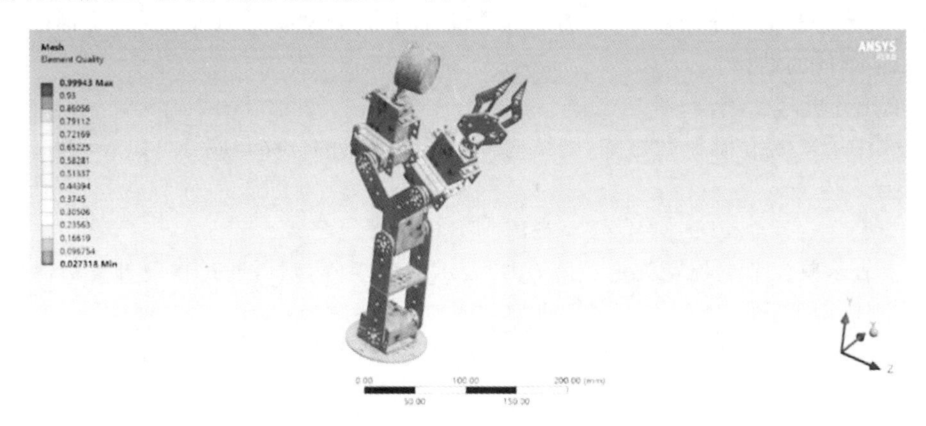

图 9　整机网格质量图

由图 9 可见，采用自适应网格划分方法，整机网格质量较为均衡，仅在易倾倒汤勺底面四周出现局部网格质量较差的情况，但其不参与力的传递，因此可以忽视其所带来的影响。

在工作情况设置方面，主要受力的是易倾倒汤勺和鳍条仿生爪部分。但是勺子在满载情况下的重力相对于整机而言相对较小，不足以产生影响，因此在整机静力学分析中仅考虑鳍条仿生爪加持重物的重力。为更好地反映实际情况，在边界条件设置中，将运行过程中鳍条仿生爪所加持重物质量定为 1 kg，且以底部作为固定位置。具体边界条件设置如图 10 所示。

如图 11 所示，当末端鳍条仿生爪加持 1 kg 重物时，最大位移发生在易倾倒汤勺处，约为 1.4 mm。通常在民用设备中，该形变是可以接受的。此外，由于在现实场景中，大部分情况鳍条仿生爪抓取重物的质量在 1 kg 之内，因此整机的形变不会对使用带来明显影响。在形变发生规律方面，主要的形变均发生在整机的上半部分，可见中间及下半部分结构较为合理、可靠，且可以很好地承受并分散由末端执行机构传递来的载荷。

除了整机的形变，整机的应力分布也较为重要。为此，在采集整机应力信息后，其应力云图如图 12 所示。

从图 12 不难看出，整机应力分布较为均匀。但在夹持机构齿轮啮合点出现了应力集中现象。

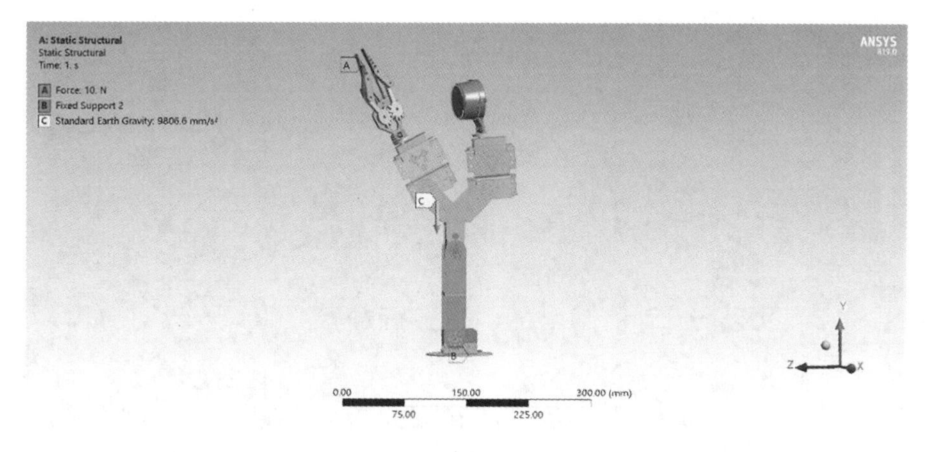

图 10　边界条件的设置

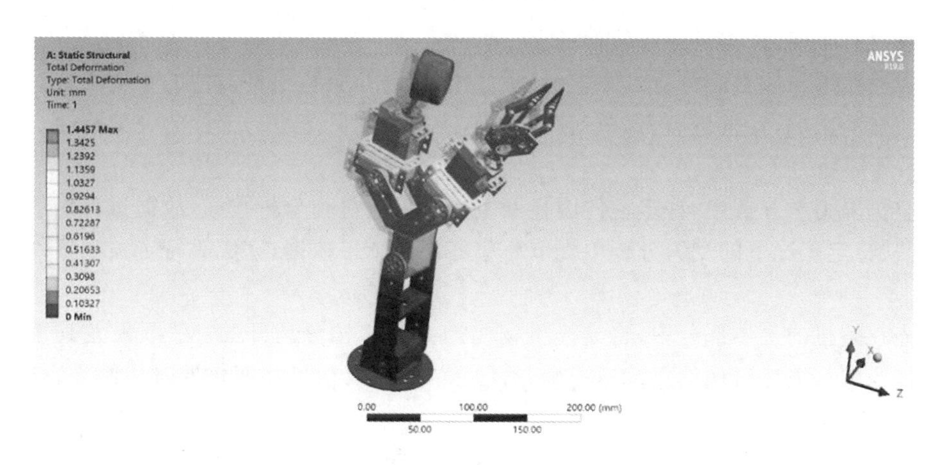

图 11　形变云图

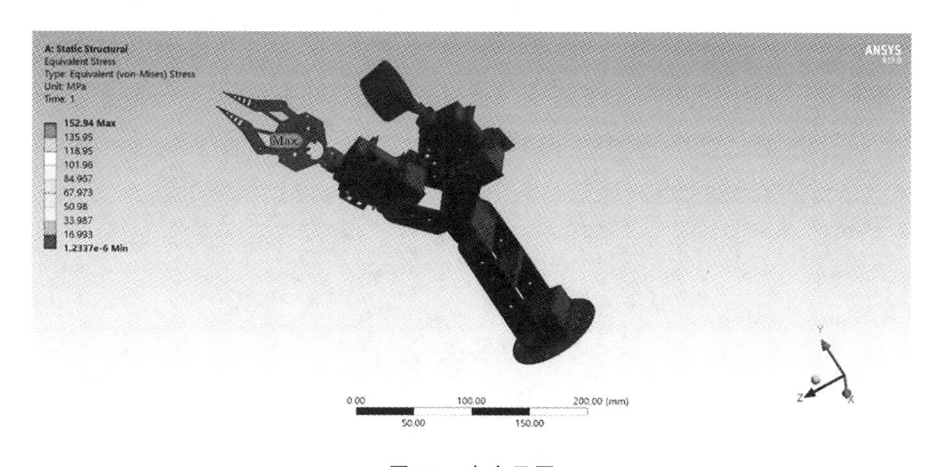

图 12　应力云图

如图 13 所示，对局部云图进行放大可见，最大应力发生在齿轮顶部。其原因可能在于末端执行机构的负载导致齿轮啮合位置出现弯矩，从而使齿顶出现除了啮合力以外的压应

图 13　局部放大应力云图

力。为解决这个问题，需更换齿轮材料。

通过对位移与应力的分析可知，在日常使用过程中，夹持机构加持的重物不会对使用精度产生明显的影响，且整机应力分布较为合理，不会发生某个承力部位的突然断裂。

（3）局部静力学分析。

在整机静力学分析中，许多零件因显示范围而无法得到分析数据，故需进行局部静力学分析，即从特定工况下的受力分析中提取相应零件的结果数据，完成对特定关键零件的受力分析。

首先在整机的上半部分中，将易倾倒汤勺与夹持机构分离开的“V”形板尤其重要。因为易倾倒汤勺与夹持机构的负载不均衡，易导致“V”形板在尺寸变化处发生断裂。因此，特对“V”形板进行局部静力学分析。

由图 14 可以看出，“V”形板位移分布较均匀，并未因负载的不均衡而出现有偏向性的位移。

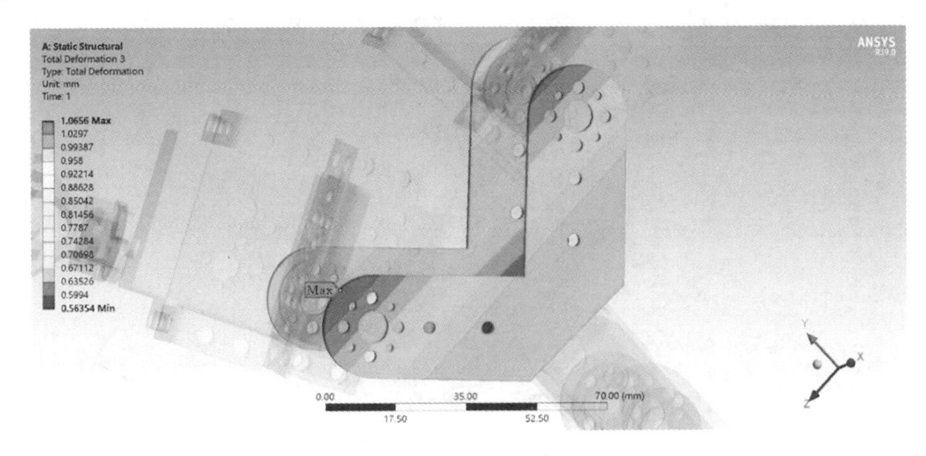

图 14　“V”形板形变云图

如图 15 所示，“V”形板的应力较低，最大应力仅为 7.6014 MPa。应力较大的部位发生在“V”形板侧面与底面转角处和“V”形板侧面的直角处。与夹持机构、易倾倒汤勺的连接部位并未出现应力集中现象，整机的稳定性增强。

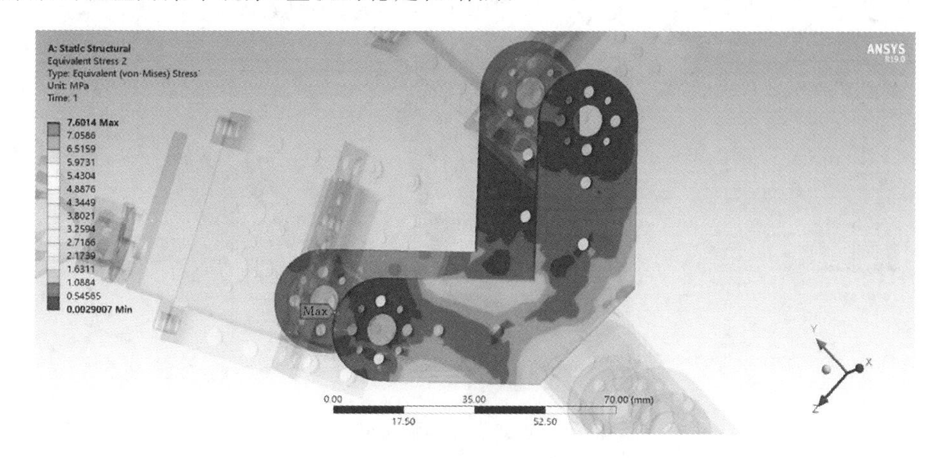

图 15　“V”形板应力云图

如图 16 所示，底部支撑件发生局部位移增加的现象，其主要原因在于顶部夹持重物使底部支撑结构产生弯矩；但最大偏移量控制在 0.5 mm 之内，不会影响整机的稳定性。

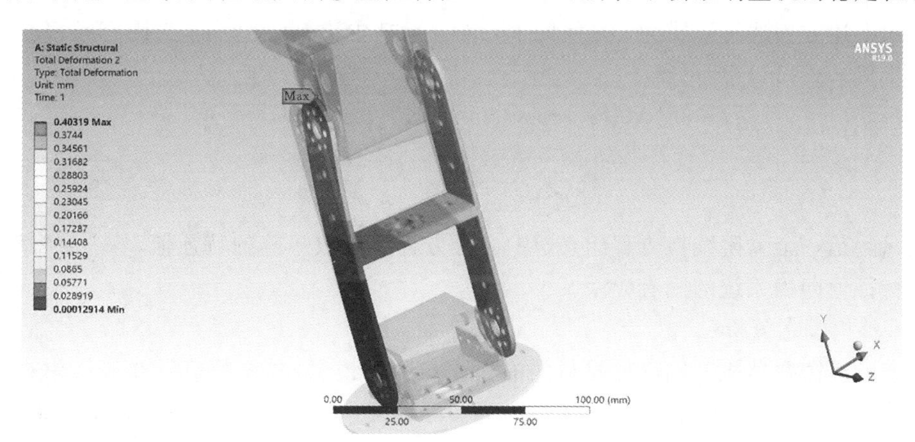

图 16　底部支撑件形变云图

如图 17 所示，相较于“V”形板的应力情况，底部支撑件的应力较大。其应力较大的区域与局部位移增加区域相同。因此，该结构应适当加入一些支撑件，以达到减小形变、缓解局部应力增加的目的。

综合以上静力学分析可知，该智能服务机器人的机构设计合理，符合要求。

2）动力学分析

动力学分析主要采用模态分析与谐响应分析。模态分析可以提取系统的固有频率，通过排除环境中易激发特定振型的激振源来避免系统发生共振。谐响应分析可以得出在工作条件下哪类振型更容易被外界激发。

（1）模态分析原理。

整体结构的振动微分方程可表示为：

$$[M]\{\ddot{x}\}+[C]\{\dot{x}\}+[K]\{x\}=\{F(t)\} \tag{10}$$

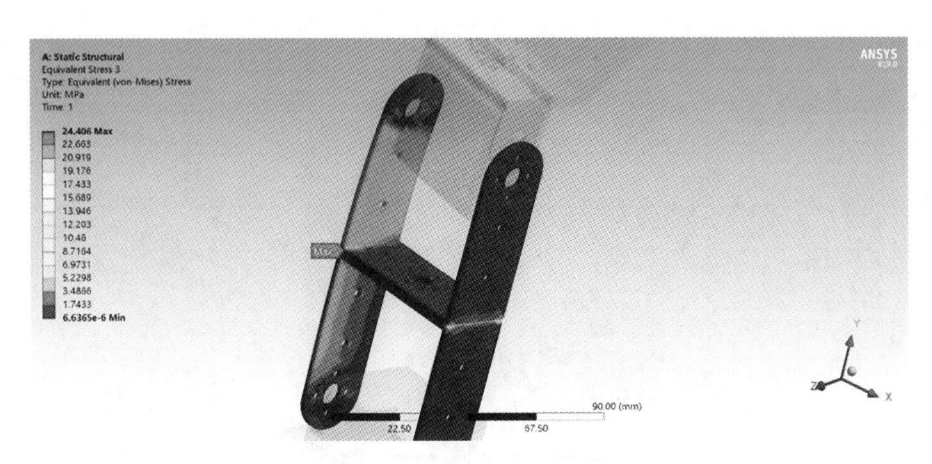

图 17 底部支撑件应力云图

其中，$[M]$、$[C]$与$[K]$分别为质量矩阵、阻尼矩阵与刚度系数矩阵。因为在模态分析中不考虑外力 $F(t)$的影响，而且阻尼对振型与固有频率的影响很小，所以式(10)可简化为

$$[M]\{\ddot{x}\}+[K]\{x\}=\mathbf{0} \tag{11}$$

已知上述方程通解形式为$\{x\}=\{\varphi_i\}\cos(\omega_i t)$，其中 φ_i 为振型，ω_i 为固有频率。可将此解进一步代入式(11)中，可得

$$-\omega_i^2[M]\{\varphi_i\}\cos(\omega_i t)+[K]\{\varphi_i\}\cos(\omega_i t)=\mathbf{0} \tag{12}$$

$$(-\omega_i^2[M]+[K])\{\varphi_i\}\cos(\omega_i t)=\mathbf{0} \tag{13}$$

$$([K]-\omega_i^2[M])\{\varphi_i\}=\mathbf{0} \tag{14}$$

式(14)是一个 n 阶线性方程组，式中 ω_i 是方程组系数矩阵的特征值，$\{\varphi_i\}$为特征向量。解出的特征值即为系统的固有频率。

(2) 整机模态分析。

模态分析需要整机不同部位材料的泊松比与弹性模量，具体数值已在表 1 中列出。模态分析从理论上说，存在无限种振型，但因为实际情况中前 10 阶振型占有较大比例，因此对 1～10 阶模态进行提取，如图 18 所示。

由图 18 可知，第 1～3 阶振型皆发生了整机的移动。第 4 阶振型的形变状况为绕着整机中点的旋转。第 5 阶振型为整机上半部分绕着中点的扭转。第 6 阶振型主要发生形变的是易倾倒汤勺，有明显的偏移，其他部位均未见明显位移。第 7 阶振型主要是夹持机构发生了偏移。在第 8 阶振型中，发生了扭转，但扭转的中心点为鳍条仿生爪末端电机位置，鳍条仿生爪与机械臂发生了相反的位移。第 9 阶振型主要是下端支撑件发生了脱离，第 10 阶振型则是末端夹持机构发生了弯曲。

此外，各固有频率与最大位移如表 2 所示。

可见共振的影响是相当大的，会令机构无法正常运行。但在显示场景中，并非所有振型都容易被激发，因此需要进行谐响应分析，以探索在工作情况下哪些激振源更易诱发共振的产生。

(3) 谐响应分析。

鳍条仿生爪的谐响应分析结果如图 19 所示。

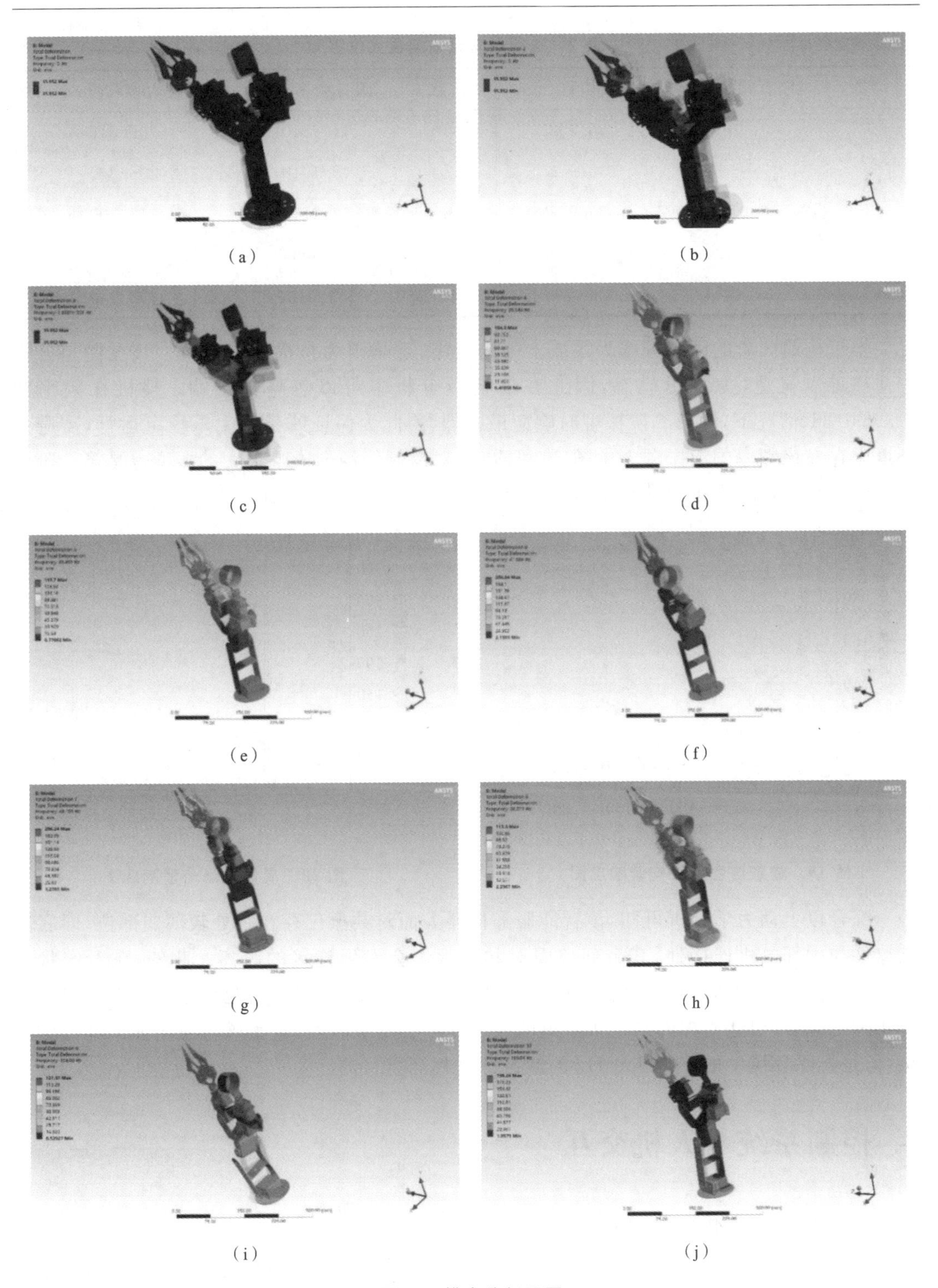

图 18　模态分析云图

(a) 第 1 阶振型;(b) 第 2 阶振型;(c) 第 3 阶振型;(d) 第 4 阶振型;(e) 第 5 阶振型;(f) 第 6 阶振型;(g) 第 7 阶振型;(h) 第 8 阶振型;(i) 第 9 阶振型;(j) 第 10 阶振型

表 2　各阶固有频率与最大位移

阶数	固有频率/Hz	最大位移/mm	阶数	固有频率/Hz	最大位移/mm
1	0	35.952	6	41.9840	206.840
2	0	35.952	7	48.1910	206.240
3	0.0133	35.952	8	62.2710	113.300
4	25.0430	104.300	9	104.6900	127.370
5	33.4910	133.700	10	159.0100	198.240

本机构前 3 阶的固有频率为零或十分接近零，这是因为整机缺少约束。其在模态分析中往往难以避免，为自由模态，因此在谐响应分析中可以忽略其影响。整机在频率为 41.9840 Hz情况下，即第 6 阶振型时响应最剧烈，因此为保证鳍条仿生爪稳定运行，需避免环境中存在该频率的激振源。由图 20 可看出，对易倾倒汤勺影响最大的振型也是第 6 阶振型。因此只要环境中排除该频率激振源，设备即可稳定运行。

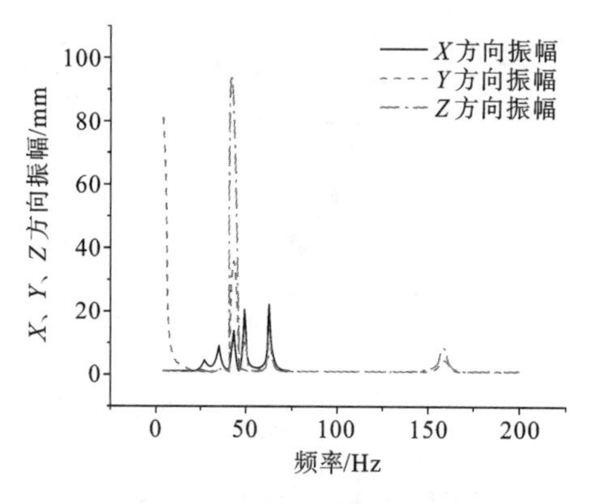

图 19　鳍条仿生爪机构谐响应图

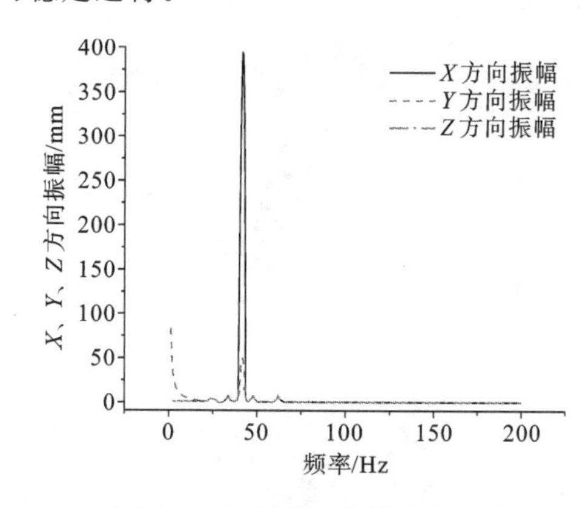

图 20　易倾倒汤勺谐响应图

综合以上动力学分析可知，该智能服务机器人面对共振仅存在一处较薄弱部位，即底部支撑件与中部电机连接处，其余部位面对共振都不会发生连接的脱离。此外，在工作状态下，第 6 阶振型下易倾倒汤勺的偏移运动相对较容易被激发，也会引起较大的共振振幅。因在实际工况中，引起支撑件与电机脱离的振型较不容易被激发，故无须特意增强该部位的连接，但是排除环境中的 41.9840 Hz 的激振源是相当重要的。

4. 控制系统与人机交互

1）控制系统的组成及控制流程

“哙享卫筷”智能服务机器人的控制系统遵循管道-过滤器模型的体系结构，由 PCBA 取像模块、视觉识别模块、运动学解析模块、人机交互模块和清洁模块构成。其整体流程与信息控制框图如图 21 所示。

其中，用户通过人机交互模块中的触控交互显示屏发出相应的命令，选择想要盛取的饭

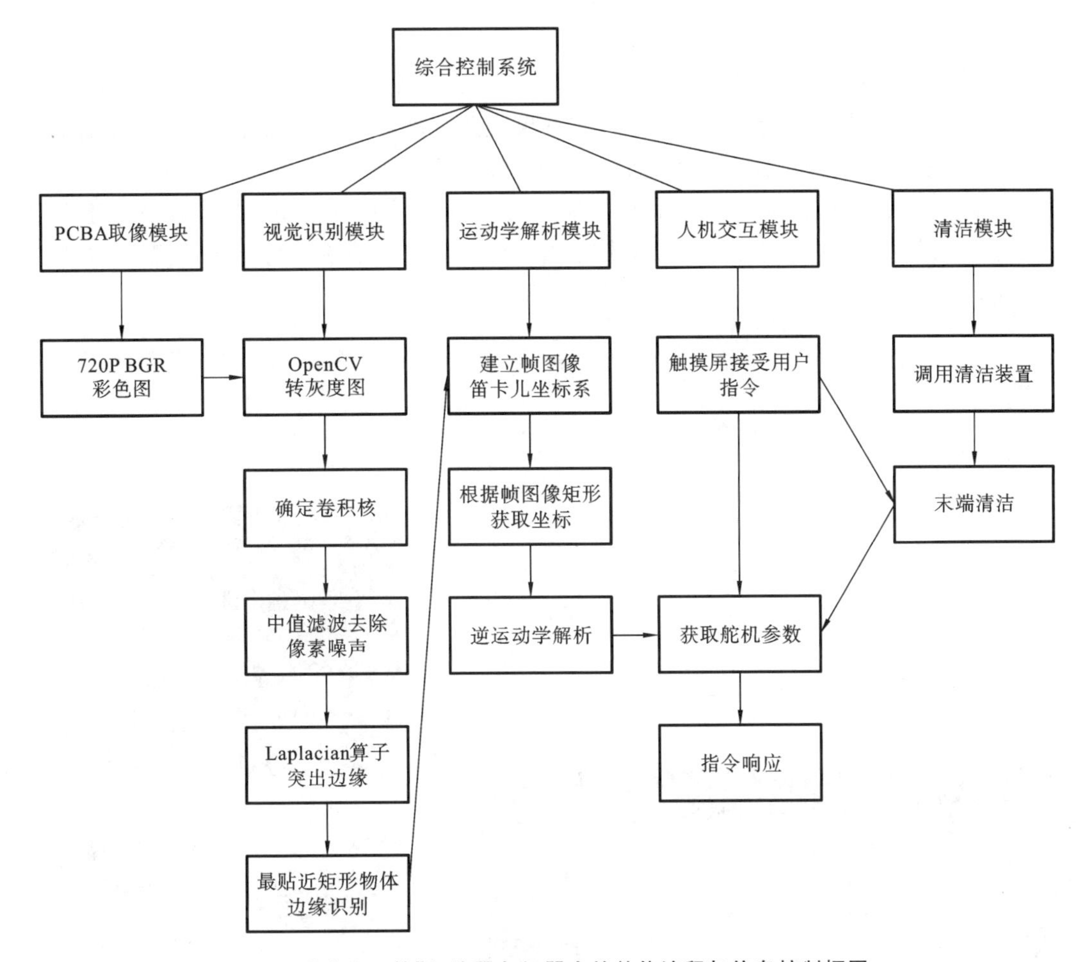

图 21 “哙享卫筷”智能服务机器人的整体流程与信息控制框图

菜，此时，控制系统接收来自用户的指令，调用 PCBA 取像模块对餐盘中饭菜图像进行取像，并将其传送给视觉识别模块进行进一步的处理。视觉识别模块由基于 Python 的 OpenCV 实现识别，在其获取到 PCBA 取像模块获取的图像后，转化为灰度图进行笛卡儿坐标系的构建，同时利用边缘识别技术为视野内的饭菜进行坐标赋值，将所有的饭菜坐标数组传送给运动学解析模块进行最终的处理。

视觉识别模块首先利用中值滤波（median filter）技术对图像进行预处理，建立 3×3 的卷积核对 PCBA 取像模块中获取的图像进行卷积运算，这样可以增加图像的锐度，获取到更为清晰的边缘，这对获取饭菜的边缘轮廓进而建立坐标十分有益。

然后利用 Laplacian 算子对滤波后的图像进行边缘的增强和提取，最终进行图像边缘的定位，以最贴近矩形的形式对每一帧图像进行实时匹配，建立矩形中心点的三维坐标。

运动学解析模块获取到所有的位置坐标后，利用逆运动学解析计算出到达每一个坐标点所需的机械臂角度，最终产生直接的舵机详细参数。各个舵机得到命令后，产生响应并夹取饭菜至用户分餐碟中，完成所有任务并清除缓存。

2）人机交互方式

“哙享卫筷”智能服务机器人拥有智能友好的交互界面(图 22、图 23)。用户可以通过语音、HMI 串口显示屏以及手机 APP 等方式发出盛菜指令。由于机械臂轻巧灵活的操作方式以及鳍条仿生爪结构对被夹持菜品的兼容强,该机器人可以充分满足食用者对盛菜量的要求。基于大数据与系统自主学习记忆功能,该机器人对常用餐桌用语进行收录整理,精准定义“尝一尝”“多盛点”等语言指令,并实时更新推荐菜谱,与食客友好互动,活跃餐桌氛围,周到服务。

图 22　触摸屏交互界面

图 23　手机 APP 交互界面

5. 主要创新点

(1) 仿生爪结构,抓取可靠。自主研制仿生 TPU 柔性爪,模拟鱼鳍结构,可根据夹持物品的外形被动形变,以适应不同形状食材。

(2) 设计考究,精巧紧凑。双层伸缩导轨、行星齿轮转盘等结构实现更远的伸长距离与紧凑的空间要求。

(3) 完备算法,运行平稳。防刚性冲击算法,保证机械臂运动速度呈正弦函数变化,波动小。

(4) 智能识别,人机交互。机器视觉自动识别规划,多方式人机友好交互。

6. 作品展示

本作品整体外形如图 24 所示。

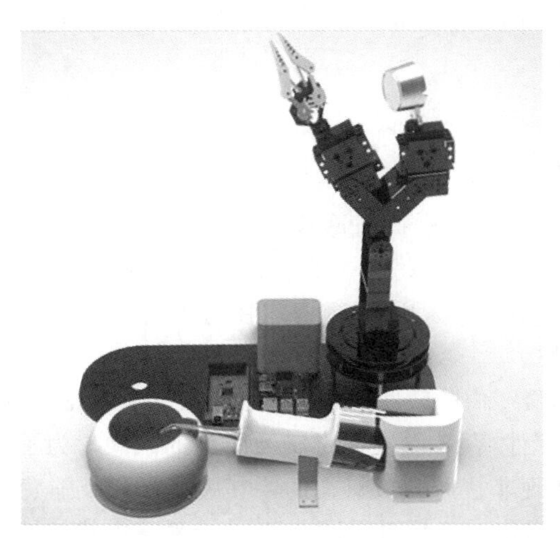

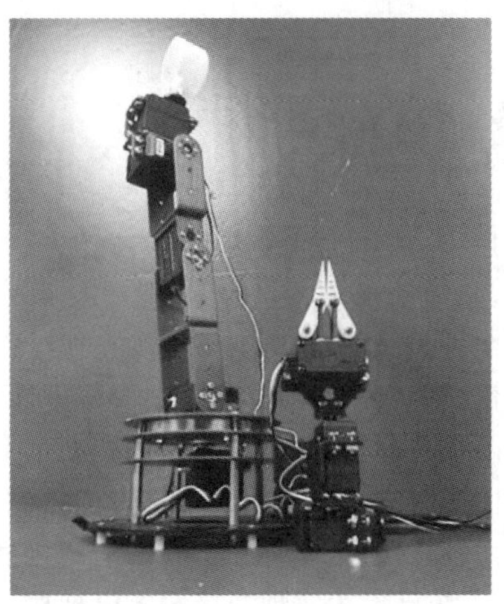

图 24 作品整体外形

参考文献

[1] 尹若雪.大力提倡进餐用公筷[J].决策与信息,2015(7):74-75.

[2] 郭娟,崔桂友.公筷公勺制对公众健康隐患的防御及推广措施[J].南宁职业技术学院学报,2019,24(3):16-19.

[3] 穆煜,李新.六自由度工业机器人的建模与仿真[J].制造业自动化,2020,42(6):71-74,111.

[4] 杨涛,许展,季宇辰,等.基于鳍形效应的一种自适应机械手爪设计[J].江苏科技信息,2020,37(26):49-55.

[5] 赵铖.基于鳍条结构的欠驱动柔性手爪技术研究[D].北京:清华大学,2018.

爬壁式电梯按键机器人

上海交通大学
设计者:尹博尔　余宥灼　张川
指导教师:陶建峰

1. 设计目的

2019年12月以来,由COVID-19导致的新型冠状病毒肺炎病例在武汉陆续出现。截至目前,新冠肺炎疫情已在世界100多个国家和地区肆虐。在全国人民的共同努力下,我国已经基本控制住了疫情,复产、复工、复学正有条不紊地进行中。在这个阶段,需要做的是,保持警惕,防止病毒传播导致疫情再度暴发。

目前在各种公共场所以及居民小区中,楼宇内的轿厢式电梯是普遍安装并且常用的设施,因此电梯按钮成为经常被人群接触的公共部件,存在引发病毒交叉感染的风险。为了避免交叉感染,人们纷纷采取各种不同的措施来实现非接触式按键。为了在疫情环境下避免交叉感染,研究人员已经为实现非接触式电梯按键做出一些努力;而现有的非接触式电梯按键装置需要对电梯内部线路进行改造,除安装困难、花费较高、安装周期长以外,更大的一个问题便是兼容性差,难以对所有电梯线路进行相同的改造。因此,迫切需要一种兼容性强,能简单、快速实现非接触式电梯按键的方案。小组针对以上问题进行了深入思考和讨论,设计了一种电梯按键机器人来防止疫情期间以电梯按键为传播媒介的病毒交叉感染现象的发生。

2. 工作原理

爬壁式电梯按键机器人包括主体框架、按键机构、运动机构、吸附模块、电源系统以及控制系统。主体框架如图1所示,采用板材拼装而成,作为其他机构的支撑件来实现模块化设计。按键机构如图2所示,通过一对锥齿轮,将舵机的运动转变为凸轮轴的旋转,凸轮轴由于其偏心凸轮轮廓至轴中心的距离不等,从而实现按键操作的按下与抬起;且左、右两个凸轮角度相差180°,保证一边按键按下时另一边按键抬起,且只需要控制舵机旋转的角度就能实现精准控制;弹簧则提供回复力,保证按键按下后抬起。运动机构如图3所示,由齿轮将电机轴的旋转运动传递到后轴,轮子内侧和轴紧密配合,轮子外侧则采用防滑材料,以使轮子与壁面具有足够的摩擦力。吸附模块如图4所示,将磁铁置于两侧的磁铁支架上,通过改变磁铁支架和侧板的相对位置来控制磁铁和壁面之间的间隙从而改变吸附力,以保证机器人吸附在壁面上,且能正常运动。电源系统采用"双电池"模式,机器人主体上只放置小电池,通过电池包的充能来实现长时间的续航。控制系统是将语音或APP通信作为输入,通过超声波测距来实现机器人的定位,最终实现机器人运动路径的合理规划。

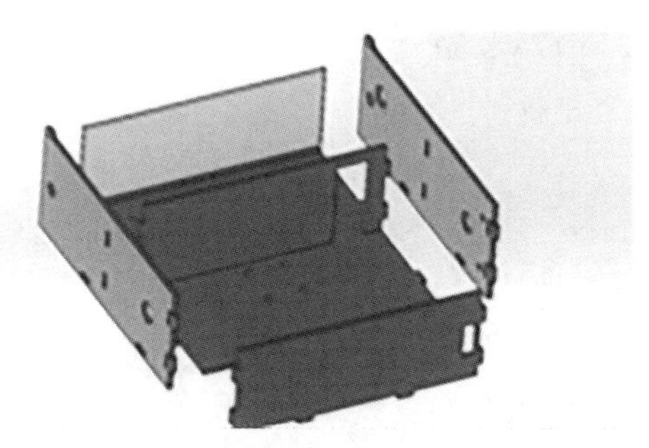

图 1　主体框架

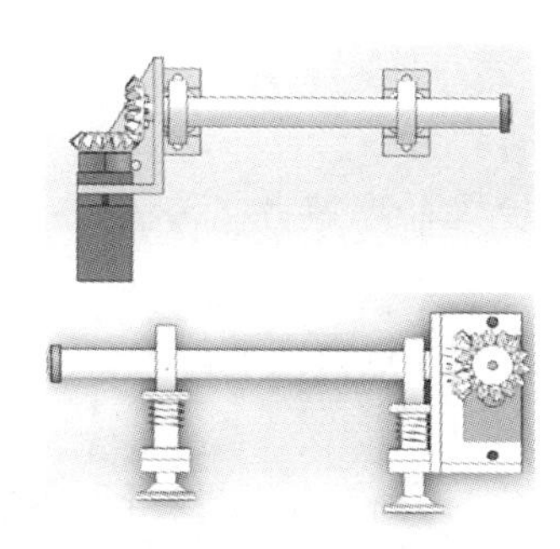

图 2　按键机构

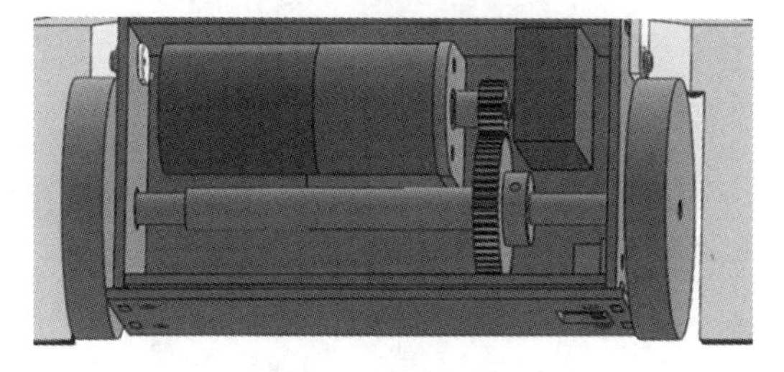

图 3　运动机构

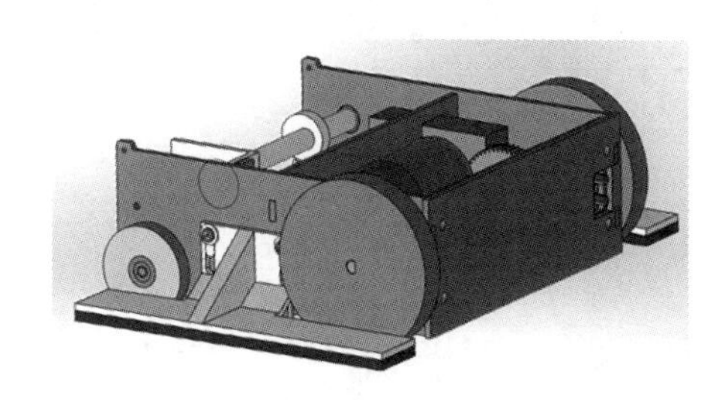

图 4　吸附模块

爬壁式电梯按键机器人运行过程如下：初始时待在电池包基座上，接收指令后向上爬动，运动到指定位置时，舵机工作，进行按键；完成按键动作后，重新退回到电池包基座上充电并待命。

3. 设计计算与分析

1）静力学分析

爬壁式电梯按键机器人须满足运动过程中不滑移、不倾覆等条件，同时须保证电机能够驱动其行走，因此对爬壁式电梯按键机器人进行静力学分析，以确保其具有足够的吸附力。爬壁式电梯按键机器人静力学分析示意图如图 5 所示。

图 5 中，点 A、B 分别为后、前车轮与壁面的接触点；点 O 为质心；L_1 为点 A 与 B 之间的距离；L_2 为磁铁合力作用点到点 A 的垂直距离；L_3 为质心到点 A 的垂直距离；h 为质心到壁面距离；G 为机器人所受重力；N_1、N_2 分别为后、前车轮所受支撑力；F 为磁铁吸附力；由于前车轮为从动轮，后车轮为驱动轮，故前车轮摩擦力可忽略，f 为后车轮所受摩擦力，设后车轮与壁面之间的动摩擦因数为 μ；θ 为壁面与竖直方向间的夹角，即倾角。

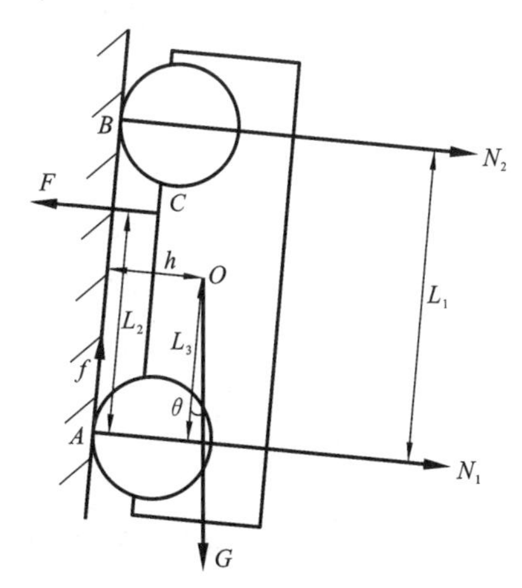

图 5　爬壁式电梯按键机器人静力学分析图

为防止爬壁式电梯按键机器人在壁面滑移或者倾覆，需要满足受力平衡：

$$F=N_1+N_2+G\times\sin\theta \tag{1}$$

$$f=G\times\cos\theta \tag{2}$$

其中，后车轮摩擦力 f 需满足：

$$f\leqslant\mu N_1 \tag{3}$$

以及关于 A 点力矩平衡：

$$G\times h\times\cos\theta+G\times L_3\times\sin\theta+N_2\times L_1=F\times L_2 \tag{4}$$

经过详细设计，最终可得爬壁式电梯按键机器人结构参数如表1所示。

表1 爬壁式电梯按键机器人结构参数

参数	数值
L_1/mm	73.00
L_2/mm	30.50
L_3/mm	24.65
h/mm	6.31
G/N	6.315
μ	0.18

取 $\theta=0°$，安全系数 $C=2$，结合式(1)～式(4)算得：

$$F\geqslant118.64\ \text{N} \tag{5}$$

即机器人能稳定吸附在壁面的条件是吸附力要大于或等于118.64 N。

2）动力学建模

对于一个半径为 r 的轮子，以一定速度向前运动，假设轮子受到的扭矩为 T，那么车轮会施加给地面一个与行驶方向相反的力 F_0，根据牛顿第三定律，地面也会给车轮施加一个反作用力，也就是行驶方向的力 F_t，而驱动力 F_t 的计算公式为

$$F_t=\frac{T}{r} \tag{6}$$

驱动扭矩 T 由传动系统一层层传递得到，因此传动系统传动比和传动效率必然会影响驱动扭矩。根据机械原理，驱动扭矩 T 为

$$T=T_t i_g \varepsilon \tag{7}$$

其中，T_t 为电机转矩，i_g 为传动比，ε 为传动效率。

利用第二类拉格朗日方程建立此系统的运动学方程：

$$L=E-V \tag{8}$$

其中，E 为系统总动能，V 为系统总势能，设重心所在平面为零势能面，则有

$$E=\frac{1}{2}m\dot{y}^2+\frac{1}{2}J_1\omega^2\cdot2+\frac{1}{2}J_2\omega^2\cdot2 \tag{9}$$

其中，J_1 为后车轮的转动惯量，J_2 为前车轮的转动惯量，m 为机器人总质量，y 为竖直方向坐标，ω 为角速度。

R 为后车轮半径，r 为前车轮半径；m_1 为后车轮质量，m_2 为前车轮质量。则有

$$J_1=\frac{1}{2}m_1R^2 \tag{10}$$

$$J_2=\frac{1}{2}m_2r^2 \tag{11}$$

经过整理可得到：

$$\frac{1}{2}(m_1+m_2+m)\ddot{y}^2-mg=T_t i_g \varepsilon/R-F_N\mu \tag{12}$$

其中，F_N 为支持力，μ 为滚动摩擦因数。

如果利用参数方程对机器人的运动进行规划，则可利用 Udwadia-Kalaba 方法得到机器人所需的输出扭矩，举例如下：

如果令机器人的轨迹为

$$y=10\sin t \tag{13}$$

则其二阶导数为

$$\ddot{y}=-10\sin t=b \tag{14}$$

令广义主动力为

$$Q=mg+F_N\mu \tag{15}$$

则所需力矩为

$$T_t=[b-(m_1+m_2+m)^{-1}Q+1]R/i_g\varepsilon \tag{16}$$

之后将进行机器人运动的规划与实验，以实现机器人的平稳运行。

此外，在动力学分析中，还要保证机器人不会发生脱离，故对极限情况进行分析。

当机器人向上运动时，受力如图 6 所示，O_3 为受力点，O 为质心所在位置，y_1 和 y_2 分别为两侧轮与质心的距离。在 y 方向列力平衡方程，根据 O 点和 O_3 点建立力矩平衡方程：

$$\sum F_y = f_1+f_4-f_2-f_3-G=0 \tag{17}$$

$$\sum M_O = (f_2-f_1)y_1+(f_3-f_4)y_2=0 \tag{18}$$

$$\sum M_{O_3} = [(N_1+N_2)-(F_{N2}+F_{N1})]d_3+Gz=0 \tag{19}$$

同时，为了保证不发生滑动，轮子所受摩擦力要小于滑动摩擦力，即 μF_N；另外，为保证

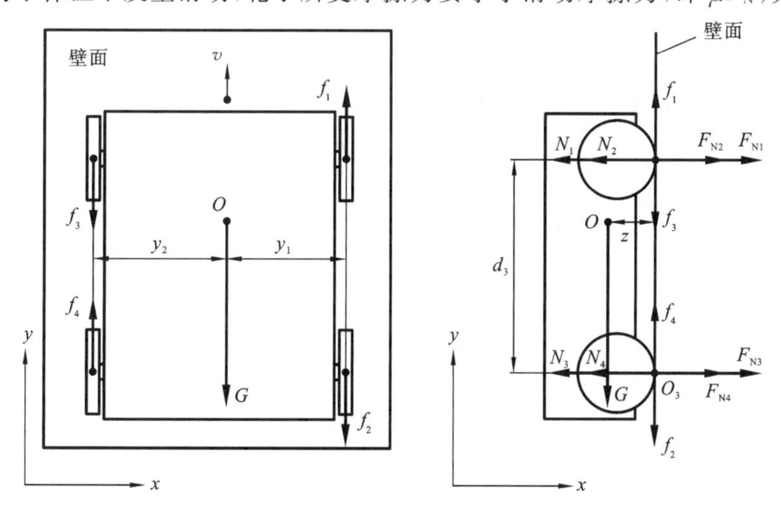

图 6　机器人向上运动时的受力图

机器人不脱落，支持力需大于0，且主动轮摩擦力等于 T/R。联立上述表达式可得：

$$T<\mu F_{\mathrm{N}}R \tag{20}$$

3）电机选型校核及计算

（1）对电机输出轴转速进行校核。

加速时间：

$$t_{\mathrm{a}}=0.2\ \mathrm{s} \tag{21}$$

平稳时间：

$$t_{\mathrm{m}}=19.8\ \mathrm{s} \tag{22}$$

减速时间：

$$t_{\mathrm{d}}=0.2\ \mathrm{s} \tag{23}$$

移动距离：

$$s=100\ \mathrm{mm} \tag{24}$$

从而得到运动速度：

$$v=\frac{s}{0.5\times t_{\mathrm{a}}+t_{\mathrm{m}}+0.5\times t_{\mathrm{d}}}=5\ \mathrm{mm/s} \tag{25}$$

故电机输出轴转速：

$$n=12\ \mathrm{r/min} \tag{26}$$

而减速电机额定转速为 14 r/min，大于 12 r/min，故满足要求。

（2）对电机扭矩进行校核。

摩擦因数：

$$\mu=0.18 \tag{27}$$

总质量：

$$M=0.64\ \mathrm{kg} \tag{28}$$

折算惯量：

$$J_{\mathrm{ref}}=J+Md^2=6.25\times10^{-4}\ \mathrm{kg\cdot m^2} \tag{29}$$

总惯量：

$$J_{\mathrm{total}}=J_{\mathrm{m}}+J_{\mathrm{om}}+J_{\mathrm{ref}}=6.30\times10^{-4}\ \mathrm{kg\cdot m^2} \tag{30}$$

折算到电机轴上的转矩：

$$T_{\mathrm{load\to m}}=\frac{T_{\mathrm{load\to m}}}{\eta}=\frac{T_{\mathrm{f}}+T_{\mathrm{g}}+T_{\mathrm{process}}}{\eta}=0.416\ \mathrm{N\cdot m} \tag{31}$$

加速转矩：

$$T_{\mathrm{acc}}=T_{\mathrm{load\to m}}+J_{\mathrm{total}}\frac{\mathrm{d}^2\theta_{\mathrm{m}}}{\mathrm{d}t^2}=0.422\ \mathrm{N\cdot m} \tag{32}$$

运行转矩：

$$T_{\mathrm{run}}=T_{\mathrm{load\to m}}=0.416\ \mathrm{N\cdot m} \tag{33}$$

减速转矩：

$$T_{\mathrm{dec}}=T_{\mathrm{load\to m}}-J_{\mathrm{total}}\frac{\mathrm{d}^2\theta_{\mathrm{m}}}{\mathrm{d}t^2}=0.410\ \mathrm{N\cdot m} \tag{34}$$

平均连续转矩：

$$T_{\mathrm{RMS}}=\sqrt{\frac{T_{\mathrm{acc}}^{2}t_{\mathrm{a}}+T_{\mathrm{run}}^{2}t_{\mathrm{m}}+T_{\mathrm{dec}}^{2}t_{\mathrm{d}}}{t_{\mathrm{a}}+t_{\mathrm{m}}+t_{\mathrm{d}}}}=0.416\ \mathrm{N\cdot m} \tag{35}$$

而减速电机额定转矩为 0.6 N·m,大于 0.416 N·m,故满足要求。

4）磁吸附仿真分析

磁吸附系统主要通过由磁铁、隔磁间隙和壁面构成的闭合磁回路中的磁通来产生吸附力。由于磁铁位于爬壁式电梯按键机器人底盘底部,磁铁与壁面之间的距离以及磁铁的排列方式决定了吸附力 F。

查阅相关资料后,决定采用海尔贝克阵列方式对磁铁进行排列。海尔贝克阵列是一种完全由稀土材料构成的新的水磁体排列方式,水磁体按照一定的规律排列,不同充磁方向的水磁体排列方式大不相同,研究水磁体的排列方式,获得磁体一侧汇聚磁力线而另一侧磁力线削弱的排列结构,进而得到较理想的空间正弦分布磁场。本作品采用直线型海尔贝克阵列,其阵列方式及磁场分布如图 7 所示。

磁铁选用 NdFeB N42 材料作为永磁体,使用 ANSYS Maxwell 软件对其磁场分布以及受力情况进行仿真。

通过仿真发现,磁感应强度最大达到了 1.9259 T,磁感应强度峰值出现在每个水平充磁的磁单元下方,这也导致最终能够产生很大的吸附力,当隔磁间隙小于 2.3 mm 左右时即可满足式(5)对吸附力的要求。

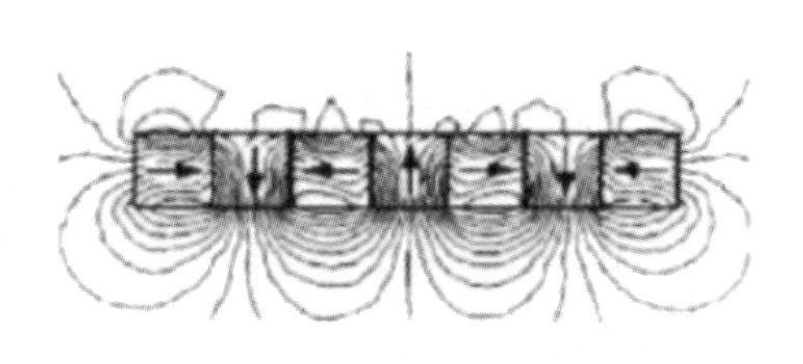

图 7　直线型海尔贝克阵列方式及磁场分布

5)关键零件有限元分析

(1) 齿轮。

这一对凸台齿轮的材料是 45 号钢,已知电机的额定扭矩为 0.6 N·m,额定转速为 21 r/min,两个齿轮分别为 0.5 模 20 齿和 0.5 模 56 齿,齿宽为 5 mm,凸台宽度为 5 mm。因此,给两个齿轮添加与地面的传动副,并设置两者接触面的接触方式为摩擦接触,摩擦因数选用0.2,对接触面细化网格,在中间轴孔处添加 0.6 N·m 的扭矩,仿真结果如图 8 至图 10 所示。

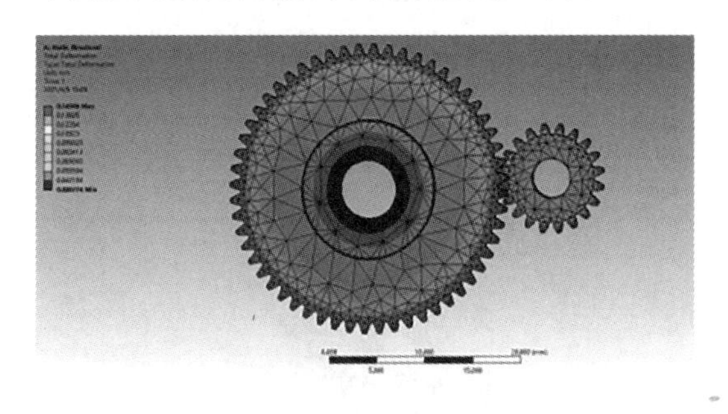

图 8　齿轮形变云图

图 9　齿轮应力云图

查阅资料可知,45 号钢的屈服强度为 355 MPa,安全系数选用 1.5,许用应力选用 532.5 MPa。从形变云图(图 8)来看,其最大形变发生在两个齿轮的接触面处,为 0.15 mm,产生的最大应力为 62 MPa,远小于其许用应力 532.5 MPa。此外,由安全系数云图(图 10)

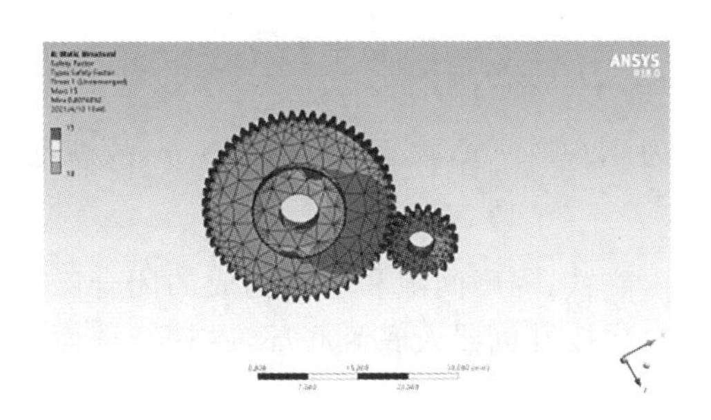

图 10　齿轮安全系数云图

得知，接触处的危险程度最高，但是其安全系数远大于所采取的安全系数，和应力云图(图9)分析结果相同，所以该对齿轮符合要求。

(2) 磁铁支架。

磁铁支架采用 3D 打印技术制作，所使用的材料为白色树脂。其弹性模量和泊松比分别为 2460 MPa 和 0.39。支架和主体框架相连处以及支架两侧接触壁面处添加固定约束。给下底面添加平均分布在底面上的均匀载荷，其作用力之和为 100 N。查阅资料可知，白色树脂的拉伸强度和弯曲强度分别为 45.7 MPa 和 68.9 MPa，安全系数选用 1.5，许用应力选用67.5 MPa。

最初选用平板设计，模型如图 11 所示，但是由于是悬臂梁，一侧的长度较长，由其形变云图(图 12)可知其最大变形量为 15.28 mm，使得磁铁支架上的磁铁接触壁面，改变其磁力并影响摩擦力，不符合设计要求。

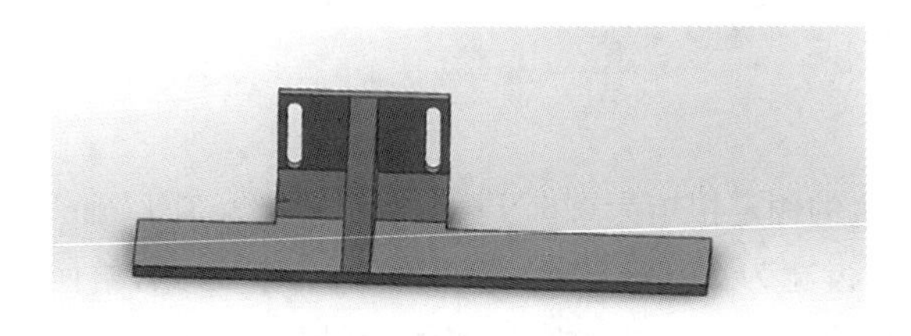

图 11　悬臂梁支架模型

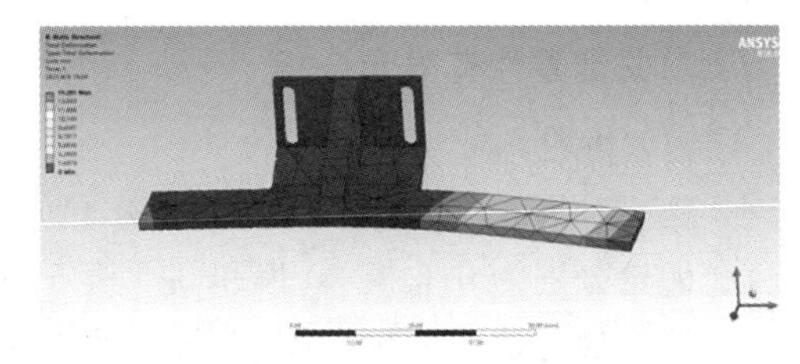

图 12　悬臂梁支架形变云图

所以在支架两侧添加滑轮，将悬臂梁形式改为简支梁形式(图 13)，减小其变形。从其形变云图(图 14)来看，其最大形变发生在磁铁支架与后轮的中间部分，为 0.35 mm，对吸附力基本不构成影响且在可接受范围之内。从其应力云图(图 15)来看，其最大应力为6 MPa，

图 13　简支梁支架模型

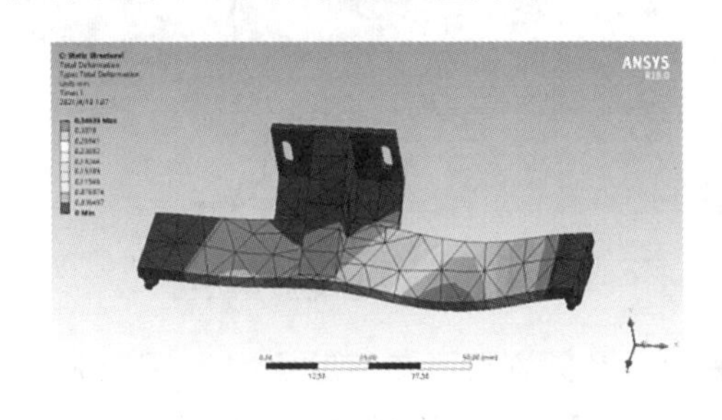

图 14　简支梁支架形变云图

远远小于其许用应力。由其安全系数云图(图 16)可知,最小安全系数为 10.9,可靠性很高,几乎与应力云图保持一致,不会构成影响。因此,该磁铁支架的设计符合要求。

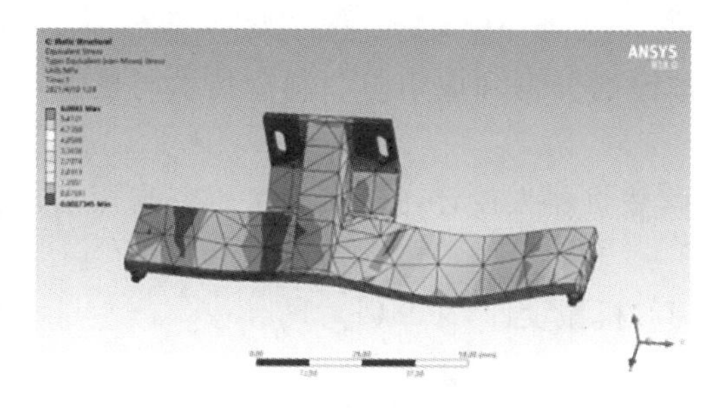

图 15　简支梁支架应力云图

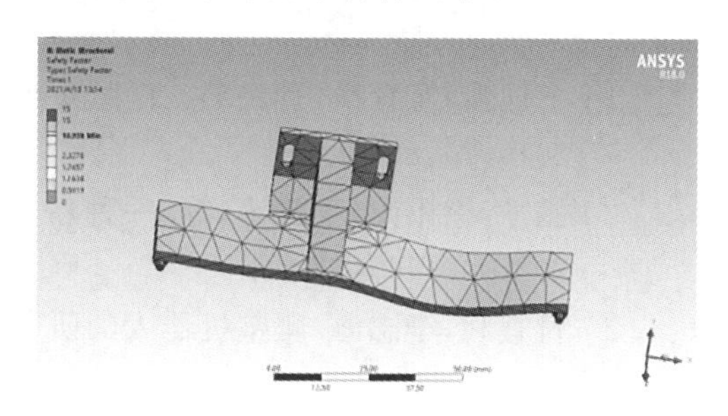

图 16　简支梁支架安全系数云图

4. 主要创新点

(1) 独立于电梯系统之外,无须对电梯内部线路进行改造,只需要在电梯表面粘贴磁条,缩短了安装周期与减少了使用成本;

(2) 采用独特的电磁铁按键系统,使按键结构更加小巧轻量,耗电量少;

(3) 采用机器人主体电池和电池包分离,通过电源管理实现减轻机器人质量以减少耗电。

5. 作品展示

本作品整体模型与实物图如图 17 所示。

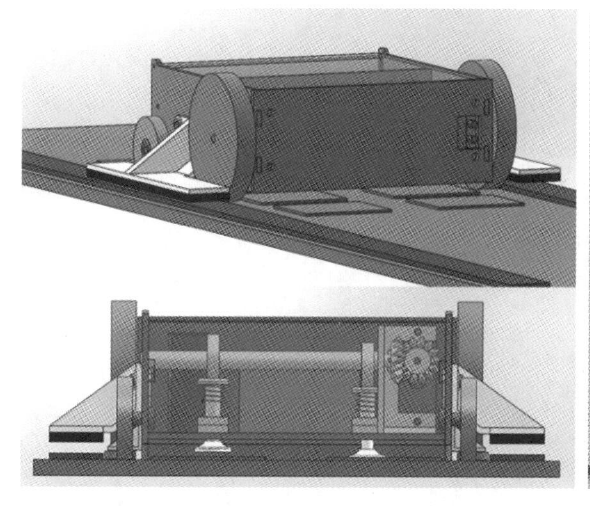

图 17　作品整体模型与实物图

参考文献

[1] 王健强，童育华，孙纯哲. 工业机器人软按键的开发和应用[J]. 制造技术与机床，2010(7)：80-83.

[2] 霍平，徐阳阳，于江涛，等. 一种新型足式爬壁机器人设计[J]. 实验室研究与探索，2021，40(10)：77-81.

[3] 付宜利，李志海. 爬壁机器人的研究进展[J]. 机械设计，2008(4)：1-5.

疫情隔离楼餐食配送车

上海交通大学
设计者：张昊　罗昱凯
指导教师：梁庆华

1. 设计目的

2019 年 12 月，新冠肺炎疫情席卷而来。为抑制病毒传播，亿万民众居家隔离，已经问世一段时间的无人物流小车体现了其应有的价值。在机场、饭店和校园都可以看到它们的身影，它们以无惧一切的姿态为一线医护人员补充“弹药”，用坚固的躯体为疫情地区的隔离人员带去温暖。

随着疫情的好转，各地政府为复工、复产、复学出台了外来人员隔离的相关政策。隔离人数的增加使得疫情隔离楼成为疫情防控的重要战地。上海交通大学闵行校区的隔离场所位于闵行区的南洋北苑，据被隔离者描述，那里的生活十分惬意，每到饭点都会有餐食送来，但这些惬意背后是众多一线医护人员的努力，他们冒着被病毒感染的风险进行配餐。为了更安全、更高效地完成配餐任务，小组想到近年来风靡全球的配送车，带着这样的思路和对比现有产品，设计、制作了一款疫情隔离楼餐食配送车。

2. 工作原理

1）目标分解

分析目前市面上已有产品，大致可以分为三类——人性配餐机、暴露式配餐机和封闭式配餐机，如图 1 所示。其优缺点如表 1 所示。

图 1　人性配餐机、暴露式配餐机、封闭式配餐机

表1　三类已有餐食配送机器优缺点

目前市场已量产的餐食配送机器	使用场景	优点	缺点
人性配餐机	餐厅	外观新颖,吸引用户	配餐效率低,封闭性差
暴露式配餐机	餐厅	拿取方便,单次配送量大	封闭性差
封闭式配餐机	酒店	需要点餐密匙,安全性高	单次取餐时间长,配餐效率低

目前产品的主要矛盾点是配餐效率与封闭性的矛盾、安全性与价格的矛盾,而且目前并没有真正意义上的无接触配餐机器。当下正需要一款配餐效率高、单次配送量大、单个房间配送时间短、安全性高、能够避免人机接触并且保证安全性的配餐机器。

现有配餐机器的运动部分已有非常成熟的技术,所以小组将工作重心放在如何实现无接触配送这个方面,目前大多数采用的方式是在房间门口放置凳子并将餐食放置其上。这样操作更便捷,但会加重清扫消毒机器人的任务。综合考虑之后,小组打算将餐食悬挂于门把手上,并对被隔离者进行敲门提示。因此设计工作主要考虑:① 如何储存餐食;② 对于不同形状的门把手,如何将餐食悬至门把手根部;③ 如何实现敲门提示。

2)原理分析

(1) 车身结构。

经过三个版本更迭后,最终车身分为储存机构、移动机构和悬挂机构三个部分。

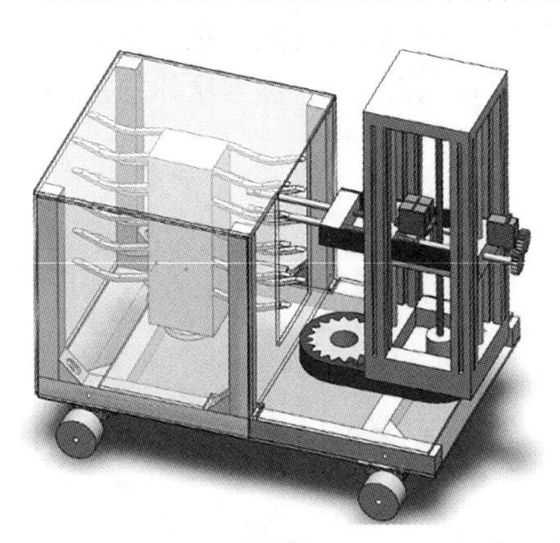

图2　移动机构

对于储存机构,为了充分利用空间,尽可能保证单次配送量能够满足一层楼的餐食需求,设定单次配送目标为16份,使用步进电机驱动旋转的对称结构实现储存,可以减少上下层餐食间的碰撞挤压,防止取餐过程中餐食溅洒而污染其他餐食和配餐机,在储存机构的外侧包覆亚克力板,能够有效避免空气中的病毒对餐食的污染。

移动机构如图2所示,由底盘与四个滚轮构成,并使用铝型材进行连接。

悬挂机构是本设计中最为重要的机构。整个流程为悬挂机构与储存机构配合,储存机构旋转到相应位置的同时悬挂机构的平台升降到对应高度,取得餐食之后旋转至门把手一侧将餐食悬挂到门把手上。所以从宏观上看,悬挂机构需要实现升降和旋转运动,如图3所示,其旋转机构位于底盘之上,支撑着悬挂机构整体,由回转轴传递与其啮合的被步进电机驱动的小齿轮的转动,进而带动整个平台旋转,而其升降机构则是由悬挂机构中的步进电机驱动,并由与其连轴的丝杠传动,从而通过丝杠螺母实现平台的升降。

宏观运动实现后,还需实现在悬挂了餐食的平台旋转至门把手侧时,将餐食绕过门把手端部挂在门把手根部的任务,这个任务由抓取平台来完成。抓取平台主要由两根非标准杆件构成，通过两根杆件的配合实现餐食的悬挂，在悬挂过程中需要同时实现杆件的转动与平动，所以采用了图 4 所示的设计。

图 3　悬挂机构——旋转机构和升降机构

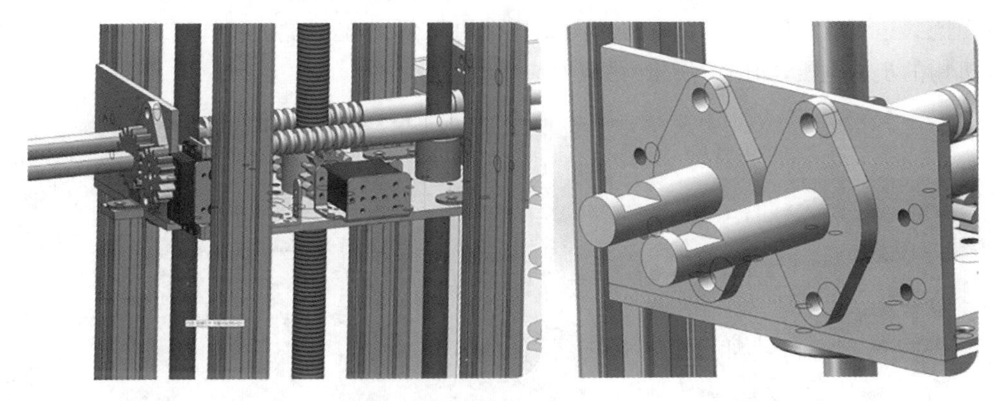

图 4　悬挂机构——抓取平台

两根杆件大体相同，均由圆柱形杆加工而成，端部开槽用于悬挂装满餐食的袋子(餐食在配餐间由后台人员包装好悬挂在储存机构上，并对应好配送的房间)，在杆件旋转 180°之后杆件与餐食袋的约束由线约束变为面约束，餐食袋可以沿杆件轴向移动。

图 5 左侧部分即为实现杆件的抽取伸缩组件，通过周向螺杆和齿轮的配合，由 270°舵机驱动两个杆件的伸缩(因为 360°舵机仅能控制舵机的转动时间和转动速度，无法准确控制转动角度，故其无法准确控制杆件位置)；图 5 的右侧为对杆件的旋转进行限制的部分，同时也是杆件的末端(也是负责悬挂袋子的端部)，其中后方的杆件(即杆 1)在整个操作中无须进行旋转并且要时刻保持悬挂姿态(即不能旋转，保证袋子始终位于杆件端部的凹槽中)，而前方的杆件(即杆 2)需要旋转，实现从悬挂状态转至自由状态从而抽取杆 2，杆 2 的旋转由与轴周向固结的齿轮以及连接在 270°舵机上的齿轮啮合实现(因为这里最多只需要旋转 180°且需要控制角度，保证杆件能够回到初始位置即悬挂位置)，舵机由舵机架组合固定在平台上。

与杆 2 周向固结的齿轮通过机米螺钉与轴承内圈固连，杆 2 与杆 1 的末端都由车削加工成表面光滑的平键结构(图 6)，杆 1 通过侧板限制转动，仅能平动，杆 2 通过 3D 打印技术制作的齿轮驱动和限制转动，并且接触面光滑，均可以保证舵机正常驱动杆件伸缩。

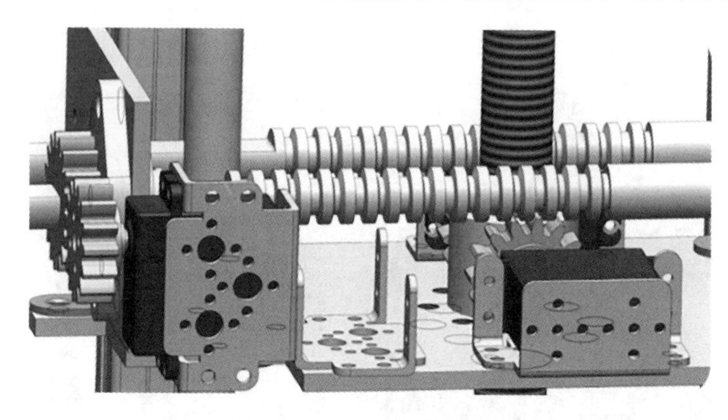

图 5　抓取平台的两根杆件

（2）运转流程。

首先在配餐间后台人员将餐食包装后挂在储存机构的对应位置，随后配餐车通过路径规划循迹到达对应房间门口，储存机构与悬挂机构配合（即驱动储存机构下方的步进电机和升降机构的步进电机，如图 7 所示）吊取对应餐食。

图 6　平键结构

图 7　储存机构与悬挂机构配合一

储存机构与悬挂机构配合，控制抓取平台上的两个舵机使两根杆件缩回，以便于旋转而不与储存机构干涉，如图 8 所示。

位于悬挂机构下方的旋转机构通过控制底端的步进电机驱动悬挂机构旋转，将悬挂餐食的平台旋转 180°，旋转至门把手前，如图 9 所示。

此时外侧杆件为杆 1，内侧杆件为杆 2，通过丝杠螺母与步进电机的配合降低平台，同时通过舵机推进杆 2 使得餐食袋的孔正对门把手端部。（由于配餐机是 1∶2 的模型，无法针对真实门把手进行操作，故使用简陋的固定在木制门板上的亚克力门把手进行模拟。）

随后通过底端的旋转机构驱动平台旋转，如图 10 所示，直到两个杆件正对把手的根部。

随后利用舵机驱动限位齿轮，进而旋转杆 2 到自由位置后抽出杆 2，如图 11 所示。

杆 2 抽出后，餐食袋内侧挂在门把手根部，而外侧依旧挂在杆 1 上，此时仅需控制升降机构降低平台高度，直至两杆件高度低于门把手底部，再进行小角度旋转后即可将杆 1 抽出，如图 12 所示。

图 8　储存机构与悬挂机构配合二

图 9　旋转机构驱动悬挂餐食的平台旋转 180°

图 10　将餐食袋挂至门把手根部

图 11　杆 2 抽出

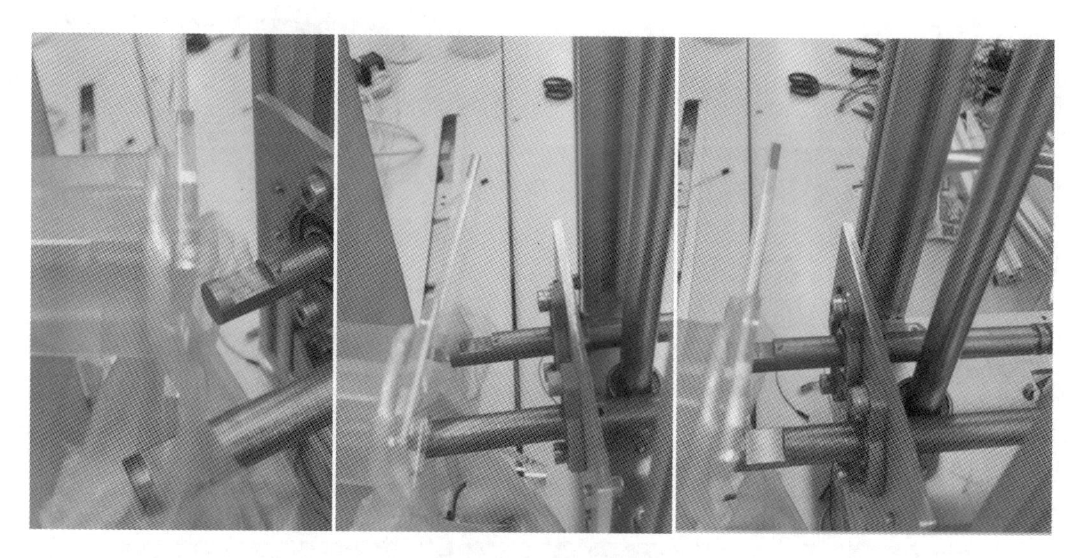

图 12　杆 1 抽出

最后利用舵机控制伸出其中一根杆件，用其端部的柔性部位撞击门，完成敲门提示，提醒房间内的被隔离者用餐，随后旋转到初始位置(即与储存机构相对的取餐位置)。

3. 设计计算

1) 质量计算

通过 SolidWorks 建模软件计算产品质量约为 26 kg，实际制作时因为选用材料以及一些误差，质量为 20 kg 左右。

本作品模型的高度为 582 mm，宽度为 441 mm，长度为 600 mm，如图 13 所示。

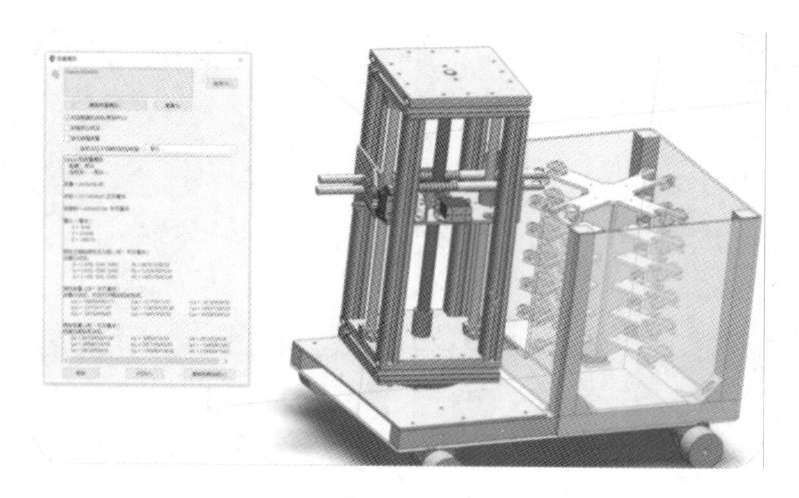

图 13　作品模型

续图 13

2）储存机构受力分析

由于储存机构选用亚克力材料制作，且悬挂大量餐食时质量较大，相对于其余基本由铝和钢材构成的部件，储存机构更容易损坏，故对其进行了有限元分析。如图 14 所示，当挂满餐食时其应力依旧只有 1.3 MPa，远低于其应力极限 90 MPa，故整体结构安全。

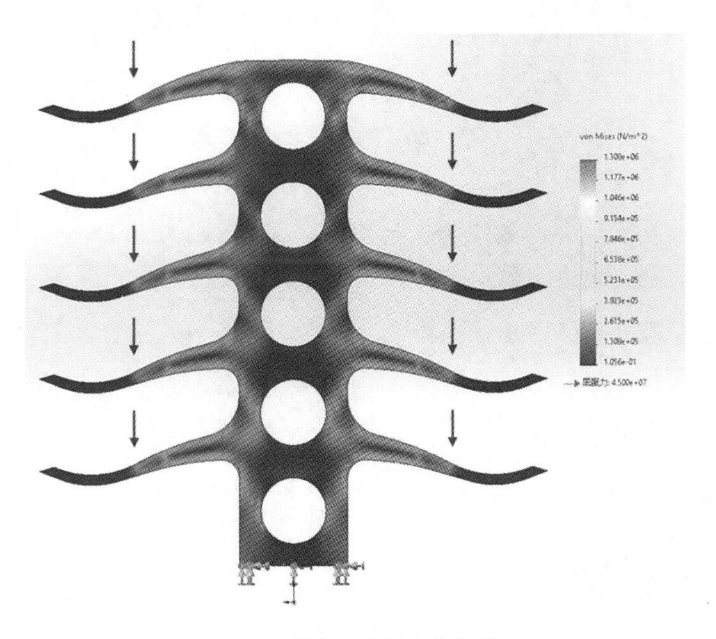

图 14　储存机构受力分析图

4. 主要创新点

(1) 符合时代主题，解决隔离楼等封闭场所餐食配送的难题；

(2) 使用新型的悬挂方式和悬挂机构，该悬挂机构能够承受极大的负载，最大限度避免机器与被隔离者或被隔离者接触过的物品的直接或间接接触，同时体现了创新性和安全性；

(3) 增加敲门提示环节,相比直接放在门口更有人情味,符合人体工学;

(4) 可拓展性强,在疫情结束后可以用于高档酒店和医院的餐食无接触配送,后期也可增加自动售卖环节。

5. 作品展示

本作品实物图如图 15 所示。

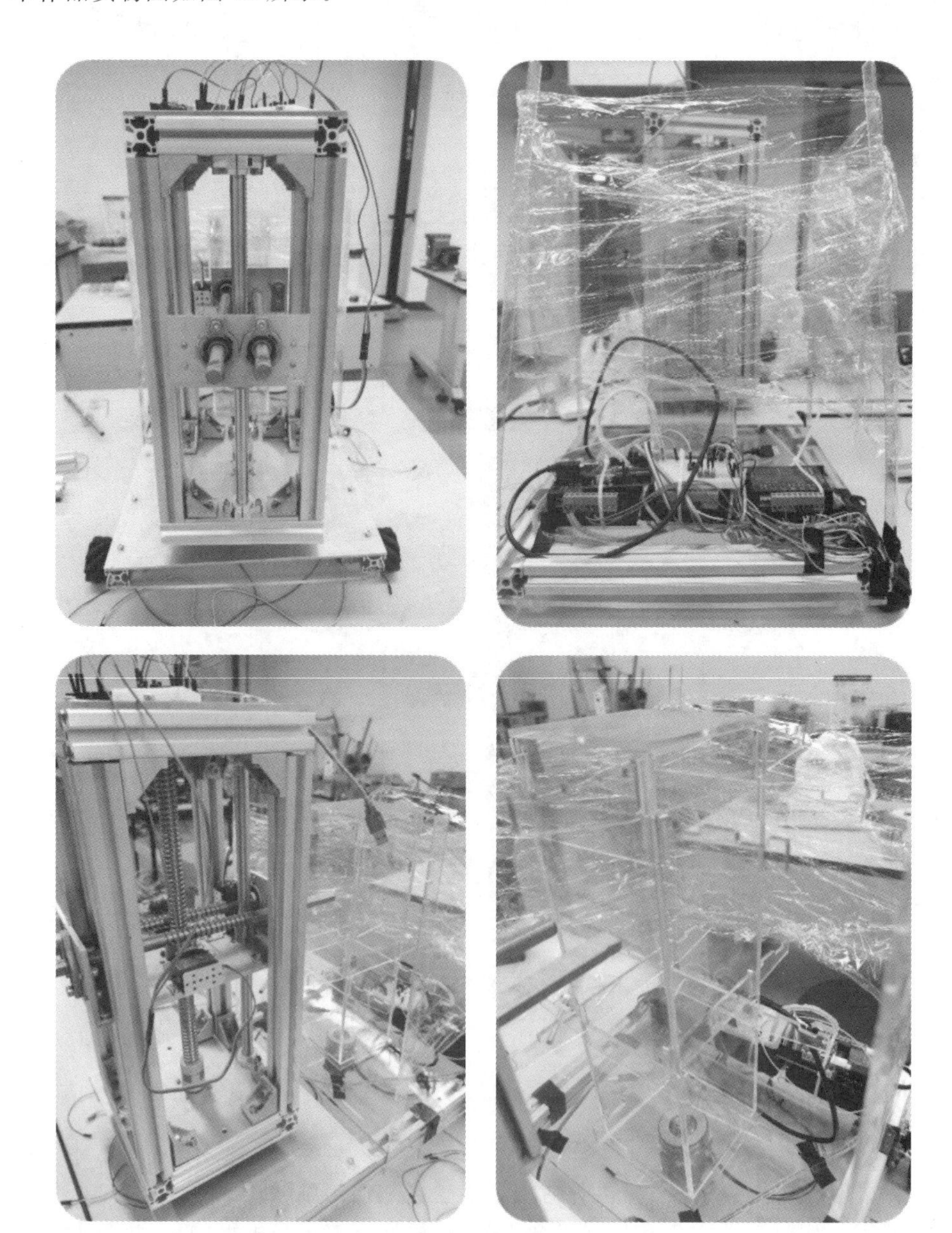

图 15 作品实物图

参 考 文 献

[1] 高琦琦.无人配送在疫情下的现状分析[J].中国储运,2021(4):90-91.

[2] 任璇,黄辉,于少伟,等.车辆与无人机组合配送研究综述[J].控制与决策,2021,36(10):2313-2327.

[3] 温昕.疫情推动,无人配送价值日益凸显[J].智能网联汽车,2021(1):26-29.

[4] 陆淼嘉,尹钦仪."最后一公里"无人车配送发展现状及应用前景[J].综合运输,2021(1):117-121.

健康先行智能“益喝宝”

华东理工大学
设计者：林新绅　曾溢涛　曹霁阳
指导教师：马新玲

1. 设计目的

水是生命之源，而水由于没有味道，经常被人们忽视了其重要的营养价值。饮品的出现弥补了水没有味道的缺陷，经过一段时间的发展，饮品已经成为人们重要的补水渠道。11世纪便有埃塞俄比亚人饮用咖啡的记载，而我国的饮茶文化更是可以追溯到西周时期。因此，饮品在当代人们的生活中有着重要的意义和营养学价值。

2020年，人们共同面对了新冠肺炎疫情的挑战，虽然短期战胜了疫情，但是这份来之不易的胜利却给予人们启示：未来将更加注重对个人健康的追求。然而，随着人们生活节奏的不断加快，个人健康却和经济发展背道而驰，很多人都很难有时间和精力去兼顾个人健康。中国的“十四五”规划明确提出加快发展方式绿色转型，全面推进健康中国建设和实施积极应对人口老龄化国家战略等重要方向。因此，小组将眼光聚焦于冲调饮品和口服冲调药剂等领域，设计研发了一款能够自动冲泡饮品的机器——健康先行智能“益喝宝”。

本作品能够自动冲调各类饮品，利用智能控温系统和全自动冲调模块实现智能化饮品调制，同时能够精准控制剂量、水温以及时间。其不同的送料模块还能实现养生茶类和口服药剂的冲调，方便有需求的中老年人。本作品人机交互友好，可冲调饮品种类丰富，功能集成化程度高，同时做到操作简单、安全卫生和环境友好，在智能家具、医疗保健、社会服务等领域有巨大的应用前景。

本作品的特点如下：

（1）实现了一体化自动冲泡饮品，操作简单，人机交互友好，流程可视化，充分保证了卫生安全。

（2）可冲泡的饮品种类丰富。

（3）本作品体型小，结构轻巧，经过大量的细节设计，能够满足居家使用，同时安装方便，适用范围广。

2. 工作原理

健康先行智能“益喝宝”的总体结构如图1所示，分为四个主要模块：开袋送料模块、控温冲调模块、放杯传输模块、水源处理模块。其总体工作流程如下：将料包放入开袋送料模块，料包将被打开，其中的冲料落入下方的杯中，如有其他无须开袋的加料，只需等待放杯传输模块将盛料的杯子传输至下一个步骤，在传输到控温冲调模块下方位置后，由水源处理模块向水杯中加水，之后由控温冲调模块进行搅拌，搅拌完成后即可得到冲泡好的冲剂或饮品。整个流程自动化程度高，并且只需要放入料包即可得到一杯冲泡好的冲剂或饮品。

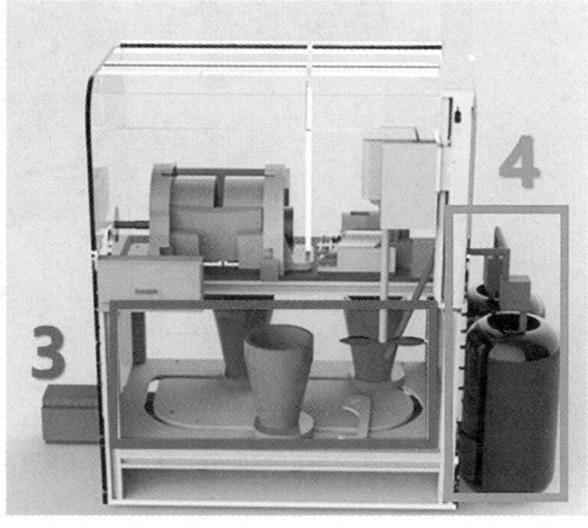

图 1　健康先行智能“益喝宝”总体结构

1—开袋送料模块；2—控温冲调模块；3—放杯传输模块；4—水源处理模块

1）开袋送料模块

开袋送料模块总共分为 3 个机构，分别为开袋送料机构、阿基米德螺杆送料机构、转轮出料机构。这 3 个结构分别运送不同的物料，开袋送料机构针对袋装的物料，阿基米德螺杆送料机构适用于颗粒比较小的物料，转轮出料机构适用于颗粒比较大的物料。

（1）开袋送料机构。

开袋送料机构的外观如图 2 所示，具体组成如图 3 所示，它是一个在外壳内装有可旋转机芯的机构，中间的输送机芯（磁吸附式转子）在伺服电机的驱动下，带着整个机芯在轨道壳内旋转，同时该机构的下方有废料包收纳盒，每一个料包在切割完后都会被送入废料包收纳盒，方便进行后续处理。

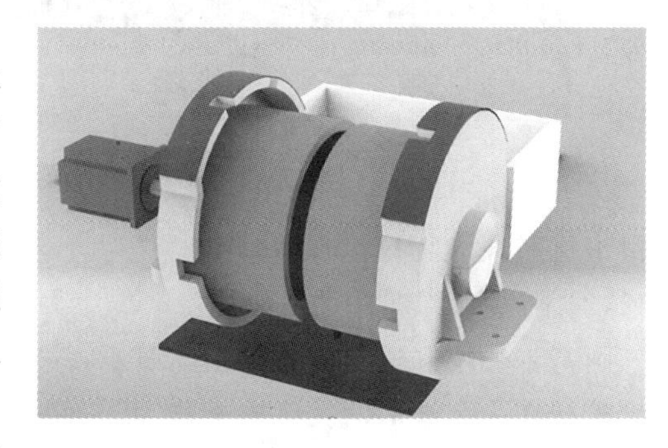

图 2　开袋送料机构外观

开袋送料机构的工作流程如下：首先将料包放置在旋转机芯的旋转固定台上，放置后的效果如图 3 所示，在进行切割之前，机芯轨道壳上安装的两对磁铁使得挤压固定块处于放松状态，也就是料包还处于未夹紧状态。此时按下开关，给其一个启动信号，输送机芯开始旋转，将料包送入切割刀具刀尖的工作范围内。为了解决料包在切割时与机芯脱离的问题，小组还设计了图 4 所示的凸轮挤压固定块，这个结构的作用是在料包旋转进入切割指定位置的时候，凸轮挤压固定块使料包两侧被夹紧，以保证料包被顺利切开。料包在被切开之后就旋转出切割位置，此时挤压固定块松开，料包处于活动状态，且其将在重力的作用下自

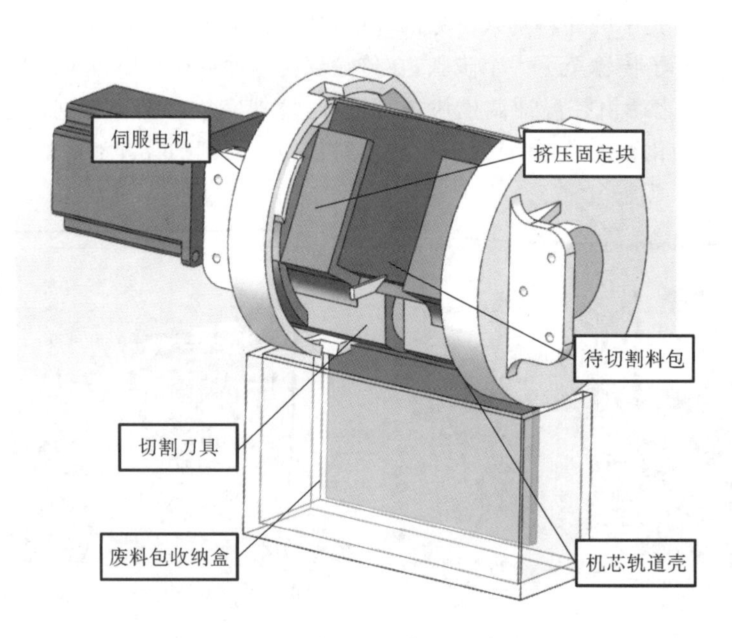

图 3　开袋送料机构的组成

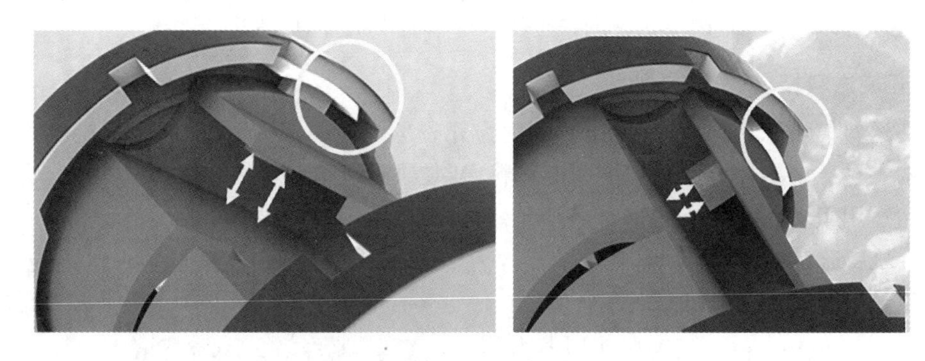

图 4　凸轮挤压固定块工作原理

然滑出机芯掉入废料包收纳盒中。

（2）阿基米德螺杆送料机构。

阿基米德螺杆送料机构如图 5 所示，该机构的设计依据是经典的阿基米德螺杆螺旋机构。螺杆在一个圆形的孔洞内旋转，其一侧连接电机，另一侧有一个竖直向下的通孔。阿基米德螺杆可以将螺杆一端的物料通过螺旋的方式输送到另一端，其优点是能够进行一定距离的物料可控输送，且机械的整体结构更加紧凑，同时也能更精确地细分所要输送的物料，能够实现例如咖啡粉和口服药剂等小颗粒的输送。

（3）转轮出料机构。

转轮出料机构示意图如图 6 所示，该机构由料轮与料壳组成，料轮每旋转一次，下落一定量的物料。这种结构的优点是便于控制，并且每次提供的物料量是固定的，可以迅速、多次并且少量地进行物料供给，非常方便。它还允许通过颗粒比较大的冲泡物料，如枸杞等。小组还设计了可实现物料控速控量的转轮机构的不同构型，如图 7 所示。

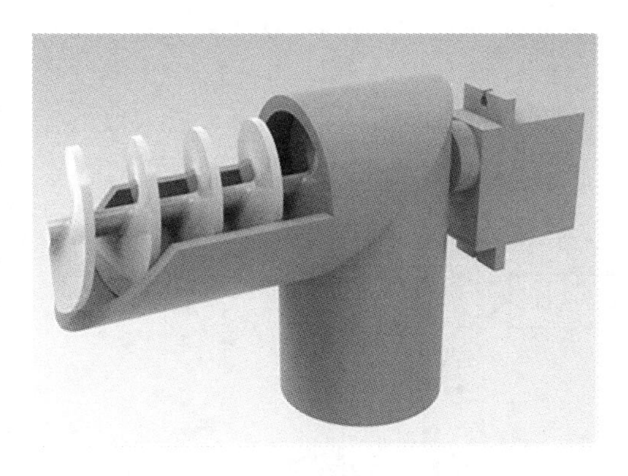

图 5　阿基米德螺杆送料机构

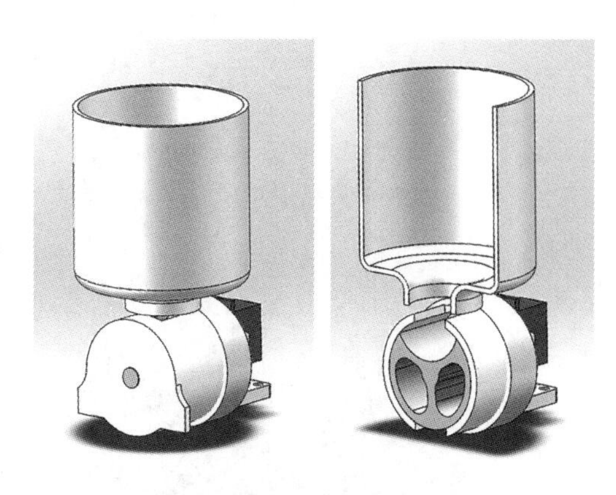

图 6　转轮出料机构示意图

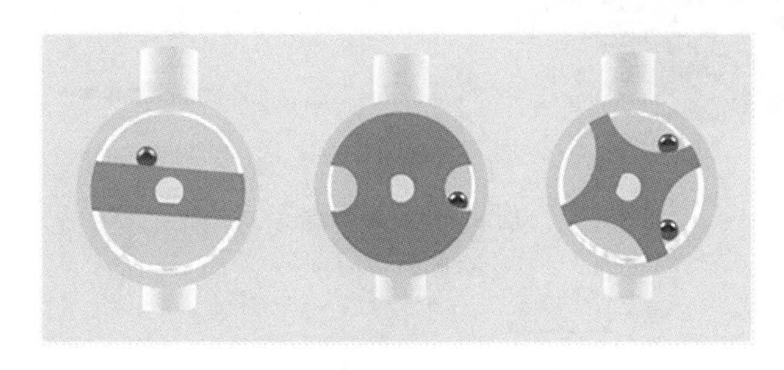

图 7　转轮机构的不同构型

2）控温冲调模块

如图 8 所示，控温冲调模块主要由搅拌器、搅拌电机、直线模块构成。当放好物料的杯子由放杯传输模块传送并由水源处理模块加水后，控温冲调模块开始进行搅拌。首先直线模块向下移动将搅拌器伸入杯中，然后启动搅拌电机对杯中的液体进行搅拌。其采用数显温控技术来实现对纯净水的调温、保温与控温，精准测量冲剂的温度，故对冲调温度要求比较高的冲料有较强的适应性。同时在搅拌器的末端配备有小水泵，在杯中的饮品饮用完毕后可以将杯子放回杯托，重新注水搅拌后由搅拌器将杯子中的水吸出，达到清洁杯子的目的。

3）放杯传输模块

如图 9 所示，放杯传输模块主要由直线滑轨、底部支撑板、杯托、换位板、滑块构成。放杯传输模块的工作过程如图 10 所示，开始时杯子处于初始位置，杯托可以在底板上沿着预定轨道活动，当杯子到达最末端，也就是换位板的工作范围内时，换位板旋转并接触杯托对杯子进行移位，将杯子顺着轨道移动至滑轨的另一侧，另一侧的杯子中是已经冲调好的饮品。换位板的工作原理如图 11 所示，滑块上带有齿条，当滑块移动时，会啮合换位滑钩下所连接的齿轮，从而完成协同运动。放杯传输模块还具有紫外线消毒功能，可以实现杯子在清洗之后的消毒、杀菌，保障健康、安全。

4）水源处理模块

水源处理模块如图 12 所示，其具体功能是储存并加热水，提供饮用纯净水或洗杯自来

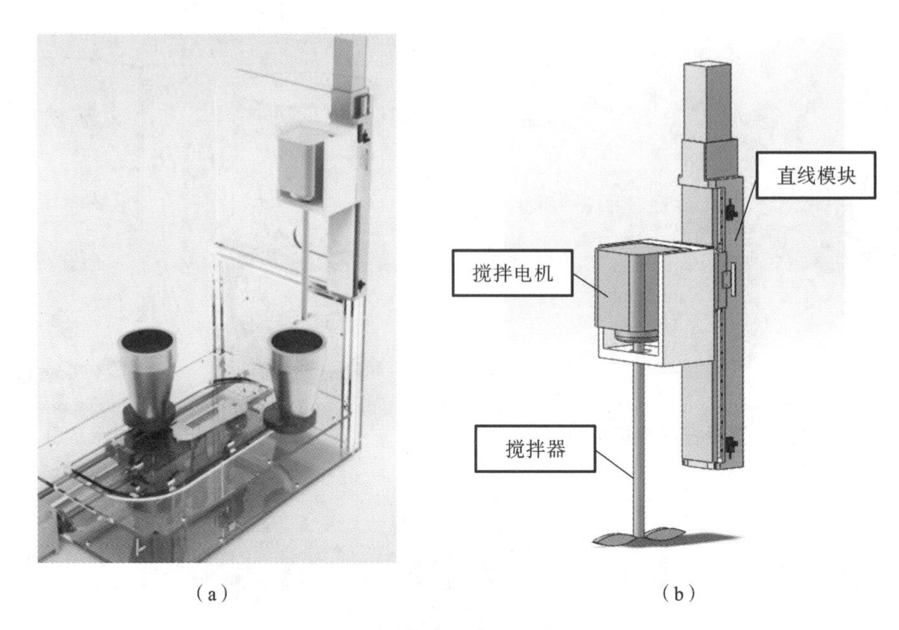

(a)　　　　(b)

图 8　控温冲调模块

(a) 示意图；(b) 结构图

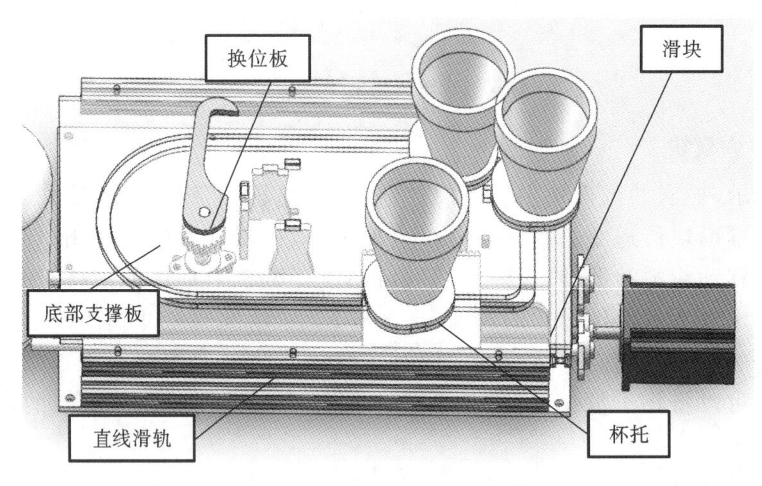

图 9　放杯传输模块结构图

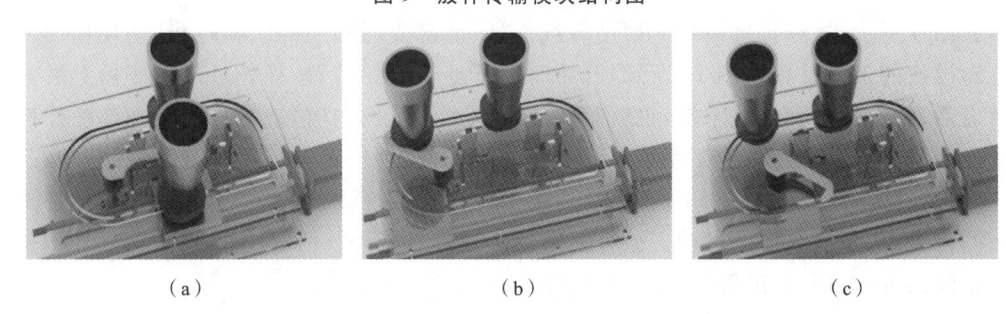

(a)　　　　(b)　　　　(c)

图 10　放杯传输模块的工作过程

图 11　换位板的工作原理

水。水源处理模块与控温冲调模块配合，可进行实时的温度控制，确保在下一步的冲调过程中将水加热到合适的温度。

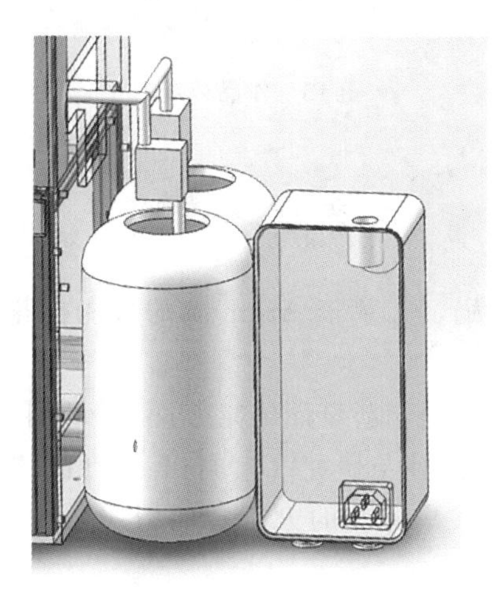

图 12　水源处理模块

3. 主要创新点

(1) 全自动、智能化：冲泡饮品过程全自动，人机交互友好。

(2) 健康卫生：流程可视化，充分保障了卫生、安全。

(3) 适用性强：适用的冲调饮品种类丰富。

(4) 小型家居化：独创的 U 形导轨设计大幅度提升了空间利用率。

(5) 结构精巧：磁吸附式转子的设计，使其一个周期可实现四个动作。

(6) 控制精准：控温冲调模块和开袋送料模块精确运作，实现冲调水温智能适配饮品。

4. 作品展示

本作品外观如图 13 所示。

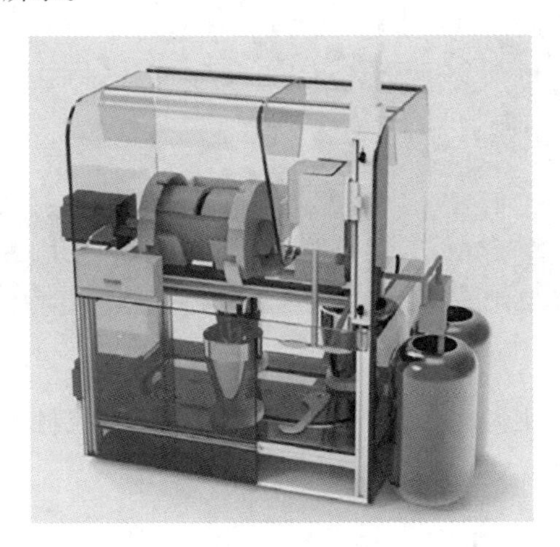

图 13 作品外观

参 考 文 献

[1] 高昀欣,高永民,成文娟,等. 基于 Arduino 的智能拉花咖啡机设计[J]. 福建轻纺,2020(10):52-55.

[2] 李明,金钊. 胶囊咖啡机的创新设计研究[J]. 工业设计,2019(9):59-60.

[3] 韩正阳. 泡茶机的系统设计与研究[D]. 舟山:浙江海洋大学,2018.

[4] 侯建军,毛铁超. 基于共享体验的人工智能厨房设计研究[J]. 设计,2021,34(3):58-60.

[5] 王新华. 机械设计基础[M]. 北京:化学工业出版社,2011.

[6] 陈秀宁,施高义. 机械设计课程设计[M]. 4 版. 杭州:浙江大学出版社,2012.

外骨骼式手部康复系统

上海健康医学院

设计者:肖轶　费炫霖　周志涛　庞荣

指导教师:孟青云

1. 设计目的

脑卒中(stroke)俗称“中风”,是指患者因中枢神经系统受到损伤而导致的人体一侧上下肢运动能力减退甚至丧失的一种疾病。脑卒中已成为危害人类健康的首要疾病之一,而中风偏瘫是中风后遗症中最为常见的一种,且多数患者具有偏瘫症状,其中老年人占多数,同时呈现年轻化趋势。肢体失去运动能力对患者的生活造成严重的影响,同时给患者家庭和社会带来沉重负担。在由脑卒中导致的偏瘫患者中,以手部功能障碍的人群居多。人手是人与外界环境沟通交流的重要工具,科学研究表明,人平均每天要进行约 1500 次的抓握动作。因此,偏瘫患者手部的康复对于患者日常生活有重要意义。

目前手功能康复治疗方法是由康复医师对患者进行一对一或者一对多的专门康复训练,这些康复治疗方法虽然在一定程度上可以提高患者的运动机能,但由于我国人口众多及脑卒中发病率高,造成康复医师相对缺乏,此外,这种手把手对患者进行康复训练的方式在训练强度和训练效率上难以保证,同时也不能精准量化数据,不利于治疗方案的改进。并且由于康复医院床位无法满足增长的康复医疗需求,脑卒中患者发病住院接受手术等治疗,待生命体征稳定之后,住院一个月就必须出院,无法在医院完成康复训练。

基于如今的康复医疗需求,现有大量研究者进行手部康复机器人的研发,但目前市场上流通的辅助康复医疗器械大部分仍需康复医师的辅助操作,并且器械结构复杂、笨重,导致康复效果差。

小组研发的这款名为“Handy”的新型穿戴式智能音控手部康复仪无须康复医师辅助,患者只需通过手机 APP 或遥控板自主控制,便于其自行完成康复训练。

本作品的意义主要有以下几点:

(1) 帮助手部功能障碍的患者进行康复训练;

(2) 采用更简单、轻便的设计,减轻患者手部的负担;

(3) 实现智能化控制,便于患者在家自行完成康复训练。

2. 工作原理

小组设计的外骨骼式手部康复系统装置的机械结构包括手指执行机构和手部背板。

手指执行机构主要由欠驱动连杆、开口指环、关节扭簧等连接件组成。因手指各关节的执行机构设计原理相同，所以下面仅以食指关节的连杆设计为例进行阐述。食指执行机构驱动简图如图1所示，其中D点为食指执行机构模型的掌指关节(MCP)，H点为模型的指间关节(PIP)，A、B、C、E、F、G点为机构欠驱动连杆旋转中心，其中在点A与点E处安装关节扭簧。手指单关节驱动原理是，以欠驱动连杆与所需驱动关节相连指骨组合成四连杆机构，在驱动的过程中由欠驱动连杆带动患者手指运动。在进行手指伸展运动时由驱动绳索带动连杆运动，驱动绳索一端固定在点G处，另一端与驱动单元输出端相连。当手指持续伸展时，位于点A与点E处的关节扭簧将发生形变进而储存能量。在进行手指屈曲运动时，驱动单元反向释放驱动绳索，此时关节扭簧将恢复形变并释放能量进而驱动手指各关节四连杆机构实现手指屈曲运动。

如图2所示，手部背板作为手指执行机构与系统动力传输机构的中间连接件，其上需要安装布置多种零件用于后期零件装配。同时作为外骨骼式手部康复系统中与人手接触面积最大的结构件，手部背板具有合理的曲率与空间尺寸，以满足用户穿戴的舒适度要求。

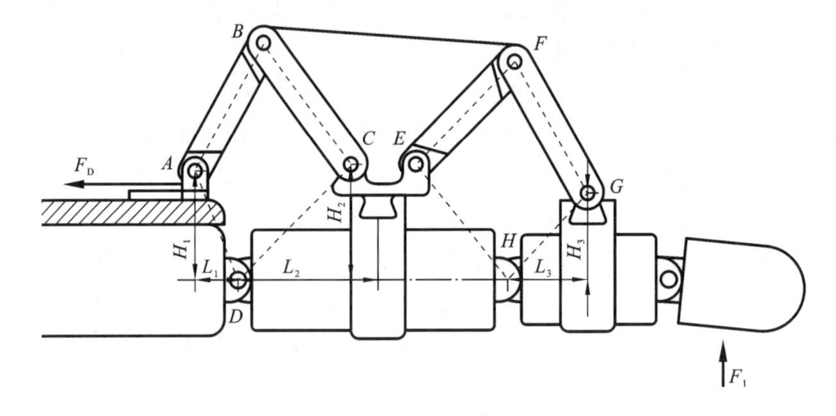

图1 食指执行机构驱动简图

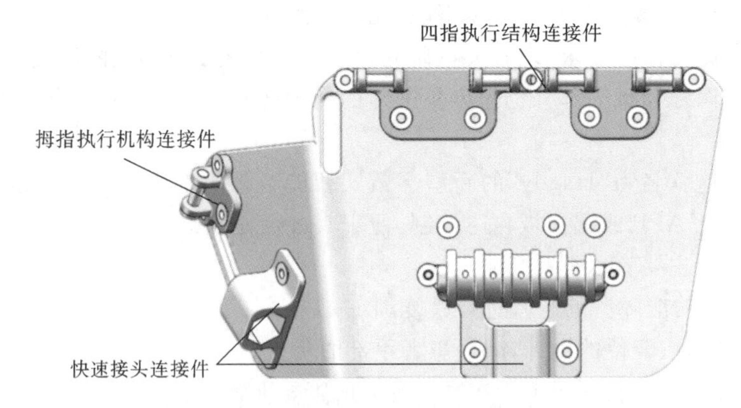

图2 手部背板

本作品的动力传输采用绳索传动，将驱动力远距离传输至各手指执行机构。其传输原理如图3所示，驱动电机输出轴上安装有线轮1，通过动力传输机构将驱动力分别传输至手部背板的四指执行机构与拇指执行机构。其中，动力传输机构主要由传输线管、两端快速接头、线轮以及内部绳索组成，合理设置线轮1与线轮2的直径比可使减速比达到5∶1，起到减速增距的作用。

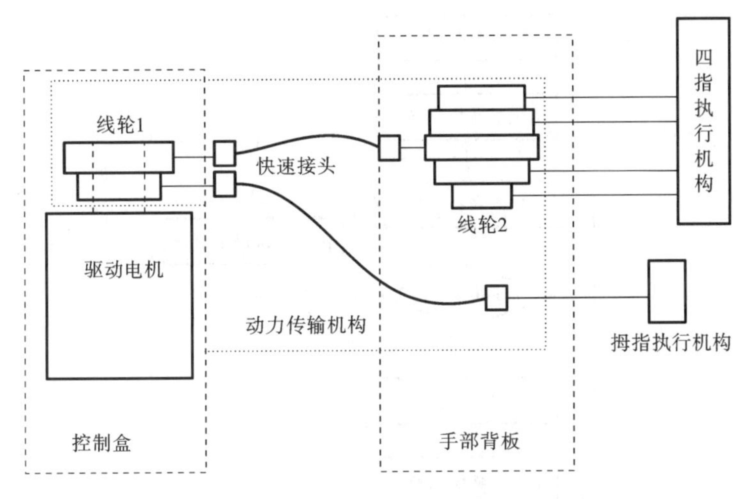

图3　手指动力传输原理图

本作品的语音控制模块基于百灵智能SYN7318系列(图4)语音识别芯片进行设计，该系统集成了语音唤醒、语音识别、语音交互、语音合成等功能。其语音控制流程大致可分为以下三步：首先通过麦克风采集用户语音指令；然后将用户语音指令传送至语音识别模块进行对应指令分析处理；最后将输入的用户语音指令与语音模板数据库中的数据进行对比，从而对输入指令进行语音识别。

图4　SYN7318语音识别芯片

本作品的语音控制模块设置了开始训练、停止训练、手部伸展、手部屈曲、康复训练5个语音指令，用户可进行指定时长的完整手部康复训练，以及单次手部伸展/屈曲训练。语音控制模块不仅能与用户进行简单的语音交互，提升用户在手部康复训练过程中的积极性，还可丰富外骨骼式手部康复系统功能，以满足更多使用者的实际需求。系统开启后语音控制模块工作流程如图5所示。

在语音模式开启后，系统会自动进入初始化自检状态，初始化完成后系统会播报“系统初始化完成”。本作品选用的百灵智能SYN7318系列语音识别芯片，在用户指令输入前用户需输入指定语音指令“云宝”以唤醒语音系统。语音系统被成功唤醒后会自动播报“您好”，此后用户就可根据预先设定的5个语音指令进行语音输入。若语音系统对语音信息判定失败，则会自动播报“您说话声音太小，请您再说一遍”；若语音信息被判定成功，语音系统则会重复一遍正确的语音指令并输出指定指令驱动动力模块完成指定训练；在当前语音指令的康复训练结束后，用户可再次输入语音指令或直接结束语音模式下的康复训练。此外，在进行按键/语音操作时出现任何异常，均可直接按电源开关键进行保护。

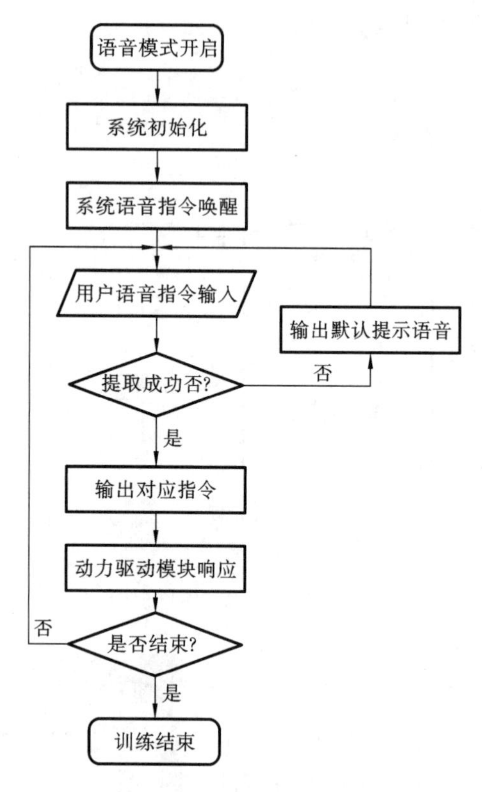

图5　语音控制模块工作流程图

3. 设计计方案

1）产品材料选择

本作品以一种可穿戴式手套的方式呈现。可穿戴式手套外侧的外骨骼采用3D打印技术进行加工，打印材料为聚乳酸(PLA)。在手套与手部背板间，采用光滑EVA板与透气面料相结合的方式作为背板内衬层。将电子电路安装在普通纺织面料上，将传感器等功能性器件缝于双层纺织材料间，将自主设计的电路封装于手套内部。

2）驱动电机选型

外骨骼式手部康复系统的驱动方式要求运动安全、力矩合适、控制精准、速度合理，故最终选择电机驱动作为外骨骼式手部康复系统的动力驱动。同时设计采用单电机驱动所有手指，故需要较大的驱动力矩与合理转速，而手部康复设备中，较常见的加拿大Actuonix直线电机无法达到所需驱动要求，因此最终选择直流减速电机。在手部康复训练过程中，为防止患者手指受到二次伤害，人手的运动速度不宜过快，一般转速为8 r/min左右。最终本作品选择SHENLONG行星减速电机，型号为LRS-385S，外形尺寸为ϕ28 mm×850 mm，额定电压为12 V(直流电压)，额定电流为270 mA，额定转速为36 r/min，额定转矩为0.86 N·m。

3）扭簧选型

MCP 关节处关节扭簧外径 $D_2=7.5$ mm，材料直径 $d=1.3$ mm，有效圈数 $n=3$，材质为碳素弹簧钢，自由角度 $\theta=140°$，旋向为右旋。PIP 关节处关节扭簧外径 $D_2=5$ mm，材料直径 $d=1$ mm，有效圈数 $n=3$，材质为碳素弹簧钢，自由角度 $\theta=134°$，旋向为右旋。

4）动力传输机构选型

本作品的绳索材料为钢丝绳，具有强度高、抗冲击载荷强、耐磨的特点，但也存在磨损后易出现毛刺而导致传输管内部磨损且刚性较大不易弯曲的问题，所以在使用时需考虑钢丝绳变向处的曲率，防止钢丝绳过度磨损，影响使用寿命。根据钢丝绳传动机构的选型原则、实际机构中最大拉力以及最小弯曲半径（① 动力传输机构中传动轮的直径应大于所选钢丝绳直径的 16 倍；② 动力传输机构中最小弯曲半径为 10 mm；③ 根据驱动电机最大扭矩计算出绳索中最大拉力为 114 N），选取 $\phi 0.6$ mm 的软不锈钢丝绳，其材质为 304 钢，安全承重为 12.4 kg，最大承重为 49.7 kg。

根据所选钢丝绳外径，选用小型 POC 气动快速接头与其配套的线管，气动接头型号为 PC3-M3，线管接口直径为 3.2 mm，气孔直径为 1.2 mm。动力传输机构实物图如图 6 所示。

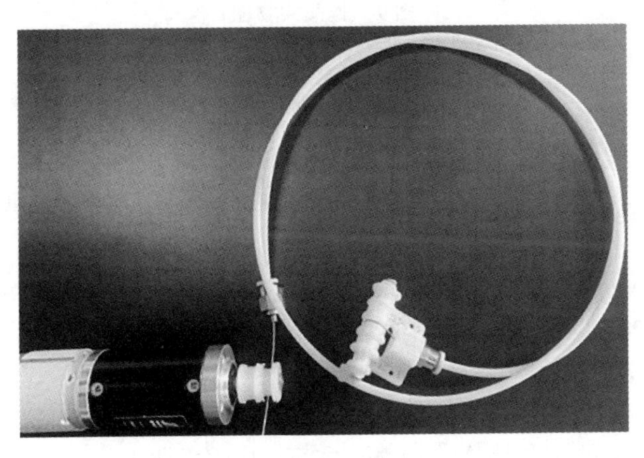

图 6　动力传输机构实物图

4. 主要创新点

（1）外骨骼式手部康复系统采用单电机驱动，整体结构简单、轻便，便于患者携带；通过驱动电机与控制系统后置的方式，减轻手部康复系统在患者手部的质量，同时也便于患者穿戴。

（2）外骨骼式手部康复系统的手指执行机构采用的是欠驱动连杆，具有机械安全限位功能。同时，机构的旋转中心与人手关节旋转中心重合，运动过程中不会产生额外力矩，系统穿戴舒适度高。

（3）外骨骼式手部康复系统采用刚柔耦合的结构，在连杆传动副间设置关节扭簧，可在机构运动中缓解刚性冲击;关节扭簧在手部伸展时储存能量,在手部屈曲时释放弹性势能,可减小电机反向输出力矩。

(4) 可与APP或遥控器相连,方便患者操作。

5. 作品展示

本作品实物图如图7所示。

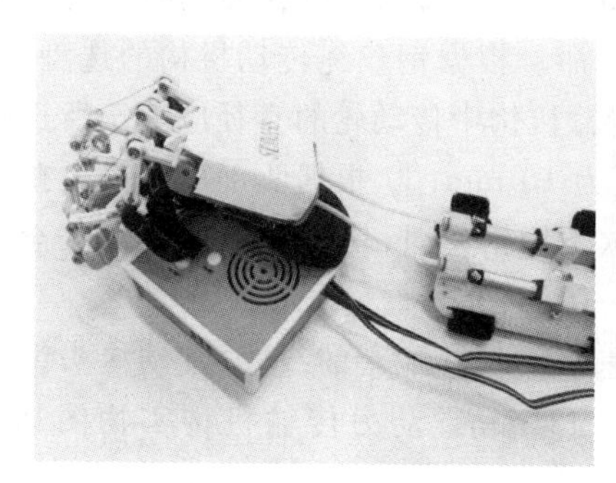

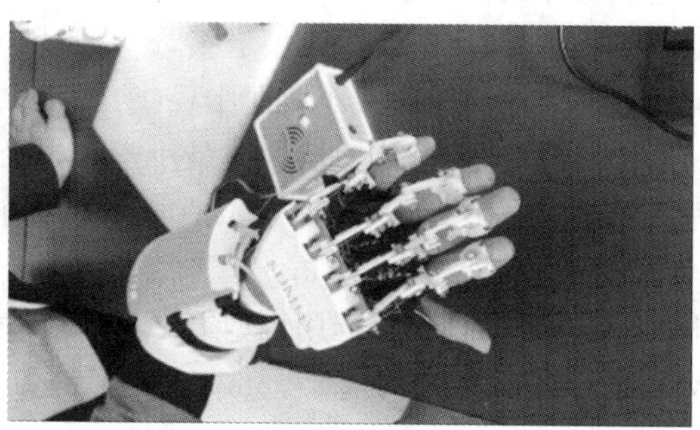

图7 作品实物图

参考文献

[1] 国家技术监督局.成年人手部号型:GB/T 16252—1996[S].北京:中国标准出版社,1996.

[2] POLYGERINOS P,GALLOWAY K C,SAVAGE E,et al. Soft robotic glove for hand rehabilitation and task specific training[C]//2015 IEEE International Conference on Robotics and Automation (ICRA). IEEE, 2015:2913-2919.

[3] 王新华.机械设计基础[M].北京:化学工业出版社,2011.

[4] 成大先. 机械设计手册[M]. 5版. 北京: 化学工业出版社, 2008.

检疫采样机器人
仿生柔性手腕结构的设计

上海工程技术大学
设计者：唐婉　齐学睿　许凯元　陈佳丽　邓国勇
指导教师：陈赛旋　朱姿娜

1. 设计目的

近年来，随着机器人技术的不断发展，高速度、高精度、高负载自重比的灵巧机器人受到工业、医疗和航空航天领域人员的广泛关注。目前，新冠肺炎疫情肆虐，导致医疗人员的工作量增加，其被感染的风险也大大提高。因此，医疗领域对检疫采样机器人的需求尤为迫切。

传统机器人的机械臂仅能实现运动功能上的仿生，且具有结构复杂、灵巧性欠佳、体积过大导致操作空间受限等缺陷。针对这些缺陷，小组设计了一种仿生柔性手腕结构用于检疫采样，满足检疫采样机器人结构紧凑、轻量化、柔性高、灵巧操作等方面的需求，大大降低了检疫采样过程中的感染风险。

本设计基于腕关节骨骼肌肉系统的空间位形，建立一种可实现腕关节大转角甚至全向转动的3-UU并联机构新方法，以人体腕关节运动过程中肌肉拮抗作用实现刚度调节为仿生原型，由牵引绳驱动柔性张力放大机构（类肌腱结构），模拟肌腱组织的拮抗作用驱动3-UU并联机构。

本作品的意义主要有以下几点：

(1) 仿生柔性手腕结构用于检疫采样操作，可代替医护人员手部的采样操作，减轻医护人员的工作量；

(2) 提高外力干涉下仿生柔性手腕结构人机交互安全性，实现检疫采样机器人末端采样机构的高灵巧运动；

(3) 在采集具有高风险传染样本时可降低医护人员被感染的风险。

2. 工作原理

将平面内反平行四边形机构运动的原理延伸到立体空间，设计了在空间中拥有三自由度并能进行球面滚动的柔性手腕，其3个支链对称布局，从而实现手腕在空间中的对称运动，如图1所示，其中，P_0 是上下并联台架中心点，h_0 是并联连接杆的偏置距离。

该装置由两部分组成，即仿生柔性手腕装置和前端柔性机械手。由仿生柔性手腕装置

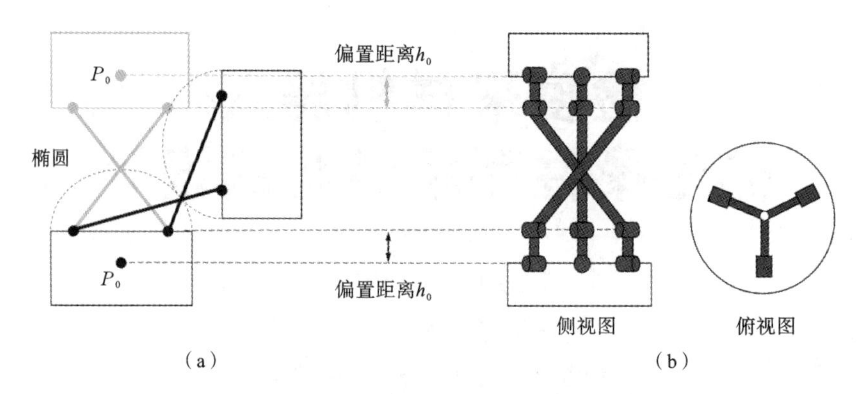

图 1　仿生柔性手腕结构运动的几何原理图

(a) 反平行四边形机构运动原理；(b) 并联机构简图

控制机械手实现 360°的扭转，并控制机械手夹住咽拭子，使其执行柔性运动以成功采集样本，达到检疫取样的目的。

1) 仿生柔性手腕装置

如图 2 所示，上下并联台 1 与三个并联连接杆 2 通过螺栓固定，上下并联台 1 与上下 U 形连接头 8 通过螺栓和轴承连接固定，轴承通过轴承座固定在上下并联台 1 上，中间 U 轴 3 在电机的驱动下可以实现独立的转动，从而给前端柔性机械手提供转动动力。在下并联台的四个方向上，每个方向均通过柔锁部分滑轮固定装置 4 装有一个双向导轮 5、一个小单导轮 6 和一个大单导轮 7。在上并联台的四个方向上，每个方向均通过柔锁部分滑轮固定装置 4 装有一个双向导轮 5，与下并联台的双向导轮 5 位置一一对应。各方向对称的两个双向导轮经尼龙绳绕线连接，实现滑轮牵引作用。牵引绳从下并联台双向导轮右侧绕出后通过小单导轮 6 和柔锁部分滑轮固定装置 4 的预留孔，从大单导轮 7 右侧绕出，连接至外部电机。并联台四个方向两两对应，相对的两根牵引绳连接至同一电机。控制这两个电机的正反转，实现两根对应牵引绳的收缩和拉伸，从而可以实现手腕装置的外翻、内旋、尺侧偏转和桡侧偏转运动。

中间 U 轴 3 通过万向节 10 与上下两个 U 形连接头 8 相连，上下 U 形连接头通过轴承与并联台相连。下 U 形连接头与外部电机固连，上 U 形连接头通过固定件与前端柔性机械手相连。控制外部电机的转动以控制中间 U 轴的转动，从而实现前端柔性机械手的独立转动控制。

当仿生柔性手腕装置需向后弯曲做外翻运动时，前后两组滑轮为一个运动机构，后方滑轮组上的尼龙绳通过滑轮和电机的运动，会收缩下拉，相应地，前方滑轮组的尼龙绳会伸长，从而使手腕装置向后做外翻运动。相应地，想要实现向前弯曲的内旋运动，则电机反向旋转，前方滑轮组的尼龙绳收缩，后方滑轮组的尼龙绳伸长。

尺侧偏转和桡侧偏转运动同理，左、右两组对应的滑轮为一个运动机构，通过控制电机的正反转，实现左侧尼龙绳的收缩、右侧尼龙绳的伸长和左侧尼龙绳的伸长、右侧尼龙绳的收缩，实现仿生柔性手腕装置尺侧偏转和桡侧偏转运动。

仿生柔性手腕装置空间运动示意图如图 3 所示。

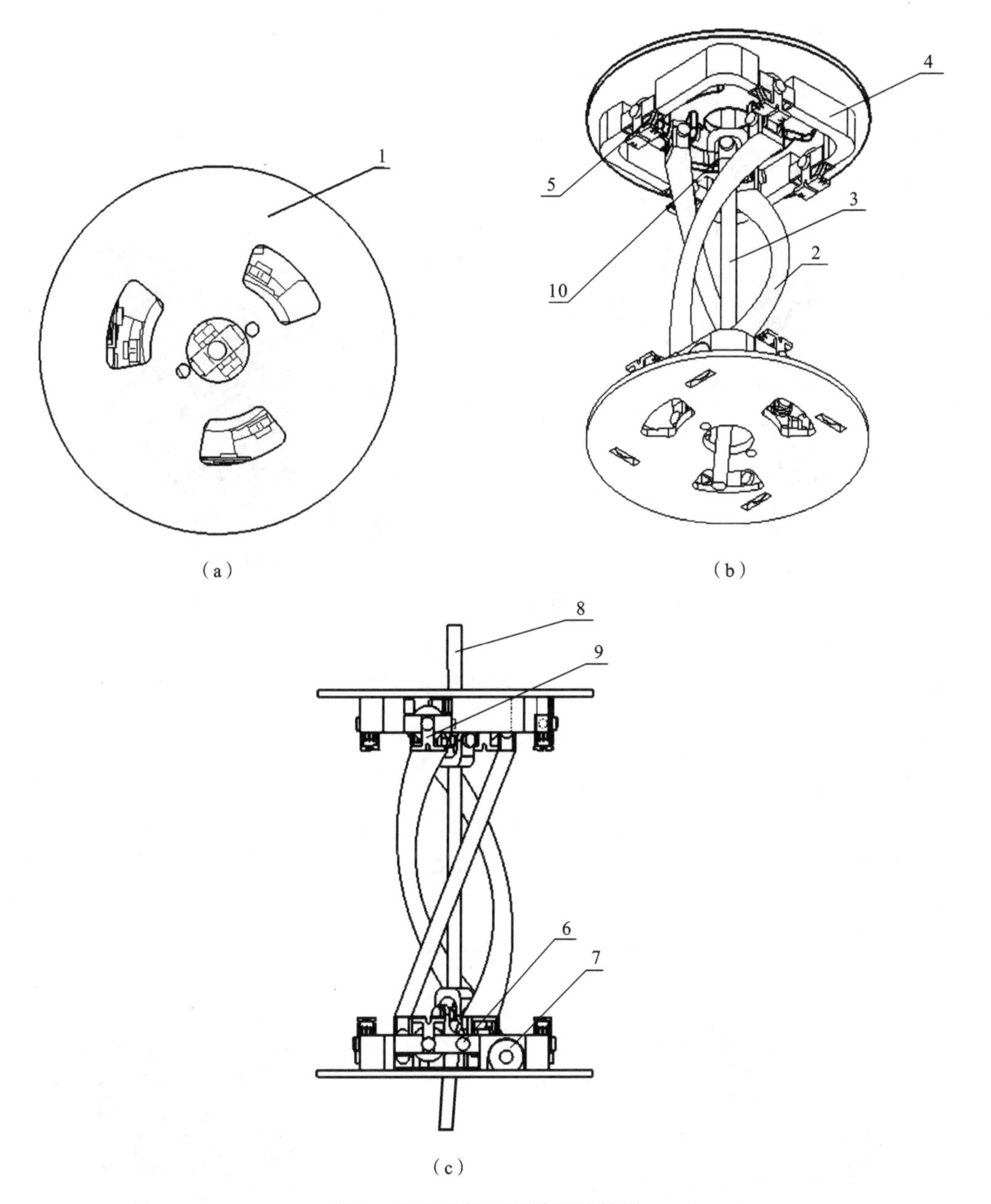

图 2　仿生柔性手腕装置结构图

(a) 俯视图;(b) 三维侧视图;(c) 正视图

1—上下并联台;2—并联连接杆;3—中间 U 轴;4—柔锁部分滑轮固定装置;5—双向导轮;6—小单导轮;7—大单导轮;8—上下 U 形连接头;9—柔锁连接件;10—万向节

当仿生柔性手腕进行上述四种运动时,上下 U 形连接头与中间 U 轴之间使用万向节连接,可以实现中部传动装置与仿生柔性手腕同时进行这四类运动,此时通过驱动外部电机,可不影响中间传动装置驱动前端柔性机械手的旋转。在仿生柔性手腕装置进行翻转运动的同时,前端柔性机械手依旧可以进行咽拭子的抓取动作。

此外,固定滑轮盘与柔锁部分使用规格为 M4×20 的螺栓连接,当牵引绳不与上下并联台垂直时，柔锁部分可相对上下并联台进行旋转，以保证牵引绳的传动性。

2）前端柔性机械手

前端柔性机械手（图 4）采用柔软材料，并且内部中空，可通过改变内部气压，使柔性机械手产生形变，从而实现拿放咽拭子。

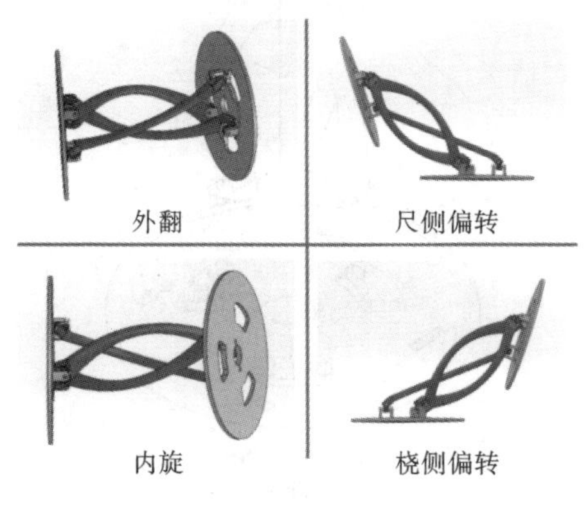

图 3　仿生柔性手腕装置空间运动示意图

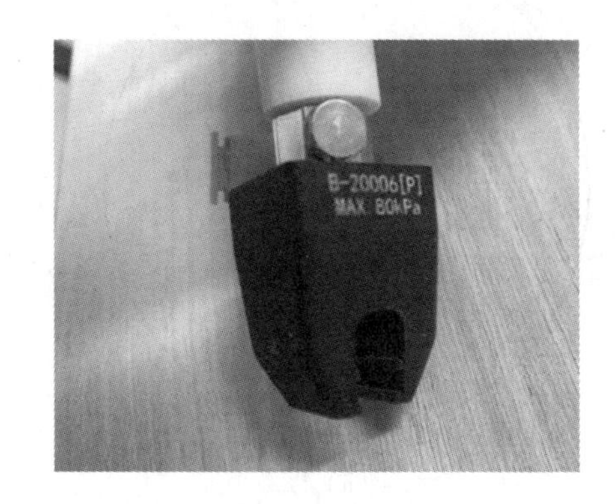

图 4　前端柔性机械手实物图

前端柔性机械手通过连接件与上 U 形连接头连接固定，机械手侧面通过侧通型接口与气泵和真空发生器相连，通过控制气泵和真空发生器来控制柔性机械手的抓取动作。

3）控制模块

本作品采用 Arduino UNO 控制板（图 5）进行电路控制。由于电机运转所需电流较大，控制板无法驱动，因此选用 L298N 四路驱动器（图 6）进行电机驱动。Arduino UNO 控制板通过控制手腕装置对侧电机正反转来实现手腕装置的柔性球面运动，通过控制中间 U 轴驱动电机的运转可以实现机械手的旋转。使用 I^2C LCD1602 液晶显示屏（图 7）和 DS18B20 温度传感器（图 8），实现检疫采样前对应用人员的测温功能。

图 5　Arduino UNO 控制板

图 6　L298N 四路驱动器

4）工作流程

首先控制机械手下降，水平夹取咽拭子，由电机控制手腕装置左旋将机械手上的咽拭子放入模型口腔，然后进行环绕采样；采样完成后手腕装置右旋，使咽拭子离开模型口腔，将咽拭子放入收集瓶，完成采样。其工作流程示意图、模拟图如图 9、图 10 所示。

图 7　液晶显示屏

图 8　温度传感器

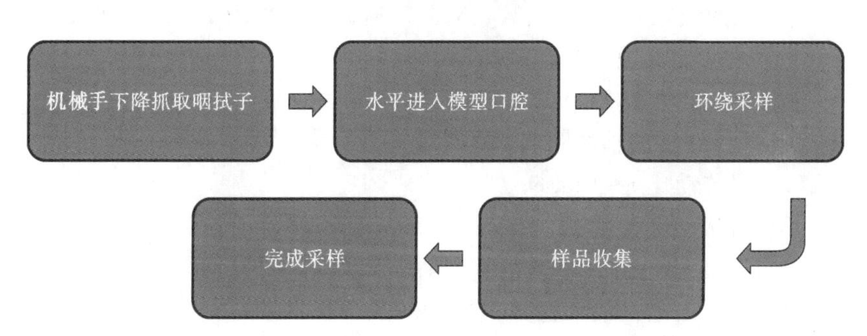

图 9　工作流程示意图

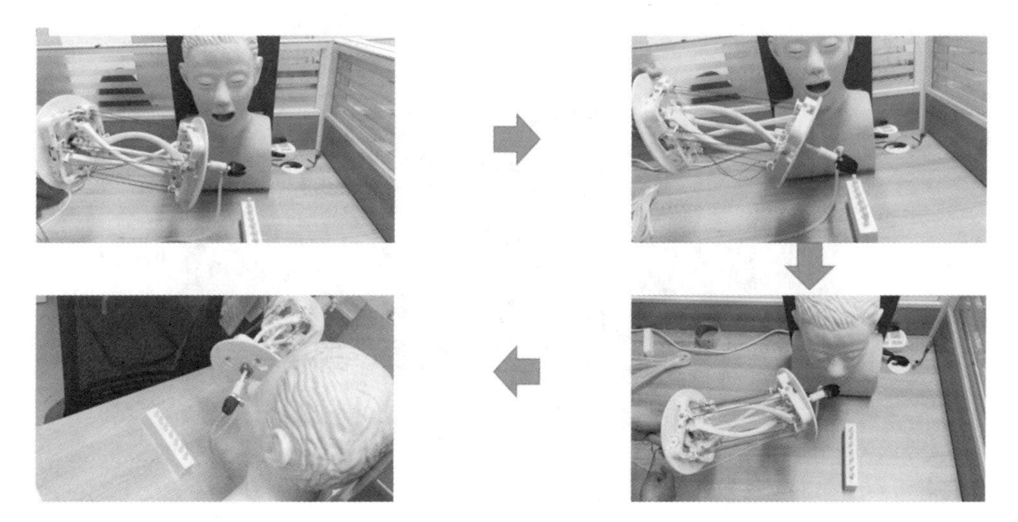

图 10　工作流程模拟图

3. 设计计算

1) 手腕装置传动性能及驱动力的计算

本设计的3-UU并联杆可实现45°弯曲，其三维运动类型为球面运动。本次采用电压3 V、转速18000 r/min、电流2 A的直流电机并配合齿轮传动(图11)以减小转速、增大扭力，涉及的计算公式和参数如下：

$$i=\frac{z_8}{z_7}\times\frac{z_6}{z_5}\times\frac{z_4}{z_3}\times\frac{z_2}{z_1} \tag{1}$$

$$n_{从}=\frac{n_{主}}{i} \tag{2}$$

$$T=\frac{9550\times P}{n_{从}} \tag{3}$$

$$F=\frac{T}{L} \tag{4}$$

式中　z_n——齿轮系的齿数，n取1、2、3、4、5、6、7、8，齿数依次为8、20、9、36、11、34、9、36；

$n_{主}$——主动件额定转速，取18000 r/min；

P——选用电机的功率，取0.006 kW；

L——运动部件到转动轴的距离，取0.01 m。

根据公式(1)，得传动比$i=123.6$；

根据公式(2)，得从动件转速$n_{从}=145.6$ r/min；

根据公式(3)，得最大扭矩$T=0.39$ N·m；

根据公式(4)，计算出电机最大扭力$F=39$ N。

由于上下导轮绕线两圈四股，所以上部输出力为

$$F'=4F \tag{5}$$

根据公式(5)，当$F=39$ N时，$F'=156$ N，因此上部可获得156 N的力。

图11　电机齿轮传动

2）机架尺寸设计

机架应使得装置可实现咽拭子的水平夹取，这样既可使下并联台支座受力减小，也可保证在实际应用中该结构的柔性操作。咽拭子总长度为 150 mm，试管架高度为 20 mm，考虑人体口腔高度不一致，因此设计了可上下移动机架，机架总高度为 310 mm，可移动高度为 170 mm。机架示意图如图 12 所示。

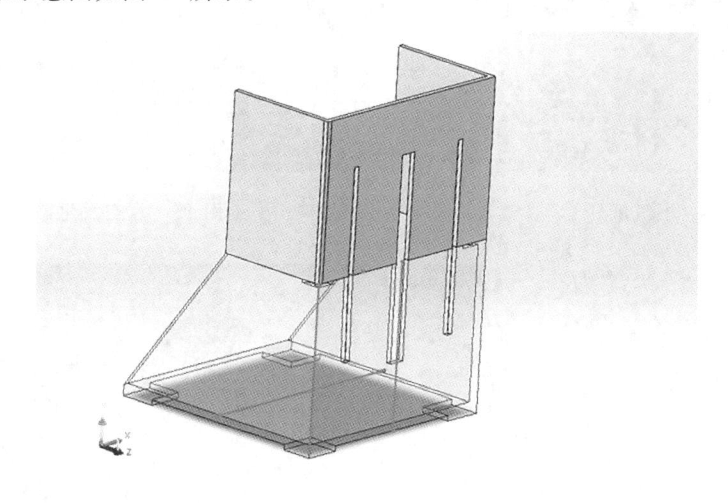

图 12　机架示意图

3）气动传动回路部件

本设计采用直流电压为 12 V 的小型气泵（图 13）为机械手供气。采用小气爪（图 14）作为前端柔性机械手，该气爪自重 9.8 g，最大负载 30 g，用于夹取咽拭子极为合适。该气爪常压开口宽度为 6 mm，由真空发生器形成负压，使爪子可以闭合。由于该气爪最大负压不超过 0.08 MPa，因此选择 Q-ZU 系列的管式真空发生器，型号为 Q-ZU05S，如图 15 所示，其最大真空度为 0.085 MPa，保证气爪在安全范围工作。考虑柔性特质，采用外径为 6 mm、内径为 4 mm 的硅胶管，如图 16 所示。由于电磁开关阀需要 PLC 控制，所需元器件复杂，因此选用手动开关阀进行控制，如图 17 所示。

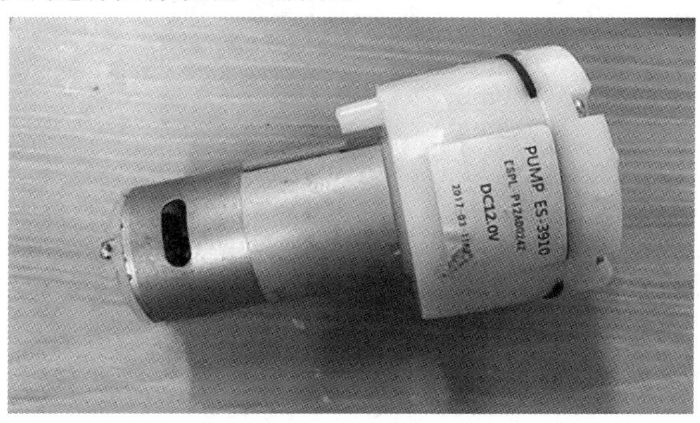

图 13　气泵

图 14 小气爪

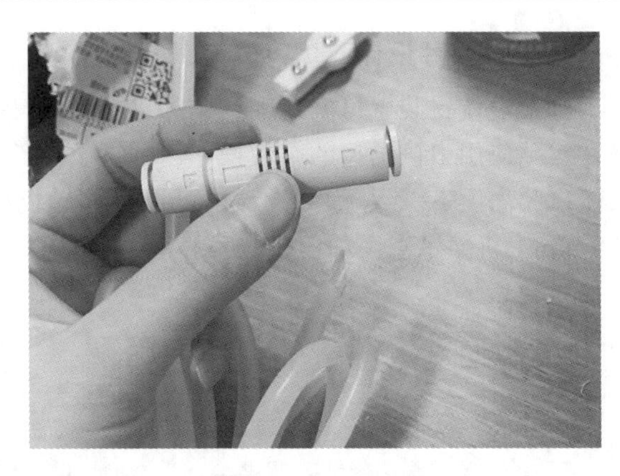

图 15 真空发生器

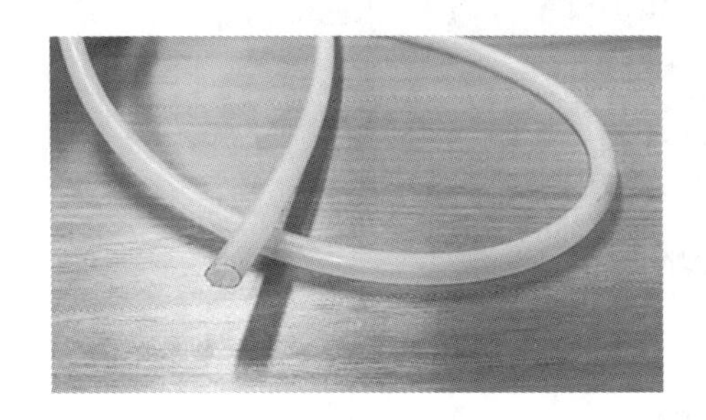

图 16 硅胶管

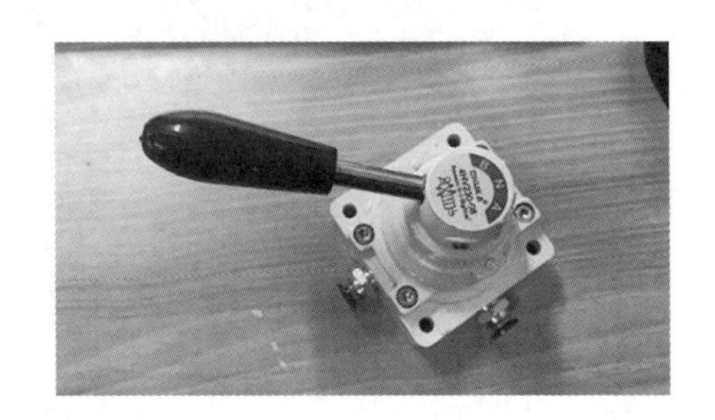

图 17 手动开关阀

4）牵引绳的选择

牵引绳的选择需要考虑绳子的柔性、摩擦和硬度。钢丝绳虽然硬度较大，但表面过于光滑，摩擦小，与电机配合时易打滑；棉线虽然柔性大，但硬度小，拉伸时易断裂；因此选用柔性较大、摩擦适中、硬度较大的尼龙绳。并且考虑下端口进线缝隙仅 1 mm，所以选用直径为 0.8 mm 的尼龙绳，如图 18 所示。

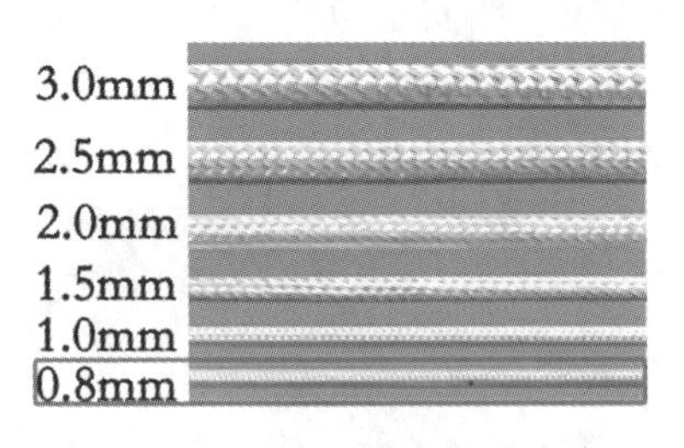

图 18 尼龙绳

4. 主要创新点

（1）模拟腕关节骨骼肌肉系统的空间运动，提出了一种可实现腕关节大转角的 3-UU 并联机构设计新方法；

（2）基于反平行四边形机构运动的原理，提出在平面基础上增加一个支链的方法，以实现手腕装置的外翻、内旋、尺侧偏转、桡侧偏转等动作；

(3) 从大转角并联机构、仿生柔性类肌腱驱动原理、高精度力反馈控制策略等方面出发，建立一种可实现球面纯滚动运动的高灵巧仿生柔性手腕结构的控制方法。

5. 作品展示

本作品实物图如图 19 所示。

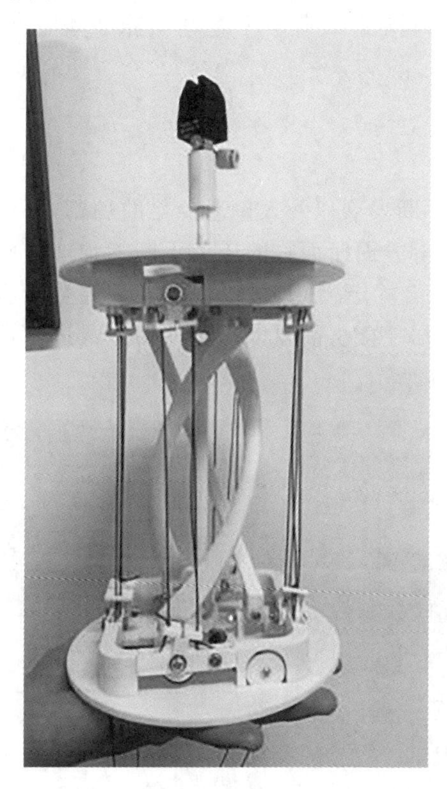

图 19　作品实物图

参考文献

[1] 史先鹏，刘士荣. 机械臂轨迹跟踪控制研究进展[J]. 控制工程，2011，18(1)：116-122，132.

[2] 韩峥，刘华平，黄文炳，等. 基于 Kinect 的机械臂目标抓取[J]. 智能系统学报，2013(2)：149-155.

[3] 王树新，员今天，石菊荣，等. 柔性机械臂建模理论与控制方法研究综述[J]. 机器人，2002，24(1)：86-92，96.

[4] 刘明治，刘春霞. 柔性机械臂动力学建模和控制研究[J]. 力学进展，2001，31(1)：1-8.

如履平"梯"

上海工程技术大学
设计者：马家纬　黄伟程　王祥祥　王前浩　官林煜
指导教师：卢晨晖　张美华

1. 设计目的

随着城市化、工业化的不断发展以及人口老龄化的加剧，家庭结构发生了巨大变化，老年人病痛护理以及养老护理等方面所面临的压力不断增加。因此，家用助老智能机械产品正好顺应时代的发展以及迎合养老需求，可以使老年人的生活质量水平得到保障和提高。现有很多公共场所以及老式居住楼房需要以爬楼梯的方式进出，这对于老年人和腿脚不便人士来说是一种障碍，如图1所示。

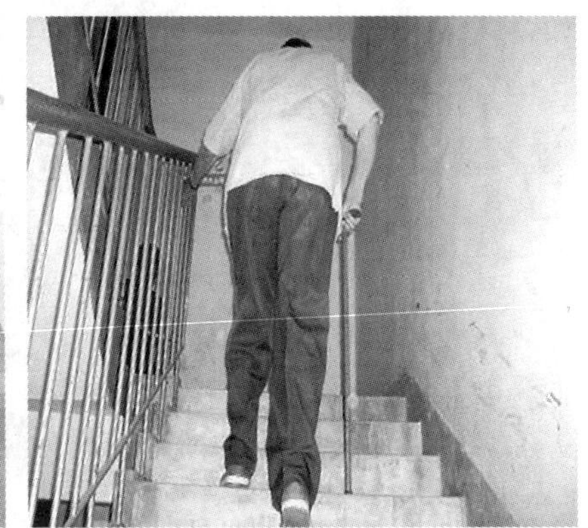

图1　老年人及腿脚不便人士登楼难

如图2所示，目前的解决方式主要是加装电梯、楼梯升降椅以及自动人行道。若加装电梯，其成本和工期都相对庞大，且施工期间很可能影响楼道内居民进出；若加装楼梯升降椅，采用的悬臂梁结构需要人工维护，且运载效率低，设备不易更换；若加装自动人行道，仅适用于水平或倾斜角度不大于12°情形下的乘客运送，限制条件较多。

目前尚缺乏一种安装周期短、成本低的楼道内辅助上下楼的电力驱动设备。基于此，小组设计一种辅助上下楼的电力驱动装置，具有安装周期短、成本低的特点，可解决复式楼房难以安装升降装置的问题。

本作品的特点如下：

(1) 此辅助装置安装方便，维修简单。装置只在感应到重力时才会驱动电机运转，节约电能，减少正常运转时所需的费用，整个装置的运转成本低；而且安装以后无频繁的维修工

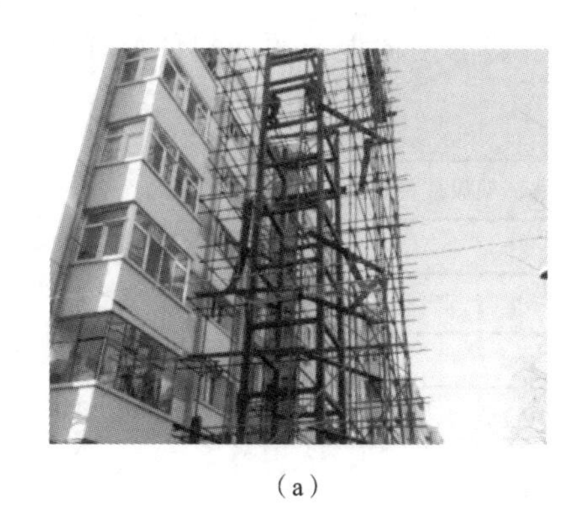

(a)

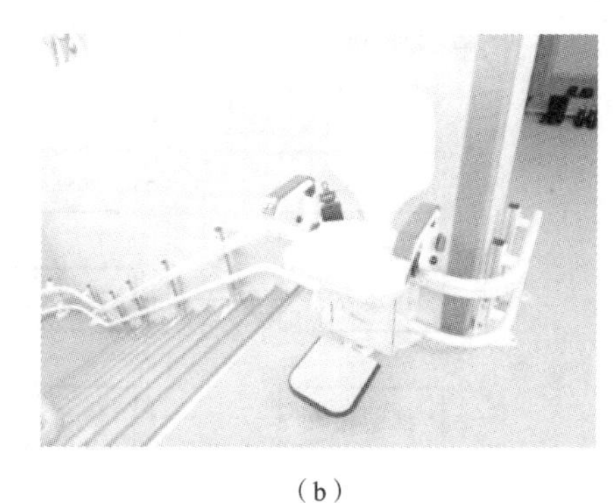

(b)

图 2　现有登楼设备

作,维修费用少。

(2) 此辅助装置能够完美地适应不同类型的楼道,能够实现流水线式的多人连续上下楼,节省了老年人上下楼梯的时间。

(3) 此装置包含语音提醒和自动报警功能,确保使用时的操作安全。

2. 设计方案

1) 设计要求

鉴于目前登楼设备安置在老旧复式居民楼内存在的问题,拟设计的辅助登楼设备需满足以下几点要求:

(1) 装置安装工期短,不能过多影响居民日常生活;

(2) 装置性价比高,大众普遍能承受该设备的使用和维修费用;

(3) 装置安装完成后不能对居民进出楼道造成影响;

(4) 装置能提供意外中断保护功能,能及时处理装置故障。

2) 设计性能及指标

(1) 工作环境:220 V 交流;

(2) 设备载重量:≤150 kg;

(3) 单次升降高度:32 cm;

(4) 单层楼面升降总时间:≤2 min;

(5) 安全使用寿命:≥3 年。

3) 设计方案

小组提出了一种用于老旧复式居民楼的辅助登楼装置的设计方案,如图 3 所示,其整体框架采用铝型材,可根据用户楼道具体尺寸预先裁剪型材尺寸,实现快速安装。登楼方式方面,将贯彻性价比高以及老年人、正常人登楼互不干涉的原则,设计一种可升降的楼梯板面,架设在型材框架上,平常楼梯板面静止,便于常人出行;当老年人使用其辅助登楼时,即可立即实现楼梯板面的升降,使老年人的登楼变成如散步一般。此外,还设计了语音播报功能,指引使用者正确使用设备;加装了应力传感器,用于监测楼梯板面的断裂情况,降低安全事故发生率。

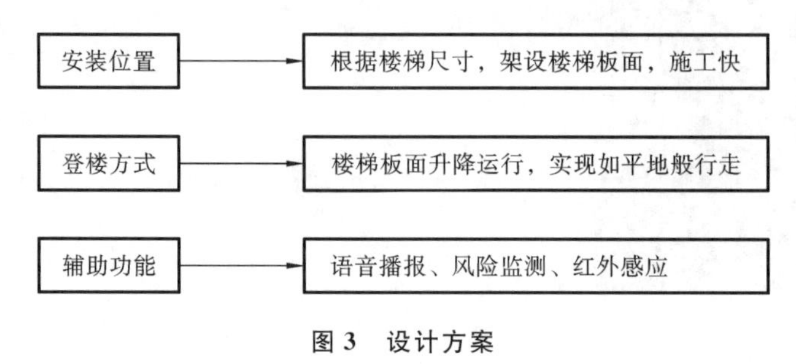

图 3　设计方案

(1) 动力系统方案选择。

方案一:采用千斤顶和与其配套的连杆结构(图 4)。

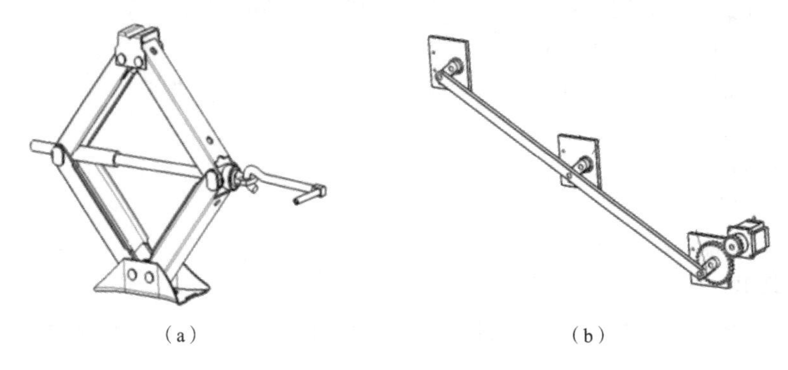

(a)　　(b)

图 4　千斤顶和与其配套的连杆结构

优点:稳定性强,结构简单、牢固,承重巨大,承重量可达 1 t,未出现倾斜、摇晃的现象。

缺点:该结构在千斤顶的一边伸出较长的金属杆,因此它只能安装在楼道的一边,而且其伸出的杆件会妨碍居民的上下,甚至可能会绊倒居民,造成安全隐患。

方案二:采用卷扬机和与其配套的滑轮组结构(图 5)。

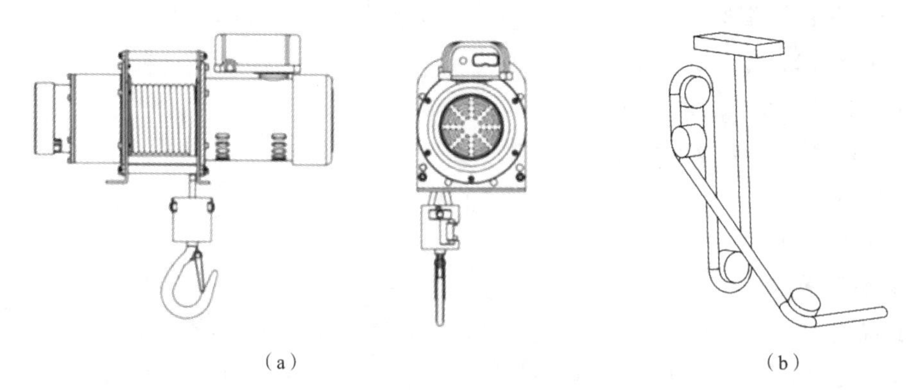

(a)　　(b)

图 5　卷扬机和与其配套的滑轮组

优点:所占空间小,可以安装在木板的下部,完全不会影响居民的日常出行,承重量为 250 kg,承重巨大,可以满足装置的运作。

缺点：钢丝绳引线结构复杂，装配难度高。

考虑老旧复式居民楼的情况和老年人登楼的需求，选择方案二。

（2）基本参数确定计算。

卷扬机的垂直牵引力约 980 N，设定转速 5 m/s。由于所选卷扬机型号垂直牵引力较小，因此将木板上的滑轮用作动滑轮来降低卷扬机牵引负荷。动滑轮降低了 50% 的牵引动力，钢丝绳经过 4 个滑轮实现转向引线至卷扬机，单个滑轮的承重为 250 kg，传动效率为 98%，则滑轮组的有效传动效率为 92.23%。考虑最大载荷对卷扬机损伤严重，严重缩短使用寿命，设计卷扬机最大载荷为 882 N，留有 10% 安全余量，则卷扬机所能产生的最大牵引力为 1627 N。直径为 3 mm 的钢丝绳能承受的最大重力为 1176 N，而直径为 4 mm 的钢丝绳能承受的最大重力为 1960 N，因此选择直径为 4 mm 的钢丝绳。居民平均体重在 70～80 kg，相对肥胖人群平均体重也在 120 kg 以内，为此设定载重阈值为 150 kg，以满足绝大部分居民的使用，如有特殊需求居民可定制更高载重的如履平“梯”升降设备。

3. 总体结构与工作原理

1）总体结构

如履平“梯”升降设备主要包括机架、升降机构和控制系统三大部分，如图 6 所示。

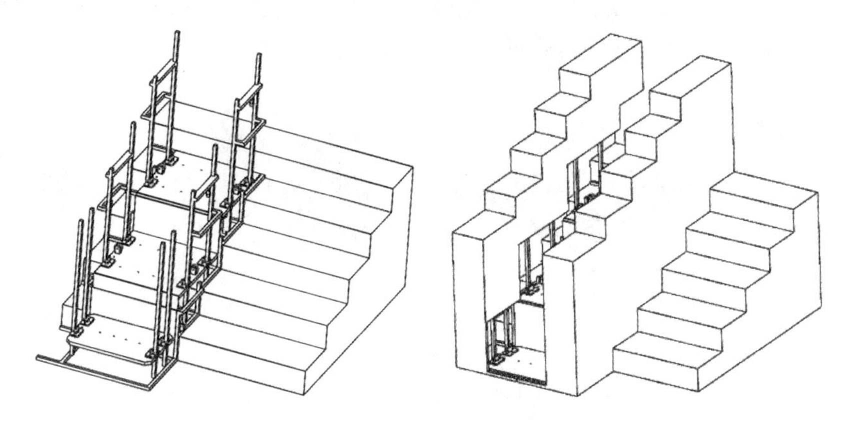

图 6　如履平“梯”升降设备总体结构

机架部分由铝型材搭建，包括阶梯形支架、两个护栏和多个底板，由多组相同模块构成，每组模块包括竖杆、横杆、阶梯形支架、底板和滑轮。阶梯形支架与楼梯相互配合，稳定性强，也起到极大的支撑作用，相当于人体的骨架。底板安装在阶梯形支架上，底板的两边各有两个方孔，两根竖杆就安装在方孔中，方孔上还安装有限位器。限位器的作用，一是对竖杆起到限位固定的作用；二是限位器上装有的滑轮可使底板沿着竖杆做上下升降运动。两竖杆间装有两根横杆，起到固定和分散作用力的作用，防止受力过于集中造成断裂，从而引发安全事故。

升降机构由卷扬机、钢丝绳、滑轮和升降板组成。卷扬机安装在第二块底板的下部，与阶梯形支架固连，防止卷扬机在运行过程中脱离而引发安全事故。如图 7 所示，滑轮装配在底板两边的中部和两根横杆上，钢丝绳通过滑轮绕到卷扬机上，由卷扬机提供动力来牵引钢丝绳，以实现升降运动，从而达到辅助人们上下楼梯这一目的。

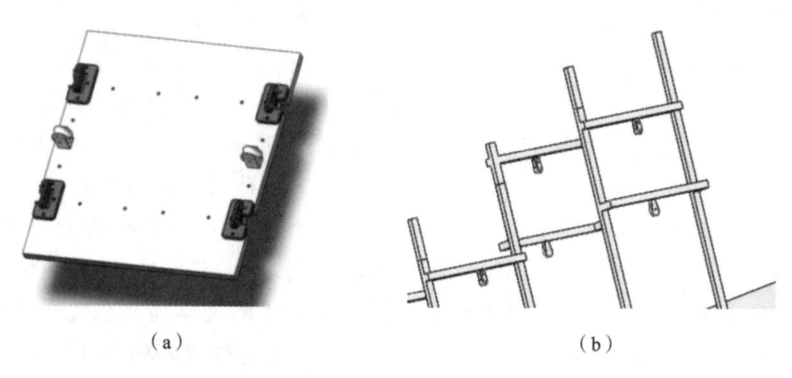

(a)　　(b)

图 7　滑轮安装位置

控制系统由压力传感器、红外感应器、语音播报系统、PC 端和摄像头构成，具体控制元件如图 8 所示。压力传感器安装在底板中部，以感应使用者的重力，从而判断使用者是否站稳和底板断裂等特殊情况。红外感应器安装在底板一边的中部，当其感应到使用者的体温时就会发出指令给控制系统以控制卷扬机运动，并进行语音播报。语音播报系统安装在竖杆上，便于播放和收听。PC 端和摄像头连接在一起。摄像头放在第三块底板的竖杆上，对整个装置进行观察。当发生紧急问题时，摄像头会将整个装置的情况以及使用者状况拍摄下来，传到 PC 端上，管理人员看到后可做出判断，并采取相应的安全措施。

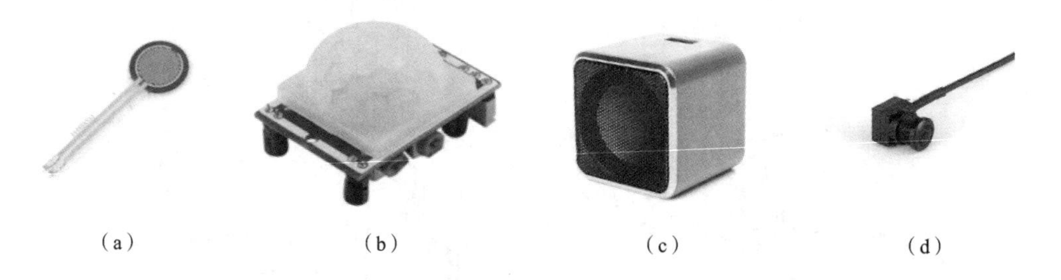

(a)　　(b)　　(c)　　(d)

图 8　控制元件

(a) 压力传感器；(b) 红外感应器；(c) 语音播报系统；(d) 监控摄像头

2）工作原理

当使用者走上第一块板的时候，压力传感器和红外感应器接收到信号后传给控制系统，控制系统控制卷扬机启动，然后牵引钢丝绳，由滑轮来实现第一块底板向上抬升和第二块底板向下降落，当两块底板达到一致高度时，使用者从第一块底板走到第二块底板上，红外感应器和压力传感器又接收到信号并传给控制系统，控制系统控制卷扬机启动，使得第二块底板抬升和第三块底板下降，当两底板高度一致后使用者就可以从第二块底板走向第三块底板，如此重复进行，让人们上下楼梯如同在平地上行走。其运行过程如图 9 所示。

当压力传感器感应到使用者摔倒或者底板断裂时，它会把数据传给控制系统，控制系统将数据发送给语音播报系统进行语音播报，先安抚使用者的情绪，同时摄像头会把装置的情况和使用者状况上传到 PC 端，使管理人员知晓并做出正确判断，然后采取必要的安全措

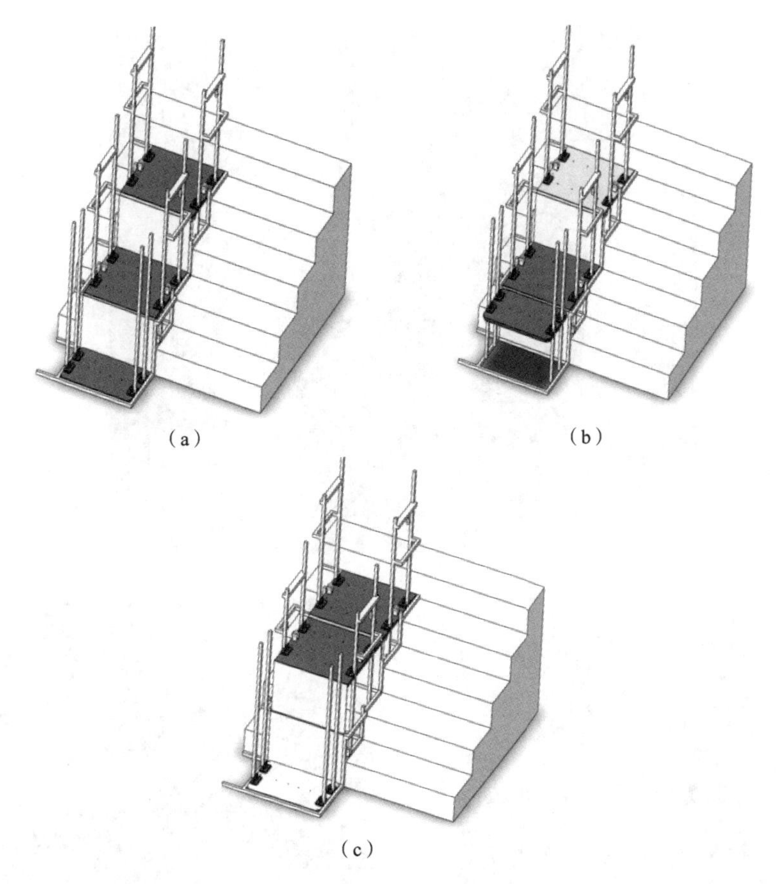

（a） （b） （c）

图 9 如履平“梯”运行过程

施。这样可有效解决安全问题，极大地提高了本作品的安全性。

4. 主要创新点

（1）如履平“梯”升降设备，将传统楼道改造成智能机电一体化设备。

（2）本装置结构简单，相同垂直距离的铺设成本为传统电梯设备的20%～30%，且安装时不会对建筑物墙体造成破坏；同时其结构采用模块化设计，安装周期短，安装过程中产生的噪声小，不影响居民日常生活。

（3）滑轮组吊拉式结构减轻了设备的运载负荷，延长了电机的使用寿命，降低了维护成本。

5. 作品展示

本作品实物图如图10所示。

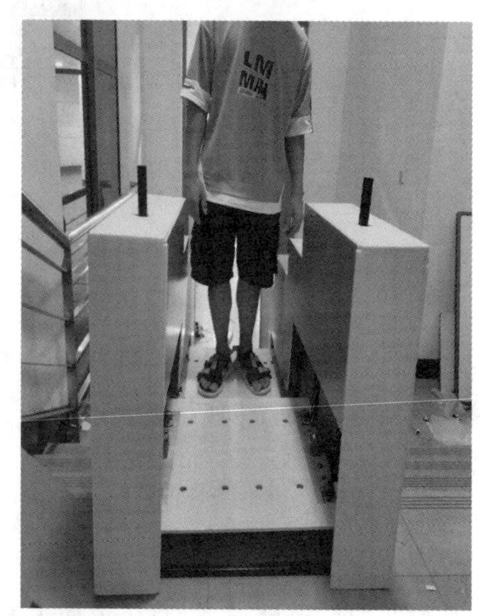

图 10　作品实物图

参考文献

[1] 涂志澳,李晓东,谢有浩.家用助老智能机械产品设计研究[J].中国新技术新产品,2019(22):73-74.

[2] 卢明阳,陈力.老旧住宅加装电梯检验常见问题及对策分析[J].中国电梯,2020,31(11):44-46,65.

[3] 陈秀宁,施高义.机械设计课程设计[M].4 版.杭州:浙江大学出版社,2012.

[4] 杨可桢,程光蕴,李仲生.机械设计基础[M].5 版.北京:高等教育出版社,2006.

智能助老旋转床

上海理工大学

设计者：翁逸安　吴限　周正　吴光辉　王云淼

指导教师：王新华　吴恩启

1. 设计目的

近年来，我国老年人口数量逐渐增多，老龄化问题越来越严重。

许多老年人因为衰老或疾病，行动不便，需长期卧床。而老年人身体血液循环慢，行走坐卧都应当十分注意，起床需要慢，不可太猛。如果下床动作较大，在起床、下地、站立这一连贯过程中，容易因为大脑供血不足，发生眩晕、四肢无力而导致摔倒，造成很严重的后果。

为了方便老年人自行缓慢起床，小组设计了一款以旋转、抬升为主要功能，帮助老年人起身的旋转床。

本作品将起床过程分为三个部分：首先背部床垫抬起，辅助老年人坐起；然后整体旋转到一侧，放下腿部床垫；最后臀部床垫稍稍抬起，便于老年人起身站立。本作品还拥有智能健康监测系统，可以实时监测老年人的体温、心率等，为其健康提供保障。

本作品的意义主要有以下几点：

(1) 预防老年人在起床过程中发生意外；

(2) 帮助老年人不费力地下床；

(3) 实时监测老年人的血压、心率等，为其健康提供保障。

2. 工作原理

智能助老旋转床主要具有背部抬升、整体旋转、腿部弯曲、臀部托举、健康监测 5 个功能。

背部抬升采用滑块导杆机构，丝杠电机驱动螺母使套筒水平运动，套筒连接滑块推动导杆旋转，实现背板从 0°到 80°的升起；整体旋转采用电机带动蜗轮蜗杆换向减速器，让转台缓慢完成侧向 90°的旋转；腿部弯曲使用双摇杆机构，丝杠电机驱动螺母使套筒水平运动，套筒连接滑块使导杆转动并折叠，让腿部床板自然放下；臀部托举同样采用丝杠螺母机构，顶起床架使坐板略微倾斜，方便老年人起身。

电机和传感器控制模块采用单片机进行编程，树莓派连接的触摸屏可以显示体温、心率传感器的数据，也可以控制各个机构的运动。同时也可使用物联网小程序，用手机控制智能助老旋转床。

智能助老旋转床的三维模型效果渲染图和结构爆炸图分别如图 1、图 2 所示。

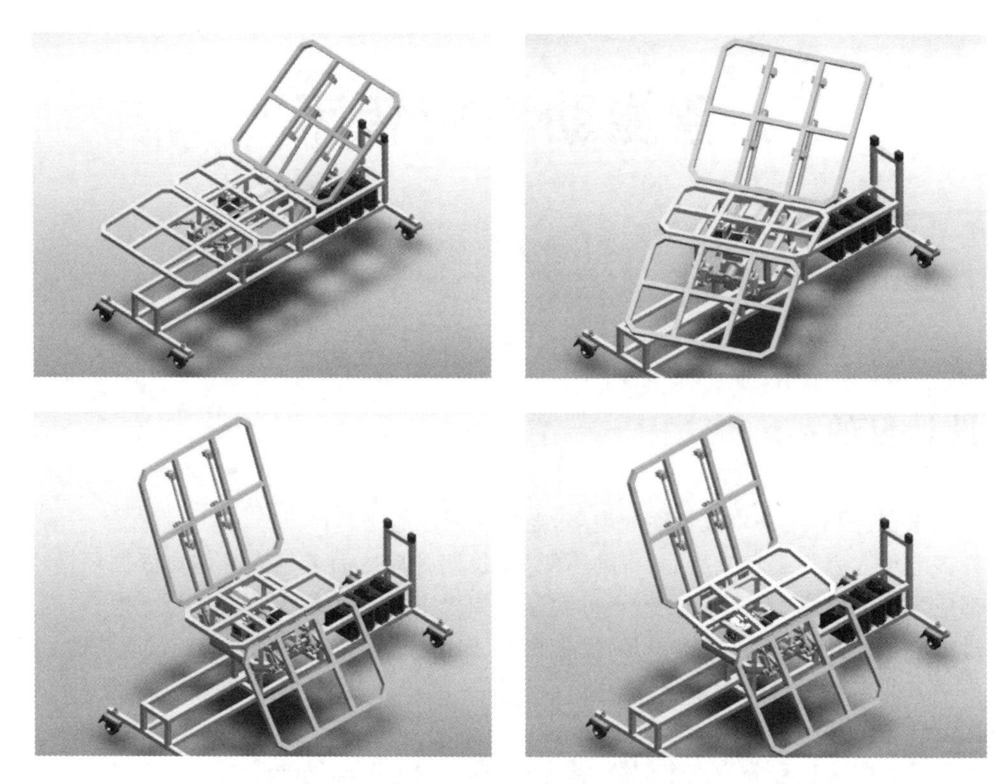

图1 智能助老旋转床三维模型效果渲染图

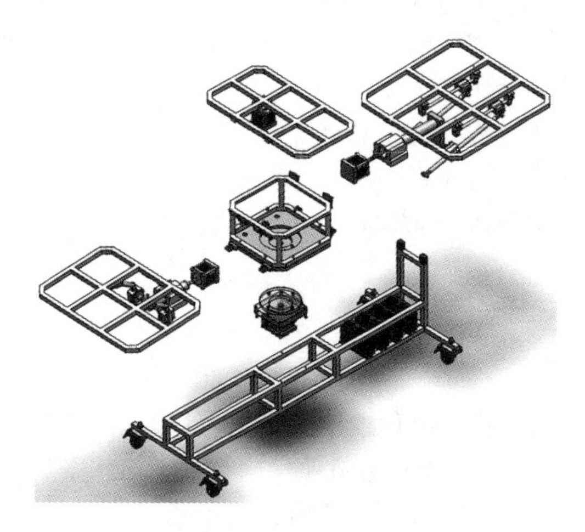

图2 智能助老旋转床结构爆炸图

3. 设计计算

1）背部抬升机构设计

背部抬升机构采用滑块导杆，使老年人能够较为缓慢平稳地抬升背部。背部抬升机构设计图如图 3 所示。

运动过程为，推杆 1 由动力装置带动做水平运动，并推动滑块 2 运动，在固定铰 A 的固定作用下，摇杆 3 绕固定铰 A 做定轴旋转，从而带动滚轮 D 在床板 4 下方的滑槽中滚动，故床板 4 可以随着推杆 1 的水平运动实现 0°～80°的抬升。

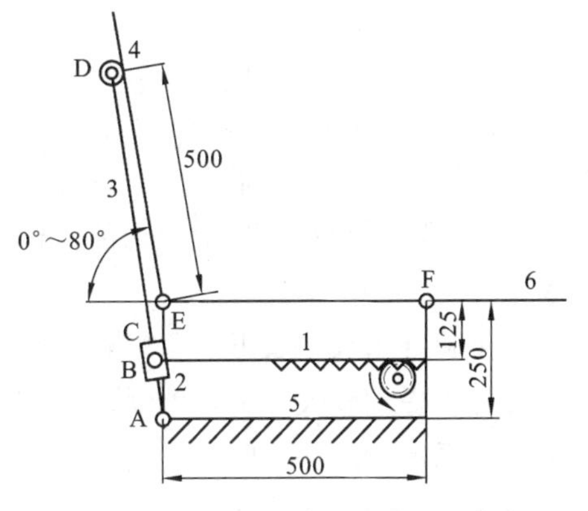

图 3　背部抬升机构设计图

A，E，F—固定铰；B，C—转动铰链；D—滚轮

1—推杆；2—摇杆上的滑块；3—摇杆；

4—床板；5—地面；6—机构平台

2）整体旋转机构设计

由于老年人难以承受较高速度和加速度的运动，因此设计整体旋转机构在 30 s 内完成 90°单侧匀速旋转运动，故需要对高转速电机进行降速，从而得到合适的转速和足够的转矩。

最初设计采用锥齿轮换向和行星齿轮组进行多级减速，后考虑加工难度与成本，最终选择采用由电机直接带动外购的蜗轮蜗杆换向减速器，实现平稳、缓慢的整体旋转功能。

整体旋转机构三维模型如图 4 所示。

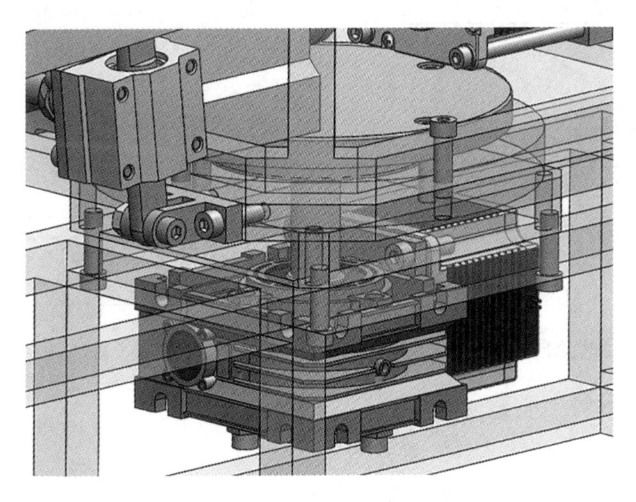

图 4　整体旋转机构三维模型

3）腿部弯曲机构设计

腿部弯曲机构采用两段式滑块折叠杆，以实现腿部床板的升降运动。这是一种变形的四连杆机构，两段撑杆可折叠，丝杠电机水平运动推动套筒连接的下部撑杆转动，从而使腿部床板放下。

腿部床板的升降运动是为了让腿部自然放下，便于起身。腿部床板需绕一个轴定轴转动，运动过程中需尽可能保持匀速而且不出现位移突变。在机构设计中，设床板做匀速转动并分析主动杆的运动规律，这样便可以得到主动杆的运动规律，并以此来设计电机运转的速度。

最初设计采用两段式滑块折叠杆(变形四连杆)来实现腿部床板的升降运动。如图5所示,撑杆1长160 mm,一端与转台底部铰接,一端与撑杆2铰接,其上套有套筒;撑杆2长310 mm,另一端与腿部床板连接;丝杠电机与套筒连接,当水平向左运动时,拉动撑杆1旋转,同时撑杆2开始折叠,带动腿部床板放下。当向右运动时,两段撑杆展开,带动腿部床板顶起。

由于腿部床板在放下过程中,水平推杆仅提供较小的推力,但在腿部床板上升过程中,水平推杆需提供较大拉力,因此将按照腿部床板抬升初始位置的静力状态进行受力分析,引入动载荷系数,配以速度,确定电机功率。

4) 臀部托举机构设计

臂部托举机构固定于转台底部,可随转台整体旋转。

臂部托举机构设计图如图6所示,工作时电机带动旋转轴1旋转,锥齿轮2和A将水平旋转运动转化为竖直旋转运动。滚珠丝杠机构B使得杆3升降,上端的滑轮C将臀部床板4以铰支座D为轴,顶起一定角度,实现臀部托举功能。

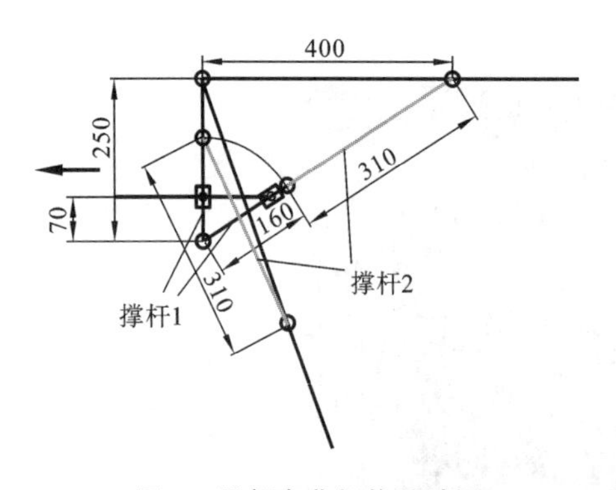

图5 腿部弯曲机构设计图

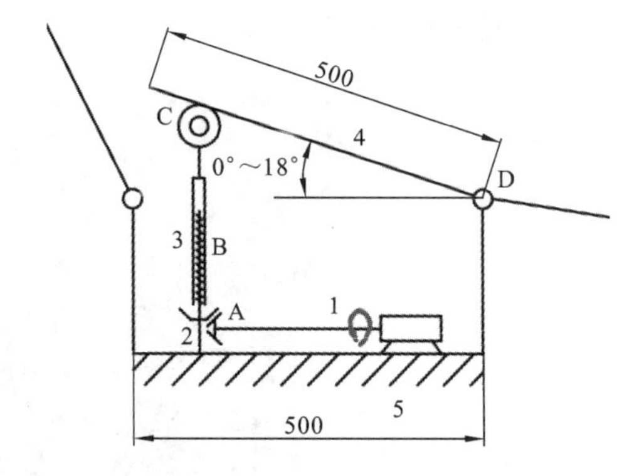

图6 臀部托举机构设计图

A—锥齿轮;B—滚珠丝杠机构;C—滑轮;D—铰支座

1—旋转轴;2—锥齿轮;3—杆件;4—臀部床板;5—地面

为实现臀部床板的匀速转动,电机加速度应逐步增大,角位移随臀部床板升起角度的增大而增大。

5) 控制模块与智能健康监测系统

控制模块采用STM32F1进行编程,用按键控制双相步进电机的运转,从而实现各个机构的运动。同时该设备接入阿里云物联网,并且使用阿里云IoT Studio制作相应的应用程序,用户可以使用智能手机来同步并控制设备的状态。

控制模块的电路控制程序框图如图7所示。

该设备采用多级调速电机,既可使用扶手处的按键或者触摸屏控制机构运动,也可以通过手机上的程序进行远程控制;可与互联网相连,接入物联网智能家居系统。

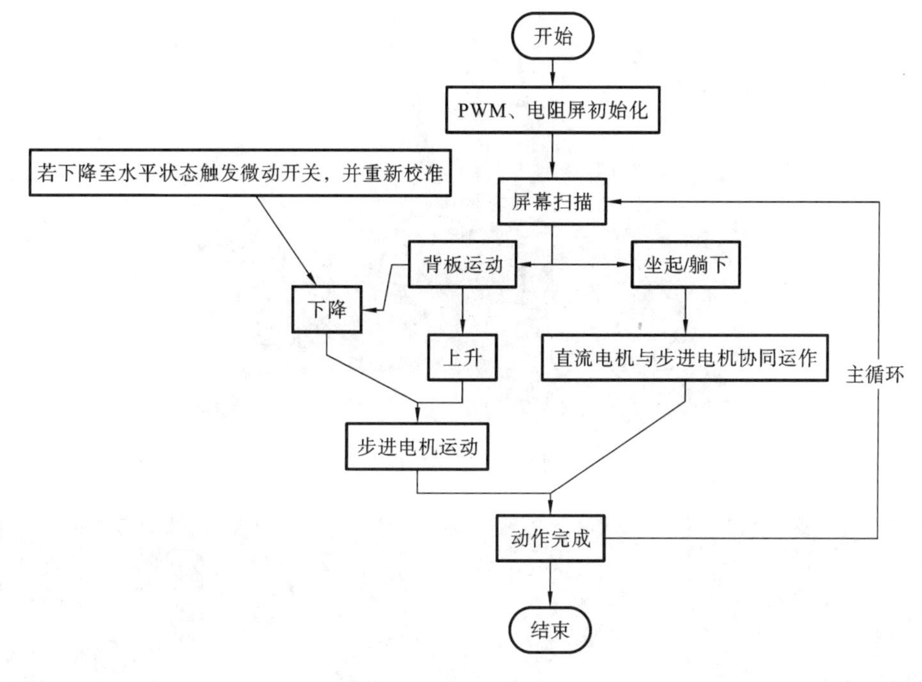

图7　电路控制程序框图

智能健康监测系统：在背部和臀部床板安装心率、体温等生命指标传感器，实时监测老年人的身体状况，并可将数据传输到子女手机或救助护理中心平台，如有异常自动报警，为老年人的健康提供保障。

4. 主要创新点

(1) 功能更加多样，包括旋转、平移和翻转，尤其是旋转功能，可以使老年人完全不费力地下床。

(2) 能够最大限度还原老年人平常的下床方式。本作品的所有功能均由电机实现，使独立生活的老人下床更加容易。

(3) 智能健康监测系统可以监测老年人的实时身体状态，为其健康提供保障。

本作品以简易的机构实现复杂的功能，降低了成本；完善的人机交互系统，操作简便，还拥有智能健康监测功能；适用范围广，医院、疗养院、敬老院等都可以使用。

5. 作品展示

本作品实物图和功能模拟如图 8 和图 9 所示。

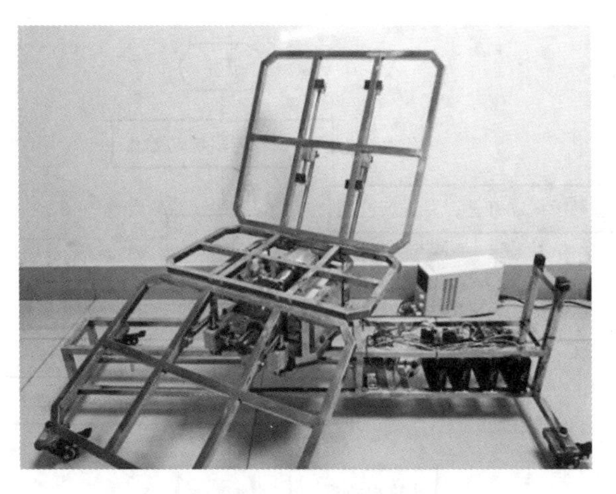

图8　作品实物图

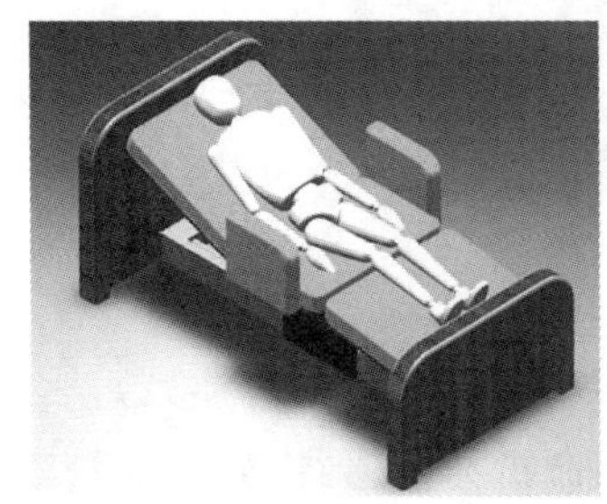
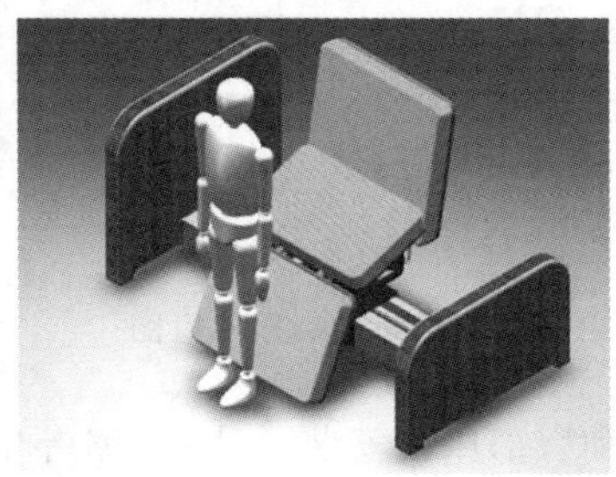
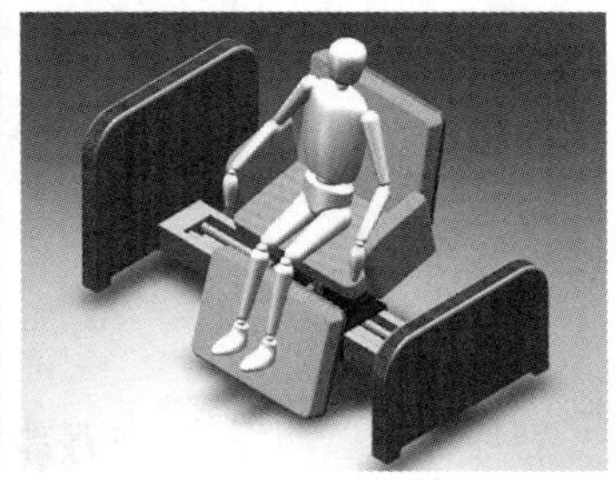

图9　作品功能模拟

参考文献

[1] 王新华.机械设计基础[M].北京:化学工业出版社,2011.

[2] 刘鸿文.简明材料力学[M].2版.北京:高等教育出版社,2008.

[3] 陈秀宁,施高义.机械设计课程设计[M].4版.杭州:浙江大学出版社,2012.

[4] 杨可桢,程光蕴,李仲生.机械设计基础[M].5版.北京:高等教育出版社,2006.

[5] 廖翼.智能护理床的发展现状与趋势[J].医疗装备,2013,26(10):5-7.

一种可分离的多功能智能轮椅床

上海工程技术大学
设计者:燕彤雨　李宇豪　陈存　沈凤羽　周思远
指导教师:郑立辉　马其华

1. 设计目的

目前,人口老龄化问题严重,科技养老、辅具养老已经成为解决老龄化问题的主流方向。根据中国国家统计局发布的《2015 年全国 1%人口抽样调查主要数据公报》,中国 65 岁及以上人口数已经达到 14374 万人,占人口总数的 10.47%。据预测,我国 65 岁及以上人口到 2025 年将超过 2.1 亿人,超过总人口的 15%,到 2050 年将有接近 5 亿老年人。

在人口老龄化不断加剧的情形下,将有越来越多的老年人独自生活。随着年龄增长,腿脚不便成为影响老年人生活质量的重要原因。久坐易导致老年人下身肿胀,静脉压力过大,脊柱非正常弯曲,脏器功能受损;久躺易引起老年人心脏功能衰退、血液循环迟钝、肌肉组织松弛等。老年人需要多活动身体,多站立行走,但从床上起来和躺下、从坐到站的过程对老年人来说较为困难,重心不稳则会跌倒。

为了解决上述问题,近年来,市面上出现了一些帮助独居老年人的新产品,如电动护理床、电动轮椅、轮椅床等,但这些产品往往存在一些问题:如图 1(a)所示,电动护理床存在不便移动、老年人上下床困难、容易产生压疮以及舒适度低等问题;如图 1(b)所示,电动轮椅存在续航能力差、起坐困难、无法自动导航等问题。

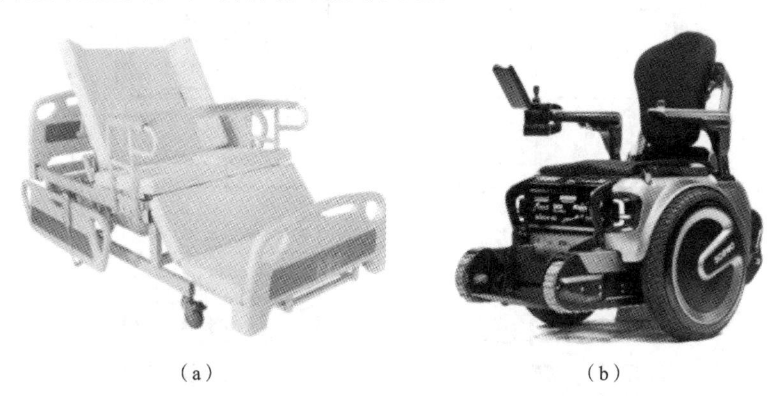

(a)　　(b)

图 1　市面上的电动护理装置

综上所述,开发一种高度集成化的分离式轮椅床显得非常必要,而且具有一定的实际应用价值。

2. 设计方案

1）设计要求

针对目前已有产品中存在的问题，本作品的设计要求可归纳为以下几点：

(1) 床椅结合；

(2) 适用于小户型房间；

(3) 扶手变形过程稳定，始终给予使用者重心支撑；

(4) 轮椅部分行驶安全、平稳，便于操作；

(5) 装置安全舒适；

(6) 便于目标人群操作；

(7) 具有其他增益点。

2）设计性能及指标

(1) 工作环境：24 V 直流；

(2) 承重：≤100 kg；

(3) 电池续航里程：8～12 km；

(4) 平躺到坐姿所需时间：5～6 s；

(5) 坐姿到站立所需时间：18～20 s；

(6) 行驶速度：≤4.5 km/h。

3）总体设计方案

一种可分离的多功能智能轮椅床总体设计方案如图 2 所示。

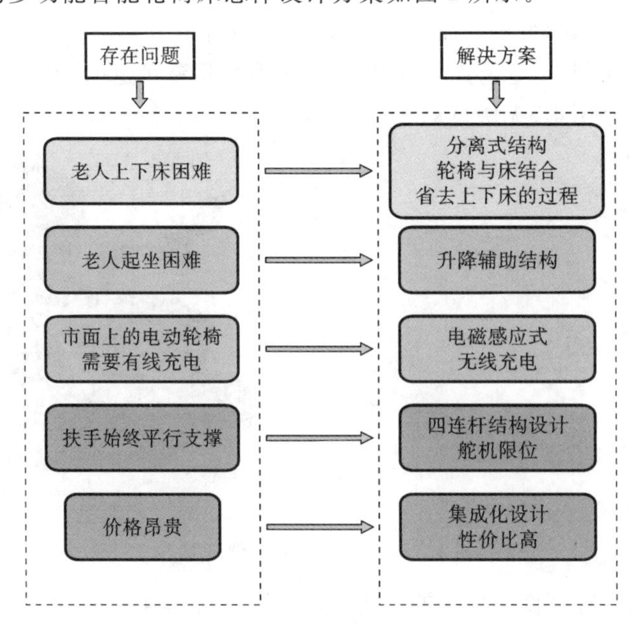

图 2　总体设计方案

使用者可通过摇杆控制轮椅的移动;轮椅底座上安装的超声波避障模块,在遇到障碍物时能实现自锁急停。

当使用者需回到床上休息时,只要轮椅移动到一定区域,安装在床上的传感器即可引导轮椅自动归位。

轮椅归位后,腿托和脚托连接处的电磁铁通电,插销往回收,取消自锁,靠背缓慢降下,同时腿托缓慢升起。

扶手在轮椅变为床时滚转到拼接的床铺下方,与床铺下方的充电接口对接,当使用者躺下时自动为轮椅充电。

(1) 分离式方案选择。

调查了市面上现有分离式轮椅床后,小组通过头脑风暴方式讨论得出以下两种分离式方案。

方案一:轮椅部分在床的正中央,如图 3 所示。

优点:技术较成熟,左右翻身方便;

缺点:轮椅部分归位时容易卡住和发生撞击,且所需竖向空间大。

方案二:轮椅部分与床部分拼接式组合。

优点:归位占用空间小,方便。

缺点:需考虑腿部放置部分的干涉问题。

综合分析上述两方案的优缺点以及本作品使用的目标人群,考虑装置需适用于小户型房间,认为轮椅归位方便更重要,所以最终采取方案二。

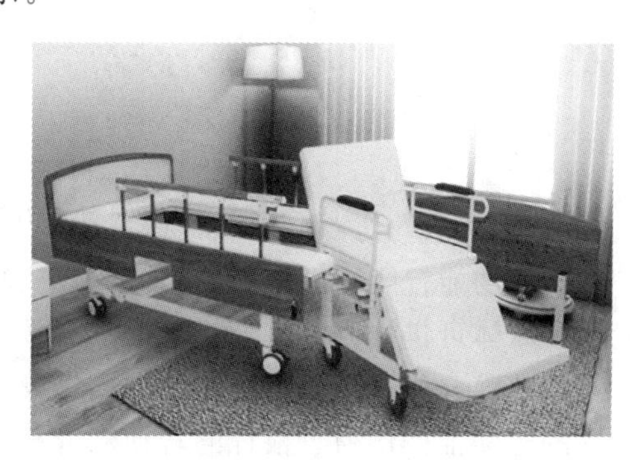

图 3　轮椅部分在床的正中央

(2) 拼接时扶手与床干涉问题的解决方案。

当轮椅部分和床部分拼接时,此时凸起的扶手显然会给使用者带来许多不便。

小组经过仔细讨论后决定在扶手的四连杆机构下方,增加能够实现扶手整体滚转的舵机,当轮椅需与床拼接时,扶手可通过滚转的舵机整体旋转至床铺的下方,实现自动折叠收纳,从而解决轮椅与床拼接时可能造成的干涉问题。

轮椅与床拼接时扶手设计线框图如图 4 所示。

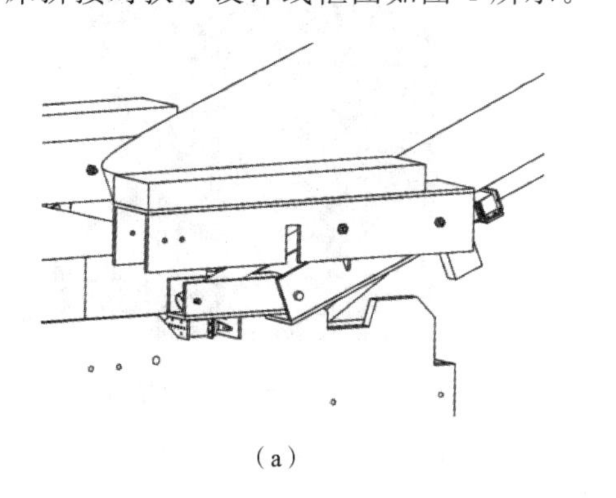

(a)

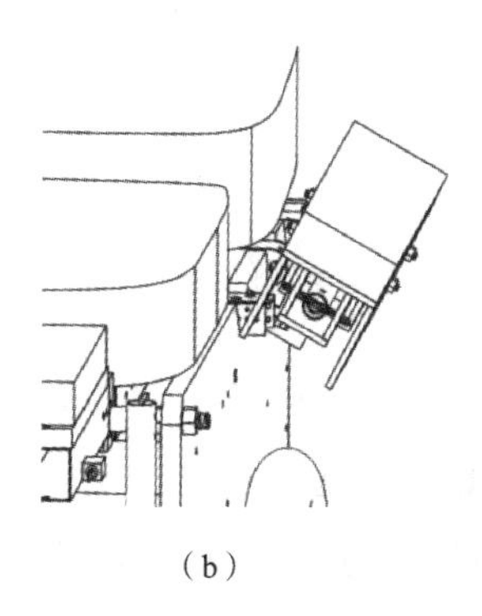

(b)

图 4　轮椅与床拼接时扶手设计线框图

(a) 扶手折叠收纳;(b) 扶手旋转防干涉

3. 总体结构及工作原理

1）总体结构

一种可分离的多功能智能轮椅床总体结构如图 5 所示。

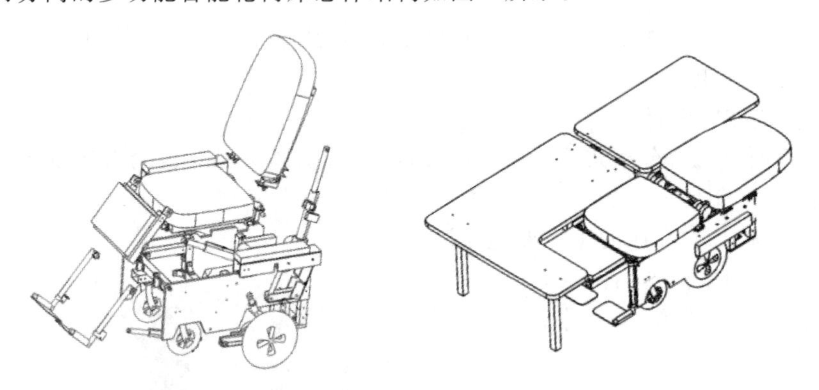

图 5　一种可分离的多功能智能轮椅床总体结构

当多功能智能轮椅床中的靠背、坐垫和腿托为水平状态，且扶手翻转到床体的下方时，轮椅和床体可拼接成一体，形成组合床，其中床体为可折叠翻转的两段式结构。

轮椅部分使用转轴将腿托、坐垫、靠背连接起来，形成一个三连杆结构（图 6），采用三个独立的电动推杆作为三根杆的转动动力源，以此达到轮椅自动变形的目的。

2）扶手变形时保持稳定的工作原理

轮椅自动变形过程中，为保障使用者的安全和舒适性，以及在轮椅与床体部分拼接的过程中扶手不产生干涉，小组对扶手的结构进行了创新设计。

将市面上常见的轮椅扶手（图 7）与靠背和坐垫通过转轴连接，成为可变形的四边形从动结构，并在此基础上进一步改进。

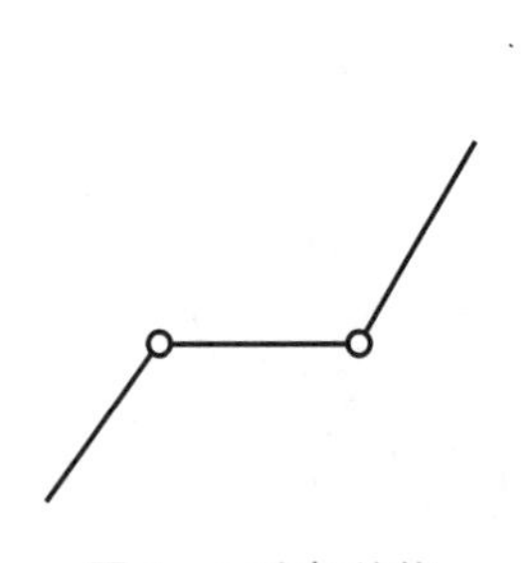

图 6　三连杆结构

图 7　市面上的轮椅扶手

将扶手设计为通过转轴连接的可变形、可折叠收纳的闭合四连杆结构（图 8），并将扶手（图 9）靠前的支撑杆设计为从动的伸缩杆，同时在靠背后方增加一个舵机（图 10），起到限制扶手运动方向的作用。

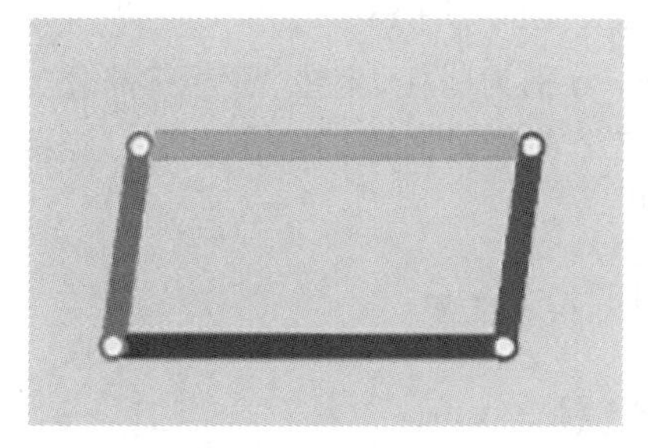

图 8　四连杆结构

图 9　扶手渲染图

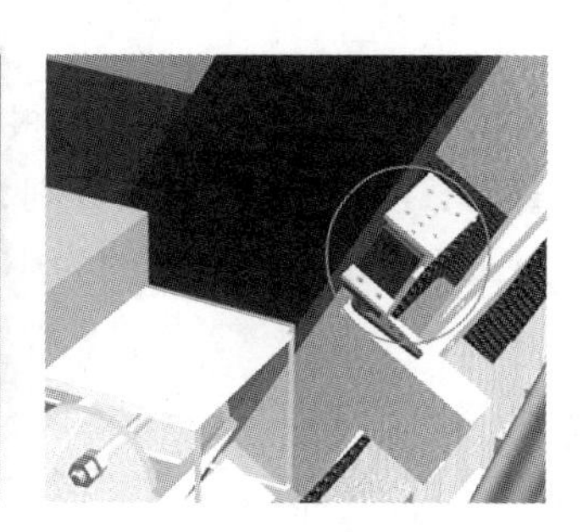

图 10　舵机

当需要辅助老人站立时,轮椅上电动推杆伸长推动坐垫与靠背成 90°,然后靠背后方的舵机对扶手进行定位,如图 11 所示。由于存在从动关系,此时扶手与靠背成 90°夹角,舵机的定位可使轮椅在变形过程中,其扶手始终与靠背成 90°,如图 12 所示。

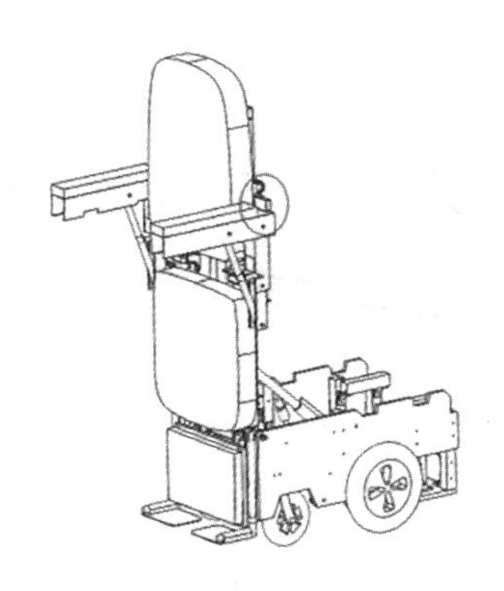

图 11　辅助站立功能实现

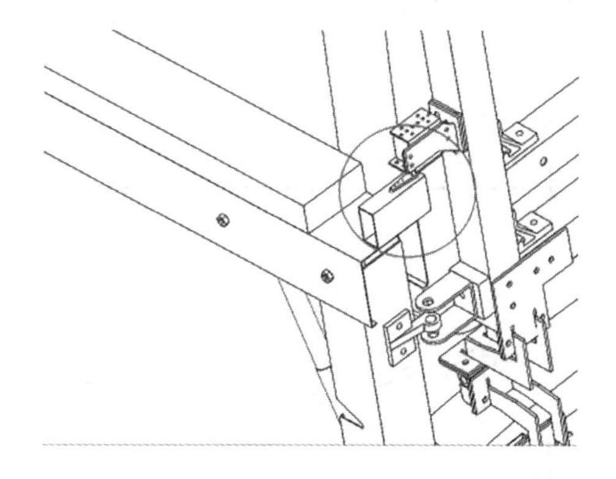

图 12　舵机的定位(使扶手与靠背始终相互垂直)

可见,轮椅在辅助老人站立时,可始终给予老人双手足够的支撑,保证老人在重心转换过程中的安全。

由于舵机对扶手的定位是可控的,因此当轮椅不需辅助老人站立时,可使扶手始终与坐垫保持平行,提高了轮椅的舒适性。

4. 设计计算

1) 三根推杆设计计算

腿托、坐垫、靠背的三根推杆位置示意图如图 13 所示,其自身推力分别为 1000 N、6000 N、3000 N。由此可得:

$$F_1 = 1000\ \text{N} \times \sin 75.19° \approx 966.799\ \text{N}$$

$$F_2 = 6000\ \text{N} \times \sin 24.67° \approx 2504.348\ \text{N}$$

$$F_3 = 3000\ \text{N} \times \sin 8.49° \approx 442.910\ \text{N}$$

$$M_1 = F_1 L_1 = 966.799\ \text{N} \times 0.168\ \text{m} = 162.422\ \text{N} \cdot \text{m}$$

$$M_2 = F_2 L_2 = 2504.348\ \text{N} \times 0.21\ \text{m} = 525.913\ \text{N} \cdot \text{m}$$

$$M_3=F_3L_3=442.910\ \mathrm{N}\times0.528\ \mathrm{m}=233.856\ \mathrm{N\cdot m}$$

其中，F_1、F_2、F_3 分别为三根推杆实际所需推力，L_1、L_2、L_3 分别为腿托、坐垫、靠背三部分力臂的长度，M_1、M_2、M_3 分别为推杆推动腿托、坐垫、靠背三个部分时所需的最小力矩。经测量三部分的承重分别约为 10 kg、100 kg、50 kg，由此可得：

$$M'_1=G_1L'_1=100\ \mathrm{N}\times\frac{0.323}{2}\ \mathrm{m}=16.15\ \mathrm{N\cdot m}$$

$$M'_2=G_2L'_2=1000\ \mathrm{N}\times\frac{0.548}{2}\ \mathrm{m}=274\ \mathrm{N\cdot m}$$

$$M'_3=G_3L'_3=500\ \mathrm{N}\times\frac{0.723}{2}\ \mathrm{m}=180.75\ \mathrm{N\cdot m}$$

其中，M'_1、M'_2、M'_3 分别为推杆推动腿托、坐垫、靠背三个部分所需要克服的最大力矩。

由上述计算可知，$M_1>M'_1$，$M_2>M'_2$，$M_3>M'_3$，即腿托、坐垫、靠背的三根推杆可克服使用者重力产生的逆向力矩。

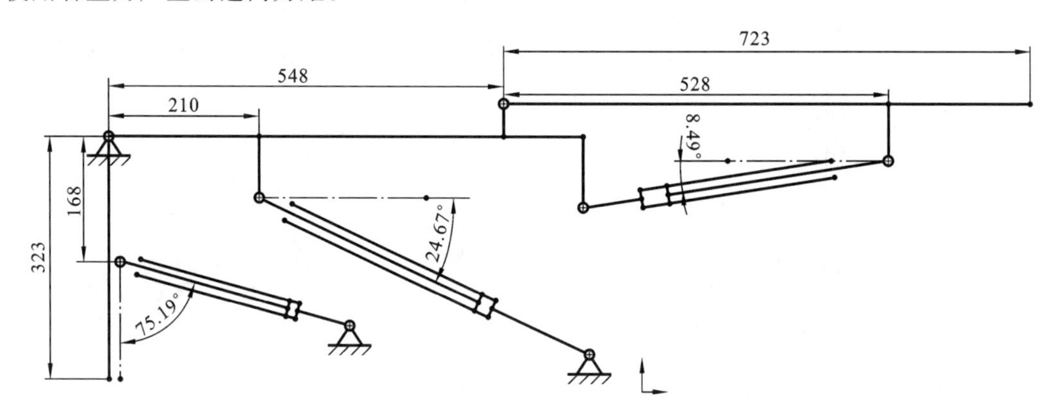

图 13　三根推杆位置示意图

2）行驶速度设计计算

采用 24 V、250 W 的电动轮椅有刷直流电机（图 14），后轮为 10 in（1 in＝25.4 mm）铝合金材质轮毂，电机输出轴上有键槽，电机轴与车轮通过键连接。轮椅驱动方式为前轮转向（无动力），后轮驱动。

电机的转速 $n_1=3000$ r/min，通过减速箱减速后，输出轴的转速 $n_2=75$ r/min，后轮外直径 $d=250$ mm。

所以，理想状态下轮椅的最大行驶速度 $v\approx3.534$ km/h。

根据国家标准《电动轮椅车》（GB/T 12996—2012），室内电动轮椅车的最大速度需小于或等于 4.5 km/h，而 $v\approx3.534\ \mathrm{km/h}<4.5\ \mathrm{km/h}$，符合规定。

3）电控组件模块设计

电控组件模块的设计，要实现轮椅的人机交互功能及智能化。根据功能需求设计，电控组件控制原理示意图如图 15 所示。

电控核心控制板采用开发效率高、稳定性与兼容性较好的 STM32 控制板，通过摇杆输入两路 ADC 信号，分别控制电机转速以及左右两电机的差速比，实现轮椅运动方向和速度的控制。通过两个无自锁开关向单片机输入 IO 信号，单片机根据该信号判断是否进行姿态转换以及进行哪一种姿态转换。当输入高电平时单片机启动，推杆开始转换姿态，当腿托、坐垫、靠背分别触碰到各自的限位开关时说明其已到达姿态转换后的指定位置，限位开关向单片机发出信号，单片机得到指令后指令推杆停止运动，从而完成整个姿态的转换。

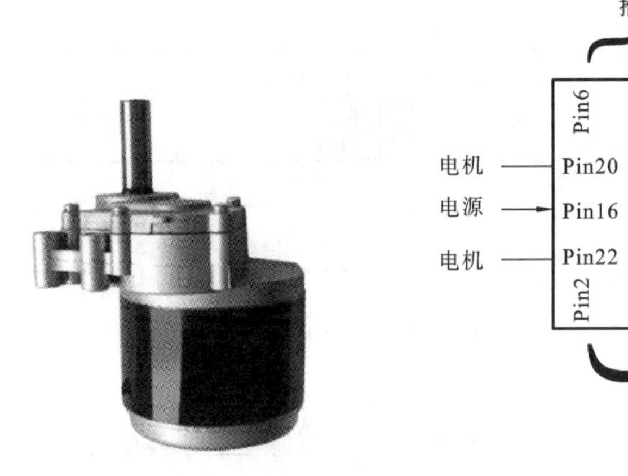

图 14　电动轮椅有刷直流电机

图 15　电控组件控制原理示意图

图 16 所示为电控组件部分电子元器件实物图。

图 16　电控组件部分电子元器件

(1) 行动控制设计。

采用摇杆控制方式操纵轮椅的移动，通过简单操作就可实现轮椅的前进、后退、转向等功能，同时可实现倒车、挡位提醒、停车刹车等，操作简单，控制灵活。

摇杆模块如图 17 所示。

图 17　摇杆模块

(2) 避障设计。

采用超声波避障设计，当安装在底座部分的超声波避障模块(HC-SR04)检测到距离小于设定阈值时，可实现驱动电机的自动停止，从而保护使用者的人身安全。

超声波避障模块具有体积小、效率高、低耗抗噪等优势。图 18 为设计中使用的超声波模块实物图。图 19 为超声波模块控制时序图，首先由单片机引脚触发 Trig 测距，发出至少 10 μs 的高电平信号，然后模块自动发送 8 个 40 kHz 的方波，自动检测是否有信号返回，若有信号返回，通过 IO 输出一高电平，且单片机定时器计算高电平持续的时间。测试距离可由高电平时间乘声速(340 m/s)再除以 2 得到。

图 18 超声波模块

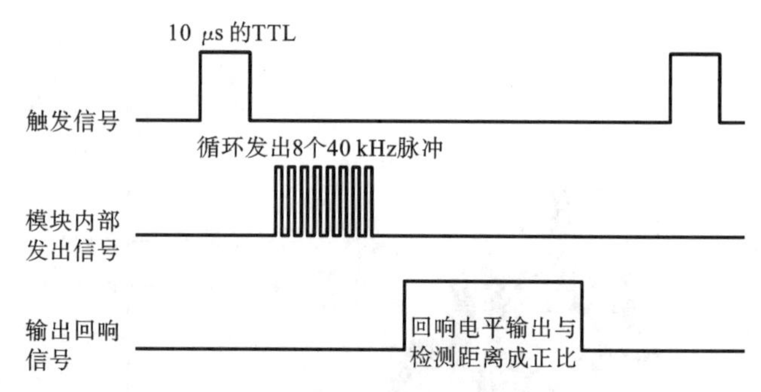

图 19 超声波模块控制时序图

(3) 归位与拼接设计。

当使用者操控轮椅回到床体周围一定范围时，轮椅上传感器感应到床体的方位，此时轮椅将自动行驶到设定好的位置，再进行姿态变换，最终实现自动归位并与床体拼接，如图 20 所示。

(4) 无线充电设计。

扶手的内侧加入了充电装置，当扶手滚转到拼接床体下方时，可以与床铺下方的充电接口对接，实现无线自动充电功能。

本作品采用的是 100 W、24 V、4 A 的大功率远距离无线供电模块及相应的无线充电模块 XKT801-60。

当使用者躺下(休息)时，扶手处的无线充电模块自动和床体部分的无线供电模块感应充电，轻松完成充电，方便省事；可避免充电头磨损、电线老化等故障；降低独居老人弯腰/蹲下插插头导致摔倒的可能性以及被绊倒的风险；因没有开放式充电接触点，减少了火灾与爆炸隐患。

使用的无线充电模块如图 21 所示。电磁感应式无线充电工作原理如图 22 所示。

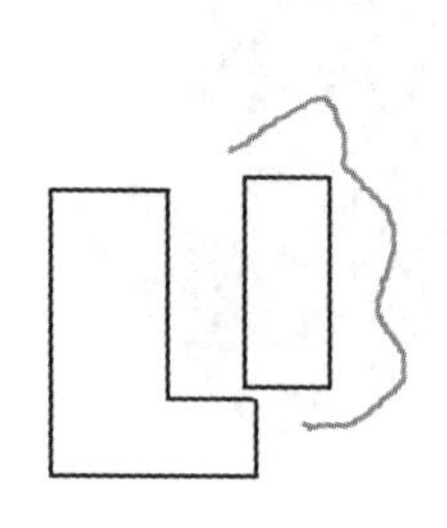

轮椅进入一定范围

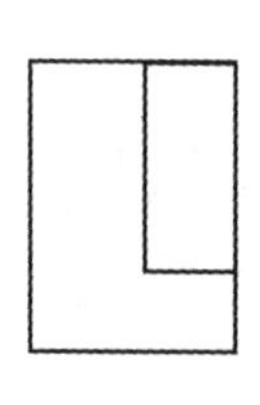

自动归位完成

图 20 自动归位示意图

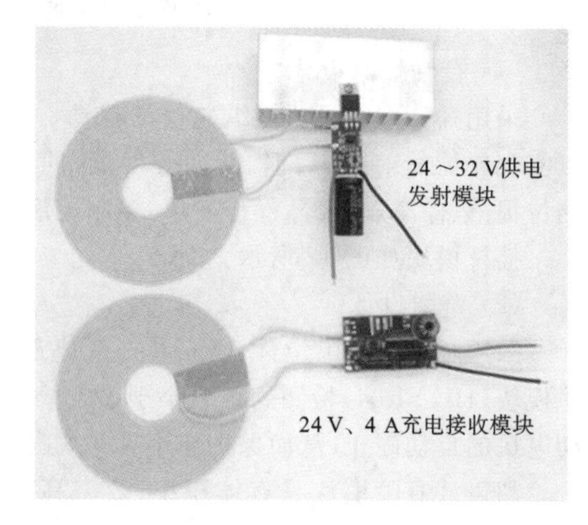

图 21 无线充电模块

4）电磁铁通断电控制设计

腿托与脚托采用电磁铁（KK-0530B，吸力 0.4～5 N，行程 10 mm，如图 23 所示）自锁的方式，平时腿托和脚托自锁，一根推杆推动两者同步运动（图 24），在使用者需要躺下时，电磁铁通电，插销往回收，腿托与脚托分离（图 25），这样的设计减小了动力损耗。

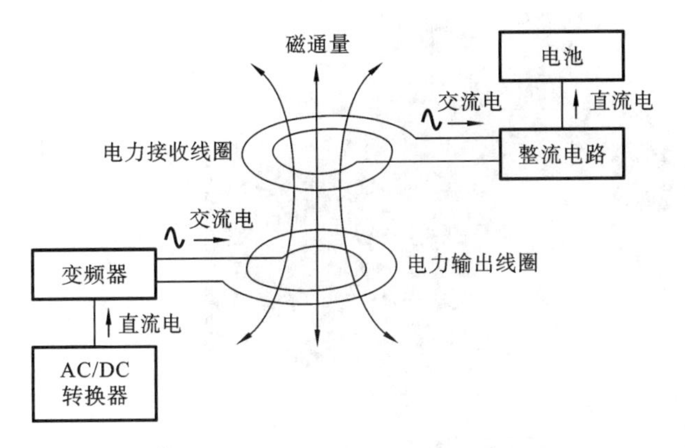

图 22　电磁感应式无线充电工作原理

图 23　电磁铁

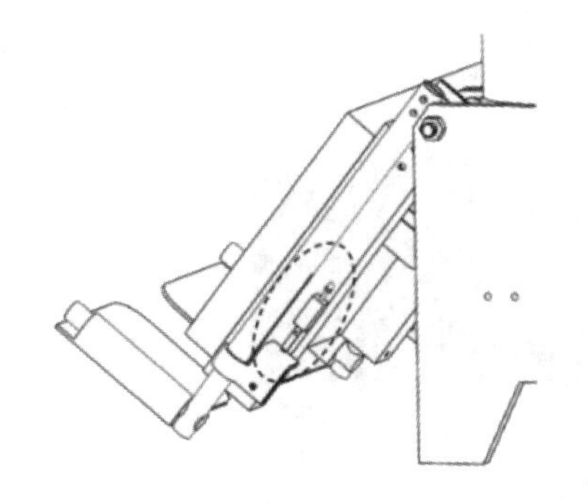

图 24　推杆推动腿托和脚托同步运动

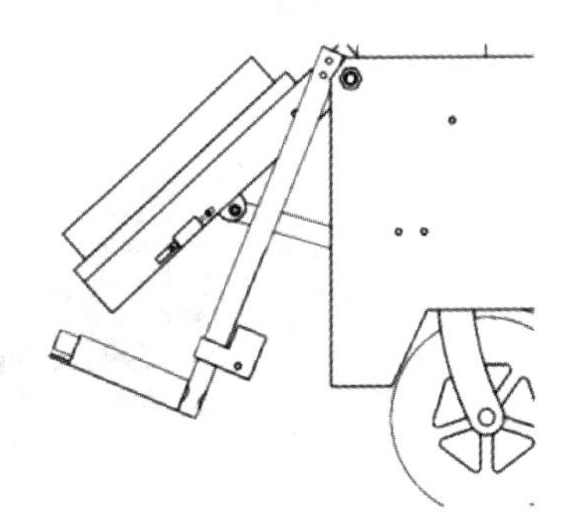

图 25　腿托和脚托分离

5. 主要创新点

（1）采用分离式结构，轮椅与床的结合省去上下床的过程；升降辅助结构可帮助老人起坐，避免老人意外摔倒，减少了事故的发生，贴心呵护老人健康。

（2）自助式电磁感应式无线充电，方便省事。

（3）轮椅扶手为闭合的可变形、可折叠收纳的四连杆结构；腿托与脚托采用电磁铁自锁方式，减小了动力损耗。

（4）采用集成化和柔性化的设计，实现轮椅的多种用途。

该装置由于具有一定的新颖性、创造性，已成功申请发明专利（一种多功能智能轮椅及智能轮椅组合床，申请号：202010828460.9）。

6. 作品展示

本作品轮椅部分实物图如图 26 所示，床体部分实物图如图 27 所示。

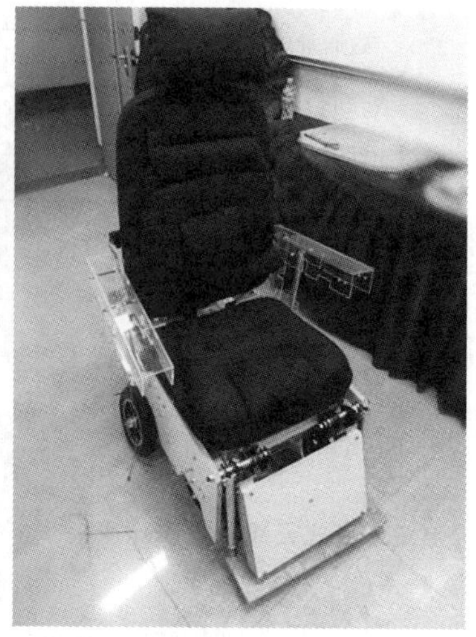

图 26　轮椅部分实物图

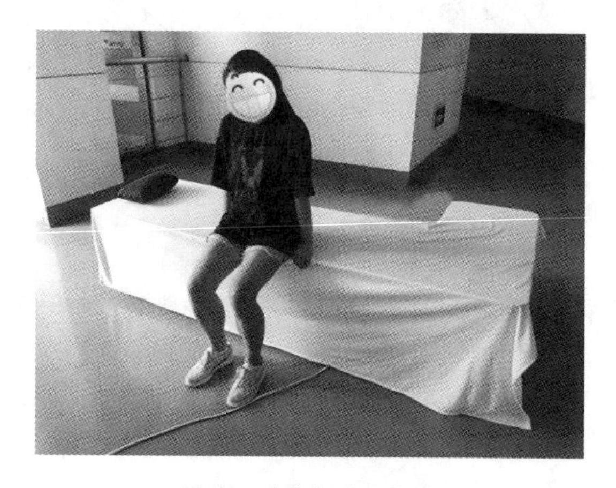

图 27　床体部分实物图

参 考 文 献

[1] 仁闽. 国家统计局：我国人口 13.7 亿　老龄化呈上升趋势[J]. 老同志之友：下半月，2016(5)：14.

[2] 金柯. 65 岁以上人口 5 年后将破 2 亿，我国老龄化迎来最重要窗口期[J]. 老同志之友：上半月，2020(8)：16-17.

[3] 秦帅华，赵新华，杨玉维，等. 多功能护理床起背机构创新设计及运动分析[J]. 天津

理工大学学报,2018,34(2):1-5,11.
[4] 陈磊,朱淑云,张华,等.多功能护理床抬背机构设计与仿真[J].机械设计与制造,2013(9):94-96,100.
[5] 陈亚峰,王志坤,邱盛,等.一种智能调节可分离轮椅床[J].河北农机,2020(11):87,123.
[6] 刘长生,单葆虹,杨宇轩.姿态可调型智能护理轮椅床的设计[J].南方农机,2019,50(23):267,282.
[7] 杨恺斯.可分离式智能轮椅床研究[D].天津:天津理工大学,2019.
[8] 周海洋.智能轮椅床项目交叉冗余控制系统的实现[D].上海:上海交通大学,2017.
[9] 滕兵,陈静涛,黄鑫海.轮椅床的结构设计[J].机械制造与自动化,2015,44(3):75-76.
[10] 李爱萍.多功能轮椅的结构设计与研究[D].天津:天津科技大学,2010.
[11] 曹元,赵连玉.轮椅床机构及人机一体化模型研究[J].制造业自动化,2019,41(3):129-134.

“台风卫士”智能窗

上海工程技术大学
设计者：董浩东　康振　周莹　蒋涛　孙一桐
指导教师：陈曦　陈斌

1. 设计目的

窗户不仅是联系室内外空气、光照等的重要通道，而且与生活的安全、舒适密切相关。没有人不希望窗明几净，采光良好且安全。

我国沿海一带台风登陆次数多，强度和等级都很高。在台风肆虐下，房屋建筑尤其是高层房屋建筑的窗户玻璃破碎（图 1），并对室内造成严重破坏的情况越来越多，还会有玻璃碎片从高空坠落，引起人员伤亡。在户主外出且遇到疾风骤雨等恶劣天气时，不能及时关窗会造成不小的经济损失，甚至可能发生人身伤害事故。天气寒冷时窗户常处于封闭状态，极易发生缺氧或煤气中毒等事故。可见传统手动关窗已不能满足高质量生活的需求，因此小组希望设计一款多功能窗户装置，提高窗户在极端天气下的安全性，并使之具备智能化功能。

图 1　被台风破坏的窗户

小组设计的智能窗能实现以下几个主要功能：

(1) 用户通过手机 APP 传输指令，实现对窗户开关以及防护的远程控制。

(2) 利用多种传感器，实现窗户自动识别环境变化和自动控制启闭。尤其在家中无人时，智能窗能自动检测下雨或刮风等恶劣天气，并自动关窗；能识别有毒有害气体超标情况，并自动开窗通风。

(3) 能识别非法入侵，并及时关窗放下防风板以防盗，同时发送提醒信息至用户的智能设备上，保护家中财产安全。

2. 工作原理

1) 防台风方案选择

目前窗户防台风方案大体可归纳为以下三种：

方案一：定做完全覆盖整个窗户的木板，要求厚度至少 1.6 cm，如图 2 所示，在台风来之前将木板整体固定在窗户(包括窗框)外。但是这种方案并不易实现，原因有三：(1) 每次台风来之前需要提前安装木板并固定在窗户外，台风走后还要拆下，非常麻烦，耗费人力物力，并且要提前准备专门木板。(2) 住户自己固定木板时有可能固定不牢，木板极可能被台风刮走，造成事故。(3) 台风来得迅猛、突然时，可能来不及安装木板，或者家中无人时无法做到及时防护。

方案二：给整块窗玻璃贴"飓风贴膜"。贴膜虽然不能使窗户整体不被狂风吹脱框，但足以保证玻璃不破成碎片，因为破裂玻璃的碎片仍然被"飓风贴膜"黏结在一起，从而避免风中玻璃碎片伤人。同时值得注意的是，用普通包装胶带在窗户玻璃内侧贴交叉十字，根本不能防范玻璃被狂风吹破，如图 3 所示。如果玻璃被吹破，贴有胶带的大块玻璃飞落，造成的人身伤害事故反而更大。可见贴膜不能保证窗户整体不被狂风吹脱框，因此排除方案二。

图 2　覆盖整个窗户的木板

图 3　玻璃贴膜和胶带

方案三：给窗户定制长期使用的防护层，如铝合金、钢、硬塑料材质的防护板，可安装在窗户外侧，平时可以折叠收拢，狂风来临前将其打开，对窗户整体形成保护。

此方案的优点：(1) 相比其他方案更安全，而且防风板不会影响玻璃的采光与美观，其在使用时放下，不用时收起；(2) 可在基础防风板上添加智能控制系统，实现窗户的智能化。

综上所述，小组选用方案三并采用铝合金防风板来实现设计要求。本设计基于传统的平移式窗户，利用多种传感器和 STM32，根据环境情况(如下雨、大风、台风、异物入侵、室内有毒有害气体超标等)实现智能控制窗户自动关闭或开启，同时也可用手机 APP 在任何时间、任何地点控制窗户的开关。另外，监测异物入侵的传感器能保证室内环境安全，有效降低财产损失和避免人身伤害事故的发生等。本设计还通过多种传感器来实现通风、光照、有毒有害气体监测等，大大提高了居住环境的舒适性和安全性，让人们在居家时不用担心煤气或天然气等有害气体泄露，也解决了外出时忘记关窗户的烦恼。

2）总体结构与工作原理

智能窗总体结构包括整个窗框及两扇平移窗、防台风装置（由防风板和卷轴电机构成）、智能控制系统。智能控制系统包括单片机和雨滴模块，以及 QM-N5 型半导体传感器、风速传感器、E18-D50NK 漫反射式光电开关等多种传感器，它会根据用户需求将窗户开启到合适的位置，也可控制防护板放下。

整个智能窗分为四部分，包括窗体、窗启闭结构、防台风装置、智能控制系统。

（1）窗体部分是智能窗的基础结构，包括两扇平移窗和整个窗框，如图 4 所示。窗框由合金构件组成，可靠耐用，成本较低，可以量产，装配简单，在部件老化锈蚀的情况下也易于更换。在窗框的底部安装两排滑轨，在玻璃窗的四角安装滑轮，这样玻璃窗就可以在滑轨中平行移动。同时在铝合金窗框的左右两端加上限位装置，限制玻璃窗的移动距离。可以根据用户的需求更换不同材质的窗户，在此基础上加入能让玻璃窗自动启闭的结构。

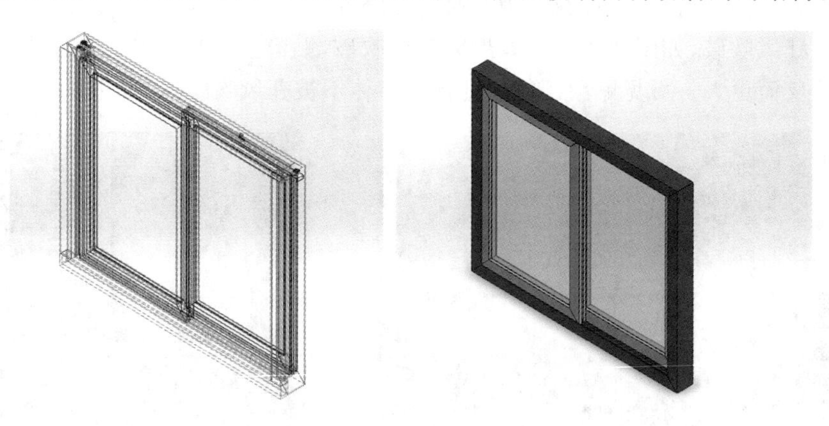

图 4　窗体结构建模图

（2）窗启闭结构由电机、同步带、同步带轮和移动卡扣组成，如图 5 所示，工作时由电机

图 5　窗启闭结构示意图

带动同步带，控制窗户平移开关。移动卡扣的内侧是和传动皮带一样的齿形结构，可以将皮带和卡扣牢牢结合在一起，再在窗户最上端打孔，将连接好皮带的卡扣固定在窗户上。铝合金窗框的一端是电机，另一端是固定皮带的轴套，使皮带可以稳定传动。当需要开关窗户时，由用户或者单片机发指令给电机，收到指令的电机开始转动，同时带动同步带运动，牵引固定在窗户上的移动卡扣带动窗扇滑动实现窗户的启闭。

(3) 防台风装置是防台风智能窗的关键部分，如图6、图7所示。防台风装置由防风板及卷轴电机构成。防风板由多关节活动的铝合金板片串联而成，能在固定于窗体外的轨道内上下运动。防风板收放由卷轴电机实现，防风板一端固定于卷轴上，卷轴电机转动将防风板卷起或放下。防风板放下时，铝合金板片下端可以固定在轨道中。当天气晴朗，屋内需要采光透气时，可以发指令给卷轴电机使其转动，将防风板卷收进上方的空间内，此时窗户可以正常开关。遇到恶劣天气时，风速传感器和雨滴传感器检测到风速和雨量变化后，传送信号给 STM32，由单片机控制卷轴电机转动和防风板的收放。

图6 防台风装置建模图(防风板放下)

图7 防台风装置建模图(防风板收起)

(4) 智能控制系统包括树莓派和雨滴模块以及可燃性气体传感器、风速传感器、环境光强度传感器等多种传感器，可以识别大风、降雨、异物入侵等情况，并将数据反馈给 STM32 单片机(图8)，经由 FreeRTOS 实时操作系统完成电机控制及客户端数据的传输，实现窗户的闭合或启动防盗模式。同时，智能控制系统还搭载了 Wi-Fi 和蓝牙(图9)两种通信方式，不但用户可以在室内使用手机遥控开关窗户，系统还可以远隔千里发送提醒信息至用户智能设备上。

在台风来临时，单片机会实时读取风速传感器的风力信息，经数据库分析和科学计算判断是否关窗和放下防风板，并发送通知提醒用户做好防灾防护工作。

雨滴传感器(图10)在识别到降水之后会检测雨量。当检测的信号值达到一定标准时，通过 STM32 单片机控制步进电机，带动同步带和固定在窗户上的卡扣实现窗户的平移和闭锁。

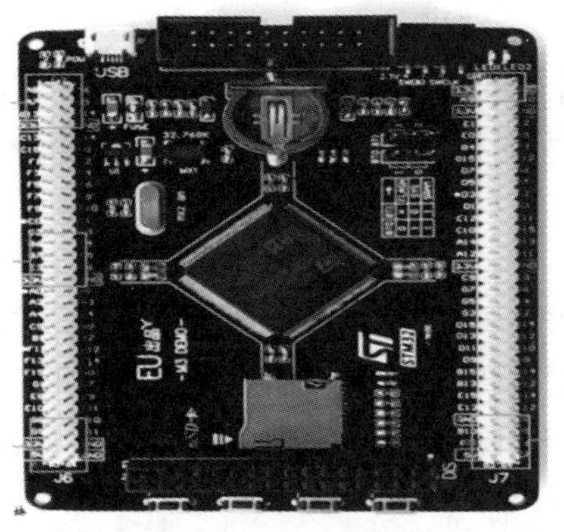

图 8　STM32 单片机

图 9　蓝牙模块

GM-N5 型半导体气敏元件(图 11)是以金属氧化物 SnO_2 为主体材料的 N 型半导体气敏元件，当元件接触到还原性气体时，其电导率随气体浓度的增加而迅速升高，一般用于可燃性气体(如 CH_4、C_4H_{10}、H_2 等)的检测，具有灵敏度高、响应速度快、输出信号大、寿命长、工作稳定可靠等特点。因此，该传感器适合装在窗户上检测家中是否有天然气或煤气泄漏。当气敏元件检测到低浓度有害气体时，STM32 控制电机开窗，同时会发送信息给用户智能设备上，提醒用户及时关闭气阀。

图 10　雨滴传感器

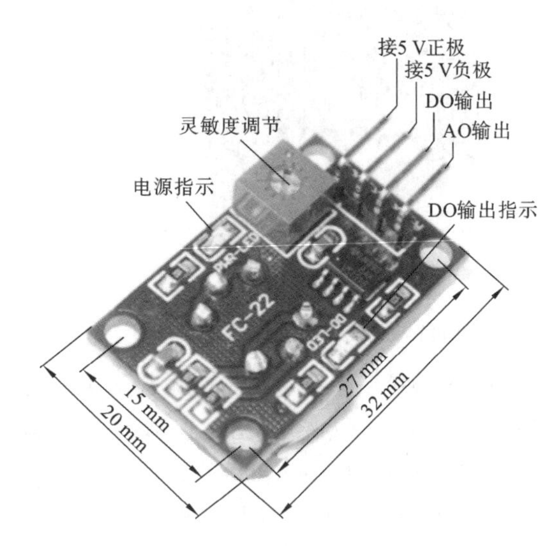

图 11　GM-N5 型半导体气敏元件

环境光强度传感器可以获取周围环境的光强，当室外紫外线强度过高时，自动关闭窗帘防晒，并可以推送每日天气情况给用户。

在安全防盗模式下，利用超声波模块监测窗体部分是否有异物通过。当有异物通过时，超声波模块会反馈电信号给 STM32 单片机，单片机控制窗户关闭，并使用蜂鸣器警报提醒室内人员。若家中无人，系统会发送信息给用户手机 APP，并在一段时间后自动报警。

APP 用户界面如图 12 所示。

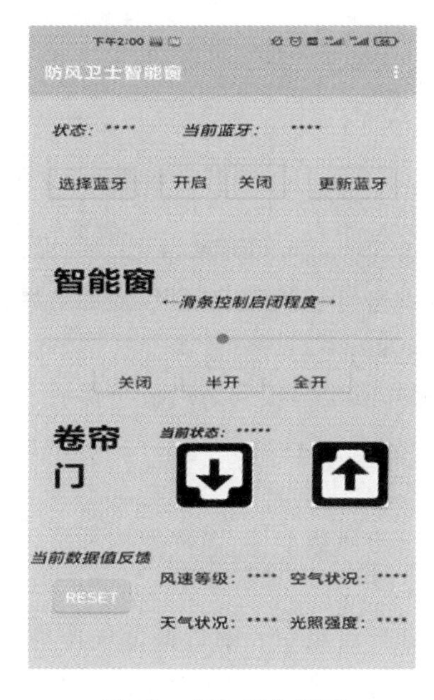

图 12　APP 用户界面

3. 设计方案

1）窗体

防台风智能窗的窗体长 1060 mm，宽 285 mm，高 1035 mm，采用铝合金材料。

2）窗启闭结构

带动玻璃窗平移的最大阻力为 4.16 N，阻力来源于窗户滑轮与滑轨之间的摩擦力，以及电机轴套与同步带之间的摩擦力，电机需提供大于或等于 5 N 的力。

经过计算，选择 42 步进电机，可保证窗启闭结构的正常运行。

3）防台风装置

（1）卷轴电机选择。

铝合金防风板的质量为 10 kg。卷起铝合金防风板所需的最大扭矩 $T=25\ \text{cm}\times 98\ \text{N}=2450\ \text{N}\cdot\text{cm}=24.5\ \text{N}\cdot\text{m}$。电机所需提供的扭矩 $T=40\ \text{cm}\times 98\ \text{N}=3920\ \text{N}\cdot\text{cm}=39.2\ \text{N}\cdot\text{m}$。

在确保电机承载力矩足够大的情况下，还要保证防风板上升、下降具有一定的速度。

经过初步计算，选择 12 V、100 r/min 电机，可保证窗启闭结构的正常运行。

所选电机参数见表 1。

（2）防风板升降速度测试。

经过测试，防风板装置升降平均速度为 0.25 m/s，防风板从开始启动到完全放下时间约为 4.1 s。12 级台风风速大于 32.6 m/s，大约为 117 km/h。

表 1　所选电机参数

电压/V	12	堵转电流/A	2.0
空载转速/(r/min)	100	减速比	1∶50
空载电流/A	0.50	功率/W	25
负载转速/(r/min)	93	减速箱长度/mm	28.8
负载力矩/(N·m)	0.44884	质量/kg	0.54

当风速达到 17.2 m/s 时，风速传感器发出警报，随后防风板放下。一般情况下，此时台风中心距离防台风智能窗有 800 km。

经计算，从风速传感器检测并发出警报到防风板全部放下，该过程足够在台风到来前完成，故可以实现提前预防的作用。

(3) 防风板抗风压计算。

防风板的抗风压效果取决于防风板本体、窗户架构和防风板滑轨的力学性能，接下来从这三方面分别进行阐述。

以台风“山竹”为例，台风来时，台风中心附近最低气压为 95500 Pa，假设室内气压为标准大气压 101325 Pa，室内外压强差 $\Delta P=101325\ \text{Pa}-95500\ \text{Pa}=5825\ \text{Pa}$，防风板此刻受向外的拉力。

防风板面积 $S=1.025\ \text{m}\times1.06\ \text{m}=1.0865\ \text{m}^2$；根据压强公式，防风板所受拉力 $F=\Delta P\times S=5825\ \text{Pa}\times1.0865\ \text{m}^2\approx6328.86\ \text{N}$。

经计算，防风板滑轨侧边和底边所受到的挤压应力和最大拉应力相同且满足要求。

4. 主要创新点

(1) 用智能机械结构驱动代替人力来实现窗户的开启关闭以及防风板的收放；利用多种传感器自动检测下雨或刮风等恶劣天气并自动关窗。

(2) 用户可利用手机 APP 任意调节窗户开闭状态，并利用多种传感器实现窗户的智能控制，体现智能家居理念。

(3) 防台风智能窗能实现台风等极端天气下对窗户的智能控制；同时因为使用了更坚固、可靠的铝合金材料，保证窗户整体不会被狂风吹落，安全程度大大提高。

该装置由于具有一定的创新性和实用性，已成功申请发明专利(一种基于平移式窗的智能开闭装置与控制方法，申请号：202010870451.6)。

5. 作品展示

本作品实物图如图 13、图 14 所示。

图 13 智能窗内侧实物图

图 14 智能窗外侧实物图

参考文献

[1] 程正泉,陈联寿,徐祥德,等.近10年中国台风暴雨研究进展[J].气象,2005,31(12):3-9.

[2] 孙建华,齐琳琳,赵思雄.“9608”号台风登陆北上引发北方特大暴雨的中尺度对流系统研究[J].气象学报,2006,64(1):57-71.

[3] 张彦伶.建筑规划设计与防洪防台风的社会保障体系建设[C]//海峡西岸防抗台风抗洪抢险救灾论坛论文集,2007.

[4] 洪炳南,苏志龙.沿海城市防台风长效机制研究[J].中国水利,2006(7):51-52.

[5] 布占宇,楼文娟,唐锦春,等.台风致窗户破坏时大跨度屋面风振响应研究[J].工程力学,2004,12(2):69-75.

[6] 李平.钢铁厂房建筑围护结构的防台风设计——“彩虹”台风对湛江钢铁厂房围护结构的破坏原因分析及设计改进措施[J].钢铁技术,2016(4):42-52.

智能桌椅一体化系统

上海工程技术大学
设计者:李浩　叶非凡　陈浩然　陆颖　钱晨浩
指导教师:张春燕　简琦薇

1. 设计目的

随着互联网技术的深度发展以及物联网时代的到来,智能家居领域显现出前所未有的市场潜力,同时由于人们生活水平不断提高,人们对居住环境的要求也不断提升。在这样的大环境下,智能家居行业成为一个炙手可热的新兴行业。以“80 后”“90 后”为代表的消费人群,追求定制化和个性化的家装设计。“80 后”与“90 后”日渐成为家装行业消费的主力军,他们追求品质生活和个性化的家装设计,他们追求简约却不简单、低调却奢华的设计风格,他们需要充分彰显其个性的设计。智能家居,越来越受到年轻家庭的青睐,它不仅体现出一种对品质生活的追求,更体现出对精致生活和个人品位的注重。在市场分布方面,目前国内智能家居主要分布在一些高端住宅(如别墅、智能小区),增长最快的市场是智慧酒店和智能办公,但是普通住宅智能家居市场发展却很慢。智能家居难以进入普通住宅最重要的原因还是价格太高,目前智能家居花费一般在 10 万元以上,大众较难接受这一价格。

目前市面上智能桌椅一体化产品较少,多数是单独的智能桌或智能椅,而且应用的场景大部分是餐厅、汽车、医院,如图 1 所示。关于智能桌椅一体化系统在人们日常生活上的应用的研究并不是很多。因此,小组希望能够在降低成本的基础上,设计一种可以部署在普通住宅,而且能够达到最佳舒适度的智能桌椅一体化系统。

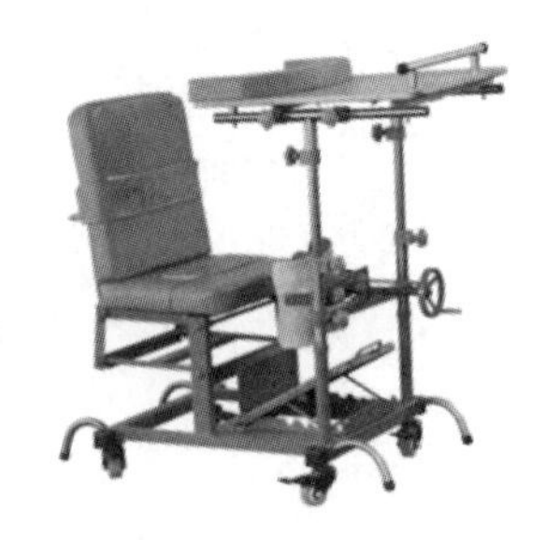

图 1　市面上现有功能较单一的智能桌椅

2. 设计方案

1）设计要求

鉴于目前市场上智能桌椅存在的问题，本作品设计要求总体可归纳为以下几点：

（1）桌椅控制应灵活、简单；

（2）桌椅应能最大限度提高人们的舒适度；

（3）桌椅响应控制指令应迅速；

（4）桌椅之间应有相应配合；

（5）桌椅功能应多样化。

2）设计性能及指标

（1）工作环境：12 V 直流；

（2）整体质量：46 kg（桌子），10 kg（椅子）；

（3）语音识别范围：≤2 m；

（4）电源续航时间：24 h 无间断；

（5）座椅最大负载质量：100 kg；

（6）桌椅响应控制时间：≤3 s。

3）总体设计方案

（1）升降桌腿部分方案论证。

在使用桌椅过程中，时常会有桌椅高度与用户不适配导致体验感极差的情况发生，因此设计以下两种可升降桌腿方案，具体论证如下：

图 2 所示为升降桌腿设计方案一，此方案采用亚克力外壳（用亚克力胶进行黏合）包裹电机推杆，利用电动推杆行程量的改变来实现桌腿的升降。但是经过测试发现，桌腿外壳在电动推杆运动过程中会因为电动推杆本身的晃动而碰撞摩擦，影响使用效果，同时会发出尖锐的有机玻璃摩擦声。

图 3、图 4 所示为升降桌腿设计方案二，在方案一的基础上对亚克力外壳进行简易榫卯设计，配合使用亚克力胶水，增强外壳的可靠性；增加了两处导轨，分别位于后侧和右侧，作为桌腿升降时的机械限位，大大减小了桌腿内置电动推杆的晃动对整体稳定性的影响。经过测试发现，该方案采用双重导轨作为水平方向的机械限位，极大地提高了桌腿升降时的稳定性，并且增加了推杆行程改变时的顺滑度，虽然成本上有一定的增加（单腿单价由 280 元左右上升至 360 元），但相较于市面上的产品（市场在售产品单腿单价在 1200 元左右）仍具有可观优势。

（2）置物柜部分方案论证。

桌子作为当代人的日常家居用品，除了为用户提供操作平台以外，还承担着储物的功能，但在日常使用过程中，人们常因为遗忘、整理不当等导致难以找到需要的物品，浪费大量时间、精力。因此，小组设计了两种智能储物柜方案，具体论证如下：

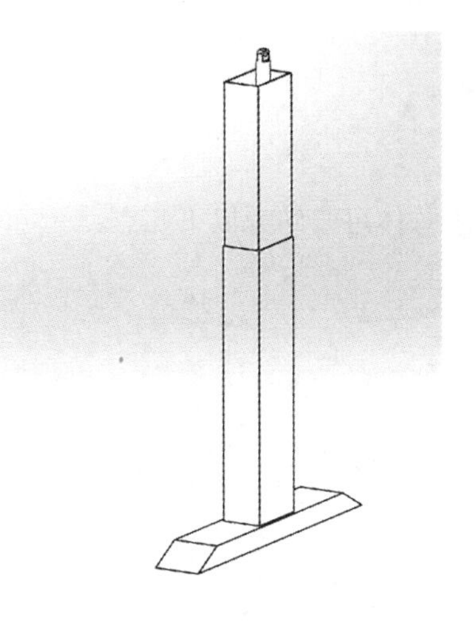

图 2　升降桌腿设计方案一

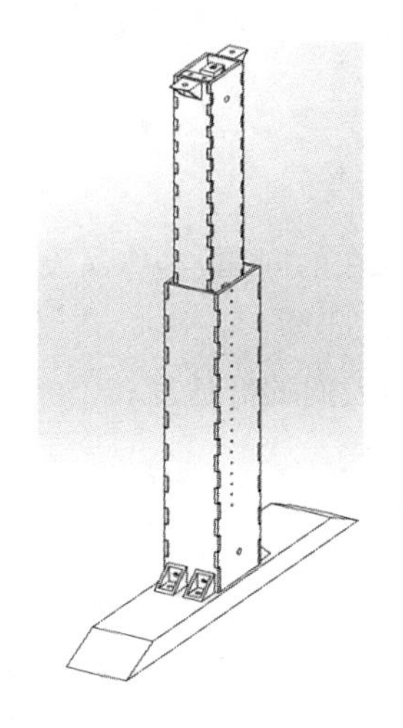

图 3　升降桌腿设计方案二

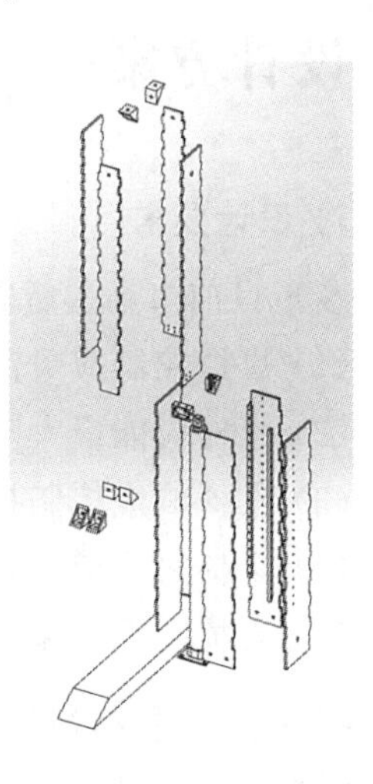

图 4　升降桌腿设计方案二爆炸图

图 5 所示为智能抬升柜设计方案一，此方案采用一根丝杠与一根滑轨构成抬升轨道，利用丝杠行程的改变来实现柜体的抬升下降。但是经过测试发现，单丝杠驱动输出力量不足，抬升过程中柜体有一定程度的晃动。

图 6 所示为智能旋转柜设计方案一，此方案采用一根丝杠与一根滑轨构成抬升轨道，利用丝杠行程的改变来实现柜体的抬升下降；采用一个电机驱动一套行星轮系中的太阳轮带动齿圈来实现柜体的旋转。但是经过测试发现，单丝杠驱动输出力量不足，抬升过程中柜体有一定程度的晃动。

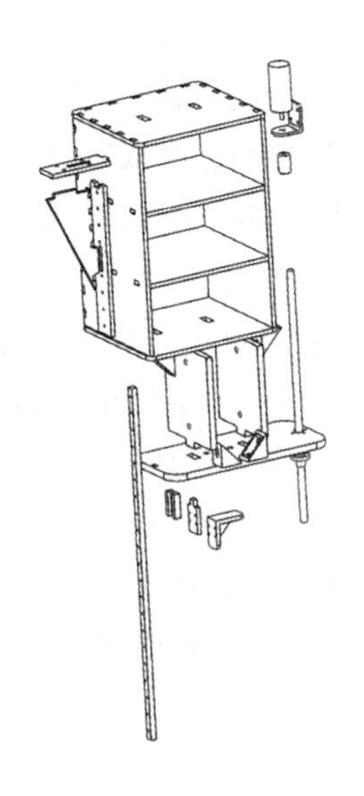

图 5　智能抬升柜设计方案一

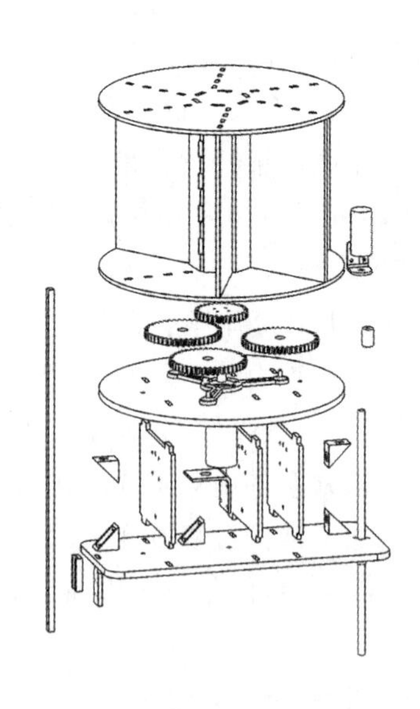

图 6　智能旋转柜设计方案一

图7至图10所示为智能抬升柜和智能旋转柜设计方案二，在方案一的基础上将抬升所用驱动丝杠加至两根，并将原先与丝杠对称安装（柜体两侧）的导轨改至柜体背面，使得柜体抬升轨道更为稳定。经过测试发现，该方案采用两根丝杠与一根导轨作为水平方向的机械限位，极大地提高了柜体升降时的稳定性，并且两根丝杠同时抬升时输出力量增加，使得可负载质量得以增加，因此能更好地发挥储物收纳功能。

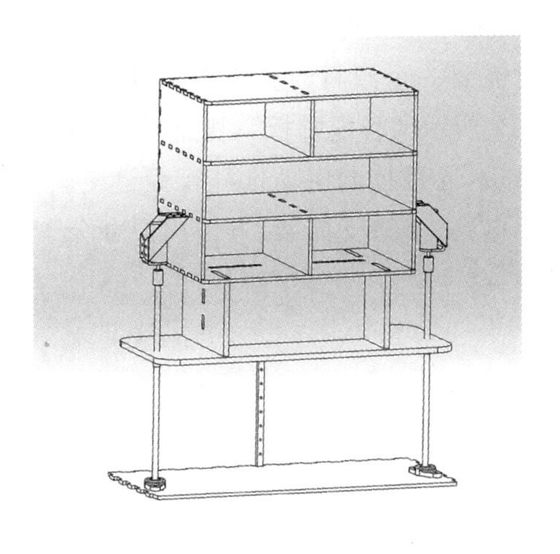

图7　智能抬升柜设计方案二

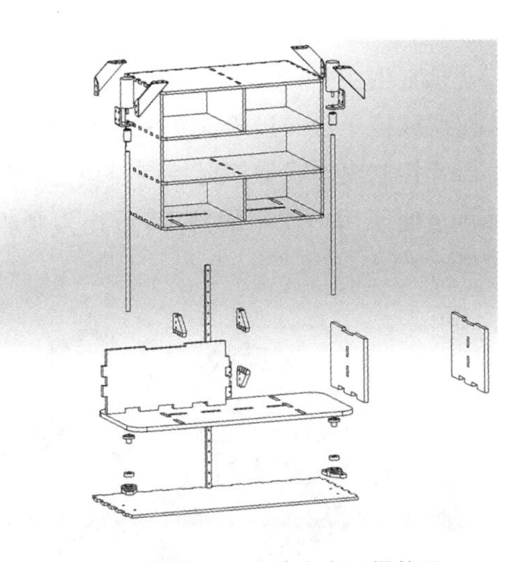

图8　智能抬升柜设计方案二爆炸图

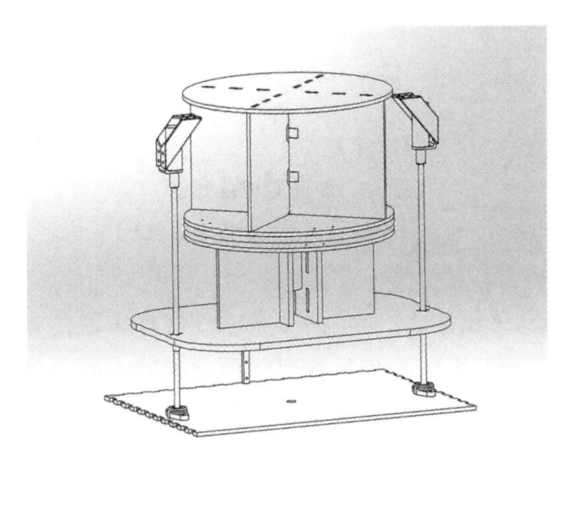

图9　智能旋转柜设计方案二

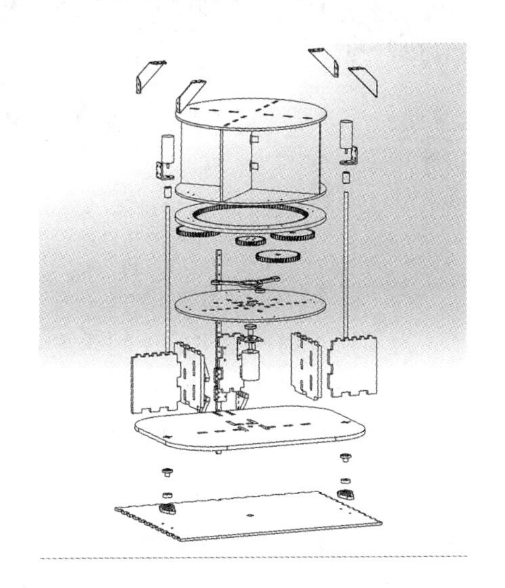

图10　智能旋转柜设计方案二爆炸图

（3）茶台部分方案论证。

不经意碰倒桌上的水杯是很常见的现象，轻则弄湿桌面，重则损坏电子设备，引发危险，或者因水渍损毁重要文件，给用户造成极其糟糕的体验，因此小组设计了收纳式茶台以解决该类问题。茶台整体采用四杆机构，保证茶台在被舵机驱动的同时始终保持水平，以保证水杯的平稳；茶台整体驱动依靠舵机实现，在不用水杯时，用户将水杯放入茶台中，舵机驱动摇杆将茶台隐藏于桌板之下,解决不经意打翻水杯的隐患,也增加了桌面的使用面积,当用户需要喝水时,舵机驱动茶台使之到达便于用户拿取的高度。在茶台的初步设计中直接采用塞打螺栓连接茶台与摇杆,测试时发现有异响且不稳定,摇杆与茶台摩擦严重,所以后来在茶台与摇杆间增加止推轴承(图 11),增强摇杆与茶台间的顺滑性,使得茶台在使用时更加稳定。

(4) 智能画板部分方案论证。

日常生活中,无论是办公书写还是休闲看书,有时需要一个倾斜的支撑平台,但桌面上长期摆放该平台又过于浪费桌面空间,因此设计了图 12 所示的智能画板。智能画板接收到由语音控制模块或触摸屏控制模块处理过的对应指令后,通过控制电动推杆行程量使画板旋转至便于用户使用的角度,可作为画板平面或平板电脑、书籍支撑架,方便用户办公、学习等。

图 11　止推轴承

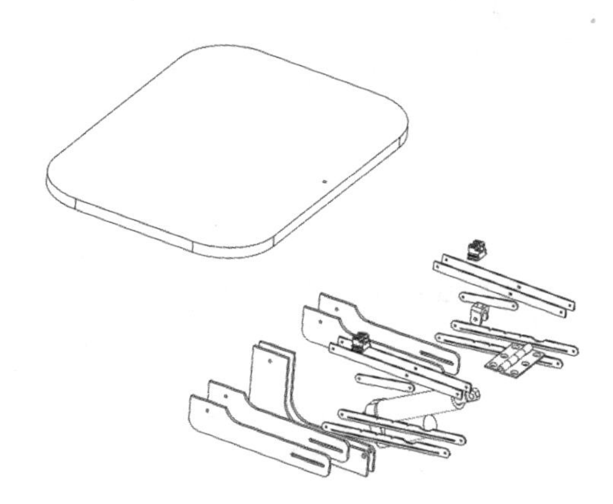

图 12　智能画板爆炸图

(5) 环境灯部分方案论证。

为了给予用户更多的使用乐趣和舒适的体验,采用图 13 所示的 WS2812 灯珠来取代普通 LED 灯珠。只需一根信号线(在 30 Hz 的刷新频率下一个信号线最多能够控制 500 个灯珠)就能控制 WS2812 灯带上所有的灯珠,可任意修改灯珠的色彩,或者在不同模式下让灯带发出不同颜色的光线。多个灯带间可以通过串联轻松延长。

(6) 线束管理装置方案论证。

随着科技的进步,使用的电子产品越来越多,很多已经成为生活的一部分,办公时会用到很多的电子设备,比如电脑、台灯、音响、各种设备的充电器等,它们都将出现在插排上,杂乱无章且线线缠绕,因此需要设计线束管理装置。图 14 是尺寸为 23.5 cm×11.5 cm×2.5 cm 的理线槽,采有多空分流设计,使各种线路井井有条;四面开槽,可供任意位置使用,桌面下的线路也可整齐地置于桌面上;槽体采用圆弧形边角,不易刮伤用户;加宽的进出线槽可供大部分线径使用,插排也可直接置于槽体中;槽体整体采用 HIPS(高抗冲聚苯乙烯)制成,盖子采用竹板制作,美观、轻巧,可以起到装饰作用。

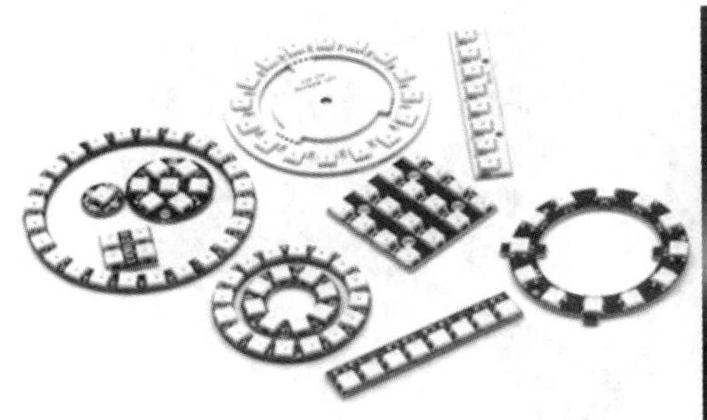

图 13　WS2812 灯珠

(7) 无线充电模块方案论证。

大部分用户给各种电子产品充电都是采用有线充电方式,具有局限性。本作品使用图 15 所示的无线充电模块,解决两个主要的问题:一个是无尾化,另一个是通用性。以手机充电为例,首先,无线充电能够让用户的手机在充电的时候无须插拔任何电源线,减少了对手机的磨损。当用户需要使用手机的时候,可以很方便、安全地直接将手机从无线充电座上拿起。其次,苹果系统和安卓系统手机充电线接头的不兼容性给很多用户都带来了不便,无线充电可以完美解决这一问题,只要手机内置无线充电芯片,即可在任何一台无线充电设备上充电。

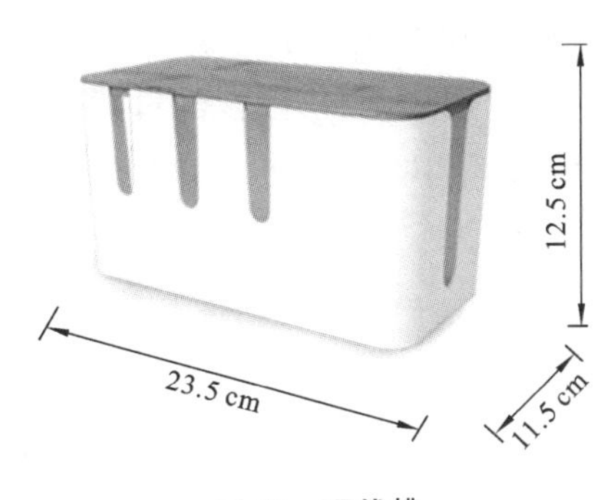

图 14　理线槽

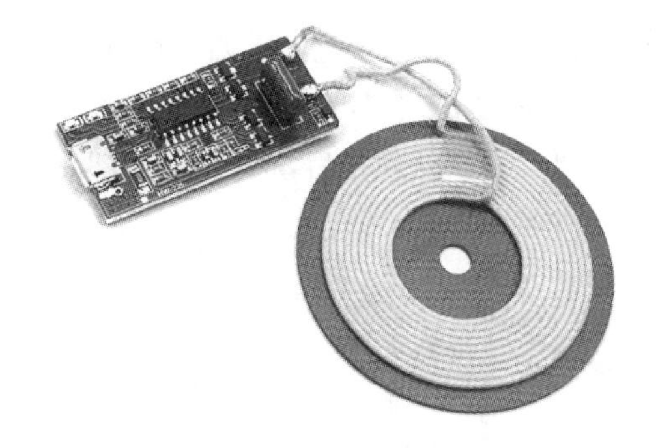

图 15　无线充电模块

(8) 椅子自动调节腿板与背板的方案论证。

目前市面上的可调节椅大部分都是手动调节,改变椅子姿态往往很麻烦,特别当在专心工作或学习时,烦琐的调节十分不便,而且调节椅产品一般不拥有腿部的可调节支撑功能,或只是固定角度的调节设计。因此,小组设计了仅靠推杆和转轴完成独立姿态转换的椅子,首先背板和腿板为独立变换,并非联动,所以可个性化地调节各自角度。为达到设计要求,小组选用强度大的铰链和 1000 N 的推杆(图 16)。

通过计算,推杆配合铰链产生的转矩可以完成椅子的腿板和背板的角度调节,且推杆具有自锁功能,不必担心支撑力的问题,所以采用推杆与铰链配合方式,如图 17 所示,因为它们是标准件,价格便宜,且安装简单。

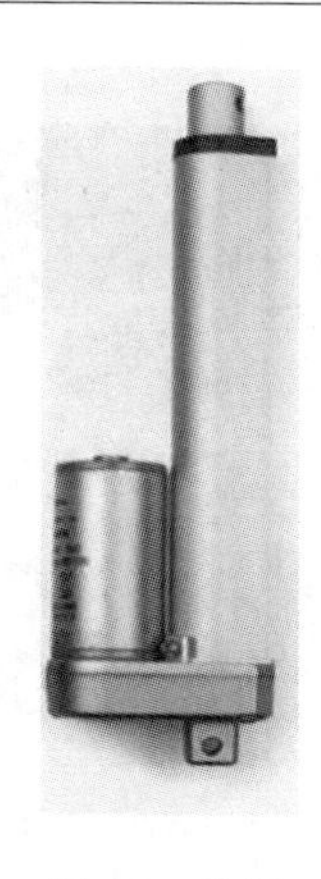

图 16 推杆

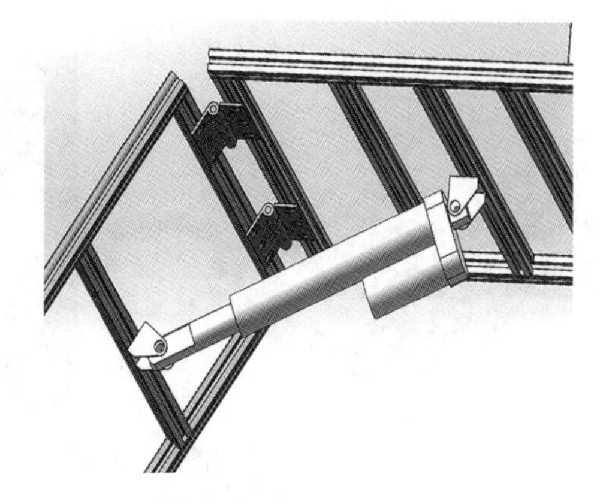

图 17 推杆与铰链配合

3. 总体结构与工作原理

1）总体结构

智能桌椅一体化系统总体结构如图 18 所示，包括桌板、可升降桌腿、两种置物柜、茶台、智能画板、电控组件等。

2）工作原理

智能桌椅一体化系统共有两种控制方式，第一种为语音控制，用户首先需对话筒说出唤醒词——“你好，浩浩”，在系统被唤醒之后用户说出需求，例如茶台升起，经过树莓派 4B（图 19）语音识别处理之后，将相应的结果通过串口发送给 STM32 单片机。单片机接收“茶

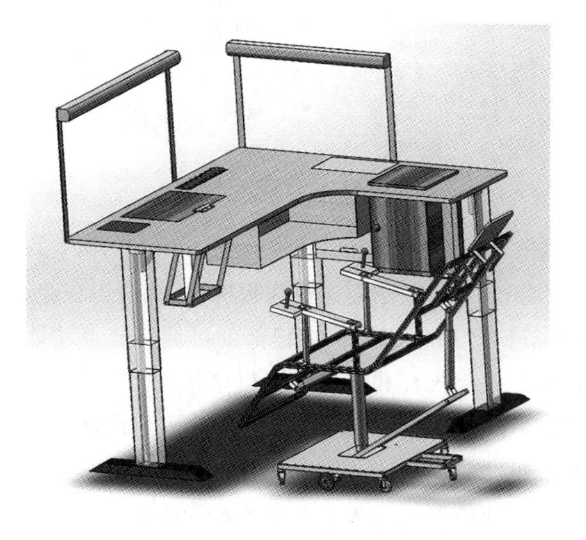

图 18 智能桌椅一体化系统总体结构

图 19 树莓派 4B

台升起”的指令之后，通过 IO 口输出 PWM 波，驱动舵机转动，将茶台升起。用户使用完毕之后，说出“茶台收回”语音触发词，茶台即会归位。第二种控制方式为触摸屏控制，用户可以使用触摸屏上的不同按键，完成相应的控制。

智能桌椅一体化系统共有三种模式，分别为工作模式、娱乐模式、小憩模式，均可通过上述控制方式进行切换。工作模式为默认模式；娱乐模式下，茶台和储物柜自动升起，环境灯开启颜色变化，智能椅自动调整背板和腿板的角度，扶手向上抬升托住用户的双臂；小憩模式下，茶台和储物柜全部归位，环境灯关闭，智能椅的背板和腿板将会调整至用户可以完全平躺的姿态。用户可以根据自己的需求单独控制所有的模块。

4. 设计计算及性能参数

根据设计功能需求，自制智能桌主控板，其电控工作原理图如图 20 所示，电源部分原理图如图 21 所示。

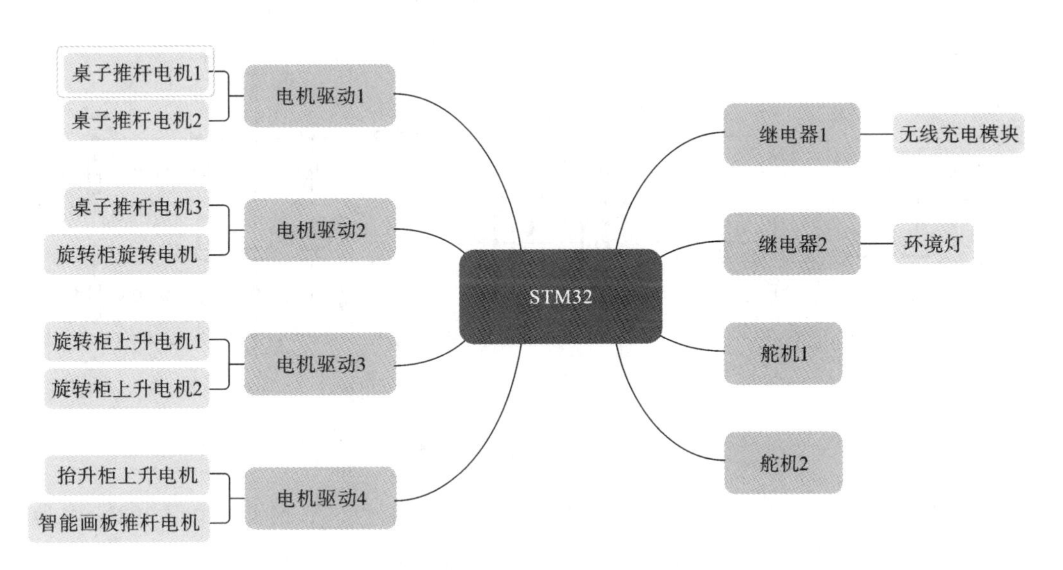

图 20　智能桌主控板电控工作原理图

所有的电机均为 12 V 或者 5 V 供电，且总电流不高于 5 A，因此采用 TPS5430 降压芯片，将 12 V 的电源转置成 5 V，给舵机、继电器、无线充电模块、串口屏等外设供电。TPS5430 具有欠电压闭锁电路，在上电时，内部电路运行无效，直至输入电压超过阈值电压时才会启动，自我保护性能良好。TPS5430 降压电路图如图 22 所示。将 5 V 转置为 3.3 V 采用 LP5907MFX 芯片，最大输出电流为 250 mA，满足 STM32 单片机供电电流要求。LP5907 MFX采用创新的设计技术，无须噪声旁路电容便可提供出色的噪声性能，并且支持远距离安置输出电容。

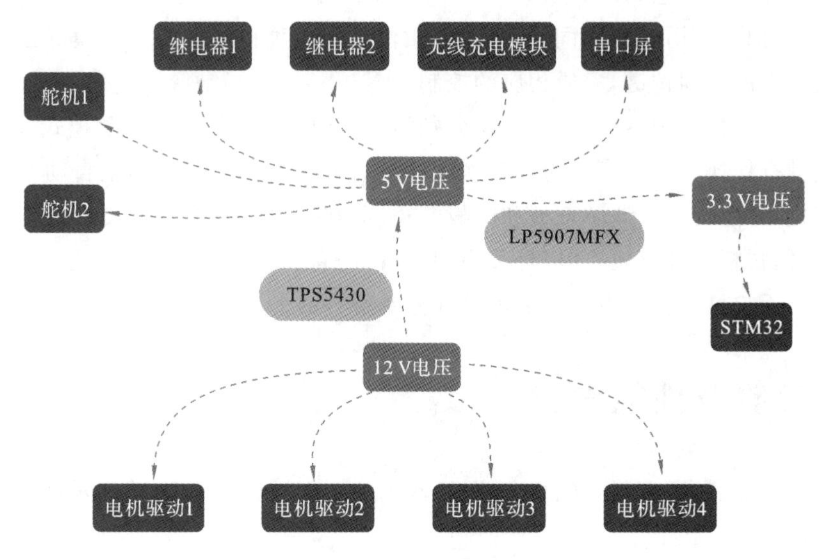

图 21　电源部分原理图

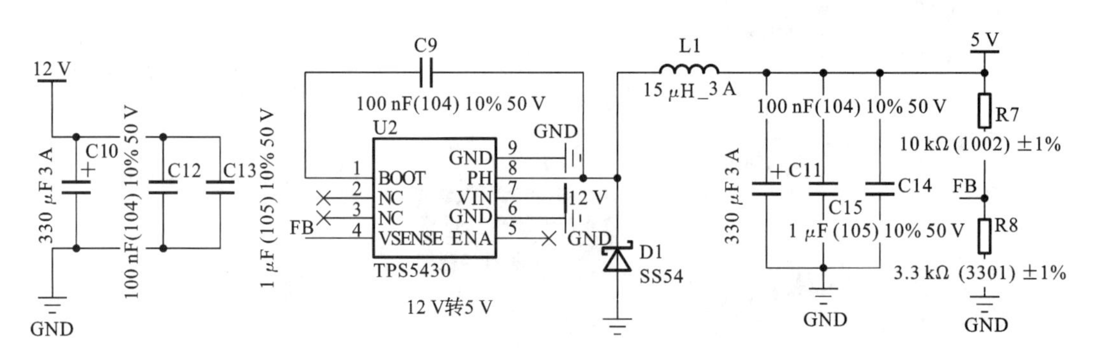

图 22　TPS5430 降压电路图

本作品所用到的电机或者推杆，最大堵转电流不会超过 2 A，因此选取 L298N 作为电机驱动主控芯片，最大可承受电流为 4 A，可同时驱动两个电机。

本作品所选继电器型号为 SRD-05VDC-SL-C，可控制最高 10 A 电流的通断，工作电压为 5 V，可以适应无线充电模块 1 A 以及环境灯 1 A 的工作电流。

5. 作品展示

图 23 为智能桌整体实物图，图 24 为旋转柜实物图，图 25 为智能画板实物图，图 26 为抬升柜和茶台实物图，图 27 为智能桌主控板实物图，图 28 为无线充电模块实物图。

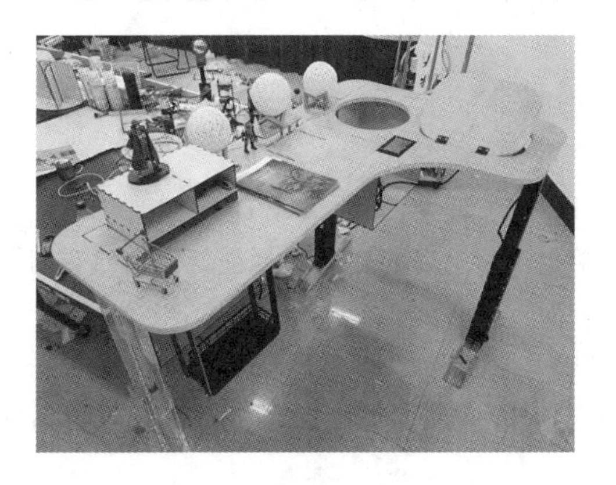

图 23　智能桌整体实物图

图 24　旋转柜实物图

图 25　智能画板实物图

图 26　抬升柜和茶台实物图

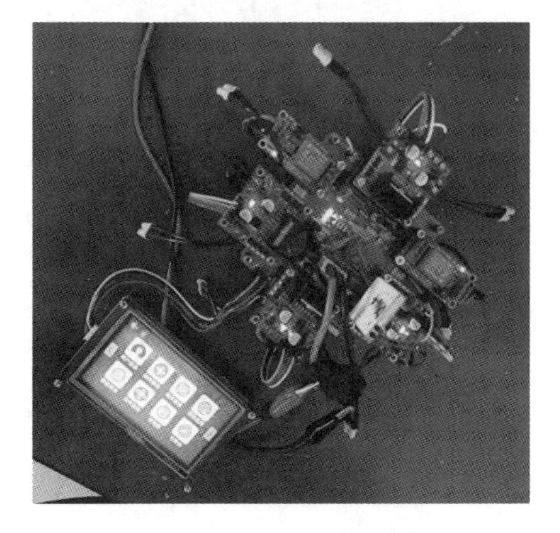

图 27　智能桌主控板实物图

图 28　无线充电模块实物图

参 考 文 献

[1] 王震,董亮,祖娇,等.智能桌椅的设计[J].电子世界,2020(6): 154-155.
[2] 吴剑锋,徐周亮,卢纯福,等.维持中小学生健康坐姿的辅助坐具创新设计研究[J].装饰,2019(3):76-79.
[3] 黄帅.智能家居典型技术研究[J].数字技术与应用,2017(11):83-84,87.
[4] 孙建平,单海斌.单片机技术在智能家具中的应用与发展[J].森林工程,2012,28(5):45-49.
[5] 杨春杰,任民山,陆强,等.新型多功能课桌椅的设计[J].湖北理工学院学报,2015(1):1-3,67.
[6] 蔡欢,秦宝荣,王郑兴,等.办公休闲椅折叠式搁脚机构的开发[J].机械设计与研究,2015,31(1):157-159,164.

自动快速智能熨烫机

上海工程技术大学
设计者:陈帅羽　栗浩扬　刘禹麟　张晨阳
指导教师:唐佳　叶筱

1. 设计目的

随着经济的快速发展,人们生活节奏日益加快,用于熨烫衣服的时间变得越来越少,采用图1、图2所示的两种传统熨烫机熨烫衣服时间较长。其中,电熨斗属于大功率家用电器,操作时易发生烫伤,严重时甚至引起火灾等危险。而挂烫机将高温蒸汽喷在挂起的衣服上,需要用手拉紧衣服用蒸汽喷头进行压烫。但多数挂烫机在使用一段时间后需要及时保养,以免蒸汽管道堵塞。在对多种品牌的挂烫机进行调研后发现,挂烫机在熨烫过程中都会发生蒸汽烫手的现象。另外,传统熨烫机还需要操作人员有熟练的技术,这使得熨烫衣服在家中变成专职的事情。

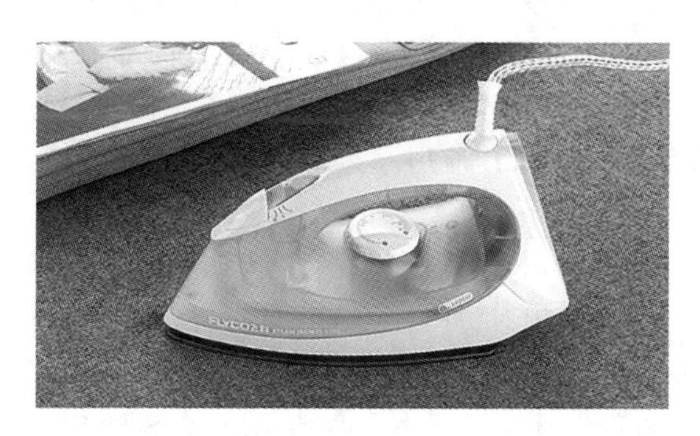

图1　电熨斗

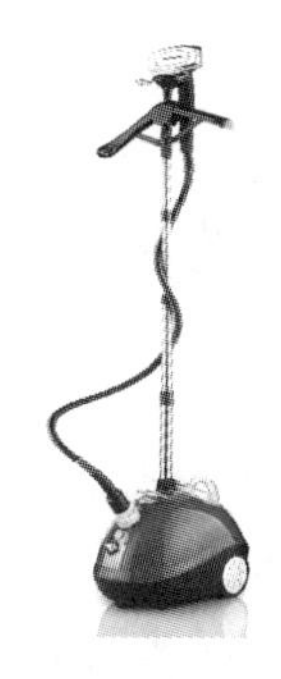

图2　挂烫机

综上,考虑传统的熨烫方式已经不能适应当下快节奏的生活要求,小组萌生了设计一种能自动识别并且可以智能熨烫衣服的智能熨烫机的想法。智能熨烫机能通过简单、巧妙的操作方式来完成衣服的熨烫,达到只需要选择模式就可以自动熨烫衣服的目的。

2. 设计方案

1) 设计要求

鉴于目前已有产品中存在的问题,本作品的设计要求可归纳如下:

(1) 改变传统的熨烫方式，不再需要手持熨斗来熨烫衣服，衣服熨烫可以自主完成。

(2) 利用传感器的反馈信息，基本识别衣服质量，自动改变熨烫的时间，并调整蒸汽量；使用者只需要选择衣服的材质就可以完成自动熨烫。

(3) 采用简单的操作模式，以直观的触摸屏方式呈现。

(4) 以共享的方式进行推广应用，设计专用 APP，专门针对住宿酒店的差旅人士，帮助他们解决旅途中快速熨烫衣服的问题。

2）设计性能及指标

(1) 工作环境：220 V 家用电；

(2) 装置尺寸：长 1.2 m、宽 0.4 m、高 1.2 m；

(3) 熨烫板宽度：0.8 m；

(4) 实际可熨烫衣服尺寸：最宽 0.75m，最高 0.8 m，最小不限；

(5) 熨烫板行程参数：0.8 m；

(6) 蒸汽温度：80～140 ℃。

3）总体设计方案

用长度为 0.75 m 的铝制熨烫管取代原有蒸汽喷头，并采用同步带轮传动机构带动其上下运动，同时设计利用丝杠制作驱动两熨烫管夹持、分开的夹持机构，实现衣服的自动熨烫；采用继电器控制蒸汽发生器的模式，可以根据用户选择的衣服材质或者定制的模式自动更改蒸汽量和熨烫时间；在固定衣架位置加入压力传感器，实现对不同材质衣服质量的识别，单片机接收压力传感器数据，判断后采取不同的熨烫参数；在装置内部加入医院级别的紫外线消毒灯，实现对衣服与整体装置内部的消毒杀菌功能；加入语音模块与蓝牙模块，提供语音控制模式与手机 APP 控制模式，方便推广应用。

(1) 熨烫管设计方案论证。

在熨烫过程中，熨烫管与衣服直接接触，蒸汽通过熨烫管的蒸汽孔喷出，衣服能否被熨平直接取决于熨烫管的设计是否合理，所以现对熨烫管方案设计进行如下论证。

如图 3 所示，方案一中熨烫管采用铝方管，铝方管的尺寸为 10 mm×60 mm×750 mm，超过这个尺寸就发现从蒸汽孔喷出的蒸汽量明显减小。两端采用 ABS 材料的 3D 打印件作为熨烫管堵头，虽然铝方管与衣服的接触面积大，但是它并不适合做成夹持结构，铝方管和较薄的衣服之间存在巨大间隙，熨烫衣服仅依靠高温蒸汽喷在衣服上，很难达到自动熨烫平整的效果。而且由于选择的铝方管尺寸较小，3D 打印的蒸汽管堵头较薄，蒸汽管堵头侧壁会发生明显形变，使蒸汽量大大减少，难以完成熨烫。

经过不断优化，形成图 4 所示的方案二，熨烫管采用直径为 20 mm 的铝管，与蒸汽发生器所接硅胶软管直径相同，蒸汽在运输管道里的损失可以降到最低，使蒸汽的喷出量达到最大。并且，20 mm 直径的圆铝管与设计的夹持结构完美适配，可以有效夹持各种衣服，铝管的高导热性还能快速将衣服熨烫平整。在装配方面，因为铝管两端内侧做了攻螺纹处理，两端的堵头也由 3D 打印件换成不锈钢的水管接头，解决了装配问题。因此，采用方案二作为最终的熨烫管方案。

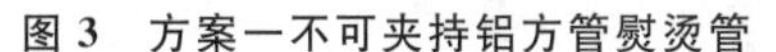

图 3　方案一不可夹持铝方管熨烫管

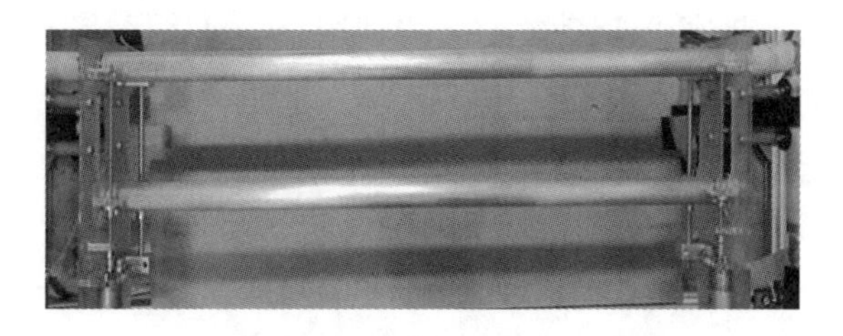

图 4　方案二可夹持铝圆管熨烫管(俯视图)

(2) 蒸汽运输管设计方案论证。

当熨烫管上下运动并夹持衣服熨烫时,蒸汽运输管也要跟随熨烫管上下运动,计划采用直径为 20 mm 的硅胶软管作为蒸汽运输管。为了使硅胶软管在跟随熨烫管上下运动时不出现弯折的情况,设计了两种蒸汽运输管方案,具体论证如下:

方案一是在硅胶软管外面加装拖链(图 5),对硅胶管的运动进行限位,使其不弯折,在一定位置内跟随熨烫管进行上下往复运动,但是在实际测试时发现即使拖链的转弯半径足够大,硅胶软管在拖链转弯处还是出现较为明显的折痕,使得蒸汽运输管内可供蒸汽传输的空间只有原来的 1/3,阻碍蒸汽的运输。

为了解决这一问题,设计了方案二,即在方案一的基础上在硅胶软管内部加装图 6 所示的刚性弹簧,支撑整个硅胶软管,使其在转弯处可以平滑过渡,实现硅胶软管限位运动并且不会出现折痕而阻碍蒸汽通过。因此,采用经过改进的方案二作为蒸汽运输管的最终方案。

图 5　拖链

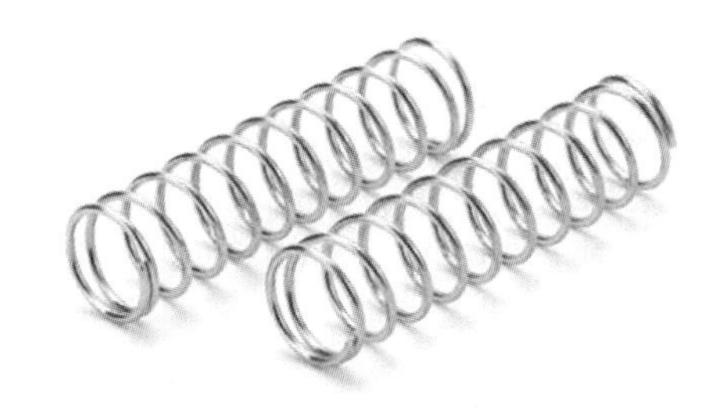

图 6　刚性弹簧

3. 总体结构与工作原理

1) 总体结构

如图 7 所示,自动快速智能熨烫机主体包括框架部分、熨烫板机构、同步带轮传动机构、蒸汽发生器、控制单元。

(1) 框架部分。

如图 7(b)所示,框架部分包括主体外框和衣架悬挂机构,其中衣架悬挂机构包括 U 形支架、压力传感器、衣架固定套。U 形支架由铝型材拼接而成,起到最基本的固定作用;压力传感器可以感应不同衣服的质量,在已辨别材质的基础上可以适当地调整熨烫时间,从而实现最完美的熨烫效果;衣架固定套可以保持衣服垂直并且其重力能平稳地作用在压力传感器的上表面,使得压力传感器能更准确地判断衣服质量。

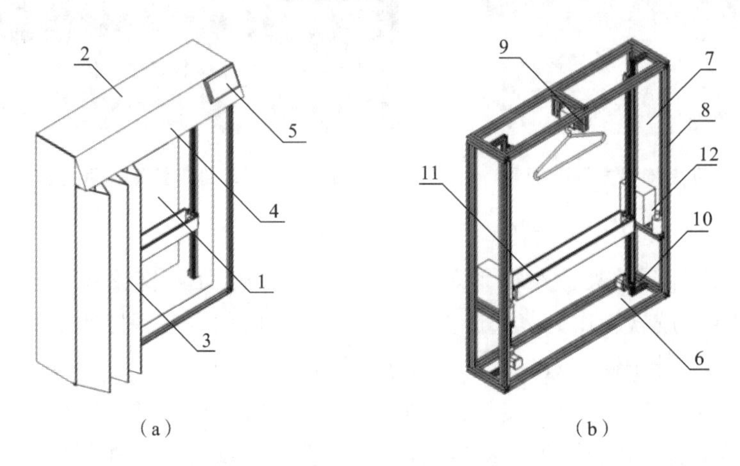

图 7 自动快速智能熨烫机主体

(a) 自动快速智能熨烫机主体外观图;(b) 自动快速智能熨烫机主体结构图

1—熨烫机背板;2—熨烫机顶板;3—门;4—屏幕支撑板;5—触摸屏;6—熨烫机底板;7—熨烫机侧板;8—框架部分;9—衣架悬挂机构;10—同步带轮传动机构;11—熨烫板机构;12—蒸汽发生器

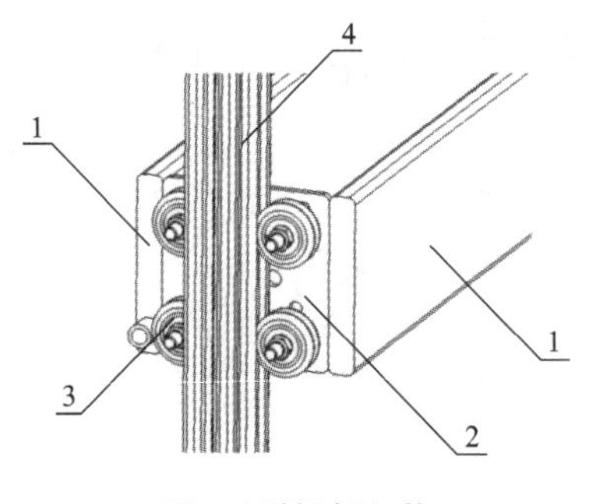

图 8 熨烫板机构

1—熨烫板;2—固定板;3—轨道轮;4—支撑杆

(2) 熨烫板机构。

如图 8 所示,熨烫板机构两边固定在同步带上,并用与铝型材适配的轨道轮固定在同步带轮传动机构的铝型材上。

(3) 同步带轮传动机构。

如图 9 所示,同步带轮传动机构包括 1 条同步带、2 个同步轮、1 个步进电机。同步带轮传动机构主体部分由一根铝型材作为支撑杆连接底端的步进电机和顶端的同步轮。其中,为了使步进电机与同步轮可以紧密地连接在支撑杆上,定制了两种固定板。

(4) 蒸汽发生器。

与一般熨烫机不同的是,本作品极大地缩小了水箱与蒸汽产生装置的体积,使得它们可以放在整个熨烫机的侧面而不影响整个机器的自主运行。

(5) 控制单元。

控制单元主要由触摸屏、Arduino 板、压力传感器以及各类模块构成,使整个机器有三种控制方式。第一种是触摸控制,只需要在触摸屏上点击所需要的模式就可以完成熨烫。第二种是语音控制,用户可以通过简单的语音命令来完成智能熨烫机的模式选择以及开始熨烫、暂停熨烫、继续熨烫等基本操作。第三种是 APP 控制,通过蓝牙模块与手机 APP 相连,用户可在手机上完成对智能熨烫机的全部操作,简单、方便。

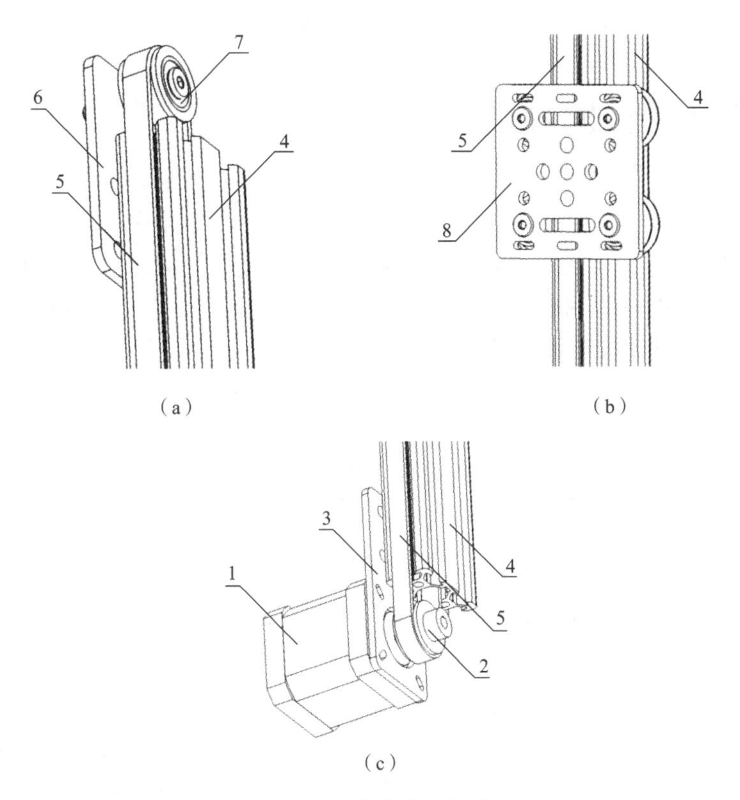

图 9　同步带轮传动机构

(a) 同步带轮传动机构顶端；(b) 同步带轮传动机构中段；(c) 同步带轮传动机构底端

1—步进电机；2,7—同步轮；3,6,8—固定板；4—支撑杆；5—同步带

2）工作原理

该智能熨烫机操作简单，适用人群广泛。如图 10 所示，其工作流程如下：将衣服挂在衣架上以后，在触摸屏上或者手机 APP 端选择自动模式或者手动模式，其中自动模式可根据用户选择的衣服面料确定熨烫温度，并自动识别衣服质量，自主调整熨烫时间和蒸汽量；手动模式下，用户可以根据自己的需要调整蒸汽温度、蒸汽量以及熨烫时间。确定模式参数后，单片机依据这些参数进行自动熨烫。熨烫完成后，智能熨烫机还会提示用户是否进行消

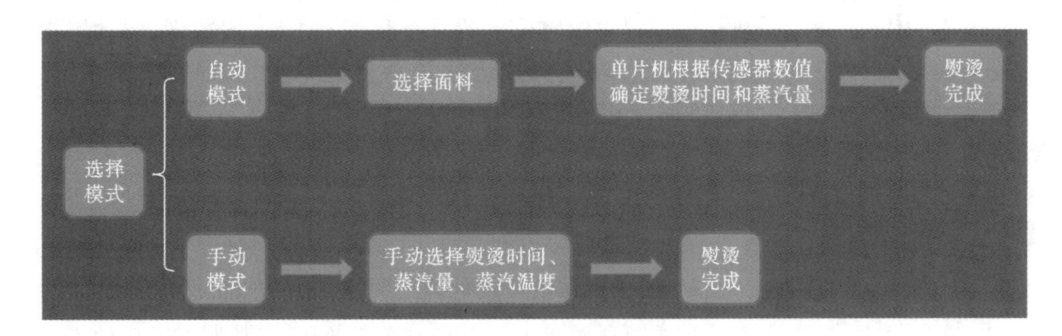

图 10　智能熨烫机工作流程图

毒杀菌操作，以适应家庭及公共场合共享模式下的使用。

4. 设计计算及性能参数

1）熨烫参数确定

查找资料发现，日常生活中需要熨烫衣服的材质和熨烫的要求如表1所示。根据表1，设置了三种熨烫挡位：一挡，熨烫温度在90～105 ℃，熨烫时间3 min，主要熨烫棉织物与呢绒织物；二挡，熨烫温度设置为105～120 ℃，熨烫时间5 min，主要熨烫丝绸织物、丝纤织物、毛织物、麻纤维织物；三挡，熨烫温度设置为120～140 ℃，熨烫时间6 min，主要熨烫腈纶织物、涤纶织物、粘胶织物。

表1　常需熨烫衣服的材质及要求

衣服材质	熨烫温度	注意事项
棉	105 ℃	棉纤维在绝对干态下，120 ℃逐渐发黄，150 ℃开始分解
麻纤维	120 ℃	在干燥状态下，130 ℃开始发黄，200 ℃开始分解
毛	120 ℃	在一般干燥情况下，130 ℃开始分解，面料发黄，140～150 ℃发出硫黄气味，250 ℃燃烧，300 ℃炭化
丝纤	110 ℃	耐热性较好，对热的传导较快，一般在110 ℃时无变化，130 ℃逐渐将胶表面分解，170 ℃强度下降，200 ℃时发黄，235 ℃烧焦，280 ℃炭化
粘胶	140 ℃	干态时其强度接近棉，湿态时其强度仅为干态的50%
涤纶	130 ℃	具有良好的耐热性能，在150 ℃温度下，还能保持原来强度的50%
腈纶	130 ℃	具有良好的耐热性能，220～270 ℃时软化
呢绒	100 ℃	熨烫时，温度要适宜，方法要得当，温度不宜过高
丝绸	115 ℃	要低温熨烫，熨烫温度一般控制在110～120 ℃，温度过高容易使衣服泛色、收缩、软化、变形，严重时还会损坏衣服

图11　步进电机

2）电机选型论证

电机选型时要求可以适配整个装置运行，其中同步带轮传动机构可以提供给熨烫板的总行程是0.8 m，熨烫管、驱动熨烫管的夹持装置以及蒸汽运输管总质量$m=1.2$ kg，则$F=mg=11.76$ N。电机带动的同步轮直径$L=22$ mm，则要实现同步带轮传动机构带动熨烫管以0.2 m/s的速度上下移动，可知电机转动需要的转矩$M=FL\approx 0.26$ N·m，故选用图11所示的42CM06步进电机较为合适。

3）电控组件设计及计算

要求可通过触摸屏、语音、手机APP来控制熨烫机的不同模式，其电控工作原理示意图如图12所示。电控核心控制板采用开发效率高、稳定性与兼容性较好的 Arduino Mega 控制板。利用触摸屏、语音模块、手机 APP 连接的蓝牙模块分别给单片机输入信号，单片机接收到信号后，通过压力传感器实时接收压力数据，分析衣服的质量从而调整蒸汽量、蒸汽温度以及熨烫时间，之后单片机根据编写好的程序将脉冲信号发送给步进电机，步进电机带动同步带轮传动机构完成熨烫。熨烫任务执行完成后，触摸屏或 APP 程序自动跳转到熨烫完成界面，提示已完成熨烫。此时可以选择对衣服进行紫外线消毒杀菌，单片机控制紫外线灯对整个装置及衣服进行消毒，完成时跳转到完成界面。图 13 所示为装置部分电子元器件实物图。

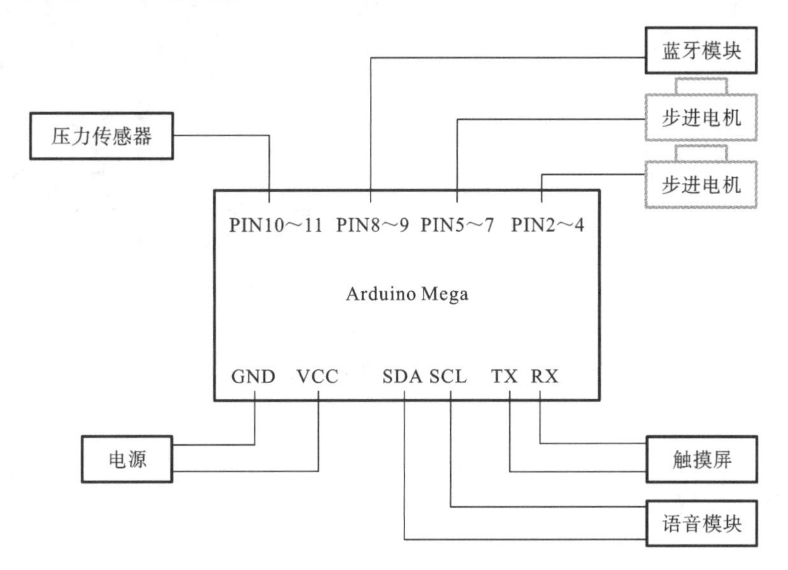

图 12　电控工作原理示意图

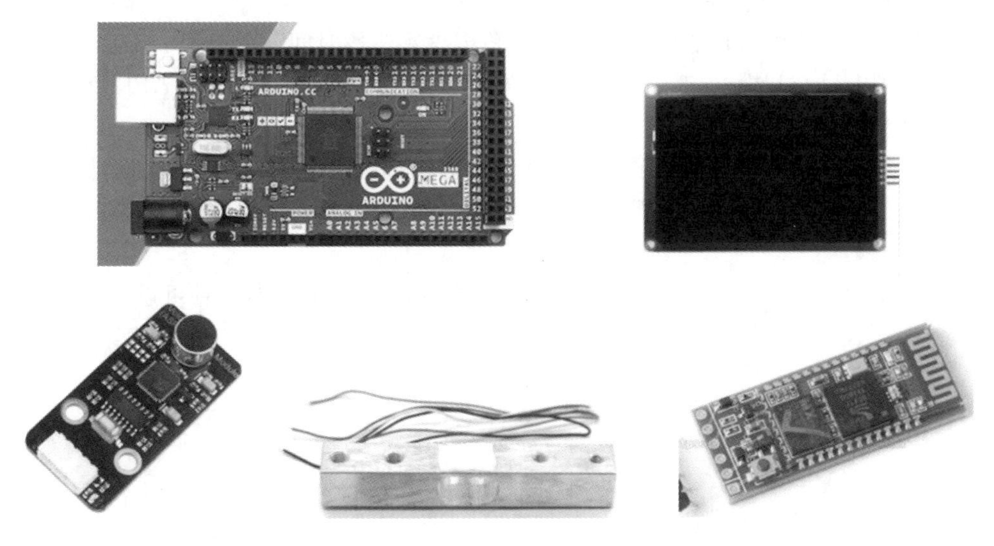

图 13　装置部分电子元器件实物图

5. 样机试验

装置基本功能实现后，针对所涉及面料进行试验，试验结果如图 14 所示，可以清楚地看出衣服褶皱已熨烫平整，达到最初设计目的。

熨烫前　熨烫后　熨烫前　熨烫后

(a)　(b)

图 14　衣服熨烫前后对比

6. 主要创新点

(1) 可实现智能识别并进行智能化、自动化熨烫，不再需要人手动熨烫衣服，熨烫效果也不再取决于使用者的熟练程度和个人经验。

(2) 运用压力传感器智能调节蒸汽量、蒸汽温度和熨烫时间。

(3) 多种人机交互模式，其中触摸屏和语音控制适合家庭使用，手机 APP 控制更适合基于共享熨烫模式来推广使用。

(4) 采用拖链加刚性弹簧的限位方式使蒸汽运输管可以在规定的位置内运动。

(5) 为了使熨烫机内部一直保持干净卫生，设置紫外线消毒装置，为共享模式的推广提供便利。

该装置具有一定的创新性与实用性，已经成功申请了发明专利(一种可以智能识别并自动熨烫的熨烫设备，申请号:202010771931.7)。

7. 作品展示

本作品实物图如图 15 所示。

图 15　作品实物图

参考文献

[1] 陈克，朱胜利，刘振刚，等. 电熨斗过热故障火灾痕迹特性的研究[J]. 火灾科学，2011,20(3):167-172.

[2] 许小侠，李孟沂，许晓晶. 基于用户需求的蒸汽挂烫机设计研究[J]. 工业设计，2019(4):60-61.

[3] 梁建和. 机械设计基础[M]. 2 版. 郑州：黄河水利出版社，2008.

[4] 刘鸿文. 简明材料力学[M]. 2 版. 北京：高等教育出版社，2008.

[5] 陈秀宁，施高义. 机械设计课程设计[M]. 4 版. 杭州：浙江大学出版社，2012.

[6] 杨玉萍，吴云，曹清林. 同步带轮偏心对同步带回转运动误差影响的研究[J]. 机械科学与技术，2002,21(4):573-574,595.

[7] 李森. 高速同步带间歇传送动态性能及测试系统研究[D]. 西安：陕西科技大学，2017.

[8] 花同. 步进电机控制系统设计[J]. 电子设计工程，2011,19(15):13-15.

老年益友——多功能护理智能床

上海工程技术大学
设计者：何凯龙　贾鹏举　吴沐轩　张世聪
指导教师：张心光　张春燕

1. 设计目的

智慧老人，幸福生活。老年人在生活中会有许许多多的不方便，比如晚上上厕所时需要在黑暗中寻找开关；床单不能及时进行更换消毒，导致大量的细菌滋生，严重影响本就体弱的老年人的健康；更有一些生病卧床的老年人不能自主起身和翻身。

目前市场上已经出现了许多老年人护理智能床，但大多功能单一且无法满足老年人的护理需求，包括换床单、辅助翻身等。

为满足老年人的护理需求，小组设计了一款多功能护理智能床，为老年人提供一系列帮助，比如翻身、起身、屈膝、更换床单等。

本作品的主要特点如下：

(1) 具有良好的人机交互界面，将快速自动更换床单功能模块、辅助功能模块、杀菌消毒功能模块、伸缩折叠护栏功能模块、隐藏折叠懒人桌功能模块、贴心陪伴小夜灯功能模块等 6 个功能模块集成于串口屏，具有较强的可移植性和可扩展性。

(2) 快速自动更换床单功能模块将传送带与床单用磁力扣连接，利用同步带轮传动机构实现快速换床单，操作简单，节省了人力与时间。

(3) 辅助功能模块通过床板分块以及推杆运动，帮助卧病在床以及行动不便的使用者翻身、起身、屈膝，缓解使用者肌肉疲劳，降低患褥疮的风险，并可智能调节翻身角度达到舒服的效果。

(4) 杀菌消毒功能模块采用隐藏式紫外线灯，有效消灭生活中常见的细菌、病毒。同时，紫外线灯隐藏在床底部，每天只需要将床单传送到床的底部，紫外线灯便会自动打开进行 5 min 的消毒作业，消毒效率可以达到 95%以上。

(5) 伸缩折叠护栏功能模块在需要时自动升起，防止使用者从床上掉落，并在使用者起身时发挥借力作用；在不需要时自动折叠到与床齐平的高度，不会影响床的正常使用和美观。

(6) 隐藏折叠懒人桌功能模块嵌在床头柜中，通过床头柜后边嵌入的推杆控制整个懒人桌的进出运动，其展开的时候可供人们使用。

(7) 贴心陪伴小夜灯功能模块在晚上利用声音检测器监测，当监测到使用者下床时，床侧的小夜灯会自动照亮，5 min 后若没有监测到声音则会自动关闭。

(8) 为防误触摸，在床垫上设置压力传感器，智能监测，防止发生事故，让使用者和陪伴者都安心。

2. 工作原理

1）机械部分

（1）同步带轮传动机构。

同步带轮传动机构设计如下：床头的带轮连接42步进电机（图1），床尾左右各有一个42步进电机，位于床板下，带轮侧面、床体内共4组同步轮（共8个同步轮），床头2组，床尾2组，一组驱动轮，三组从动轮，如图2所示。

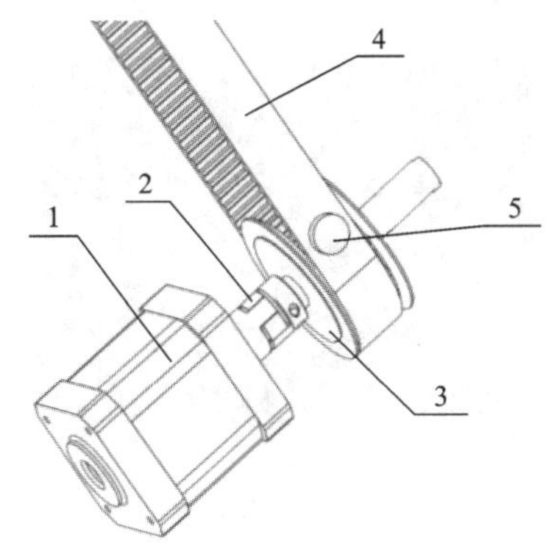

图1　42步进电机和带轮之间的连接

1—42步进电机；2—联轴器；3—带轮；4—同步带；5—磁力扣

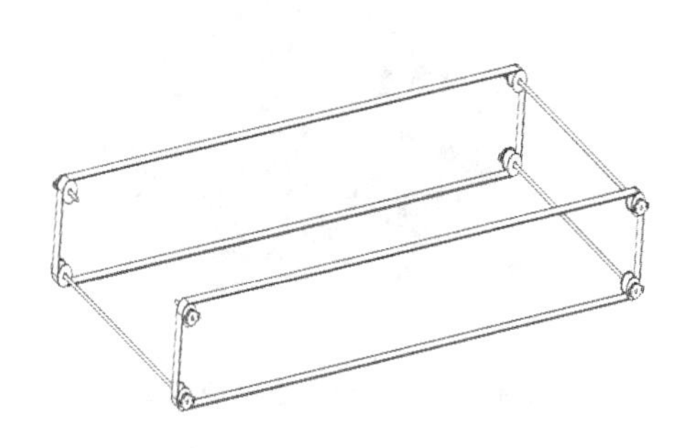

图2　传动结构同步轮分布示意图

当使用者有更换床单的需求时，在触摸屏上点击更换床单的图标，电控板就会对42步进电机发出指令，电机转动从而带动带轮转动，带轮带动同步带转动，床单被磁力扣固定在同步带上，同步带转动便会带动床单运动。

（2）床板分块辅助翻身、起身、屈膝结构。

为了达到辅助翻身、起身、屈膝效果，将床板进行分块化设计，以配合推杆动作。

如图3所示，把床板沿纵向分为4个部分：第一部分是使用者上半身躺的位置，包括3块床板（图3中的1、2、3），主要负责推使用者起身；第二部分（图3中的4）是使用者腰部到臀部躺的位置，这一部分是没有升降功能的，主要负责支撑使用者的臀部，在使用者起身时

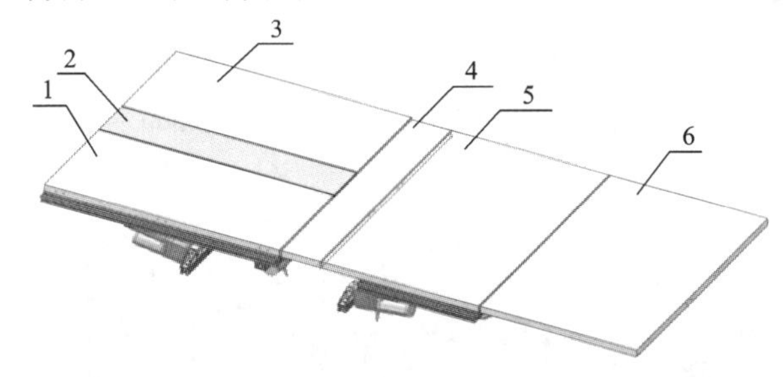

图3　床板分块示意图

1—翻身右侧床板；2—翻身支撑床板；3—翻身左侧床板；4—中间支撑床板；5—大腿部床板；6—小腿部床板

支撑使用者;第三部分(图 3 中的 5)是使用者大腿到膝关节所躺的部分;第四部分(图 3 中的 6)是使用者膝关节到脚踝所躺的部分。

辅助翻身主要由第一部分的床板分块实现,它分为三块床板,左右 2 块、中间 1 块,左右 2 块对称分布,可以推起来,中间的床板是固定的,主要起支撑作用。如果使用者想向左翻身,右侧床板就会抬升,达到推动背部以辅助翻身的效果。所有床板分块的地方都用合页连接。如图 4 所示,起身和翻身执行机构——推杆位于第一部分床板底部。

第一部分床板辅助使用者躺下和起身,适用于行动不便的老年人以及卧病在床的病人。第三、四部分床板帮助使用者活动腿部,缓解肌肉疲劳。这四部分床板互相配合,就能辅助使用者翻身、起身以及活动下半身的肌肉,从而减小患褥疮和静脉曲张的概率。

多功能护理智能床辅助起身、翻身、屈膝时床板动作位置如图 5、图 6、图 7 所示。

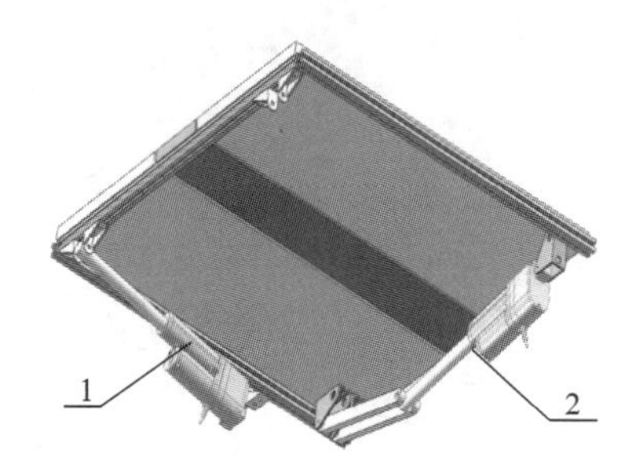

图 4 第一部分床板底部局部示意图

1—起身单侧推杆;2—翻身单侧推杆

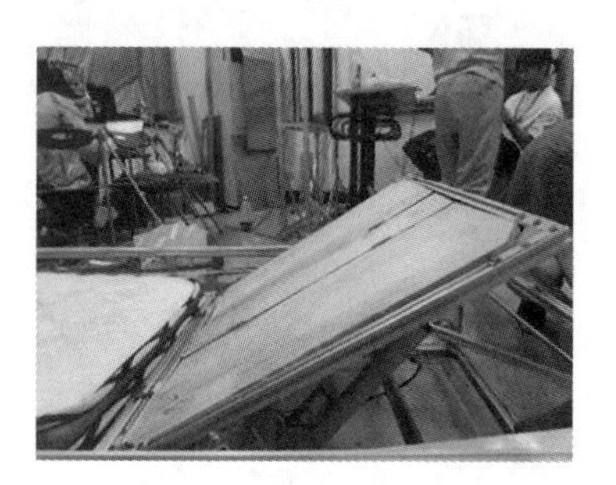

图 5 辅助起身

图 6 辅助翻身

图 7 辅助屈膝

(3) 隐藏式紫外线灯。

在床底板的中央装有紫外线灯(图 8),在同步带轮传动机构开关旁边。使用者只需要在触摸屏上点击杀菌消毒的图标,床单将被自动传送至床底部进行 5 min 的杀菌。杀菌除菌率可以达到 95%以上。

图 8 紫外线灯

(4) 伸缩护栏。

护栏安装在沿床体长度方向的两侧,采用五挡伸缩式护栏,为了实现智能控制,将推杆和护栏用销轴进行标准装配。

护栏有两个主要功能:一个是防护功能,防止使用者从床上跌落,这个主要针对小孩和老年人;另一个是支撑点功能,便于老年人起身时用力。

使用者只需要在触摸屏上操控就可以升降护栏,当护栏处于展开状态(图 9)时,可以发挥其功能,当护栏处于折叠状态(图 10)时,护栏与床板齐平,不影响使用者上下床。

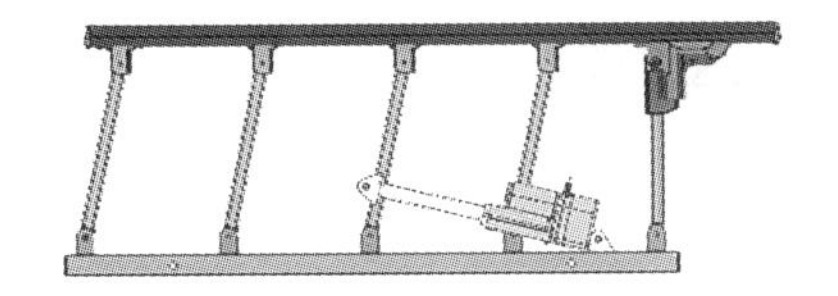

图 9 护栏处于展开状态

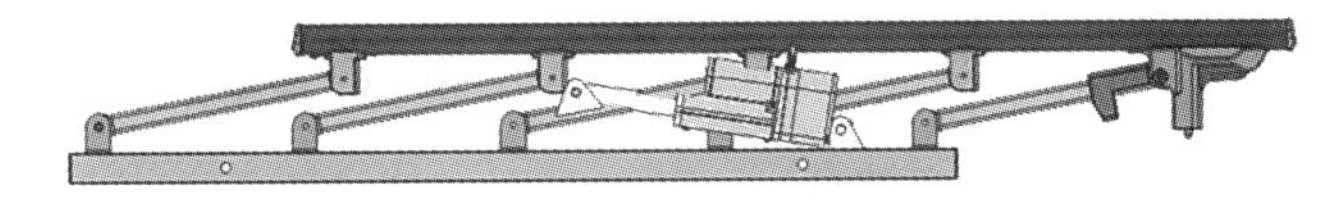

图 10 护栏处于折叠状态

(5) 隐藏折叠懒人桌。

隐藏折叠懒人桌嵌在床头柜里边,在不使用的时候,懒人桌的端面与床头面齐平,在展开的时候,其可以供使用者使用。

隐藏折叠懒人桌模型如图 11 所示,侧板与顶板通过折叠铰链连接,侧板可实现 90°转动;且折叠铰链有自锁功能,能够将侧板与顶板水平固定,作为桌面使用。

点击触摸屏上的相应功能图标,懒人桌后侧的推杆伸出,推动剪叉机构向前运动,隐藏在床头柜中的懒人桌便会自动伸出。

当需收回折叠懒人桌时,同样先点击触摸屏上的相应图标,懒人桌后侧的推杆退回,带动剪叉机构及桌板向后侧收回。

如图 12 所示,隐藏折叠懒人桌有两个侧板,使用者可根据需求选择。

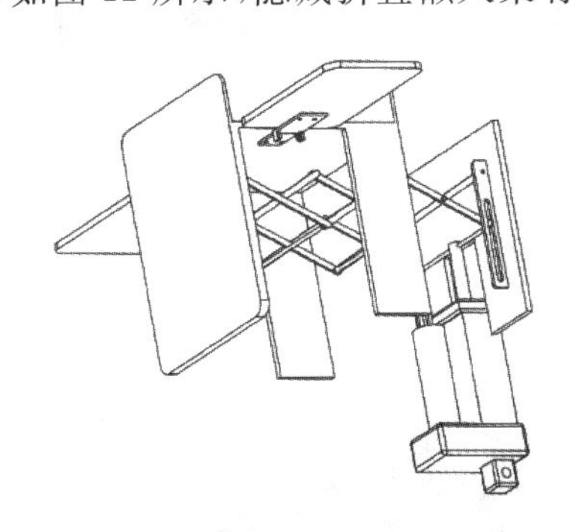

图 11 隐藏折叠懒人桌模型

图 12 隐藏折叠懒人桌实物图

2) 电控结构

(1) 用户控制及输入部分。

为了方便老年人操作,将所有使用功能都集成在一块串口屏上。串口屏接收信息,发送给单片机,再由单片机控制电机运动。串口屏与单片机之间的通信,通过 USART 串行接口实现,支持全双工通信,能够时钟同步,满足开发的需求。

触摸屏界面设计,采用直观明了的美术风格,使用图标和较大的字体,解决老年人看不

4. 主要创新点

（1）将同步带传动机构应用到老年人护理智能床中，实现快速便捷更换床单，并能对床单进行消毒杀菌；

（2）结合市场需求，增设了辅助翻身、起身、屈膝等功能，减小卧床老年人患褥疮等疾病的概率；

（3）具有良好的人机交互界面，将各功能模块集成在串口屏上，具有较强的可移植性和可扩展性。

该装置由于具有一定的创新性和实用性，已申请发明专利一项（一种基于同步带轮传动机构的多功能智能防护床，申请号：202010488077.3）。

5. 作品展示

本作品实物图和渲染图如图 21 所示。

（a）

（b）

图 21　多功能护理智能床

（a）实物图；（b）渲染图

参 考 文 献

[1] 毛庆兰. 九宫格式翻身床的研制与应用[J]. 全科护理，2019，17(17)：2172.

[2] 李倩，向奕璇. 多功能床体构造设计[J]. 戏剧之家，2016(19)：283.

[3] 豆孝岚，谢洁，龚凤球. L 型手术床护栏板的设计与应用[J]. 实用临床护理学电子杂志，2017，2(19)：191.

[4] 刘晓鸿. 临时可调长度加长床护栏的设计与应用[J]. 护理实践与研究，2017，14(7)：4.

[5] 康熙，戴建生. 机构学中机构重构的理论难点与研究进展——变胞机构演变内涵、分岔机理、设计综合及其应用[J]. 中国机械工程，2020，31(1)：57-71.

[6] 张春彬. 智能翻身护理床造型设计研究[J]. 机械设计，2014，31(4)：120-122.

[7] 刘今越，顾立振，郭士杰，等. 人体舒适度及翻身高度与各部位压力分布研究[J]. 机械设计与制造，2019(9)：30-34.